Auto-Reparaturanleitung Band 1351

Mercedes Sprinter

Baureihen 907
Heck- und Allradantrieb

Motoren
OM 642 Dieselmotor
OM 651 Dieselmotor
OM 654 Dieselmotor

Modelljahre 2019 bis 2023

AF640124

bucheli verlag

Impressum

IMPRESSUM

ISBN 978-3-7168-2324-8

Auto-Reparaturanleitung
Band 1351

Buch und Inhalt mit sämtlichen Texten, Bildern und Zeichnungen sind urheberrechtlich geschützt. Jede Verwertung außerhalb der engen Grenzen des Urheberrechtsgesetzes ist ohne die schriftliche Zustimmung der Bucheli Verlags AG nicht zulässig und strafbar. Sämtliche Rechte der Speicherung, Vervielfältigung und Verbreitung sind vorbehalten, insbesondere die der weiterführenden elektronischen Datenverarbeitung und Datenverwertung, der Speicherung auf Mikrofilm und/oder Einspeisung in elektronische Datensysteme.
Die enthaltenen Tipps, Arbeitsschritte und Ratschläge werden nach bestem Wissen und Gewissen erteilt. Eine Haftung der Autoren oder des Verlags und seiner Beauftragten für Personen-, Sach- oder Vermögensschäden ist ausgeschlossen.
Dieser Band entspricht dem Kenntnisstand zum Zeitpunkt der Drucklegung. Abweichungen durch Weiterentwicklung der Fahrzeuge, Werkzeuge und Arbeitstechniken sowie geänderte Anweisungen des Fahrzeugherstellers bzw. neue gesetzliche Bestimmungen sind möglich.

Text und redaktionelle Bearbeitung:
Christoph Pandikow

Bilder/Zeichnungen:
Silke Pandikow; Christoph Pandikow; autoaid GmbH; Hella KGaA Hueck & Co; Bosch Presseabteilung, PCI-Diagnosetechnik GmbH & Co. KG

Herstellung: Silke Pandikow, 65554 Limburg/Lahn

Druck und Bindung:
Multiprint Ltd., Slavyanska Str. 10A, 2230, Kostinbrod, Bulgarien, Printed in Bulgaria

© Copyright:
Bucheli Verlags AG, CH-6330 Cham.
Lizenznehmer ist der Motorbuch Verlag, Postfach 103743, 70032 Stuttgart.
Ein Unternehmen der Paul Pietsch Verlage GmbH & Co. KG.

Sie finden uns im Internet unter www.motorbuch.de und www.bucheli-verlag.de

1. Auflage 2024

Inhalt

Inhalt

Inhalt

Folgende Symbole verdienen im Laufe der Arbeit besondere Beachtung:

Sichtprüfung
Teil genau ansehen; besonders beachten.

Messen
Schieblehre oder anderes Messwerkzeug nötig.

Achtung
Besondere Vorsicht geboten; Sicherheitshinweise beachten!

Tipp
Wertvoller Hinweis für einfacheres Schrauben; Erläuterung von Bauteilen und Begriffen.

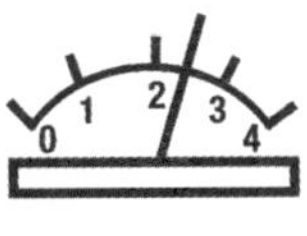

Messen mit elektr. Messgeräten
Multimeter- oder Diagnosegeräte-Einsatz erforderlich.

1 Einleitung

Arbeiten mit diesem Buch

Ein Reparaturhandbuch ist dann ein Reparaturhandbuch, wenn es bei Reparaturen zur Hand gehen kann. Es soll also helfen, Ihren Sprinter wieder »in die Gänge« zu bringen. Ganz klar, als blutiger Laie werden Sie nur mit einiger Hilfe gezielt arbeiten können. Bedenken Sie, dass Ihr Fahrzeug in jedem (oder zumindest in fast jedem) Teil etwas mit Sicherheit im Straßenverkehr zu tun hat. Jede einzelne Sekunde, in der Ihr Fahrzeug in Betrieb ist. Nehmen Sie die Fehler deshalb immer ernst. Gerade Anfänger übersehen oft Kleinigkeiten, die nachher durchaus größere oder zumindest schwer aufzufindende Fehler ergeben. Bei einer Fehlersuche am eigenen Fahrzeug unterhielten sich zwei angehende Kfz-Mechatroniker: »... was hast du denn zuletzt repariert?«, letztendlich fand sich dort dann auch der Fehler. Diese Anekdote zeigt sehr deutlich, dass zum einen die eigene Arbeit, zum anderen der Ablauf der Arbeiten, die Kenntnisse über den Funktionszusammenhang der Systeme und natürlich auch über die Informationsquellen, die zur Verfügung stehen, immer hinterfragt werden müssen. Dieses Buch eignet sich aber auch, um die Details Ihres Sprinter 907 einmal genauer unter die Lupe zu nehmen.

Wir haben den Aufbau so gestaltet, dass die Informationen praxisgerecht auf- und umgearbeitet wurden.

In den einzelnen Kapiteln wird der Umgang mit den Test- und Messgeräten genauer vorgestellt. Es handelt sich um getestete Übungen, die Sie problemlos nachvollziehen können. »An modernen Autos kann man gar nichts mehr selber machen!«, das ist ein typischer Satz, der weder richtig ist noch die motivierten Schrauber unter den Lesern von der Reparatur abhalten sollte. Betrachtet man sich die Probleme genauer, die mit der Fehlerdiagnose entstehen, stellt sich ein einfaches Prinzip heraus. Grundsätzlich sind Bauteile, deren Funktionsabläufe nachvollzogen und im wahrsten Sinne des Wortes »begriffen« werden können, leicht zu prüfen.

Elektrisches Messen

Leuchtet eine Glühlampe nicht, wird sie in der Regel demontiert und der Zustand des Glühfadens gegen das Licht kontrolliert. Über die Glühlampe, beziehungsweise ihren Aufbau, ist jedem bekannt, dass sie ohne den Glühfaden nicht funktionieren kann. Könnte man in alle Bauteile hineinsehen und den Funktionsablauf und den Aufbau auf diese Art kontrollieren, würde kaum ein Mechaniker über die immer komplizierter werdende Technik schimpfen. Hier kommt die Messtechnik zum Zuge. Es ist nämlich möglich, die Funktionsabläufe und die Funktion optisch zu überprüfen. Es ist auch möglich, das Bauteil selbst zu prüfen. Auch dafür werden keine teuren Spezialgeräte gebraucht. Sie oder Ihr Mechaniker müssen sich lediglich bereit erklären, die Technik und dazugehörige Prüfmethoden anzunehmen und gelegentlich auch etwas dazuzulernen.

Ganz klar gibt es Einschränkungen für Arbeiten, die aus Sicherheitsgründen nicht durchgeführt werden sollten. Dazu zählen Arbeiten z. B. an der Klimaanlage und am Airbagsystem.

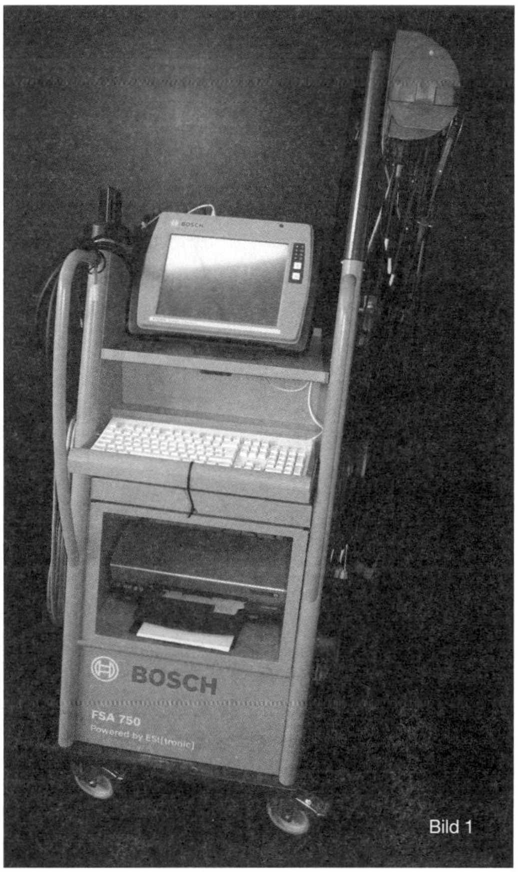

Bild 1
Bosch KTS 650/670 mit FSA 750-Modul und Abgastester.

»Die Tester kann sich keiner leisten!«, ist auch eine These, die wir widerlegen werden. Anhand der Beschreibungen der Spezialwerkzeuge und deren ungefähren Preise lassen sich hier die Kosten leicht überschauen. Die notwendige Ausrüstung ist bei den meisten Schraubern oftmals schon vorhanden. Andere Teile sind gar nicht so teuer und lassen sich sinnvoll als Geburtstagsgeschenkidee an die Lieben weitergeben. Die Aufgabe dieses Reparaturhandbuches ist es, eine Hilfestellung für Wartungsarbeiten und Reparaturen am Sprinter zu geben.
Das Buch wendet sich an die ambitionierten Schrauber, die mit ihrer Erfahrung Reparaturen, Wartungsarbeiten und Einstellungen an ihrem Fahrzeug vornehmen wollen. Da zu allen diesen Arbeiten ein OBD-Diagnosetester dazugehört und dieser für deutlich unter 100 Euro im günstigsten Fall erhältlich ist, wird die Arbeit anhand eines »Beispiel«-Testers dargestellt. Sie halten ein Buch in der Hand, das Lernstoff, Informationsquelle und Nachschlagewerk ist. Es soll die praktische Arbeit am Fahrzeug erleichtern, und Sie ermutigen sich »Know-how« anzueignen, auch als Ungeübter den ersten Schritt zu machen oder als Erfahrener sich recht tiefgehend mit der Diagnose auseinanderzusetzen.
Um einen möglichst schnellen Zugriff auf die Informationen in diesem Buch zu ermöglichen, sind die technischen Daten, die zur Einstellung, Reparatur und Wartung benötigt werden, in einem separaten Kapitel zusammengefasst. Alle technischen Angaben, die speziell bei den Arbeiten benötigt werden, finden Sie natürlich auch an den entsprechenden Stellen. Die Montagearbeiten werden auf gängige Reparaturen beschränkt. Sie sollten aber immer sicherstellen, dass Sie in der Lage sind, die Reparaturen selbst durchzuführen. Ungeeignete Messgeräte oder auch fehlerhafte Handhabung eines Messgerätes können nicht nur finanzielle Folgen haben. Für die Arbeiten an Airbagsystemen ist eine spezielle Ausbildung erforderlich, die mit einem Sachkundenachweis abgeschlossen wird.

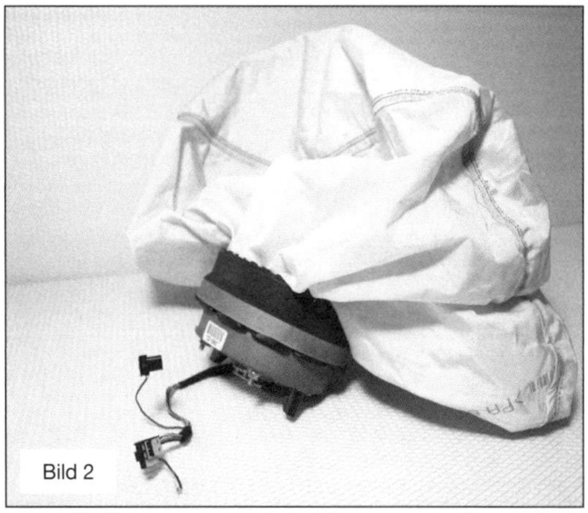

Bild 2

Bild 2
EXPLOSIV: gezündeter Airbag.

Bild 3

Bild 3
»Self-made«-Beulendoktor.

⚠ Unterlassen Sie es zu Ihrer eigenen Sicherheit, an Sitzen oder anderen Bauteilen Hand anzulegen, ohne diese spezielle Ausbildung abgeschlossen zu haben. Arbeiten an diesem System ohne Sachkunde sind GROB fahrlässig und gefährden Ihr Leben. Sollten Probleme an diesem System auftauchen, suchen Sie immer eine Werkstatt auf und erkundigen Sie sich auch darüber, inwieweit die »Airbag-Sachkunde« besteht.

⚠ In den einzelnen Airbageinheiten befinden sich zwar »kleine«, aber nicht ungefährliche Mengen an Sprengstoff. Nicht umsonst sind der Transport, der Umgang und die Lagerung gesetzlich im Sprengstoffgesetz geregelt. Die Arbeiten am Airbagsystem werden aus diesem Grunde nicht beschrieben. Es gibt aber auch so noch genügend Arbeiten, die Sie durchaus in Eigenregie angehen können.
Natürlich beschäftigt sich dieses Buch nicht nur mit Elektronik oder der reinen Montagearbeit. Auch einige Arbeiten mit den Diagnosegeräten wurden mit Praxisbezug ausgewählt und im Detail dargestellt.

Sicherheit geht immer vor

Sicherheit hat beim Heimwerken absolute Priorität. Sie sollten nur Arbeiten anpacken, die Sie wirklich beherrschen. Handwerkliche Tätigkeiten, mit denen man in der Praxis bislang wenig oder gar keine Erfahrung hatte, sollte man niemals auf die leichte Schulter nehmen. Unsachgemäß ausgeführte Arbeiten können früher oder später fatale Folgen haben (Bilder 4-12).

Umgang mit Pyrotechnik-Bauteilen

⚠ Der Sicherheitsaspekt gilt insbesondere für pyrotechnische Bauteile. Diese enthalten einen Treibstoff, bei dessen Abbrand ein Gas erzeugt wird. In manchen Fällen steht für die Gaserzeugung noch zusätzlich in einem Druckbehälter gespeichertes Druckgas zur Verfügung.
Die Zündung erfolgt über elektrische/mechanische Anzünder. Bei unsachgemäßer Handhabung von Komponenten dieser Systeme kann es zu schweren Unfällen kommen. Deshalb keine Schraub- oder gar Reparaturversuche an der Sicherheitsausstattung vornehmen, sondern bei notwendigen Instandsetzungen an eine Fachwerkstatt mit Fehler-Auslesegeräten, Diagnose-Einrichtungen und geschultem Personal wenden!

⚠ Mechaniker, die an Rückhaltesystemen arbeiten, müssen spezielle Schulungen nachweisen und bei den zuständigen Behörden gemeldet sein. Pyrotechnische Bauteile dürfen auch nur im eingebauten Zustand und mit vom Hersteller frei gegebenen Diagnosesystemen geprüft werden, keinesfalls mit Prüflampe, Voltmeter oder Ohmmeter.
Nach dem Berühren von gezündeten pyrotechnischen Bauteilen: Hände waschen!
Bauteile, die auf eine harte Unterlage herabgefallen sind oder Beschädigungen zeigen, dürfen nicht mehr verbaut werden.

⚠ Lagerung, Transport und Entsorgung von Airbag-, Gurtstraffer- und Batterieabtrennungseinheiten (pyrotechnische Bauteile) unterliegen der jeweiligen nationalen Gesetzgebung.

Bild 4

Bild 5

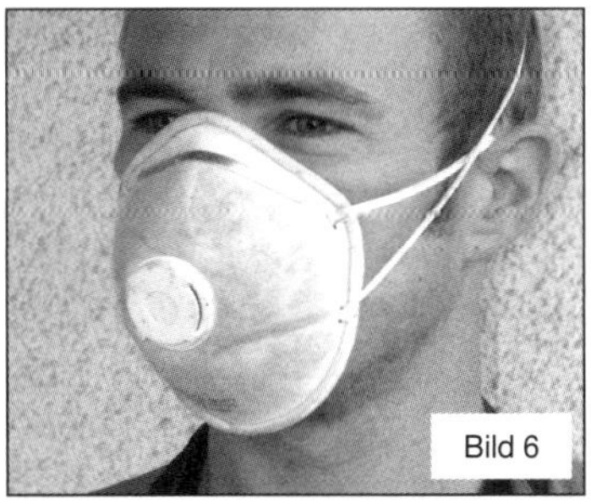
Bild 6

Bild 7

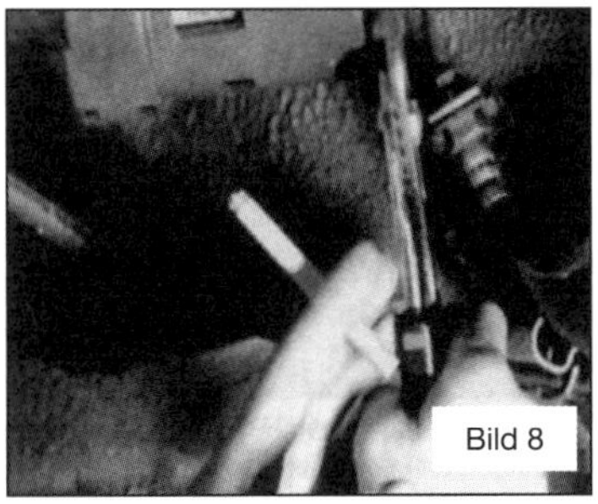
Bild 8

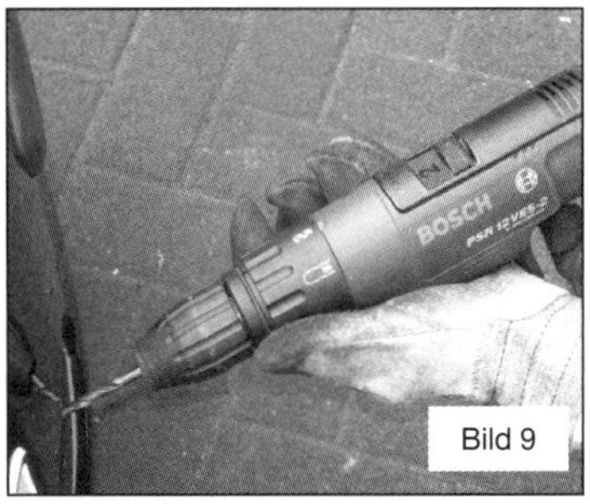

Bild 9

Bild 10

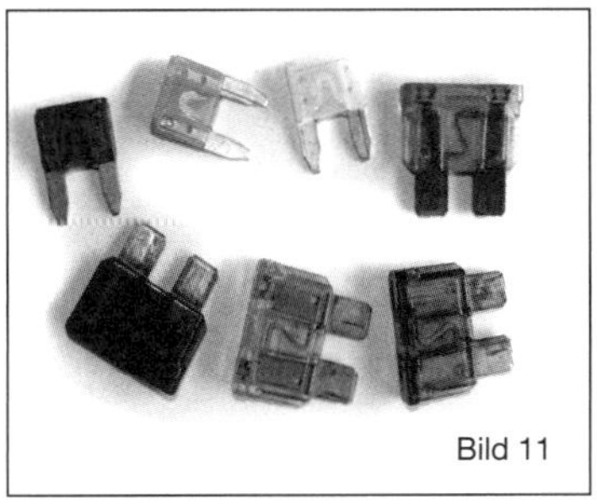
Bild 11

Bild 12

Bild 4
Gehörschutz: Bei Blecharbeiten mit Winkelschleifer u. Ä. notwendig.

Bild 5
Schutzbrille: Besonders beim Bohren, Schleifen und Meißeln tragen.

Bild 6
Atemschutzmaske mit auswechselbaren Filterelementen: Bei Arbeiten mit atemgängigen Stäuben unerlässlich.

Bild 7
Bei Arbeiten in der Grube: Unbedingt für Frischluft sorgen.

Bild 8
Nicht rauchen: Das sollte eigentlich bei Arbeiten gerade an der Kraftstoffanlage die Regel sein.

Bild 9
Arbeitshandschuhe: Bei vielen Arbeiten angebracht, beim Umgang mit Bohrmaschinen jedoch sehr gefährlich.

Bild 10
Leere Sprühdosen, Altöl, Bremsflüssigkeit u. Ä. als Sondermüll entsorgen.

Bild 11
Durchgebrannte Sicherungen niemals mit Alufolie, Büroklammern o. Ä. flicken.

Bild 12
Hochspannung: Vorsicht bei laufendem Motor oder eingeschalteter Zündung.

Umgang mit Bauteilen der Klimaanlage
Für das Kfz-Gewerbe sind z. B. auf europäischer Ebene zahlreiche relevante Gesetze erlassen worden. National ist z. B. in der BRD zusätzlich zur Präzisierung der europäischen Gesetzgebung ab dem 1. August 2008 die Chemikalien-Klimaschutzverordnung in Kraft getreten.

- Verordnung (EG) Nr. 1005/2009
- Verordnung (EG) Nr. 842/2006
- Verordnung (EG) Nr. 706/2007
- Verordnung (EG) Nr. 307/2008
- Richtlinie 2006/40/EG
- Chemikalien-Klimaschutzverordnung, Kreislaufwirtschafts- und Abfallgesetz (für die BRD)

Alle Personen, die an Kraftfahrzeug-Klimaanlagen Wartungs- und Reparaturarbeiten durchführen, müssen eine Schulung oder ein Trainingsprogramm besucht haben und die Sachkunde nachweisen (Sachkunde-Nachweis).

⚠ Beim unkontrollierten Druckablassen besteht Gefahr durch Vereisung. Hieraus können schwerwiegende Verletzungen entstehen (Gefrierbrand ist nicht nur bei Grillfleisch unschön!). Bei nicht entleertem Kältemittelkreislauf tritt Kältemittel aus. Das Kältemittel ist vor dem Öffnen des Kältemittelkreislaufs abzusaugen. Wird der Kältemittelkreislauf nach dem Absaugen innerhalb 10 Minuten nicht geöffnet, kann durch Nachverdampfung Druck im Kältemittelkreislauf entstehen. Das Kältemittel muss dann nochmals abgesaugt werden. Alle geöffneten Bauteile des Kältemittelkreislaufs sind gegen Eintritt von Luftfeuchtigkeit mit geeigneten Verschlussstopfen zu verschließen. Es ist verboten beim Betrieb, bei Instandsetzungsarbeiten und bei Außerbetriebnahme von Erzeugnissen, die Kältemittel enthalten, entgegen dem Stand der Technik, die in ihnen enthaltenen Stoffe in die Atmosphäre entweichen zu lassen.

Bild 13

Bild 13
Achtung Stromschlag! Restladungen und Induktionsspannungen können gesundheitsgefährdend sein.

Verletzungsgefahr durch automatischen Motorstart bei Fahrzeugen mit Start-Stopp-System
Bei Fahrzeugen mit aktiviertem Start-Stopp-System (erkennbar an einer Meldung im Schalttafeleinsatz) kann der Motor bei Bedarf automatisch starten.

☞ Deshalb sicherstellen, dass bei Arbeiten am Fahrzeug das Start-Stopp-System deaktiviert ist (Zündung ausschalten, bei Bedarf Zündung wieder einschalten).

Verletzungsgefahr bei Arbeiten an der elektrischen Anlage
Nicht nur die schon angesprochene Zündanlage birgt einige Überraschungen, die Sie in ungünstigen Situationen oder bei körperlichen Vorschäden leicht in Lebensgefahr bringen können. Im Gegensatz zur Hauselektrik sind keine »Personenschutzschalter« vorgesehen. Ziehen Sie grundsätzlich nicht leitende Handschuhe an, wenn Sie an Bauteilen arbeiten, deren Ladungszustand Sie nicht kennen.

HV-System im eSprinter
Der elektrische Sprinter oder »eSprinter« ist ein rein elektrisch betriebenes Fahrzeug. Für die Arbeiten an Elektrofahrzeugen ist ein besonderer Lehrgang erforderlich. Zumindest für alle Arbeiten, die einen Eingriff in oder um das Hochvoltsystem erforderlich machen. Für diese Fahrzeuge wird noch ein gesonderter Band mit den Besonderheiten zu Antrieb, Komponenten und den Arbeiten daran erscheinen.

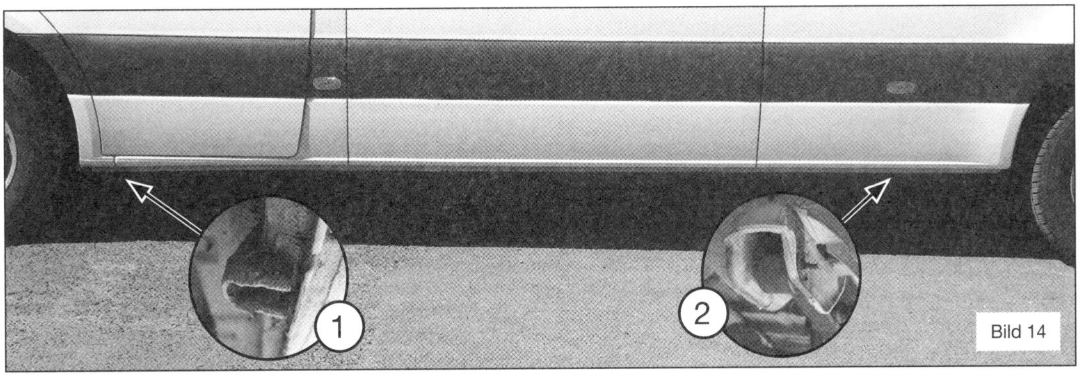

Bild 14
Aufnahmepunkte an der Karosserie für Wagenheber und Hebebühne.
1 Wagenheberaufnahme am Schweller vorne
2 Wagenheberaufnahmepunkt an der Blattfederaufnahme

Richtiges Aufbocken

Im Bordwerkzeug des Mercedes Sprinter 907 ist, wie schon beim Vorgängermodell, ein hydraulischer Wagenheber vorhanden. Spindelwagenheber sind für das Fahrzeuggewicht weniger geeignet. Ob Sie nun den originalen Wagenheber oder einen Werkstattwagenheber einsetzen: Es sollte grundsätzlich eine geeignete Gummi- oder Holzzwischenlage verwendet werden, um Schäden an der Karosserie oder auch am Korrosionsschutz zu vermeiden.

Das Fahrzeug darf keinesfalls an der Motorölwanne, am Getriebe, an der Hinterachse, der Vorderachse oder an den Unterholmen angehoben werden, da sonst schwerwiegende Schäden eintreten können.

Es darf nur an den auf den Abbildungen gezeigten Aufnahmepunkten angehoben werden. Andere Bereiche sind nicht in der Lage, das Fahrzeuggewicht auf der Hebebühne sicher aufzunehmen.

Wichtige Grundregeln:

Aufgrund der Unfallgefahr niemals bei angehobenem Fahrzeug den Motor anlassen.

Wenn unter dem Fahrzeug gearbeitet werden soll, muss es mit geeigneten Unterstellböcken sicher abgestützt werden.

Fahrzeuge mit schwerem Aufbau und Kasten-, Kombifahrzeuge mit langem Radstand müssen zusätzlich abgestützt werden. Stellen Sie hierzu eine handelsübliche Stütze senkrecht unter den Abschlussquerträger.

Bei Arbeiten auf der Hebebühne müssen Sie das Fahrzeug zusätzlich mit Spanngurten an der Hebebühne gegen Abrutschen sichern.

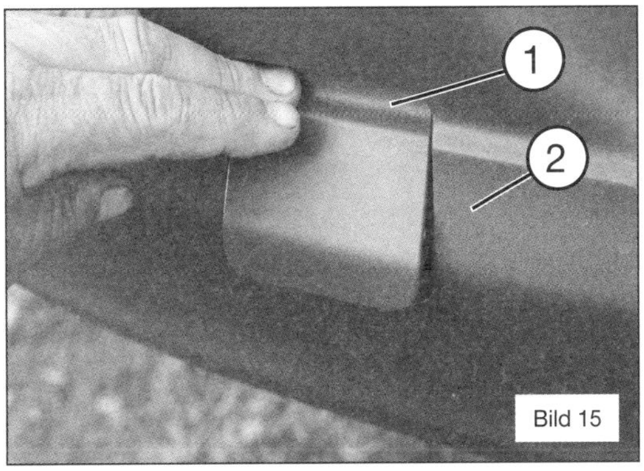

Bild 15
Abdeckung der Abschleppöse vorne im Stoßfänger.
1 Abdeckung
2 Stoßfänger

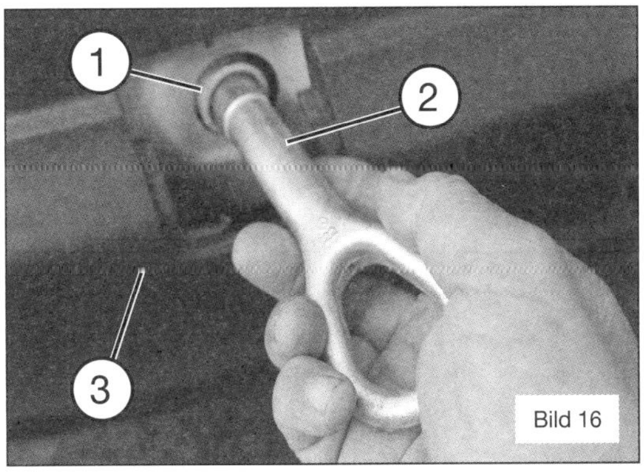

Bild 16
Einschrauben der Abschleppöse vorne.
1 Gewinde im Rahmenträger
2 Abschleppöse
3 Stoßfänger

An- und Abschleppen

Bei manchen Pannen muss das Fahrzeug abgeschleppt werden. Anschleppen, weil der Motor nicht anspringen will, sollte man nur, wenn keine Möglichkeit besteht den Motor mit Starthilfekabeln zu starten.

Fahrzeuge ohne Schmiermittel im Schaltgetriebe oder mit Automatikgetriebe dürfen nur mit angehobenen Antriebsrädern abgeschleppt werden.

Das Anschleppen von Fahrzeugen mit automatischem Getriebe zum Starten des Motors ist aus technischen Gründen nicht möglich. Beim Abschleppen von Fahrzeugen mit automatischem Getriebe muss der Wählhebel in Position »N« sein, und es darf nicht weiter als 50 km und nicht schneller als 50 km/h geschleppt werden, da sonst das Getriebe zerstört wird. Grundsätzlich ist es natürlich auch hier besser, zumindest die Antriebsachse anzuheben.

☞ Zum An- und Abschleppen sollten Kunstfaserseile oder Seile aus ähnlich elastischem Material verwendet werden. Sicherer ist eine Abschleppstange. Beim Abschleppen dürfen keine unzulässigen Zugkräfte und keine stoßartigen Belastungen auftreten. Seil oder Stange dürfen nur an den vorgesehenen Abschleppösen vorn oder hinten angebracht werden. Die einschraubbare Öse befindet sich im Bordwerkzeug, die Einschraubgewinde werden nach Entfernen einer kleinen Abdeckung in den Stoßfängerverkleidungen vorn und hinten zugänglich. Von Hand eindrehen, mit durchgestecktem Radschraubenschlüssel festziehen.

⚠ Bei Schleppmanövern abseits regulärer Straßen besteht die Gefahr, dass die Befestigungsteile überlastet werden. Wird ein Abschleppseil verwendet, muss der Fahrer des ziehenden Wagens beim Anfahren und Schalten besonders weich einkuppeln.

Der Fahrer des gezogenen Wagens hat darauf zu achten, dass das Seil straff gehalten wird. An beiden Fahrzeugen die Warnblinkanlage einschalten. Die Zündung muss eingeschaltet sein, damit das Lenkrad nicht blockiert ist und Blinkleuchten, Hupe und Scheibenwischer bei Notwendigkeit eingeschaltet werden können. Da der Bremskraftverstärker nur bei laufendem Motor arbeitet, muss ggf. das Bremspedal kräftiger getreten werden. Beim Anschleppen von Fahrzeugen mit Schaltgetriebe ist Folgendes zu beachten:

- Vor dem Anschleppen 2. oder 3. Gang einlegen, Kupplung halten.
- Zündung einschalten, damit das Lenkrad nicht blockiert und Blinkleuchten, Hupe sowie Wisch-/Waschanlage benutzt werden können.
- Kupplungspedal loslassen, wenn beide Fahrzeuge in Bewegung sind.
- Sobald der Motor angesprungen ist, Kupplung treten und Gang herausnehmen, um Auffahren auf das Zugfahrzeug zu vermeiden.

Einige Kniffe für Schrauber

☞ Eine unlösbare Verschraubung oder eine abgerissene Schraube haben schon manchen Heimwerker von seinem Reparaturvorhaben wieder abgebracht. Unsere Hinweise sollen helfen, ungewohnte Arbeiten durchzuführen.

Passendes Werkzeug

☞ Achten Sie gerade dann, wenn Verschraubungen schlecht zugänglich sind oder schon erkennbare Korrosionsschäden haben, auf passgenaues Werkzeug. Nichts ist ärgerlicher, als eine unnötige Mehrarbeit selbst verschuldet zu haben.

Verrostete Verschraubungen lösen

- Die freiliegenden Gewindegänge des Gewindebolzens von Rost und Schmutz befreien.
- Gewinde mit einer Drahtbürste säubern und anschließend mit Rostlöser besprühen.
- Bei Schnell-Rostlösern die Mutter sofort losdrehen.
- Bei anderen Rostlösern etwas warten.
- Wenn die Kanten einer Mutter bereits rund gedreht sind, oder wenn Rost die Anlageflächen deformiert hat, helfen nur noch Hitze oder Gewalt.
- Erwärmen Sie die Verschraubung.
- Gripzange verwenden. Damit lässt sich die Mutter fest greifen und oft losdrehen.
- Hilft das nicht weiter, wird ein scharfer Meißel angesetzt und die Mutter aufgemeißelt.
- Eine gut zugängliche Mutter kann auch entlang des Gewindes mit einer Metallsäge aufgesägt werden. Werkstätten benutzen einen Muttersprenger.

Innensechskant- und Innenvielzahnschrauben lösen

- Das Schraubenloch muss von jeglichem Schmutz gesäubert sein, ehe das Werkzeug angesetzt wird.
- Am besten eignen sich Steckeinsätze mit langem Sechskant oder Vielzahn (Torx).
- Im Gegensatz zu Winkelschlüsseln, bei denen die Kraft schräg ansetzt, vertragen die Steckeinsätze einen Hammerschlag auf der Adapterseite mit dem Vierkant. Der Schlag lockert den Sitz der Schraube und erleichtert merklich das Lösen.

Schlitz- und Kreuzschlitzschrauben lösen

Schrauben können so fest sitzen, dass sie sich nicht mehr mit dem Schraubendreher herausdrehen lassen. Bei Kreuzschlitzschrauben dreht sich der Schraubendreher auch bei starkem Druck auf den Griff aus dem Kreuzschlitz heraus. Nach einigen erfolglosen Versuchen ist der Schlitz vermurkst, die Schraube ist praktisch unlösbar.

- Stabilen Schraubendreher ansetzen und mit kräftigem Hammerschlag auf das Griffende versuchen die Schraubverbindung zu lösen. Meistens bricht die mit dem Kopf fest korrodierte Schraube los. Sie lässt sich dann normal herausdrehen.
- Hilft der kräftige Hammerschlag nichts, muss ein Schlagschrauber her. Bei jedem Schlag auf dessen Griffoberseite wird der Schraubendrehereinsatz unter Druck ein wenig weitergedreht.

Blechschrauben ausbohren

Lässt sich in einem Schraubenkopf kein Werkzeug mehr ansetzen, hilft nur noch Ausbohren.

- Erst entfernt man mit einem passenden Bohrer den Schraubenkopf, eventuell mit einem kleineren Bohrer vorbohren.
- Das Gewindeteil lässt sich jetzt entweder durchstoßen oder mit einer Zange von der Rückseite abnehmen.
- Andernfalls mit einem dünnen Bohrer das Gewindeteil ausbohren. Den Bohrerdurchmesser nicht zu groß wählen, sonst hält später nur eine dickere Blechschraube.

Stehbolzen lösen und festdrehen

- Anlagefläche für Schraubenschlüssel schaffen.
- Auf dem freien Gewindeteil zwei Muttern fest gegeneinander drehen (kontern).
- An den blockierten Muttern den Schraubenschlüssel ansetzen und den Bolzen lösen.

Abgerissene Schrauben ausbohren

Das Gegengewinde, in dem die abgerissene Schraube steckt, sollte möglichst wenig Schaden nehmen.

- Körnerschlag auf Schraubenrest Mitte.
- Bis Schraubengröße M8 mit einem Kernlochbohrer arbeiten. Das ist der Durchmesser einer Schraube ohne Gewindeflanken.

Bild 17

Bild 17
Genaues Bohren ist erforderlich, um die Bauteile nicht zu beschädigen.

Bild 18

Bild 18
Gewindeschneiden mit Vorsicht und Bedacht.

Faustregel: Gewindedurchmesser multipliziert mit 0,8.

- Schrauben größer als M8 mit einem dünneren Bohrer vorbohren.
- Wenn sich die Metallreste nicht mit einer Reißnadel aus den Gewindegängen entfernen lassen, Gewinde nachschneiden.

Gewinde schneiden

Hat das Metall noch genug Substanz, kann ein größeres Gewinde eingeschnitten werden. Andernfalls muss eine Gewindebuchse eingesetzt werden.

Das Nach- oder Neuschneiden von Gewinden geht in drei Stufen vor sich. Die entsprechenden Gewindeschneider heißen Vorschneider (mit einem Ring am Schaft gekennzeichnet), Mittelschneider (zwei Ringe am Schaft) und Fertigschneider (drei Ringe oder ohne Kennzeichnung).

- Gewindeschneider nacheinander unter ständigem Ölen in das vorgebohrte Kernloch hinein- und wieder herausdrehen.
- Beim Hineindrehen ab und zu absetzen und ein Stück zurückdrehen, sonst werden die Metallspäne zu lang und klemmen.

Bild 1
Abmessung Frontansicht.
A Fahrzeughöhe
B Spurweite
C Breite ohne Spiegel
D Breite mit Spiegeln

Die Abmessungen können je nach Ausstattung, Fahrwerksausführung und Radreifenkombinationen unterschiedlich ausfallen!

2 Modell

Modellvorstellung

In der dritten Generation Sprinter haben Volkswagen und Mercedes wieder eigene Wege gefunden. Im Februar 2018 wurde die Modellreihe 907 in Duisburg vorgestellt.

Markante Veränderungen

Alles anders, alles neu! Der Sprinter 907 weist nicht nur in Sachen Fahrerassistenzsystemen die Merkmale moderner Transporter auf. Moderne Technik ist nun klarer Bestandteil des Arbeitstiers unter den Kleintransportern. Markante optische Erscheinung, komplette Neugestaltung des Innenraums und trotzdem die wichtigen und robusten Gene des Vorgängers beibehalten. Die Technik des Sprinters werden wir in diesem Buch, wie bei den Vorgängern, genauer unter die Lupe nehmen und wichtige Arbeitsschritte daran beschreiben.

Baumusterkennzeichen

Über acht Ziffern wird der Sprinter genauer bezeichnet. Die wichtigsten zur Identifikation sind die Stellen 1-6 in der Tabelle.

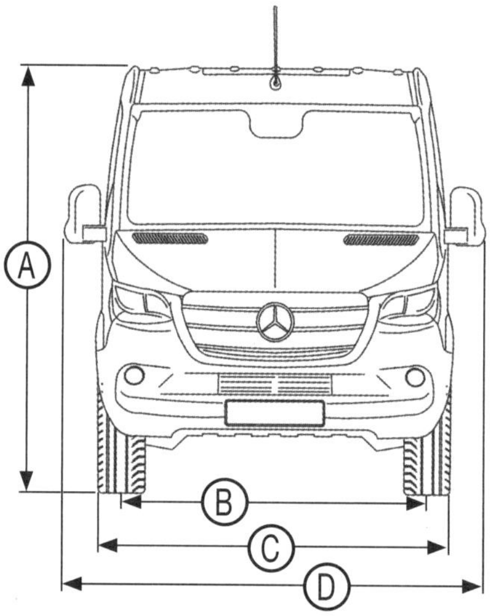

Bild 1

Stelle	*Bezeichnung*	*Beispiel*
1-3	Modellreihe	907 = Sprinter ab 2018 mit Heckantrieb 910 = Sprinter ab 2018 mit Frontantrieb
4	Aufbauart	1 = Fahrgestell mit Fahrerhaus 2 = Fahrgestell mit Doppelkabine 6 = Kastenwagen 7 = Kombi
5	Zul. Gesamtgewicht	2 = bis 3.000 kg 3 = bis 3.500 kg 4 = bis 4.100 kg 5 = bis 5.000 kg
6	Radstand	1 = 3250 mm 3 = 3665 mm 5 = 4325 mm 7 = langer Überhang
7	Steuerseite	1 = Linkslenker 2 = Rechtslenker
8	Ausführung	3 = komplett

Bild 2
Abmessungen beim Transporter oder Kombi.
E Überhang hinten
F Radstand
G Überhang vorne
H Fahrzeuglänge
I Laderaumhöhe
J Ladekante
K Laderaumlänge

Die Abmessungen können je nach Ausstattung, Fahrwerksausführung und Radreifenkombinationen unterschiedlich ausfallen!

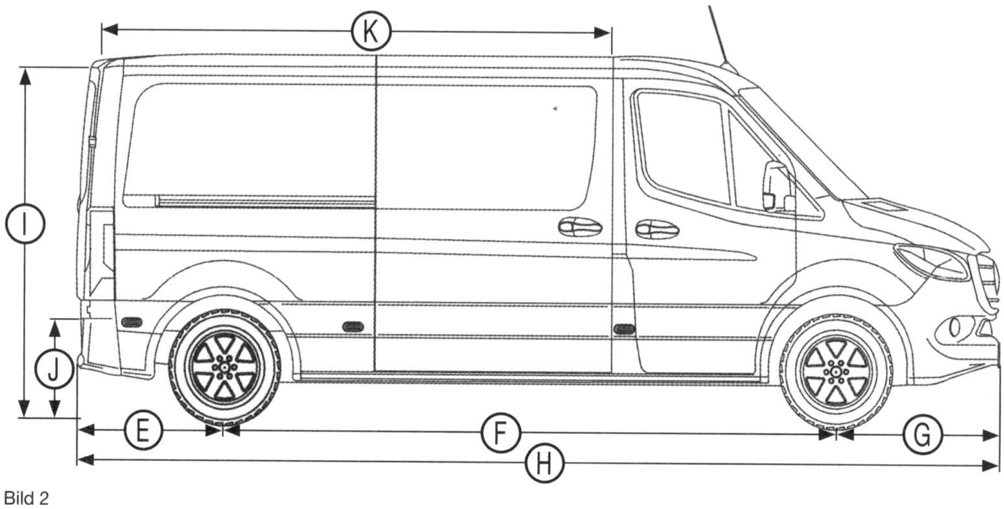

Bild 2

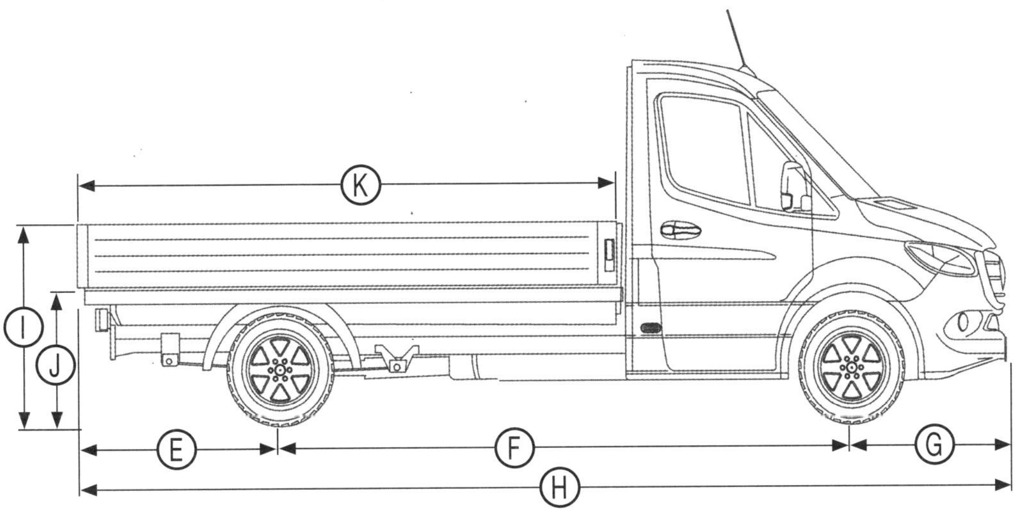

Bild 3

Bild 3
Abmessungen beim Pritschenfahrzeug.
E Überhang hinten
F Radstand
G Überhang vorne
H Fahrzeuglänge
I Kastenhöhe
J Ladekante
K Pritschenlänge

Die Abmessungen können je nach Ausstattung, Fahrwerksausführung und Radreifenkombinationen unterschiedlich ausfallen!

Abmessungen
Die Abmessungen können je nach Ausstattung und Fahrwerksausführung abweichen.

Kasten und Kombi (Bild 2):
Beim Kombi können die Abmessungen des Laderaums je nach Variante der Innenausstattung von den angegebenen Werten abweichen.

Kürzel	*Bezeichnung*	*Abmessung*
A	Fahrzeughöhe (normal) (Hochdach) (Superhochdach)	2.351 mm 2.638 mm 2.831 mm
B	Spurweite vorne	2.080 mm
C	Karosseriebreite	2.175 mm
D	Fahrzeugbreite mit Spiegel	2.345 mm
E	Überhang hi. (kurz, normal) (lang) (extralang)	996 mm 1.621 mm 2021 mm
F	Achsabstand (kurz) (Standard) (lang und extralang)	3.250 mm 3.665 mm 4.325 mm
G	Überhang vorne	1.021 mm
H	Fahrzeuglänge (kurz) (normal) (lang) (extralang)	5.267 mm 5.932 mm 6.967 mm 7.367 mm
I	Laderaumhöhe (normal) (Hochdach) (Superhochdach)	1.719 mm 2.009 mm 2.243 mm
J	Ladekante	566 - 621 mm
K	Laderaumlänge (kurz) (normal) (lang) (extralang)	2.607 mm 3.272 mm 4.307 mm 4.707 mm

Pritsche (Fahrerhaus) (Bild 3):
Die »Singelcab« -Ausführung der Pritsche ist mit zwei oder drei Sitzplätzen in einer Reihe ausgestattet. Die Pritsche ist für die Gewichtklasse mit 3.500 kg mit drei Pritschenlängen lieferbar. Wir verwenden hier werksnahe Daten. Natürlich können wir in der folgenden Tabelle keine Rücksicht auf Veränderungen durch Umbauer von Sonderaufbauten oder sogar kippbaren Ladeflächen nehmen.

Kürzel	*Bezeichnung*	*Abmessung*
A	Fahrzeughöhe	2.351 mm
B	Spurweite vorne	2.080 mm
C	Karosseriebreite	2.175 mm
D	Fahrzeugbreite mit Spiegel	ab 2.345 mm
E	Überhang hinten (kurz) (normal) (lang)	1.225 mm 1.360 mm 1.600 mm
F	Achsabstand (kurz) (normal) (lang)	3.250 mm 3.665 mm 4.325 mm
G	Überhang vorne	1.021 mm
H	Fahrzeuglänge (kurz) (normal) (lang)	6.946 mm 6.046 mm 5.496 mm
I	Kastenhöhe (kurz) (normal) (lang)	1388 mm 1384 mm 1378 mm
J	Ladekantenhöhe (kurz) (normal) (lang)	985 mm 981 mm 975 mm
K	Pritschenlänge (kurz) (normal) (lang)	2.972 mm 3.522 mm 4.422 mm

Bild 4
Abmessungen beim Doka-Pritschenfahrzeug.
E Überhang hinten
F Radstand
G Überhang vorne
H Fahrzeuglänge
I Kastenhöhe
J Ladekante
K Pritschenlänge

Die Abmessungen können je nach Ausstattung, Fahrwerksausführung und Radreifenkombinationen unterschiedlich ausfallen!

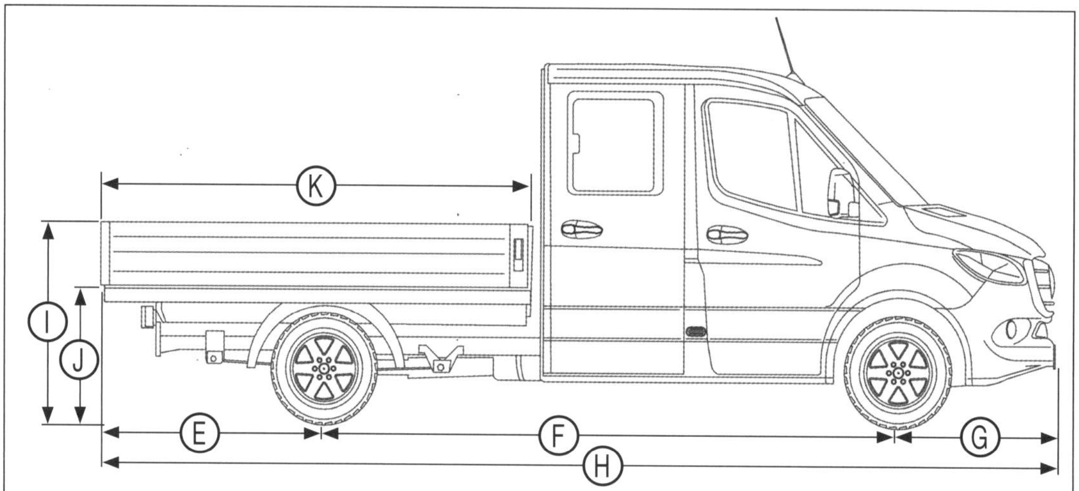

Bild 4

Doka Pritsche (Doppelkabine) (Bild 4):
Die »Doka« -Ausführung der Pritsche ist mit bis zu fünf Sitzplätzen aufgeteilt in zwei Reihen ausgestattet.

Kürzel	*Bezeichnung*	*Abmessung*
A	Fahrzeughöhe	2.351 mm
B	Spurweite vorne	2.080 mm
C	Karosseriebreite	2.175 mm
D	Fahrzeugbreite mit Spiegel	ab 2.345 mm
E	Überhang hinten (kurz) (normal) (lang)	1.305 mm 1.470 mm 1.510 mm
F	Achsabstand (kurz) (normal) (lang)	3.250 mm 3.665 mm 4.325 mm
G	Überhang vorne	1.021 mm
H	Fahrzeuglänge (kurz) (normal) (lang)	5.576 mm 6.156 mm 6.856 mm
I	Kastenhöhe (kurz) (normal) (lang)	1.375 mm 1.373 mm 1.372 mm
J	Ladekantenhöhe (kurz) (normal) (lang)	972 mm 970 mm 969 mm
K	Pritschenlänge (kurz) (normal) (lang)	2.242 mm 2.822 mm 3.522 mm

Motor und Antrieb
Auch in Sachen Motorkonzept hat sich im neuen Modell einiges verändert. Der OM 464, der noch im Vorgängermodell zum Einsatz kam, ist in dieser Modellreihe entfallen. Einer der meistverbauten Motoren für Pkw und leichte Nutzfahrzeuge war der OM 651, der in Schrauberkreisen auch als »Taxi-Motor« bezeichnet wurde. Dieser Motor kommt auch im 907er Sprinter noch bis 2021 zum Einsatz. Auch der Sechszylinder (OM 642) mit 3,0-l-Hubraum wurde nur bis 2021 verbaut. Ab dem Modelljahr 2021 kommt eine neue Motorengeneration (OM 654) zum Einsatz, die mit vier Zylindern und lediglich 1950 cm³ die komplette Leistungspalette der Motoren bis 140 kW abdeckt. Ein genialer Schachzug, da hier viele sogenannte »Identteile« die Teilebevorratung und somit auch die Kosten eindämmen. Die Besonderheiten im schrauberischen Bereich dieses »Powerwürfels« werden wir uns noch genauer ansehen. Eine Besonderheit findet sich schon in der Materialwahl. Der Motorblock besteht aus Aluminium, die Kolben aber sind aus Stahl gefertigt. Die Brennraummulde ist als Stufenmulde ausgeführt, was die Brenngeschwindigkeit

Bild 5
Neues Kraftpaket.
Der OM 654 mit 2,0-l-Hubraum übernimmt den Platz im Motorraum in der kompletten Leistungsbreite ab dem Modelljahr 2021.

Bild 5

und das Abgasverhalten positiv beeinflusst. Zum Thema Lebensdauer der Motoren, mit Motoren mit dem »kleinen« Hubraum hat Mercedes viele Jahre Erfahrung mit den schon legendären 2,2-l-Turbodiesel (OM 651) gesammelt.

Dieselmotoren:
Drei unterschiedliche Dieselmotoren bilden die Basis für sieben unterschiedliche Leistungsbereiche. Sogar die kleinste Motorleistung mit 84 kW (114 PS) überzeugt mit recht kräftigem Antritt und gutem Durchzugsvermögen dank moderner Aufladung mit unterschiedlichen Turboladersystemen in unterschiedlichen Leistungsstufen.

Getriebevarianten:
Der Sprinter ist in der Schaltvariante mit einem Sechsganggetriebe ausgerüstet. Weiterhin ist auch ein Wandler-Automatikgetriebe lieferbar. Die Getriebereparaturen werden wir nur eingeschränkt darstellen können.

Nebenabtriebe:
Im Sprinter gibt es zwei unterschiedliche Nebenabtriebe. Eine zusätzliche (breitere) Riemenscheibe auf der Kurbelwelle und einen angeflanschten Nebenantrieb am Getriebeausgang über eine spezielle Welle. Beide Varianten sind nur mit erheblichem Aufwand nachrüstbar. Sollten Sie also einen Nebenantrieb benötigen, sollten Sie ein entsprechendes Fahrzeug suchen. In den meisten Fällen werden Sie wahrscheinlich bei Fahrzeugen fündig, die im kommunalen Einsatz bei Gemeinden und Verbänden waren.

Sprinter 4x4:
Die Allradvarianten des Sprinters sind fast vollwertige Offroadfahrzeuge mit hohem Nutzwert. Für den privaten Bereich sind die Allradler nicht nur für Extrem-Camper oder Baufirmen interessant. Das Allradsystem erweitert die Funktionalität des Fahrzeugs und stabilisiert den Verkaufswert, wenn das Fahrzeug ersetzt werden soll.

Assistenzsysteme
Fahrassistenzsysteme gehören heute zu fast jeder Ausstattungsliste der Fahrzeuge in diesen Baujahren. Auch im Sprinter 907 finden Sie Systeme, die in der ersten Modellreihe nicht denkbar waren. Je nach Ausstattung unterschiedliche Systeme und Funktionen, die aus Verknüpfungen der Systeme entstehen.

Das Start-Stopp-System
Eine weitere Besonderheit der technischen Ausrüstung ist das Start-Stopp-System. Die Start-Stopp-Funktion ist recht leicht vorstellbar. Über das Bordnetzsystem lässt sich natürlich auch die Nutzung des Fahrzeuges erkennen. Entsprechend wird bei aktiviertem System und einer Haltephase der Motor abgestellt. So wird Kraftstoff und eine co2-Senkung realisiert. Bei diesen Fahrzeugvarianten ist ein verstärkter Starter verbaut.

Sicherheitssysteme
Airbagsystem:
Zur Serienausstattung des Sprinter 907 zählen je ein Full-Size-Airbag für Fahrer und Beifahrer sowie ein Seiten-Airbag auf der Fahrer- und Beifahrerseite. Die Airbags im Lenkrad und in der Instrumententafel werden ausgelöst, wenn ein Aufprall entsprechender Stärke von vorn erfolgt und die Kollisionskräfte innerhalb eines 60 °-Winkels wirken. Die Seiten-Airbags werden durch den jeweiligen Crash-Sensor einzeln, je nach Aufprall von links oder rechts, ausgelöst. Hinzu kommen noch die beiden Window-bags, die über den Türfenstern verbaut sind und den Kopfbereich schützen.

Reifendruckkontrolle:
Im Sprinter 907 ist ein »aktives« System verbaut, das den Druck über Sensoren im Rad erfasst. Neue Reifendrucksensoren, wie beispielsweise in den Winterrädern, werden bei der ersten Fahrt automatisch eingelernt. Der Reifendruck und die Reifentemperatur werden im Multifunktionsdisplay angezeigt. Grundsätzlich sollten Sie den Reifendruck trotz dieses Systems auch regelmäßig manuel kontrollieren.

ISOFIX und Kindersitzbefestigung:
Im Sprinter sind nur die hinteren Sitzreihen für die Befestigung eines Kindersitzes über ein ISO-Fixsystem vorgesehen. Die Befestigung auf den Vordersitzen ist möglich. Sie sollten hier unbedingt Ihre Fahrzeugbedienungsanleitung und die Anleitung zu dem Kindersitz beachten.

Bremssysteme:
Auch das Bremssystem des 907 verfügt über EBD (Electronic Brake Force Distribution), die elektronische Bremskraftverteilung auf Vorder- und Hinterräder, ESP (Electronic Stability Program) ist die elektronische Kontrolle der Fahrzeugstabilität und ergänzend der Hill Holder (mit ESP), der das Bremsen und Anfahren auf geneigten Straßen ohne Hilfe der Handbremse erlaubt. Der HBA (Hyd-raulic Brake Assistance) ist der elektrohyd-raulische Bremsassistent, der automatisch den Druck des Bremskreises während einer Notbremsung (mit ESP) erhöht.

Elektrische Servolenkung
Neben der mechanischen Lenkung, die es nur in der Basisversion gab, wird ein elektrisches Lenksystem verbaut. Das EPS (Electric-Power-Steering) übernimmt neben der Lenkkraftunterstützung auch die Anpassung der Lenkkräfte an die tatsächlichen Anforderungen und die Fahrgeschwindigkeit sowie die aktive Lenkrückstellung. Es gibt keine hydraulischen Komponenten mehr.

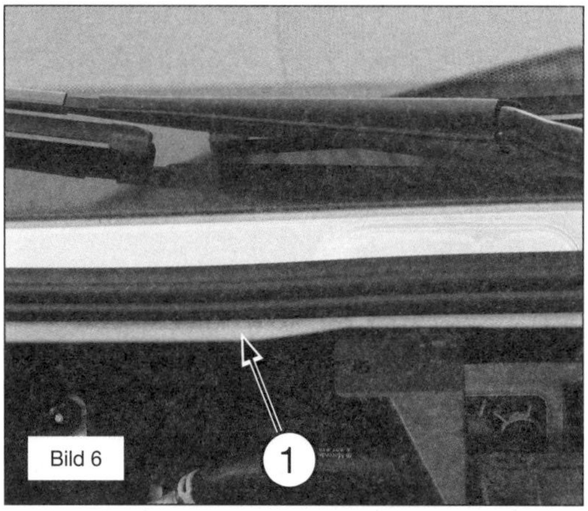

Bild 6
Fahrgestellnummer beim 907.
Eingestanzt unterhalb der Motorhaube im Scheibenrahmen.

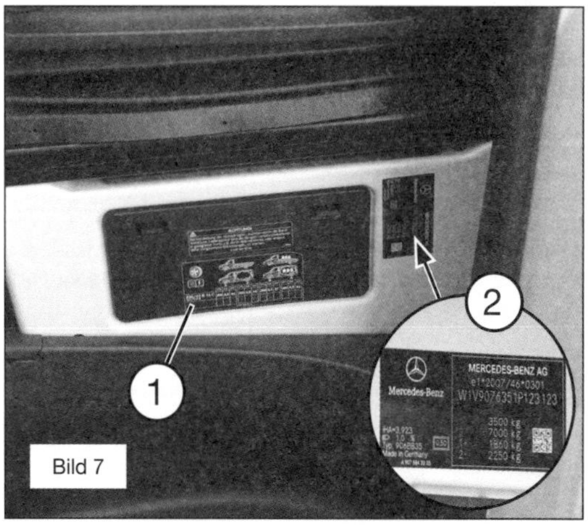

Bild 7
Am Fahrersitzkasten.
1 Luftdrucktabelle
2 Typenschild

Identifizierung

Fahrgestellnummer (1 im Bild 6)
Die Fahrzeug-Identifizierungsnummer (1 im Bild 6) befindet sich an der Spritzwand etwa in der Mitte des Motorraums (1), im Sichtfenster im Scheibenrahmen und auf der Fahrerseite auf dem Typenschild. Im Bild 7 ist sie mit der Kennziffer (2) gekennzeichnet.

Aufschlüsselung der Fahrzeug-Identifizierungsnummer (FIN):

FIN	Bedeutung
WDB	Herstellerzeichen
907	Baureihe
633	Baumusterkennzeichen (Seite 12)
N	Produktionsstätte
123456	Laufende Nummer

Das Typenschild (2 im Bild 7)
Das Typenschild findet sich je nach Fahrzeugvariante am Schlossträger, an der Sitzkiste des Fahrersitzes (Bild 7), der B-Säule der Fahrerseite oder im Radhausinnenblech im Motorraum links. Für die meisten Serienfahrzeugen mit werksmäßig ausgelieferter Karosserie (also selten Wohnmobile) finden Sie das Typenschild auf der Sitzkiste im Einstiegsbereich des Fahrers (auf der linken Seite).

Die Farbnummer
Die Farbnummer kann, soweit es sich um den originalen Farbton handelt, leicht über den Fachhandel über die Fahrgestellnummer ausgelesen werden. Diese Informationen können Sie über Ersatzteilprogramme oder im Netz abfragen.

Die Motornummer
Die Motornummer finden Sie als Einschlag oder Fräszahlen auf einer Fläche von hinten auf dem Motorblock. Sie ist meist aber schlecht lesbar. Notieren Sie sich diese Nummern und Zahlenfolge zur besseren zukünftigen Zugänglichkeit, möglichst vorne in Ihrem Serviceheft oder im Kapitel 17 am Ende dieses Bandes.

Die Getriebekennnummer
Die Getriebekennzeichnung kann an zwei

unterschiedlichen Stellen erfolgen. Zum einen finden Sie die Kennnummer eingeschlagen im Bereich des Schwungrad-(Kupplungs-) Gehäuses. Zum anderen ist oft ein Aufkleber von unten vorne ersichtlich angebracht. Der Aufkleber ist oft kaum noch oder zumindest schlecht lesbar. Notieren Sie sich auch diese Nummern und Zahlenfolge in Ihrem Serviceheft oder im Kapitel 17 am Ende dieses Bandes.

Regelmäßige Kontrollen

Regelmäßige Kontrollen
Hier beschreiben wir die Arbeitsschritte, die Sie zwischendrin z. B. beim Tanken oder bei der Fahrzeugreinigung kontrollieren sollten:

Arbeitsschritte	Bemerkung	OK/Defekt
Scheibenwaschwasser auffüllen. Schelbenwlscher und Waschanlage prüfen.		
Wasserablauf im Wasserkasten prüfen, (Blätter u. Blütenreste).		
Motorölstand und Kühlflüssigkeit prüfen eventuell nachfüllen.		
Kontrollleuchten, Standlicht, Abblend- und Fernlicht prüfen.		
Bremsleuchten, Blinker und Warnblinker sowie das Signalhorn (auch Lichthupe) prüfen.		
Bremsen und Bremsflüssigkeit prüfen, Handbremshebelweg prüfen und eventuelle Einstellung prüfen.		
Reifen (und, falls vorhanden, Reserverad): Zustand, Reifenlaufbild, Fülldruck und Profiltiefe prüfen. Wenn damit ausgestattet: Haltbarkeitsdatum des Reifenreparatur-Sets prüfen (Bild 8).		
Prüfen Sie, ob das Haltbarkeitsdatum des Verbandskastens überschritten ist (Bild 9).		

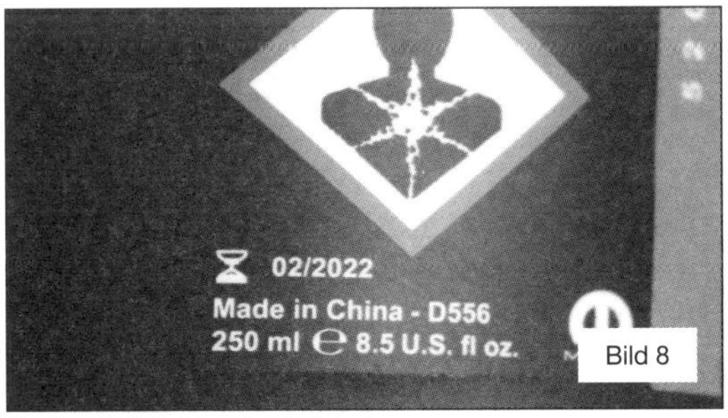

Bild 8

Bild 9

Bild 8
Fälligkeitsdatum für das Reifenfüllset.

Bild 9
Fälligkeitsdatum für den Verbandskasten.

Servicevorgaben

ASSYST (Aktives Service-System)
»ASSYST« ist die Bezeichnung, die Mercedes Benz für eine flexible Wartungsintervallanzeige verwendet. Bei Fahrzeugen mit »ASSYST« wird der nächste Servicetermin in Abhängigkeit von der Fahrleistung und der Fahrweise des Fahrers ermittelt. Die Zeit zwischen einzelnen Serviceterminen verlängert sich, wenn das Fahrzeug schonend, bei mittleren Drehzahlen gefahren und Kurzstrecken vermieden wurden, bei denen der Motor die Betriebstemperatur nicht erreicht hat. Die Fälligkeit wird im Display angezeigt.

Standzeiten ohne Batterie:
ASSYST erfasst nur die Zeiten, in denen die Batterie angeklemmt ist. Die Zeitangabe im Display wird verfälscht. Um den zeitabhängigen Service zu errechnen, ziehen Sie die Standzeiten ohne Batterie von den angezeigten Tagen der Servicemeldung ab.

Service- und Inspektionsumfang:
Im Display werden der Werkstattcode und die verbleibende Strecke oder die Anzahl der Tage angezeigt. Ein »A« steht für einen Service mit kleinem Umfang, ein »H« für einen Service mit großem Umfang. Der Buchstabe stellt die werkseitige Zeitvorgabe dar.

Sichtprüfung · Messen

Bild 10
Tachometertasten bei Fahrzeugen ohne Multifunktionslenkrad.
1 Entertaste
2 »OK« -Taste
3 Taste »nach rechts« oder »nach unten»

Bild 11
Tasten bei Fahrzeugen mit Multifunktionslenkrad.
1 Touch-Controltaste links
2 »zurück« -Taste

Kennung	Bedeutung
A	bis 1 h Zeitaufwand
B	bis 2 h Zeitaufwand
C	bis 3 h Zeitaufwand
D	bis 4 h Zeitaufwand
E	bis 5 h Zeitaufwand
F	bis 6 h Zeitaufwand
G	bis 7 h Zeitaufwand
H	bis 8 h Zeitaufwand

Die Fälligkeit der Inspektionsarbeiten werden auf einem ähnlichen Weg dargestellt. Hier bedeutet die Zahl hinter dem »B« in der Displaymeldung, die Abfolge der erfolgten B-Service. »B3-Service« ist also der dritte fällige Service.

Unterschiedliche Servicecodes:
Auf dem Fahrzeugdatenaufkleber ist entsprechend zu dem Land, für den das Fahrzeug vorgesehen ist, ein Servicecode angegeben.

Wartungscode	Bedeutung
JI1	alle 10.000 km oder 24 Monate
J1W	alle 12 Monate
JI2	alle 15.000 km oder 24 Monate
JI3	alle 20.000 km oder 24 Monate
JI4	alle 25.000 km oder 24 Monate
JI5	alle 30.000 km oder 24 Monate
JI6	alle 40.000 km oder 24 Monate
JI7	alle 60.000 km oder 24 Monate
JI8	alle 15.000 Meilen oder 12 Monate
JI9	alle 20.000 Meilen oder 24 Monate

Abfrage der anstehenden Serviceereignisse
Fahrzeuge ohne Multifunktionslenkrad:
■ Schließen Sie die Motorhaube.
■ Schließen Sie alle Türen.
■ Drehen Zündschlüssel in Stellung »1«.
■ Drücken Sie die Entertaste (1 im Bild 10), bis Sie den Menüpunkt »Total distance« (die Gesamtlaufleistung) erreicht haben.
■ Drücken Sie die Entertaste (1) erneut und halten Sie sie für zwei Sekunden fest.
■ Drücken Sie nun die Taste »OK« (2). Im Bildschirm erscheint die Menüliste mit »Vehicle data« (Fahrzeugdaten), »Dynamometer Test« (Rollentest) und »ASSYST PLUS«.

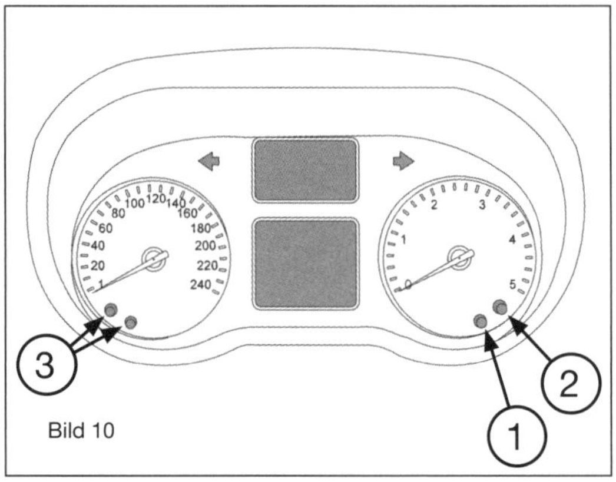

Bild 10

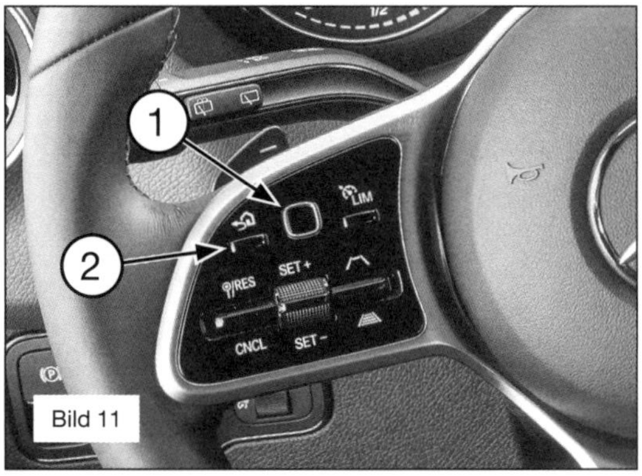

Bild 11

■ Wählen Sie mit den Tasten (3) den Menüpunkt »ASSYST PLUS« an.
■ Bestätigen Sie die Auswahl mit der OK-Taste (2). Sie befinden sich nun im Menüpunkt »Servicedaten« (Service Data).
■ Drücken Sie die Tasten (3), um in der Liste den Menüpunkt »Full Service« (Gesamtservice) anzuwählen.
■ Bestätigen Sie die Auswahl mit der OK-Taste (2).

Auf dem Display werden nun die durchzuführenden Servicearbeiten aufgelistet.
■ Drücken Sie die Entertaste (1) so oft, bis Sie den Menüpunkt »Total distance» (Gesamtfahrleistung) erreicht haben.
■ Schalten Sie die Zündung wieder aus.

Fahrzeuge mit Multifunktionslenkrad:
■ Schließen Sie die Motorhaube.
■ Schließen Sie alle Türen.
■ Drehen Zündschlüssel in Stellung »1«.
■ Drücken Sie die Taste (1 im Bild 11) am Multifunktionslenkrad, bis Sie am Touchpad »Total distance» (Gesamtfahrleistung) erreicht haben.
■ Drücken Sie die Taste (2) und halten Sie sie für zwei Sekunden fest.

■ Drücken Sie die Taste (1).
■ Halten Sie die Tasten (1) und (2) gedrückt.
Auf dem Bildschirm erscheint die Menüliste mit »Vehicle data« (Fahrzeugdaten), »Dynamometer Test« (Rollentest) und »ASSYST PLUS«.
■ Wählen Sie mit der Taste (1) den Menüpunkt »ASSYST PLUS« an.
■ Bestätigen Sie die Auswahl mit der Taste (1). Sie befinden sich nun im Menüpunkt »Servicedaten« (Service Data).
■ Drücken Sie die Tasten (1), um in der Liste den Menüpunkt »Full Service« (Gesamtservice) anzuwählen.
■ Bestätigen Sie die Auswahl mit der OK-Taste (1).
Auf dem Display wird nun »confirm Service« (Service bestätigen) angezeigt. Anschließend werden die durchzuführenden Servicearbeiten aufgelistet.
■ Drücken Sie die Taste (2) so oft, bis Sie am Touchpad »Total distance» (Gesamtfahrleistung) wieder erreicht haben.
■ Schalten Sie die Zündung wieder aus.

Rücksetzen ohne Diagnosetester

Fahrzeuge ohne Multifunktionslenkrad:
■ Schließen Sie die Motorhaube.
■ Schließen Sie alle Türen.
■ Drehen Zündschlüssel in Stellung »1«.
■ Drücken Sie die Entertaste (1 im Bild 10), bis Sie den Menüpunkt »Total distance« (die Gesamtlaufleistung) erreicht haben.
■ Drücken Sie die Entertaste (1) erneut und halten Sie sie für zwei Sekunden fest.
■ Drücken Sie nun die Taste »OK« (2). Im Bildschirm erscheint die Menüliste mit »Vehicle data« (Fahrzeugdaten), »Dynamometer Test« (Rollentest) und »ASSYST PLUS«.
■ Wählen Sie mit den Tasten (3) den Menüpunkt »ASSYST PLUS« an.
■ Bestätigen Sie die Auswahl mit der OK-Taste (2). Sie befinden sich nun im Menüpunkt »Servicedaten« (Service Data).
■ Drücken Sie die Tasten (3), um in der Liste den Menüpunkt »Full Service« (Gesamtservice) anzuwählen.
■ Bestätigen Sie die Auswahl mit der OK-Taste (2).
Auf dem Display werden nun die durchzuführenden Servicearbeiten aufgelistet.
■ Drücken Sie die Tasten (3), um in der Liste den Menüpunkt »Service« (Gesamtservice) anzuwählen.
■ Bestätigen Sie die Auswahl mit der OK-Taste (2).
■ Wählen Sie mit den Tasten (3) an, welches Öl Sie verwendet haben.
■ Bestätigen Sie die Auswahl mit der OK-Taste (2).
Auf dem Display wird nun mit »Service performed« (Service durchgeführt?) angezeigt.
■ Wählen Sie mit den Tasten (3) »Yes« an.
■ Bestätigen Sie die Auswahl mit der OK-Taste (2).
■ Die Tasten (3) wiederholt drücken, bis Sie auf dem Display »Confirmation« (Bestätigung) lesen können.
■ Bestätigen Sie die Auswahl mit der OK-Taste (2). Damit wird die Zeile »no take back« angewählt. Abschließend erscheint im Display »Full Service competed«.
■ Drücken Sie die Taste (1) so oft, bis Sie am Touchpad »Total distance» (Gesamtfahrleistung) wieder erreicht haben.
■ Schalten Sie die Zündung wieder aus.

Fahrzeuge mit Multifunktionslenkrad:
■ Schließen Sie die Motorhaube.
■ Schließen Sie alle Türen.
■ Drehen Zündschlüssel in Stellung »1«.
■ Drücken Sie die Taste (1 im Bild 9) am Multifunktionslenkrad, bis Sie am Touchpad »total distance« (Gesamtfahrleistung) erreicht haben.
■ Drücken Sie die Taste (2) und halten Sie sie für zwei Sekunden fest.
■ Drücken Sie die Taste (1).
■ Halten Sie die Tasten (1) und (2) gedrückt.
Auf dem Bildschirm erscheint die Menüliste mit »Vehicle data« (Fahrzeugdaten), »Dynamometer Test« (Rollentest) und »ASSYST PLUS«.
■ Wählen Sie mit der Taste (1) den Menüpunkt »ASSYST PLUS« an.
■ Bestätigen Sie die Auswahl mit der Taste (1). Sie befinden sich nun im Menüpunkt »Servicedaten« (Service Data).
■ Drücken Sie die Tasten (1), um in der Liste den Menüpunkt »Full Service« (Gesamtservice) anzuwählen.
■ Bestätigen Sie die Auswahl mit der OK-Taste (1). Auf dem Display wird nun »confirm Service« (Service bestätigen) angezeigt.

Anschließend werden die durchzuführenden Servicearbeiten aufgelistet.

■ Wählen Sie mit der Taste (1) die Zeile »confirm service» (Service bestätigen) an.

■ Bestätigen Sie die Auswahl mit der OK-Taste (1).

■ Wählen Sie mit der Taste (1) die verwendete Ölspezifikation an.

■ Bestätigen Sie die Auswahl mit der OK-Taste (1). Auf dem Display wird nun mit »Service performed« (Service durchgeführt?) angezeigt.

■ Wählen Sie mit den Tasten (1) »Yes« an.

■ Bestätigen Sie die Auswahl mit der OK-Taste (1).

■ Die Tasten (3) wiederholt drücken, bis Sie auf dem Display »Confirmation« (Bestätigung) lesen können.

■ Bestätigen Sie die Auswahl mit der OK-Taste (1). Damit wird die Zeile »no take back« angewählt. Abschließend erscheint im Display »Full Service competed«.

■ Drücken Sie die Taste (2) so oft, bis Sie am Touchpad »total distance» (Gesamtfahrleistung) wieder erreicht haben.

■ Schalten Sie die Zündung wieder aus.

Rücksetzen mit dem Diagnosetester

☞ Die Rücksetzung der Wartungsanzeige funktioniert nur mit Testern, die für diese Funktion auch vorgesehen sind. Die meisten OBD-Scanner sind nur für Motor und Antrieb vorgesehen.

☞ Grundsätzlich sollten Sie die Inspektionen und Wartungsarbeiten nicht außerhalb der Intervalle zurücksetzen. Da meistens keine Ölzettel mit Datum und Fahrleistung im Motorraum zu finden sind, ist die Wartungsanzeige die wichtigste Informationsquelle für den Wartungsstatus Ihres Fahrzeuges.

■ Zündung ausschalten.

■ Den Tester im Fahrzeug an der OBD-Anschlussdose anschließen.

■ Zündung einschalten und den Tester starten.

■ Die Inspektionsrücksetzung erfolgt im Tachometersteuergerät. Der Zugang wird meist über die »Geführte Funktionen« erleichtert.

■ Nacheinander auswählen: Marke, Typ, Modelljahr, Motorkennbuchstaben. Fahrzeugidentifikation bestätigen.

■ Dann wiederum nacheinander auswählen: Schalttafeleinsatz, Service-Intervall-Anzeige zurücksetzen.

■ Die Anpassung gemäß den »Geführten Funktionen« vornehmen, dann »Sprung« anwählen und »Beenden« drücken.

■ Zündung ausschalten, Diagnosestecker abziehen.

■ Zündung wieder einschalten.

■ Es wird nun kein Serviceereignis mehr angezeigt.

Wartung nach Plan

Mercedes Benz schreibt Wartungsintervalle nach Wartungscode vor. Bei Fahrzeugen, die überwiegend auf Kurzstrecken oder im Anhängerbetrieb eingesetzt werden und solche, die besonderen Belastungen wie staubreicher Umgebung ausgesetzt sind, sollten die Wartungsintervalle verkürzt werden. Mercedes vergibt hier Wartungscodes (siehe Seite 18), die der Belastung Rechnung tragen. Wir haben hier einen eigenen Wartungsplan erstellt, der (angelehnt an den originalen Wartungsplan) die Arbeitsschritte in einen Arbeitsablauf integriert.

Die drei Spalten im Wartungsplan beschreiben die erforderlichen Arbeiten.

☞ Die folgenden Seiten können Sie durchaus auch als Kopiervorlage für die »Wartung in Eigenregie« nutzen. In der Spalte Bemerkung können Sie Auffälligkeiten oder auch die Haltbarkeit von Verbandskasten oder Reifenfüllset vermerken.

Ölservice (»Ö« in den nachfolgenden Tabellen) als kleine Inspektion

Wir empfehlen diese Wartungsschritte alle 15.000 km oder zumindest einmal im Jahr durchzuführen.

Wartung (»W« in den nachfolgenden Tabellen) als große Inspektion

Wir empfehlen diese Wartungsschritte, alle 30.000 km oder zumindest alle zwei Jahre durchzuführen.

Zusatzarbeiten (»Z« in den nachfolgenden Tabellen) als Zusatzarbeiten

Für die Zusatzarbeiten finden Sie Anmerkungen im Beschreibungstext oder auch Fälligkeitshinweise. Diese Arbeiten fallen dann je nach Beschreibung zusätzlich an.

Umfang im Fahrzeuginnenraum

Hier beschreiben wir die Arbeiten, die im Fahrzeuginnenraum durchgeführt werden sollen (Ö = Ölservice 10.000 - 20.000 km, W = Wartung 20.000 - 40.000 km, Z = Zusatzarbeiten):

Ö	W	Z	Bezeichnung	Bemerkung	OK/Defekt
X	X		Elektrische Fensterheber, Heckscheibenheizung, Sitzheizung, Zigarettenanzünder und Spiegeleinstellung auf Funktion prüfen.		
X	X		Bedienelemente von Heizung, Lüftung und Klimaanlage auf Funktion prüfen.		
X	X		Scheibenwischer, Scheibenwaschanlage auf Funktion prüfen.		
X	X		Leuchten im Kombiinstrument und Innenbeleuchtung prüfen.		
X	X		Kombiinstrument: Serviceanzeige zurücksetzen.		
		X	Verbandskasten prüfen.	Verfallsdatum:	
		X	Reifendichtmittel prüfen.	Verfallsdatum:	
	X		Batterie: Flüssigkeitsstand prüfen, eventuell korrigieren.		
		X	Aktivkohle-Staubfilter Innenraum erneuern (je nach Verschmutzung).		
X	X		Fehlerspeicher auslesen.		
	X		Kupplungspedalweg prüfen/nachstellen.		
X	X		Wartungsintervall zurücksetzen ( ) Manuell / ( ) Tester.		

Umfang an der Fahrzeugaußenseite

In diesem Abschnitt geht es um die Karosserie und die Anbauteile außen (Ö = Ölservice 10.000 - 20.000 km, W = Wartung 20.000 - 40.000 km, Z = Zusatzarbeiten):

Ö	W	Z	Bezeichnung	Bemerkung	OK / Defekt
X	X		Außenbeleuchtung auf Funktion prüfen.		
	X		Scheinwerfereinstellung prüfen und einstellen.		
X	X		Karosserie im sichtbaren Bereich auf Lackschäden prüfen.		
X	X		Zustand der Türdichtungen prüfen.		
X	X		Frontscheibe auf Beschädigung prüfen.		
	X		Zentralverriegelung auf Funktion prüfen.		
	X		Scharniere und Türschlösser und Klappen schmieren.		
	X		Verdeck und Verdeckführungen prüfen/ reinigen/schmieren.		

Sichtprüfung Messen

Umfang an der Fahrzeugunterseite

Arbeiten unter dem Fahrzeug sind in diesem Abschnitt als Schwerpunkt anzusehen (Ö = Ölservice 10.000 - 20.000 km, W = Wartung 20.000 - 40.000 km, Z = Zusatzarbeiten):

Ö	W	Z	Bezeichnung	Bemerkung	OK / Defekt
X	X		Reifen auf Beschädigung und Rissbildung prüfen.		
X	X		Alle sichtbaren Teile der Fahrzeugunterseite auf Beschädigungen und Undichtheit prüfen.		
X	X		Alle Anschlussleitungen und Anschlusskabel auf Beschädigungen und schadhafte Befestigung prüfen.		
X	X		Motor, Getriebe und Bauteile der Betriebshilfsstoffe auf Undichtheiten und schadhafte Befestigung prüfen.		
X	X		Alle sichtbaren Teile der Abgasanlage auf Beschädigungen, Undichtheiten und schadhafte Befestigung prüfen.		
X	X		Hitzeschutzbleche auf Beschädigungen, Befestigung und Korrosion prüfen.		
X	X		Gummilagerung der Hinterachse und der Stoßdämpfer hinten auf Verschleiß, Rissbildung oder Beschädigungen prüfen.		
X	X		Alle sichtbaren Teile von Motor und Getriebe auf Beschädigungen, Undichtheiten und schadhafte Befestigung prüfen.		
X	X		Antriebswellen auf Spiel und den Zustand der Manschetten überprüfen.		
X	X		Spur- und Lenkstangen Manschetten prüfen.		
X	X		Keilrippenriemen im sichtbaren Bereich auf Verschleiß prüfen (Dieselmotor).		
	X		Vorderachsgelenke auf Spiel prüfen, Manschetten prüfen.		
	X		Spur- und Lenkstangengelenke auf Spiel prüfen (1 x jährlich).		
	X	X	Koppelstangen und Stabilisatoren: Lagerungen und Manschetten prüfen.		
		X	Keilrippenriemen erneuern (Benzinmotor) alle 100.000 km.		
		X	Kühlmittel Hauptkreislauf erneuern (alle 60.000 km).	Siehe auch: »Umfang im Motorraum«	
		X	Dichtmanschetten, Radbremszylinder und Bremsnachsteller auf Beschädigung prüfen.		
X	X		Unterbodenverkleidung auf Beschädigungen, Befestigung und Korrosion prüfen.		

Umfang im Motorraum

Arbeiten, die speziell im Motorraum anfallen, werden hier vorgestellt (Ö = Ölservice 10.000 - 20.000 km, W = Wartung 20.000 - 40.000 km, Z = Zusatzarbeiten):

Ö	W	Z	Bezeichnung	Bemerkung	OK / Defekt
X	X		Motorkühlsystem: Kühlmittelstand und Frostschutzgehalt prüfen.	(Siehe Serviceklappe vorne)	
		X	Motorkühlsystem: Wechsel (alle 60.000 km).		
X	X		Motor Öl- und Filterwechsel.		
		X	Getriebeölstand kontrollieren/wechseln (Kontrolle alle 60.000 km) (Wechsel bei 180.000 km)		
	X		Kraftstoffleitungen auf Dichtheit und Zustand prüfen.		
		X	Kraftstofffilter wechseln.	Alle 60.000 km	
		X	Luftfiltereinsatz erneuern alle 60.000 km.		
		X	Innenraumfiltereinsatz erneuern alle 60.000 km.		
		X	Ventilspiel prüfen, alle 60.000 km (wenn erforderlich einstellen).		
X	X		Scheibenwaschanlage: Flüssigkeitsstand prüfen, richtigstellen.		
X	X		Bremsanlage: Bremsflüssigkeitsstand prüfen.		
X	X	X	Bremsflüssigkeit Nasssiedepunkt prüfen/erneuern (alle 2 Jahre).		

Umfang rund um das Thema Rad und Bremse

In diesem Abschnitt stellen wir Ihnen die Arbeiten für die Wartung an Rad und Bremse vor (Ö = Ölservice 10.000 - 20.000 km, W = Wartung 20.000 - 40.000 km, Z = Zusatzarbeiten):

Ö	W	Z	Bezeichnung	Bemerkung	OK / Defekt
X	X		Bremsentest auf einem Prüfstand durchführen und Ergebnisse notieren.		
	X		Vorderachse: Bremsbelagstärke prüfen.		
	X		Vorderachse: Bremsscheiben auf Zustand prüfen.		
	X		Hinterachse: Bremsbelagstärke prüfen		
X	X		Reifendruck korrigieren und den korrigierten Reifendruck unter Bemerkungen vermerken.		
	X		Zustand von Bremsleitungen und Schläuchen prüfen.		
	X		Befestigungen von Bremsleitungen und Schläuchen prüfen.		

3 Werkzeug und Ausrüstung

Ob nun reines Hobby oder beruflich: Das Schrauben birgt gewisse Risiken. Vom kleinen Kratzer bis hin zum tödlichen Unfall ist schon alles vorgekommen. Ärgerlich ist es aber auch schon, wenn durch einen unpassenden Schraubenschlüssel eine Schraube so beschädigt wird, dass sie sich nur mit einem erheblichen Aufwand lösen lässt. Einige Arbeiten werden durch Spezialwerkzeug deutlich erleichtert. Sollten Sie bestimmte Tätigkeiten öfter durchführen, scheuen Sie sich nicht, die Preise für das Spezialwerkzeug anzufragen. Gelegentlich sind die Preise so günstig, dass es sich nicht mal lohnt, die Werkzeuge nachzubauen.

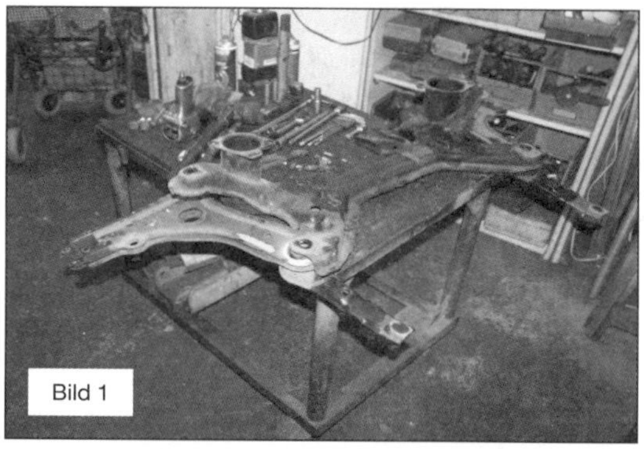

Bild 1

Bild 1
Werkbank und Ablage.

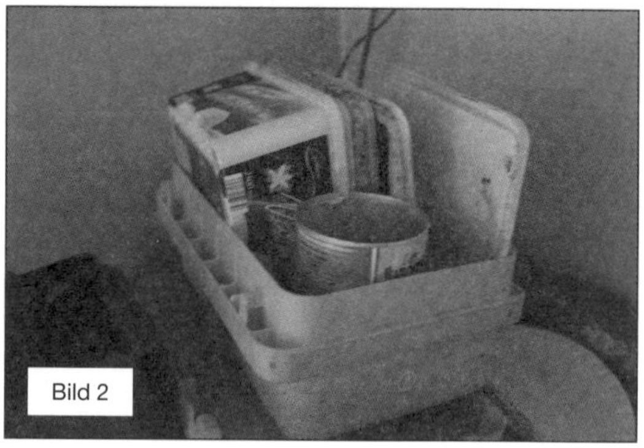

Bild 2

Bild 2
Kistchen und Kästchen – das spart Zeit.

Standardausrüstung für mechanische Arbeiten

Sicherlich ist es immer besser, auf die Werkzeugsätze der Top-Markenhersteller zurückzugreifen. Als Basis allerdings sind auch schon günstigere Ausführungen recht bekannter Marken erhältlich. Gerade für die Arbeiten an modernen Fahrzeugen müssen neben den üblichen Sechskantnüssen auch Vielzahn- und Torxeinsätze zur Verfügung stehen (Bild 4). Eine günstige Alternative für unsere Zwecke bieten »Snap On«- oder »KS-Tool«-Werkzeugkoffer, die ein sehr komplettes Angebot liefern. Sind die Sätze im Angebot, kann man sein Werkzeugsortiment mit einem solchen Set leicht auch um 100 Euro erweitern.

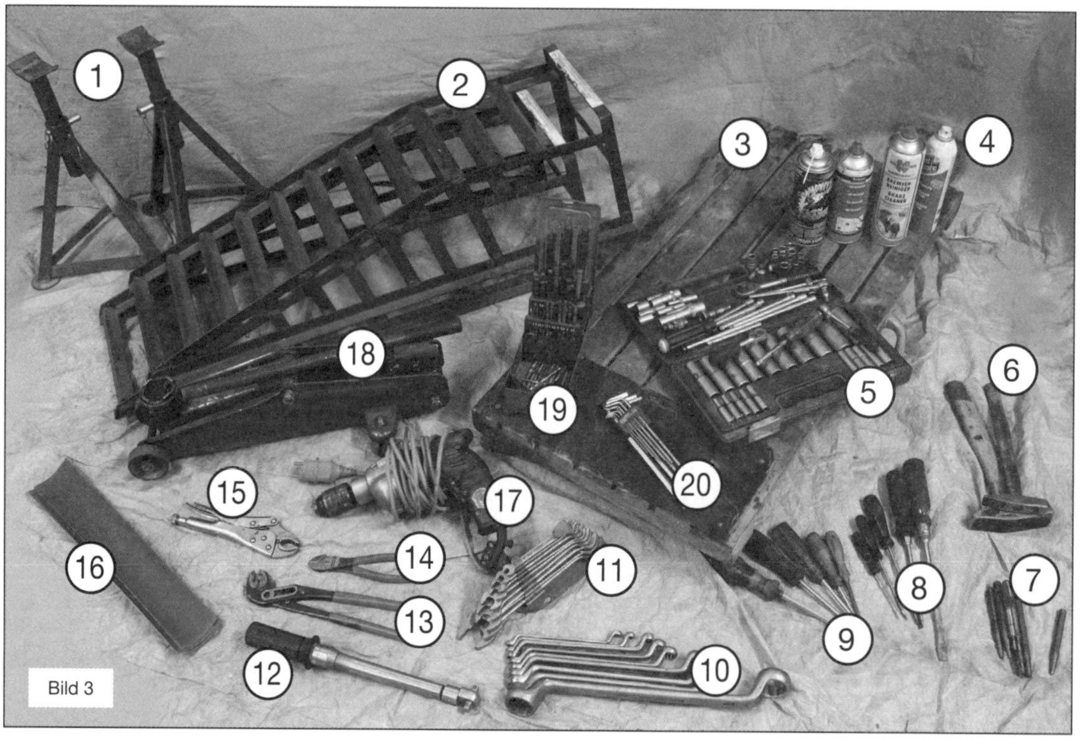

Bild 3

Bild 3
Standardwerkzeug in der Übersicht.
1 Unterstellböcke
2 Auffahrrampen
3 Rollbrett
4 Sprühfett, Rostlöser und Bremsenreiniger
5 Ratschenkasten-Werkzeugset
6 Schlosserhammer 500 g und Schlosserhammer 200 g
7 Durchschlagset und Körner
8 Schlitz-Schraubendreherset
9 Kreuz-Schraubendreherset
10 Ringschlüsselset
11 Gabelschlüsselset
12 Drehmomentschlüssel
13 Wasserpumpenzange
14 Seitenschneider
15 Grip- oder Schnappzange
16 Schleifpapier Korn 120
17 Handbohrmaschine
18 Hydraulischer Wagenheber
19 Bohrerset
20 Innensechskant/Torx/Vielzahnset

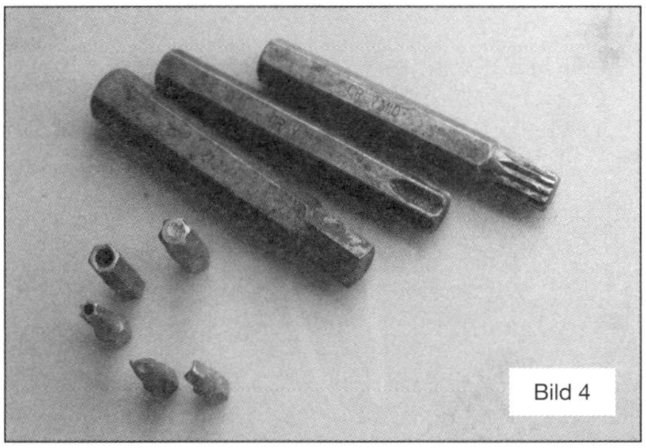

Bild 4
Innensechskant, Torx und Vielzahn bis öfter mal was Neues.

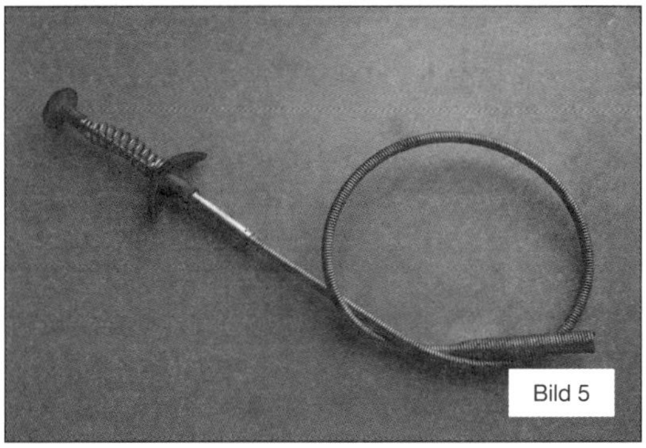

Bild 5
Greifer, um unzugängliche Stellen erreichen zu können.

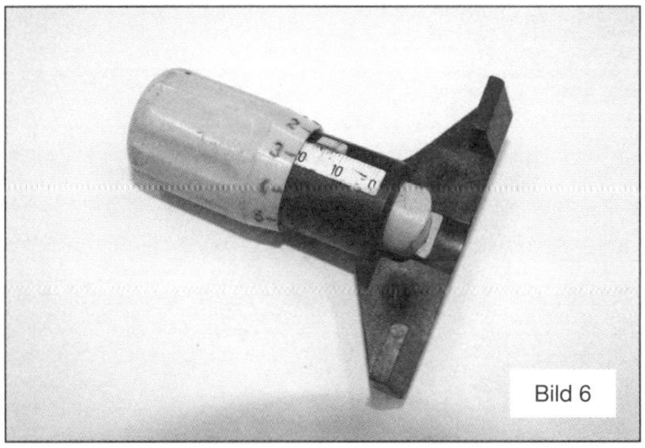

Bild 6
Zahnriemenvorspannungsprüfer.

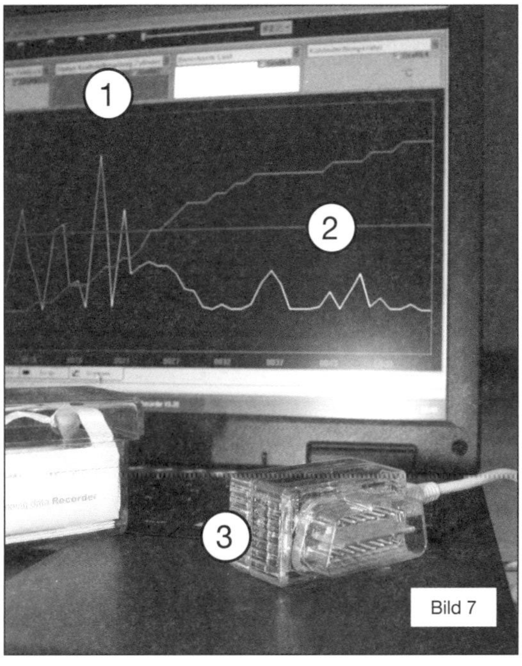

Bild 7
Aufzeichnen während der Fahrt. Alle OBD-Daten bis zu 24 Stunden erfassen.
1 Laptop
2 Kennlinien
3 Datenlogger

An Werkzeug lässt sich leider kein Geld einsparen. Zum einen ist die Lebenserwartung dieses Werkzeuges stark an den Anschaffungspreis gekoppelt und zum anderen ist es extrem wichtig, dass die Maßhaltigkeit genau stimmt.
Wenn es um die Demontage von einzelnen Bauteilen geht oder auch nur zur Ablage von ausgebauten Fahrzeugteilen, ist eine Werkbank sehr hilfreich (Bild 1). Ist sie stabil genug, kann sie bei der Demontage der Motorteile gute Dienste leisten. Bei der Demontage fallen regelmäßig einige Schrauben an. Um diese besser wieder zuordnen zu können und sie sicher und sauber zu lagern, empfiehlt es sich, für die einzelnen Baugruppen jeweils eine, am besten verschließbare Kiste zu verwenden (Bild 2).

Spezialwerkzeuge

Ein hilfreicher Spezialist für enge Stellen ist ein sogenannter Greifer oder auch ein »Magnet am Stiel« (Bild 5). Der Motorraum ist gerade bei heutigen Fahrzeugen recht zugebaut. Fällt eine Schraube oder Klammer hinunter, muss diese natürlich wieder herausgesammelt werden. Oft genug wird es für die Finger zu eng. Der Versuch, mit einem Schraubendreher das Entfallene in erreichbare Nähe zu bekommen, endet meist mit einer noch verzwickteren Lage. Der Greifer oder auch ein Magnet kann helfen, die entflohenen Teile ohne fingerbrecherische Aktionen wieder einzufangen.

Riemenvorspannungsprüfer (Bild 6)

Bei allen Motorvarianten ohne automatischen Riemenspanner muss dieser entsprechend den Angaben des Herstellers gespannt werden. Ist er zu lose, können genau wie bei zu fester Spannung Schäden an Riemen oder den Umlenkungen entstehen.

Standardausrüstung für Arbeiten an der elektrischen Anlage

Diagnose-Tools und Auslesegeräte

Unabdingbar ist heutzutage die in jedem Steuergerät eingebauten Fehlerspeicher auszulesen. Es geht schon lange nicht mehr darum, die großen Fehler abzulegen, sondern eben auch kleine Funktionsstörungen, die vom Steuergerät erkannt werden, für eine Fehlerabfrage bei der Inspektion oder bei der Reparatur zu sichern. Es gibt heute schon Auslesegeräte für die OBD (On Board Diagnose) unter 100 Euro, die zumindest das Auslesen nach Codenummer ermöglichen. Wir verwenden den »Autoaid« (Autoaid GmbH und den Starcom (PCI-Diagnosetechnik), um die Auslese, einige Bauteilprüfungen und Einstellungen im Bordnetz durchzuführen. Diese PC-basierten Diagnosesysteme liegen zwischen 300 und 600 Euro ungefähr beim Preis eines Profiwerkzeugkastens. Zusätzlich wird lediglich ein Notebook mit Windows-Betriebssystem oder ein ausgedienter Desktop-PC benötigt. Regelmäßige, kostenlose Software-Updates halten Sie stets auf dem neuesten Stand (Bild 9). Die Auslesegeräte werden zunehmend vielfältiger und es ergeben sich neue Möglichkeiten. Der »C-Recorder« ermöglicht eine Langzeitüberwachung der Bordelektronik bis zu 24 h Fahrzeit (Nr. 3 in Bild 7). Das ist eine sehr hilfreiche Variante für die Fehlersuche, gerade bei kaum zu ortenden sporadisch auftretenden Fehlern.

Sinnvolle Anschaffung für die Messtechnik

Messspitzen

Riesige Probleme bereitet es, eine Messung an einem angeschlossenen Kabel am Bauteil in Funktion zu realisieren. Zumal ja weder die Isolierung noch das Kabel selbst oder der Stecker beschädigt werden sollen. Die Firma Rose Messtechnik in Limburg-Offheim stellt einen Nadelkontaktierer (Bild 8) her, der genau diese Anforderungen erfüllt (www.rose-netztechnik.de). Das Anstichloch im Kabel ist so klein, dass es keine relevanten Löcher in der Isolierung hinterlässt.

Messbechersatz »kraftstofffest«

Für die Messungen an der Benzinpumpe oder auch nur mal, um den Kraftstoff aufzufangen, werden Behältnisse mit Volumenangaben benötigt. Mit etwas Geduld finden sich in der Haushaltsabteilung des Super-

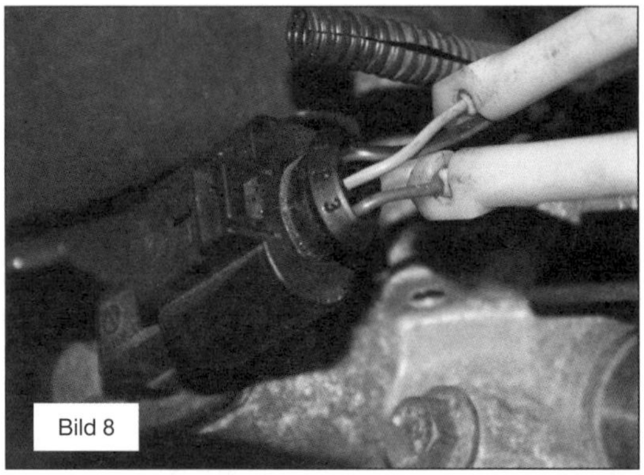

Bild 8

Bild 8
Nadelkontaktierer im Einsatz.

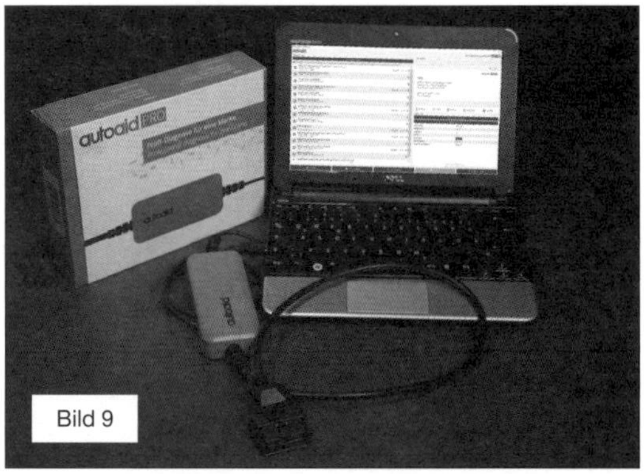

Bild 9

Bild 9
Freier Tester.
Autoaid STARTER, PRO oder EXPERT als Diagnoseset mit Dongel und Software.

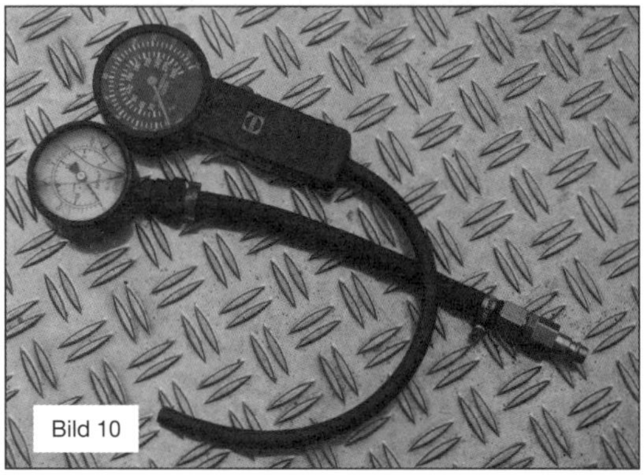

Bild 10

Bild 10
Kraftstoffdruckmanometer. Die Alten sind die besten: Sind die Innereien aus Blech, lassen sich damit nicht nur Luft-, sondern auch der Öl- und der Kraftstoffdruck messen. Anschlüsse und Gewindestücke gibts oft schon beim örtlichen Hydraulik-Händler oder im Werkzeugladen.

marktes recht günstig verwendbare Messbecher oder Schüsseln. Auch ausrangierte Messuhren eignen sich durchaus für die Prüfung des Kraftstoff- oder Öldruckes.

Zum Selbermachen

Natürlich sind Messwerkzeuge in der Regel teuer. Es sei denn, man zeigt etwas Kreativität und Bastlerspürsinn. Die Profigeräte sind sicherlich deutlich professioneller, der Eigenbau aber ist genauso einsatzfähig und kostet oft nur wenige Euro. Messkabelsätze lassen sich aus passenden Anschlüssen vom Schrottplatz leicht und funktionell selbst herstellen (Bilder 11 bis 13). Neben normalen Labormesskabeln werden unter-

Bild 11

Bild 11
Freier Tester.
FI-Com als Diagnoseset mit Dongel und Software.

Bild 12

Bild 12
Die Kabel und Stecker ermöglichen den Test auch außerhalb des Fahrzeuges.

schiedliche Anschlüsse, Stecker und Y-Kabel benötigt, um Bauteile und Funktionen rund um die Motorsteuerung zu prüfen. Im Laufe der Berufsjahre sammeln sich schnell die unterschiedlichen Messadapter an.

Arbeiten an der Karosserie
Die Standardausrüstung für Arbeiten an der Karosserie haben wir im Bild 14 als Übersicht zusammengestellt. Mit der Ausrüstung lassen sich auch Korrosionsschäden und Kampfspuren, die im Alltagseinsatz entstehen, beseitigen. Korrosionsschutz und Ausbesserung des Unterbodens gehören schließlich auch zu den Wartungsarbeiten. Zumindest zu den erweiterten Arbeiten rund um die Wartung.

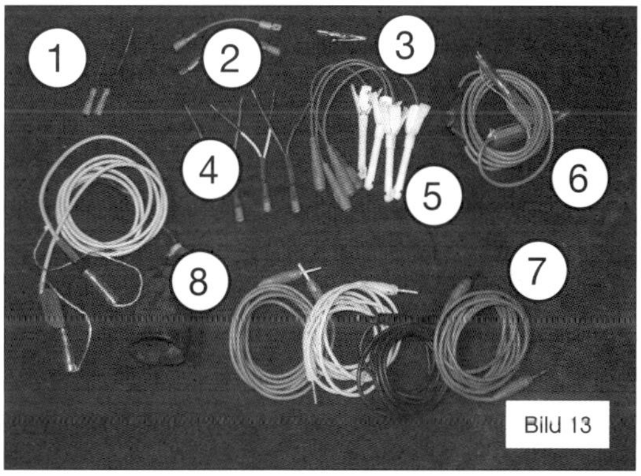

Bild 13

Bild 13
Messkabelsatz.
1 Messspitzen
2 Flachstecker auf Rundstecker für Laborkabel
3 Krokodilklemme
4 Y-Stecker
5 Nadelkontaktierer
6 Anschlusskabel mit Sicherung
7 Laboranschlusskabel
8 Anschlusskabel mit Schalter

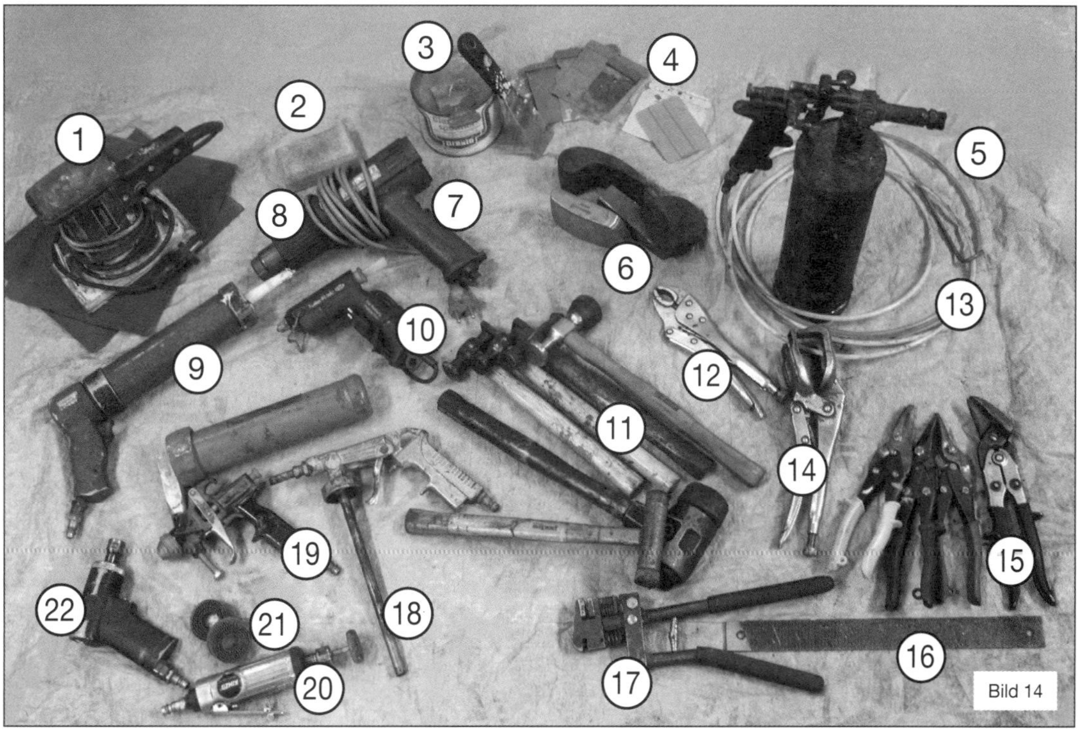

Bild 14

Bild 14
Standard-Ausrüstung für Arbeiten an der Karosserie.
1 Schwingschleifer
2 Schleifklotz
3 Spachtelmasse
4 Japanspachtelset
5 Hohlraumpistole
6 Ausbeuleisen
7 Heißluftföhn
8 Schleifpapier
9 Kartuschen-Pistole
10 Heißklebepistole
11 Hammerset
12 Gripzange flach
13 Hohlraumversiegelungssonden
14 Gripzange abgesetzt und breit
15 Scherenset für gerade und kurvige Schnitte
16 Karosseriefeile
17 Absetzzange
18 Unterbodenschutzpistole
19 Nahtabdichtungs-Spritzpistole
20 Luftschleifer gerade
21 Bristol Look-Kunststoffschleifpads
22 Luftschleifer winklig

4 Motoren

In diesem Kapitel werden wir uns mit den Diesel-Motoren des Mercedes Benz Sprinter 907 beschäftigen. Den Sprinter gibt es mit sieben unterschiedlichen Motoren, die ausschließlich mit Commonrail-Einspritzsystem ausgeliefert worden sind. Moderne Aufladungssysteme ermöglichen einen besseren Drehmomentverlauf bei besserem Abgasverhalten und verbesserter Laufkultur. Die Basismotoren sind technisch gleich, die Leistungsabgabe wird elektronisch über ein Kennfeld vorgegeben. Ab dem Modelljahr 2021 wird der Basismotor für die verbleibenden drei Leistungsstufen auf den neuen OM 654 mit 2-l-Hubraum beschränkt. Vom Chiptuning ist trotzdem abzuraten, da die Leistungsreduzierung grundsätzlich auch kleine technische Änderungen an Ladern und Einspritzsystem bedeuten kann. Wie in allen Bänden dieser Buchreihe werden wir die gängigsten Arbeiten am Motor und an der Motorsteuerung vorstellen. Messwerte und Drehmomente finden Sie in den Kapiteln 16 » Technische Daten« und 17 »Anzugsdrehmomente«.

Die Motormerkmale-Technische Daten

Die Bezeichnung der Motoren bei Mercedes Benz setzt sich, wie bei vielem was Techniker bezeichnen, sehr einfach und auch sehr nachvollziehbar zusammen. Betrachten wir die Bezeichnung des »Taximotors« (OM 651 DE22 LA) der meist verbaute Sprintermotor, der in der Basis auch die meisten Taxis antreibt), im Detail:

Kürzel	Bedeutung
OM	Ölmotor (Diesel)
651	Baureihe (dreistellig)
DE	Direkteinspritzung
22	Hubraum (zweistellig)
L	Ladeluftkühlung
A	Abgasturbolader

OM 651 DE 22 LA und OM 642 DE 30 LA (verbaut zwischen 2018 und 2021)

Motor und Leistung	211CDI, 311CDI, 411CDI, 511CDI 114 PS	214CDI, 314CDI, 414CDI, 514CDI 143 PS	216CDI, 316CDI, 416CDI, 516CDI) 163 PS	219CDI, 319CDI, 419CDI, 519CDI 190 PS
Motortyp (Hubraum)		OM 651 (2143 cm³)		OM 642 (2987 cm³)
Motorkennbuchstaben		651.958		642.899
Zylinderzahl und Bauform		R4		V6
Ventile pro Zylinder		4		4
Leistung kW bei 1/min	84/3800	105/3800	120/3800 121/3800	140/3800
Drehmoment Nm bei 1/min	300/1200 - 2200	330/1200 - 2200	380/1200 - 2400	440/1400 - 2400
Bohrung Ø mm		83,0		88,0
Hub mm		99,0		88,3
Aufladesystem		Turbolader		
Material Zylinderkopf/Motorblock		Aluminium-Legierung/Grauguss		
Anzahl der Nockenwellen		2		4
Lage der Nockenwellen		oben		
Antrieb der Nockenwellen		Steuerkette		
Massenausgleichswelle		2		1
Anzahl der Kurbelwellenlager		5		
Gemischaufbereitung		Common-Rail		
Abgasreinigung		Dieselpartikelfilter, Zweiwege-Oxikat (Euro 5, Euro 6)		

OM 654 DE 20 LA (verbaut ab 2021)			
Motor und Leistung	**211CDI, 311CDI, 411CDI, 511CDI 114 PS**	**214CDI, 314CDI, 414CDI, 514CDI 143 PS**	**216CDI, 316CDI, 416CDI, 516CDI 163 PS**
Hubraum		1950 cm³	
Motorkennbuchstaben		654.920	
Zylinderzahl		4	
Ventile pro Zylinder		4	
Leistung kW bei 1/min	110/3800	125/3800	140/3800
Drehmoment Nm bei 1/min	340/1500 - 2400	380/1500 - 2400	450/1500 - 2400
Bohrung Ø mm		82,0	
Hub mm		92,3	
Aufladesystem		Turbolader	
Material Zylinderkopf/Motorblock		Aluminium-Legierung	
Anzahl der Nockenwellen		2	
Lage der Nockenwellen		oben	
Antrieb der Nockenwellen		Steuerkette	
Massenausgleichswelle		2	
Anzahl der Kurbelwellenlager		5	
Gemischaufbereitung		Common-Rail	
Abgasreinigung		Dieselpartikelfilter, Zweiwege-Oxikat (Euro 6)	

Arbeiten am Motor

Maßnahmen für Sicherheit, einwandfreie Funktion und Sauberkeit

Bei Arbeiten am Motor, an der Kraftstoffversorgung (Kapitel 7) und an der Einspritzanlage sind bestimmte Maßnahmen zu treffen und Hinweise zu befolgen. Diese dienen der Arbeitssicherheit und der einwandfreien Funktion aller Systeme. Fehlfunktion oder Schäden durch Verunreinigung sollen durch diese Maßnahmen vermieden werden. Wir stellen sie hier als grundlegend für alle folgenden Arbeiten an Motor und Gemischaufbereitung voran.

Sicherheit

■ Bei allen Montagearbeiten am Kraftstoffsystem unbedingt Schutzbrille und Schutzhandschuhe tragen. Hautkontakt mit Kraftstoff vermeiden. Abschließend grundsätzlich die Hände waschen.

■ Der Kraftstoff bzw. die Kraftstoffleitungen im Kraftstoffsystem können sehr heiß werden (Verbrühungsgefahr). Außerdem steht das Kraftstoffsystem unter Druck. Vor dem Offnen des Systems deshalb Putzlappen um die Verbindungsstelle legen und durch vorsichtiges Lösen der Verbindung Druck abbauen.

■ Aus Sicherheitsgründen muss vor dem Öffnen des Kraftstoffsystems die Sicherung für die Kraftstoffpumpe aus dem Sicherungshalter entfernt werden, da die Pumpe durch den Türkontaktschalter der Fahrertür aktiviert werden kann.

■ Kraftstoffleitungen sind mit Schnellverschlüssen gesichert. Kraftstoffschläuche dürfen nur mit Federbandschellen gesichert werden. Die Verwendung von Klemm- oder Schraubschellen ist nicht zulässig.

■ Beim Aus- und Einbau des Gebers für Kraftstoffvorratsanzeige oder der Kraftstoffpumpe (Kraftstofffördereinheit) aus gefüllten oder teilweise gefüllten Kraftstoffbehältern muss bereits vor Beginn der Arbeiten in die Nähe der Montageöffnung des Kraftstoffbehälters der Schlauch einer eingeschalteten Abgas-Absauganlage zum Absaugen der frei werdenden Kraftstoffgase gelegt werden.

Bei Diesel-Motoren ist die Einspritzanlage in einen Hochdruckbereich (maximal bis 2000 bar) und in einen Niederdruckbereich (ca. 6 bar) aufgeteilt.

■ Vor dem Öffnen des Hochdruckbereichs, z. B. beim Ausbau der Hochdruckpumpe, des Kraftstoffverteilers, der Einspritzventile, der Kraftstoffrohre oder des Kraftstoffdruckgebers, muss der Kraftstoffdruck im Hochdruckbereich definiert auf einen Restdruck von ca. 6 bar abgebaut werden. Dazu ist ein Werkstatt-Diagnosesystem nötig. Bei Einsatz des Werkstatttesters wird eine »Geführte Funktion: Kraftstoffhochdruck abbauen« nach Testeranweisungen ausgeführt.

■ Grundsätzlich muss die Zündung ausgeschaltet werden und ein sauberer Putzlappen um die Verbindungsstelle gelegt werden. Dann wird die Verbindungsstelle vorsichtig geöffnet und der Druck abgelassen. Der ausfließende Kraftstoff muss aufgefangen werden.

■ Abschließend sollte der Fehlerspeicher abgefragt, alle Einträge gelöscht und ein Readinesscode erzeugt werden.

Funktionssicherheit

■ Bei allen Montagearbeiten, insbesondere aufgrund der engen Bauverhältnisse im Motorraum, Leitungen aller Art z. B. für Kraftstoff, Kühl- und Kältemittel, Unterdruck und elektrische Leitungen so verlegen, dass die ursprüngliche Leitungsführung wieder hergestellt wird.

■ Alle Kabelbinder, die beim Ausbau gelöst oder aufgeschnitten werden, sind beim Einbau an der gleichen Stelle wieder zu befestigen.

■ Um Beschädigungen an den Leitungen zu vermeiden, auf ausreichenden Freigang zu allen beweglichen oder heißen Bauteilen achten.

Sauberkeit (5 Regeln)

■ Verbindungsstellen und deren Umgebung vor dem Lösen gründlich reinigen.

■ Ausgebaute Teile auf einer sauberen Unterlage ablegen und abdecken. Keine fasernden Lappen benutzen.

■ Geöffnete Bauteile sorgfältig abdecken bzw. verschließen, wenn die Reparatur nicht umgehend ausgeführt wird.

■ Nur saubere Teile einbauen: Ersatzteile erst unmittelbar vor dem Einbau aus der Verpackung nehmen. Keine Teile verwenden, die unverpackt (z. B. im Regal oder in Werkzeugkästen) aufgehoben wurden.

■ Bei geöffneter Kraftstoff- und Einspritzanlage möglichst nicht mit Druckluft arbeiten und das Fahrzeug nach Möglichkeit nicht bewegen.

Diagnosetester einsetzen

An diesem Kapitel lässt es sich leicht erkennen, dass viele Funktionen über die Elektronik virtuell realisiert worden sind.

Die Anschaffung eines Testers für die Diagnose ist zwingend erforderlich. Nicht einmal der Anbau der Anhängerkupplung oder das Einstellen des Lichtes ist mehr möglich, wenn man eine fachgerechte Arbeit abliefern möchte.

Es geht nicht darum, die Einträge im Fehlerspeicher zu löschen, um dann mal »rumzuraten«, was es denn gewesen sein könnte. Es wäre das Gleiche, wenn Sie die Seiten dieses Buches ungelesen ausreißen und dann raten, was denn dringestanden haben könnte. Die Diagnose über die Fehlerspeicher vereinfacht die Arbeit am Fahrzeug um einiges. Man muss lediglich lernen, mit diesem »Werkzeug« zu arbeiten. Ohne Tester bleibt nur der Weg zum Händler, um den Fehlerstatus zu erfassen oder Einstellungen zu machen.

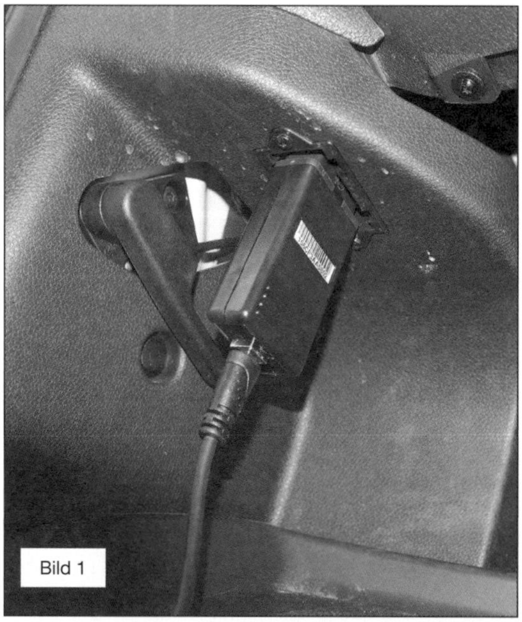

Bild 1

Bild 1
Anschluss eines Diagnose-Dongels an der fahrzeugeigenen OBD-Anschlussdose.

Mercedes-Benz Tester

Ein großer Teil der Reparaturarbeiten schließt die Diagnose von Fehlern ein. Diese wird durch die STAR DIAGNOSIS (Werkstatttestsystem bei den Mercedes-Benz-Werkstätten) im Zusammenspiel mit den Diagnosegeräten unterstützt. Diese können in der Fachwerkstatt an allen vernetzten Arbeitsplätzen betrieben werden und bieten direkten Zugriff auf aktuelle Werkstattliteratur sowie Unterstützung vom Hersteller über Telediagnose. Bei der Diagnose werden alle Kunden- und Fahrzeugdaten an die angeschlossenen Geräte weitergeleitet und sind automatisch an jedem Arbeitsplatz abrufbar. Während einer Reparatur können technische Problemlösungen nachgeschlagen oder im Servicenetz des Herstellers tagesaktuelle Zusatzinformationen abgerufen werden. Diese Anbindung an das Netzwerk ermöglicht Software-Updates von Steuergeräten, Geheimnis- und Komponentenschutz, Softwareversionsmanagement, Übertragung von Diagnoseprotokollen, die besagte Telediagnose, die softwaregestütze Durchführung von Aktionen und viele weitere Funktionen.

Das System »WIS/ASRA« steht mit aktuellen Daten zur Verfügung. Möglich sind dadurch:

- Datenaustausch zwischen kaufmännischem Bereich und Werkstatt;
- Datenaustausch über Werkstattauslastung und Terminvereinbarung;
- Austausch von Kunden-, Fahrzeug- und Termindaten;
- Rückfluss von Daten über bereits ausgeführte Reparaturen von der Werkstatt auf den Fortschrittsmonitor, sodass der Serviceberater gegebenenfalls in den laufenden Prozess eingreifen kann;
- Datenrückfluss von der Werkstatt für Qualitätskontrolle und Rechnungserstellung;
- Bereitstellung von Daten über benötigte Arbeitszeiten, Arbeitspositionen und Ersatzteile;
- Einbeziehung des Teiledienstes ab Terminvorbereitung in den Service-Prozess.

Testgerät für Mehrmarkenwerkstätten

Gerade für Mehrmarkenwerkstätten und auch freie Werkstätten ergibt sich durch die Vielzahl der unterschiedlichen Fahrzeugmarken das Problem, den Zugang zu den einzelnen Fahrzeugen mit möglichst wenigen Testern zu realisieren. Schließlich

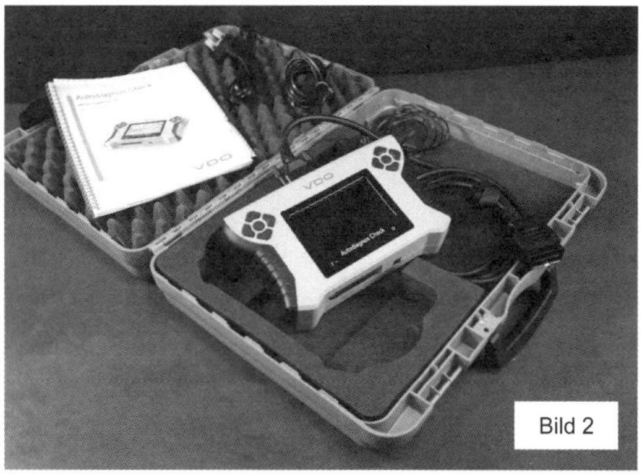

Bild 2
VDO-Diagnosetester. Kleines Handgerät ohne Messfunktionen.

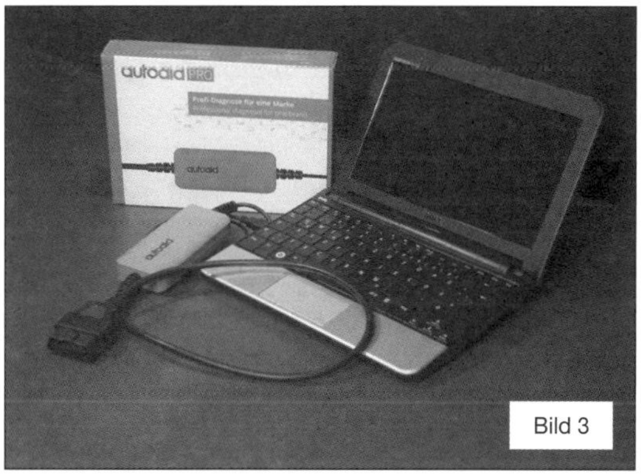

Bild 3
Autoaid. Dongel mit OBD-Zugang und Software auf Laptop oder PC.

müssen die Tester nicht nur angeschafft, sondern auch auf dem neuesten Stand gehalten werden. Neben den Großen der Branche wie Bosch und Gutmann sind auch günstigere Tester als Komplettlösung wie der »VDO Autodiagnose Check« (Bild 2) als Beispiel für ein unabhängiges Handgerät oder dem »Autoaid« (Bild 3) als Beispiel für einen Laptop-basierten Tester auf dem Markt. Der Schwerpunkt für diese Testerkategorie liegt in typischen Servicearbeiten und der Diagnose rund um den Antrieb.

Diagnosewerkzeuge für den Schrauber

Natürlich wählen wir wie auch beim Werkzeug nicht die billigste Variante aus, sondern empfehlen Ihnen die Anschaffung eines Systems, das im Laufe der nächsten Jahre noch einiges an Potenzial liefern wird.

Beispiel Laptoplösung »Autoaid«:
Der Fahrzeughersteller Mercedes ist nur bei wenigen Testerherstellern für die Diagnose außerhalb des genormten Bereichs der OBD im Fokus. Das verkleinert die Auswahl an Testern erheblich. Die Berliner Firma Autoaid liefert ab etwa 100 Euro ein Diagnosetool, das auch im Sprinter eine schon herausragende Diagnosetiefe liefert. Gerade

Bild 4
OBD-Handtester zum Lesen und Löschen.

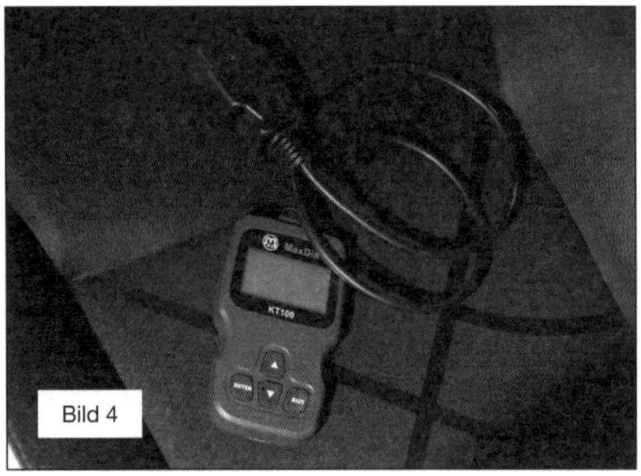

Bild 4

diejenigen unter den Lesern, die dem Thema »Diagnose« kritisch gegenüberstehen, werden zumeist nach wenigen Versuchen erkennen, wie einfach der Umgang mit Laptop und Fahrzeug wird. Eine typische Situation im Umgang mit den Fahrzeugen dieser Generation liegt in der schon recht umfangreichen Steuerung und Regelungstechnik. Abgestimmt und eingestellt wird oft nur noch auf der virtuellen Ebene.

Handgeräte zum Lesen und Löschen

OBD2 ist das Zauberwort, welches den Zugang zumindest zu den Motorsteuergeräten ermöglicht. Die Normung der Diagnose ermöglicht zumindest in diesem Bereich den Zugang zu allen aktuellen Fahrzeugen. Um den Fehlerspeicher auszulesen oder auch Prüffunktionen der Eigendiagnose ausführen zu können, reicht meist schon ein Diagnosetool, welche durchaus schon um 50 Euro in diversen Onlineversteigerungen angeboten werden. Oft noch günstiger sind die kleinen Handgeräte schon im Baumarkt um die Ecke erhältlich. Wichtig ist, dass die entsprechende Software und zumindest eine Beschreibung auf Deutsch mitgeliefert wird.

Fehlerspeicher abfragen

Schwierig? Kann ich nicht? Ach was! Wer es schafft, E-Mails abzurufen, ohne den Computer zu zerstören, kann auch diese Arbeiten leicht erlernen. Wir zeigen Ihnen an einigen Beispielen, wie Aufgaben dieser Art angegangen werden können und möchten Sie animieren, sich zusammen mit Fachforen auch mit der Thematik Tester und Diagnose genauer auseinanderzusetzen. Die Vorgehensweise unterscheidet sich zwischen den einzelnen Testgeräten kaum. Auch dann, wenn Sie ein Handgerät benutzen, werden Sie über die Menüführung eine ähnliche Beschreibung wie die Folgende erhalten. Wir werden diese Beschreibung am »Autoaid PRO« vorstellen.

- Wir gehen davon aus, dass Sie den Diagnosetester ordnungsgemäß nach Handbuch installiert haben.
- Schließen Sie den Diagnosetester an die OBD-Dose im Fahrerfußraum an.

Die Diagnosedose finden Sie unter der Verkleidung links im Kniebereich der Armaturentafel (Bild 1). Der Anschluss ist sofort erkennbar. Stecken Sie den OBD-Stecker in die Diagnosedose und den Anschluss in die entsprechende Anschlussdose Ihres Testers.

Bild 5
Startmaske des Diagnosetesters.
1 Funktionstaste zum Anlegen eines neuen Fahrzeuges
2 Liste der Fahrzeuge, die bereits angelegt wurden

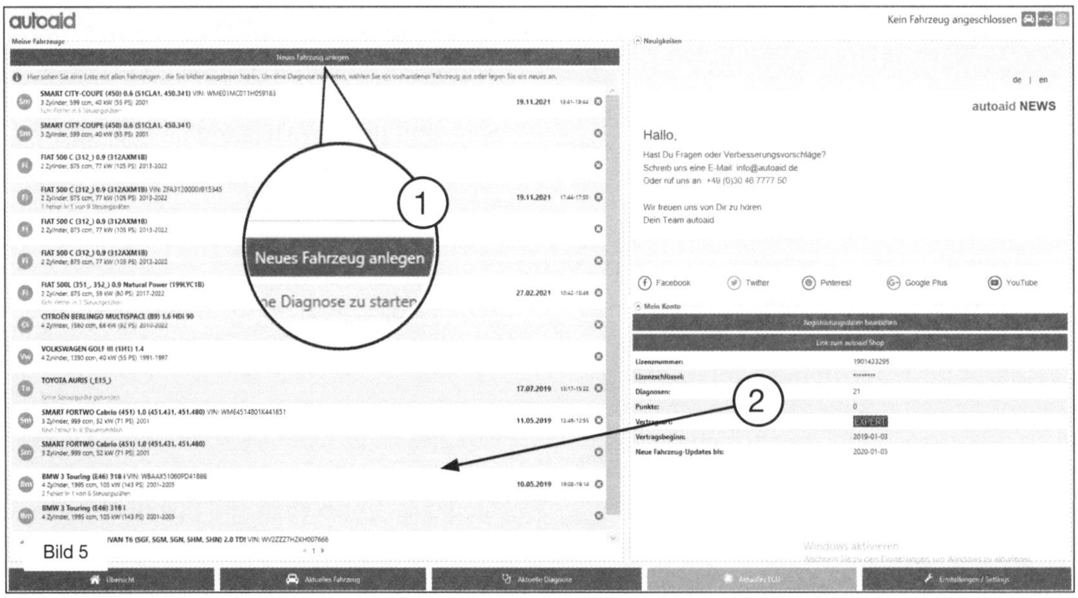

Bild 5

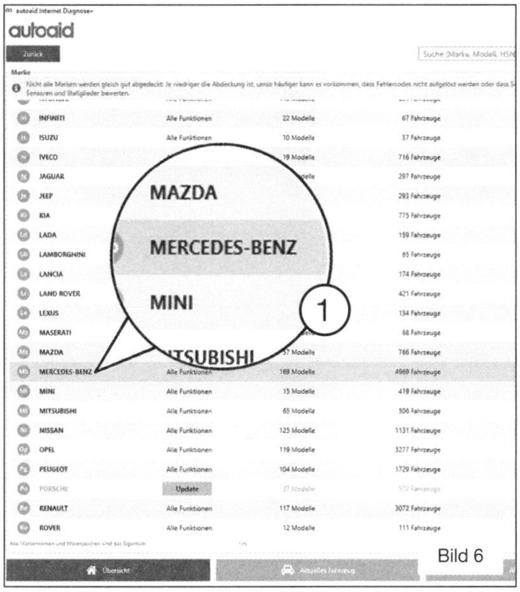

Bild 6

Bild 6
Anwahl des Fahrzeugherstellers.
1 Sprinter in der umfangreichen Herstellerliste

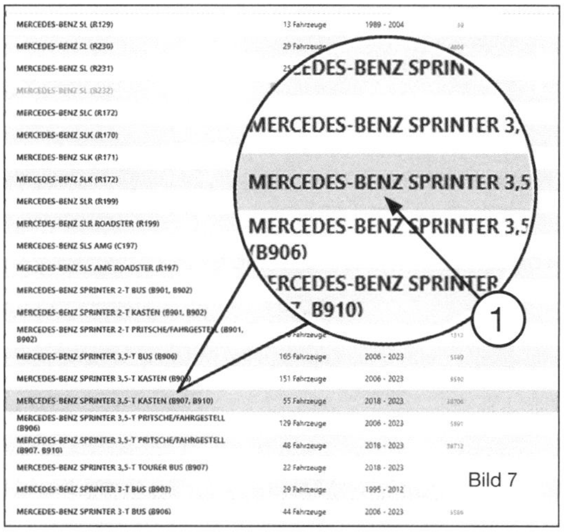

Bild 7

Bild 7
Anwahl des Fahrzeugtyps des Herstellers Sprinter.
1 Anwahl unseres Sprinters

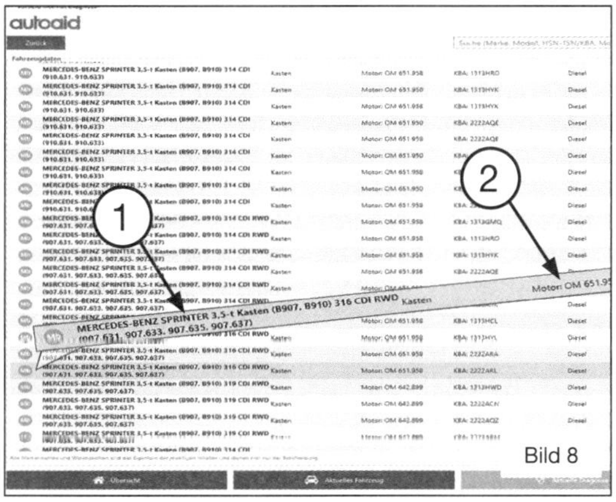

Bild 8

Bild 8
Anwahl der Motorisierung.
1 Anwahl für unseren Fahrzeugtyp
2 Motorcode

■ Starten Sie die entsprechende Diagnosesoftware auf Ihrem Laptop oder dem Tester (Bild 5).
■ Schalten Sie die Zündung ein.
■ Starten Sie die Testersoftware. Autoaid hat auf einen klassischen Startbildschirm verzichtet und führt Sie direkt in den Diagnosemodus zur Fahrzeugauswahl.
■ Klicken Sie mit einem Klick auf die Taste »neues Fahrzeug anlegen (1 im Bild 5)«. Die Diagnosesoftware wird nun gestartet und die Bildschirmmaske wechselt zur Auswahl des Fahrzeugherstellers.
■ Wählen Sie den Hersteller »Mercedes Benz« (Bild 6) mit einem Klick an. Die Bildschirmmaske wechselt nun zur Auswahl des Fahrzeugmodells.
■ Wählen Sie das Modell Ihres Sprinters (Bild 7) an. Die Bildschirmmaske wechselt nun zur Auswahl der Motorvariante.
■ Wählen Sie die Modellbezeichnung (1 im Bild 8) Ihres Sprinter mit der passenden Motorbezeichnung (2) mit einem Klick aus.

Der Tester fragt nun alle Steuergeräte ab und stellt den Fehlerstatus (1 im Bild 9) in einer Übersicht dar.

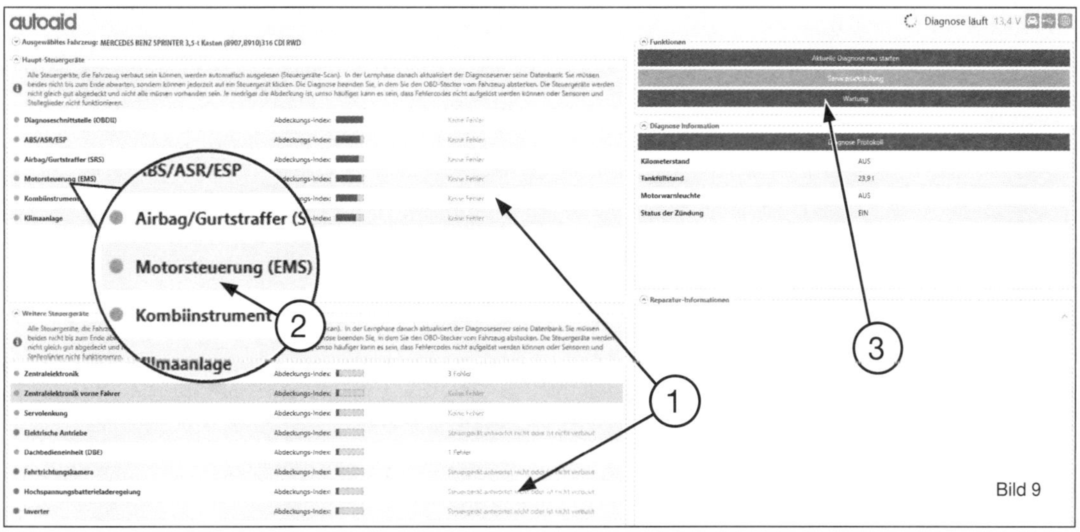

Bild 9

Bild 9
Praktische Übersicht vorliegender Fehler aller verbauten Steuergeräte.
1 Statusübersicht der Steuergeräte
2 Anwahl Motorsteuergerät (mit Doppelklick)
3 Anwahl für Wartungsarbeiten und Ähnlichem

Bild 10
Übersicht für das Motorsteuergerät im Detail.
1 Informationsfeld
2 Funktionstasten
3 Detailinformationen, wenn Fehler im Steuergerät abgelegt sind

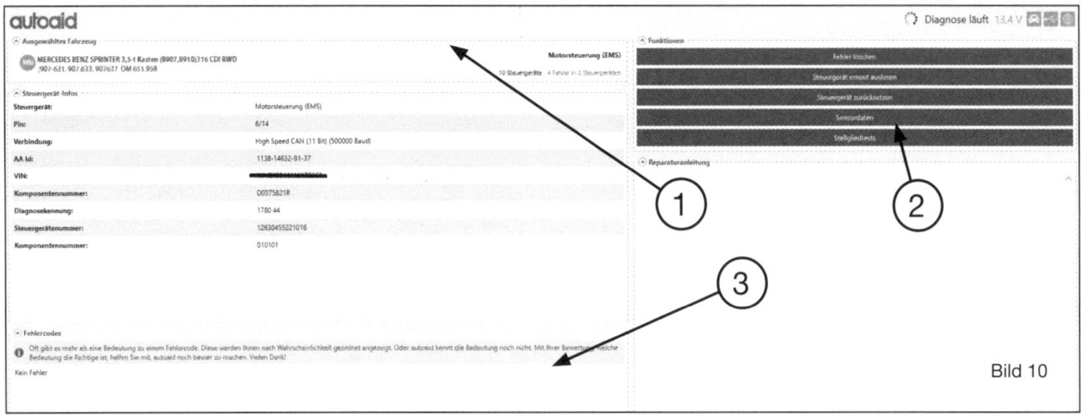

Bild 10

■ Wählen Sie das Motorsteuergerät (2) Ihres Sprinter mit einem Klick an.

Soweit Fehler vorliegen, können Sie hier die Details (3 im Bild 13), Informationen zum Fahrzeug (1) einsehen oder über die Funktionstasten (2) Funktionen und Sensoren prüfen und auch einen abgearbeiteten Fehler löschen.

Hier stellt sich dann auch ein Unterschied in der Diagnosetiefe der einzelnen Tester heraus. Bei einfachen Testern beschränkt man sich auf die Möglichkeiten, den Fehlerspeicher zu lesen und zu löschen. Je mehr Funktionen sich hinter dem einzelnen Steuergerät verbergen, umso aufwendiger ist die Software des Diagnosesystems.

Fehlerspeichereinträge drucken

Wenn Sie die Fehlereinträge speichern oder ausdrucken wollen, wählen Sie die entsprechende Funktion über die Funktionstasten Ihres Computers aus.

Fehlerspeichereinträge löschen

Sind Fehler im Fehlerspeicher abgelegt, die bekannt sind und lediglich noch nicht gelöscht wurden, können Sie nun wie im Folgenden beschrieben vorgehen.

■ Klicken Sie die Funktionstaste »Fehler löschen« (2 im Bild 10) an.

■ Lassen Sie das Fahrzeug einige Minuten laufen.

■ Klicken Sie die Funktionstaste »Fehlerspeicher erneut lesen« (2) an und kontrollieren Sie, ob der Fehler nicht erneut vorliegt.

Derselbe Vorgang kann auf dem Handgerät nachvollzogen werden. Lediglich die Anwahl ist deutlich geringer. Für einen Ausdruck muss eigentlich jedes mobile Gerät an einen Computer oder Laptop angeschlossen werden.
Die Anwahl der Funktionen erfolgt meist über die Pfeiltasten. »Enter« betätigt die getroffene Anwahl und »ESC« erlaubt den Rückzug aus der angewählten Maske.

Reine OBD2-Geräte ermöglichen in der Regel nur den Zugang zur Motorelektronik. Die Belegung und die Steuergerätesprache ist nur für den OBD2-Bereich verbindlich auf die abgasrelevanten Bauteile und die Motorelektronik geregelt.

Motor- und Unterbodenabdeckung aus- und einbauen

Die Motorabdeckung (Geräuschdämmung) ist nicht bei allen Modellen verbaut. Auch nicht immer in allen Teilen. Sollte in Ihrem Modell nur ein Teil oder keine Abdeckung über dem Motor verbaut sein, muss das nicht an der Vergesslichkeit eines Mechanikers liegen. Es kann sein, dass die Ausrüstung bereits ab Werk so vorgesehen war. Die obere Geräuschdämmung ist an der Motorhaube verbaut. Für die 4x4 Sprinter kann eine Triebwerkschutzplatte verbaut sein.

Geräuschdämmung oben über dem Ventildeckel demontieren

Abdeckung oben am OM 651 (Bild 11):

■ Das Ölrohr am Luftfiltergehäuse ausklipsen.

■ Den Starthilfeanschluss am Luftfilterkasten ausklipsen.

■ Das Ansaugrohr zur Fahrzeugfront freilegen.

■ Den Ansaugschlauch zum Luftmassenmesser abklemmen.

■ Bauen Sie das Luftfiltergehäuse aus.

■ Das Ölrohr am Ventildeckel lösen (1/4 Umdrehung wie beim Öldeckel) und abnehmen.

Tipp: Verschließen Sie den Ventildeckel am besten sofort wieder mit dem Öldeckel.

■ Nehmen Sie die Kunststoffabdeckung nach oben ab.
■ Nehmen Sie die Geräuschdämmung über dem Ventildeckel ab.

Die Montage erfolgt sinngemäß in umgekehrter Reihenfolge.

Abdeckungen am OM 642 (Bild 12)
Abdeckung oben:
■ Luftfiltergehäuse ausbauen.
■ Die Schnellverschlüsse (2) lösen.
■ Die vordere Motorabdeckung (1) ausbauen.
■ Die Schnellverschlüsse (4) lösen.
■ Den Kabelclip lösen.
■ Hintere Motorabdeckung (3) ausbauen.

Die Montage erfolgt sinngemäß in umgekehrter Reihenfolge.

Geräuschdämmung unten:

Tipp: Oberteil zusammen mit Unterteil demontieren.

■ Die Sechskantmuttern (2) und (3) im Bild 10 links und rechts abschrauben.
■ Schrauben (6) (3 Stück) herausdrehen und die Geräuschdämpfung (1) mit dem Oberteil (4) abnehmen.
■ Unterteil demontieren.
■ Schrauben (5 im Bild 10) (4 Stück je Seite) herausdrehen und das Geräuschdämpfung-Unterteil (1) abnehmen.
Die Montage erfolgt sinngemäß im umgekehrter Reihenfolge.
■ Drehen Sie die Schrauben und Muttern zuerst nur handfest an und richten Sie die Geräuschdämpfung spannungsfrei aus.
■ Drehen Sie die Schrauben mit jeweils 5 Nm Anzugsdrehmoment fest. Die Muttern werden lediglich mit 3 Nm angezogen.

Abdeckung am OM 654 (Bild 13):
■ Luftfiltergehäuse ausbauen.
■ Die Schnellverschlüsse (2) lösen.
■ Die vordere Motorabdeckung (1) ausbauen.
■ Die Schnellverschlüsse (4) lösen.

Bild 11

Bild 11 Motorraumansicht von oben am OM 651.

Bild 12

Bild 12 Motorraumansicht von oben am OM 642.

Bild 13

Bild 13 Motorraumansicht von oben am OM 654.

■ Den Kabelclip lösen.
■ Hintere Motorabdeckung (3) ausbauen.

Die Montage erfolgt sinngemäß in umgekehrter Reihenfolge.

Geräuschdämmung unten demontieren
Geräuschdämmung Mitte (2 im Bild 9) demontieren:
■ Schrauben (3 Stück vorn und hinten) herausdrehen und die Geräuschdämpfung Mitte (2 im Bild 9) abnehmen.

Die Montage erfolgt sinngemäß im umgekehrter Reihenfolge.
■ Drehen Sie die Schrauben und Muttern zuerst nur handfest an und richten Sie die Geräuschdämpfung spannungsfrei aus.

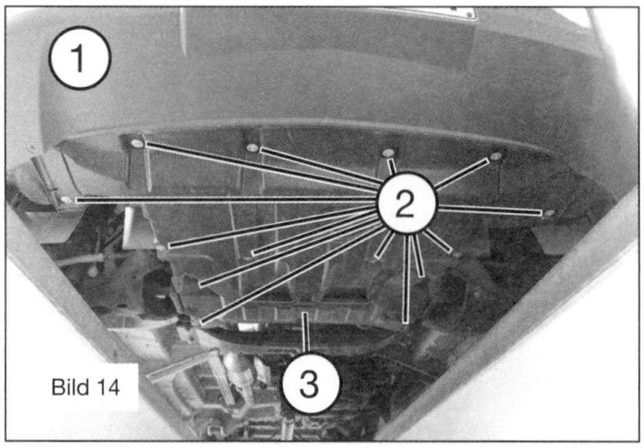

Bild 14

Bild 14
Serien-Motorabdeckung unten.
1 Stoßfänger vorne
2 Schrauben
3 Motorraumabdeckung

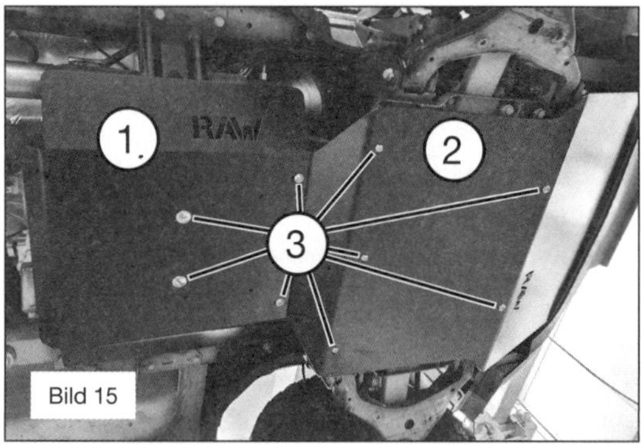

Bild 15

Bild 15
RAW Unterfahrschutz und Motorabdeckung unten als effektiver und robuster Triebwerkschutz.
1 Getriebeschutz
2 Motorschutz
3 Schrauben

■ Drehen Sie die Schrauben mit jeweils 5 Nm Anzugsdrehmoment fest.

Geräuschdämmung Mitte (2 im Bild 9) demontieren:
■ Schrauben (3 Stück vorn und hinten) herausdrehen und die Geräuschdämpfung Mitte abnehmen.

Die Montage erfolgt sinngemäß im umgekehrter Reihenfolge.
■ Drehen Sie die Schrauben und Muttern zuerst nur handfest an und richten Sie die Geräuschdämpfung spannungsfrei aus.
■ Drehen Sie die Schrauben mit jeweils 5 Nm Anzugsdrehmoment fest.

Geräuschdämmung hinten (3 im Bild 9) demontieren:
■ Sechskantmuttern (3 im Bild 11) links und rechts abschrauben.
■ Schrauben (2) (3 Stück) herausdrehen und die Geräuschdämpfung hinten (1) abnehmen.

Die Montage erfolgt sinngemäß im umgekehrter Reihenfolge.
■ Drehen Sie die Schrauben und Muttern zuerst nur handfest an und richten Sie die Geräuschdämpfung spannungsfrei aus.
■ Drehen Sie die Schrauben mit jeweils 5 Nm Anzugsdrehmoment fest.

Prüfung auf Undichtigkeiten und Beschädigung

Die Sichtprüfung ist von oben und von unten vorzunehmen, weshalb die Geräuschdämpfung oben und unten abzubauen ist.

Sichtprüfung wie folgt durchführen:
■ Motor und Bauteile im Motorraum auf Undichtigkeiten und Beschädigungen prüfen.
■ Leitungen, Schläuche und Anschlüsse des Kraftstoffsystems, des Kühl- und Heizsystems, des Ölkreislaufs, der Klimaanlage, der Ansauganlage und der Bremsanlage auf Undichtigkeiten, Scheuerstellen, Porosität und Brüchigkeit prüfen.
■ Alle festgestellten Mängel durch Reparatur beseitigen.
■ Bei nicht verbrauchsbedingtem Flüssigkeitsverlust muss grundsätzlich die Ursache ermittelt und der Schaden beseitigt werden.

Keilrippenriemen prüfen

Der Keilrippenriemen oder auch Flachriemen ist für den Antrieb vieler Nebenaggregate wie der Klimaanlage zuständig. Aber auch Generator und Wasserpumpe werden durch ihn angetrieben. Die unterschiedlichen Einbaulagen des Keilrippenriemens Ihres Sprinters stellen wir Ihnen auch für die Montagearbeiten am Generator Aus- und Einbau an diese Stelle vor. In diesem Kapitel werden wir uns neben der Einbaulage auch mit den unterschiedlichen Spannvorrichtungen befassen und den Umgang mit ihnen darstellen.

Zustand prüfen
Kontrollieren Sie den Keil- und Keilrippenriemen nach folgenden Gesichtspunkten an mehreren Stellen:
■ Unterbaurisse (Anrisse, Kernbrüche, Querschnittsbrüche),
■ Lagentrennung (Deckschicht, Zugstränge),
■ Ausbruch am Unterbau,
■ Ausfransen der Zugstränge,

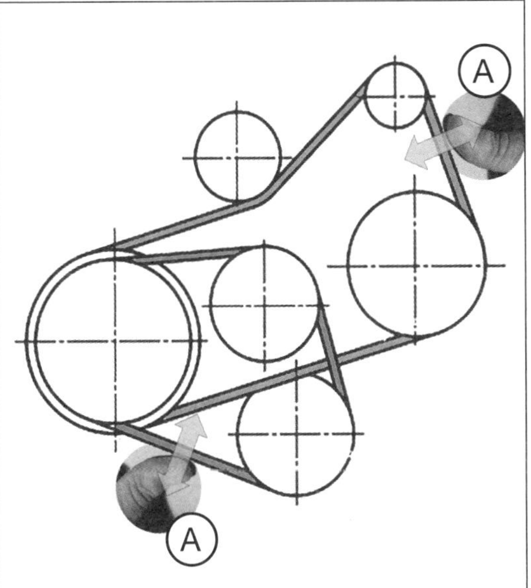

Bild 16

- Flankenverschleiß (Materialabtrag, Ausfransungen, Flankenverhärtung, Oberflächenrisse),
- Öl- und Fettspuren.

Spannung für Keilrippenriemen prüfen (mit automatischer Spannvorrichtung)

- Drücken Sie den Keilrippenriemen in einem Bereich, wo er frei hängt (siehe auch Bild 16), mit einem kräftigen Daumendruck nach unten.

Die Spannrollen müssen nun ruckfrei und ohne zu hakeln nachgeben. Wenn Sie den Druck wegnehmen, muss sich die Spannrolle ohne Verzögerung und ruckfrei zurückbewegen und den Antriebsriemen wieder spannen.

- Verdrehen Sie den Keilrippenriemen in einem Bereich, wo er frei hängt (siehe auch Bild 17).
- Der Antriebsriemen muss sich etwa 90° leicht verdrehen lassen. So ist die optimale Vorspannung erreicht.

Keilrippenriemen aus- und einbauen

Der Keilrippenriemen treibt als wichtiger Teil des Kurbeltriebs die Nebenaggregate Drehstromgenerator und Klimakompressor. Der Aufbau sieht für die Dieselmotoren ähnlich aus, unterscheidet sich aber im Detail.

Bild 17

Sehen Sie sich die Einbaulage des Riemens genau an. Zeichen Sie sich dazu eine Skizze oder markieren Sie den Riemenlauf anhand der Abbildungen in diesem Buch.

Unterschiede bei Fahrzeugen mit Start-Stopp-Automatik

Es gibt für die Montagearbeiten am Generator keinen Unterschied für Fahrzeuge mit Start-Stopp-Funktion oder Fahrzeugen ohne dieses Ausstattungsmerkmal. Das Anlassen erfolgt über den normalen Starter. Es wurde lediglich ein Generator mit höherer Leistung verbaut.

Generator, Lima, Klima und Servo

Wir fassen die Arbeitbeschreibungen trotz leichter Unterschiede zusammen und stellen Ihnen eine allgemeingültige Variante zusammen. Eine Besonderheit stellt der zweite Riemen am OM 642 dar. Es handet sich um einen »Stretch-Riemen« dessen Montage wir im Anschluss vorstellen werden.

- Das Fahrzeug anheben oder aufbocken.

Schraubertipp: Einbaulage des Keilrippenriemens

- Achten Sie vor dem Einbau des Keilrippenriemens darauf, dass alle Aggregate (Generator, Klimakompressor) festmontiert sind.
- Beim Einbauen des Keilrippenriemens achten Sie bitte auf die Laufrichtung und auf einen korrekten Sitz des Riemens in den Riemenscheiben.
- Nach fertiggestellter Arbeit grundsätzlich Motor starten und Riemenlauf kontrollieren.

Bild 16
Riemenspannung prüfen. Grundsätzlich an Stellen, an denen der Riemen frei hängt (A).

Bild 17
Kontrolle der Spannung des Keilrippenriemens.

Bilder 18 und 19
Keilrippenriemen OM 651
(Bild 18 hydraulische Servolenkung,
Bild 19 elektrische Servolenkung)
1 Umlenkrolle
2 Spannrolle
3 Kurbelwelle
A Keilrippenriemen 1
G Generator
K Klimakompressor
S Servopumpe (mit hydraulischer Servolenkung)
W Wasserpumpe

Bild 20
OM 642.
1 Umlenkrolle
2 Spannrolle
3 Kurbelwelle
A Keilrippenriemen 1
B Keilrippenriemen 2
G Generator
K Klimakompressor
L Lüfterrad
W Wasserpumpe

Bilder 21, 22 und 23
OM 654.
(Bild 21 ohne Klima,
Bild 22 mit Klima,
Bild 23 mit doppelter Klimaanlage hinten)
1 Umlenkrolle
2 Spannrolle
3 Kurbelwelle
A Keilrippenriemen 1
B Keilrippenriemen 2
G Generator
K Klimakompressor
K1 Klimakompressor 2
W Wasserpumpe

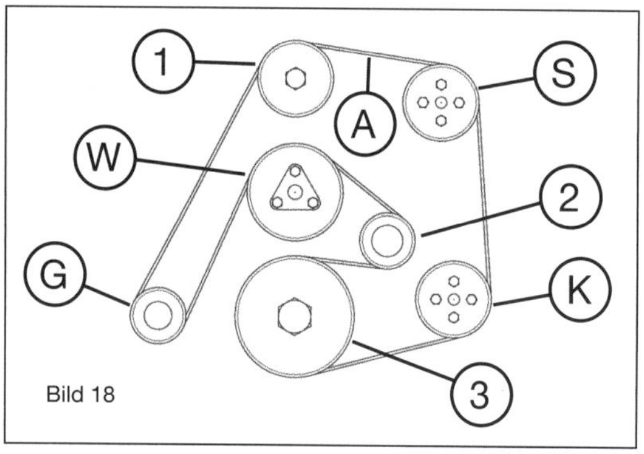

Bild 18

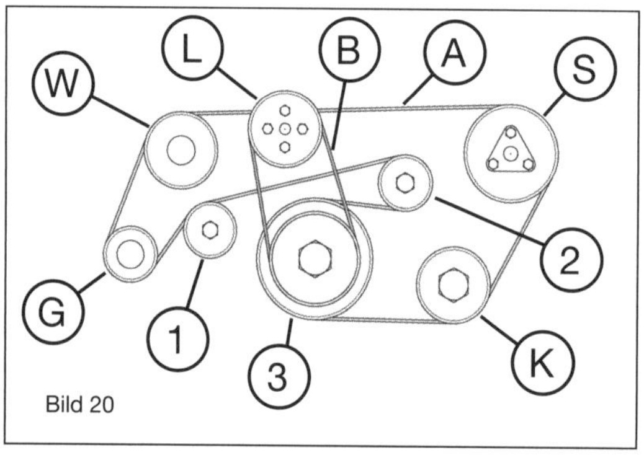

Bild 20

Fahrzeug zwischen den Hebebühnensäulen ausrichten und die vier Aufnahmeteller an den vom Fahrzeughersteller vorgeschriebenen Hebebühnenaufnahmepunkten platzieren.

- Falls vorhanden, Geräuschdämpfung ausbauen.

Soll der gebrauchte Keilrippenriemen wieder verwendet werden, muss die Laufrichtung auf dem Keilrippenriemen markiert werden.

- Falls vorhanden, den Keilrippenriemen für Nebenabtrieb ausbauen.
- Keilrippenriemen des zusätzlichen Generators entspannen und abnehmen (falls vorhanden).
- Keilrippenriemen des 2. Kältemittelverdichters entspannen und abnehmen (falls vorhanden).

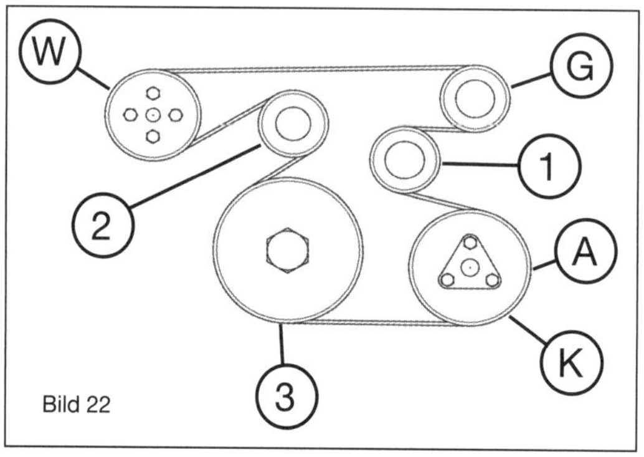

Bild 22

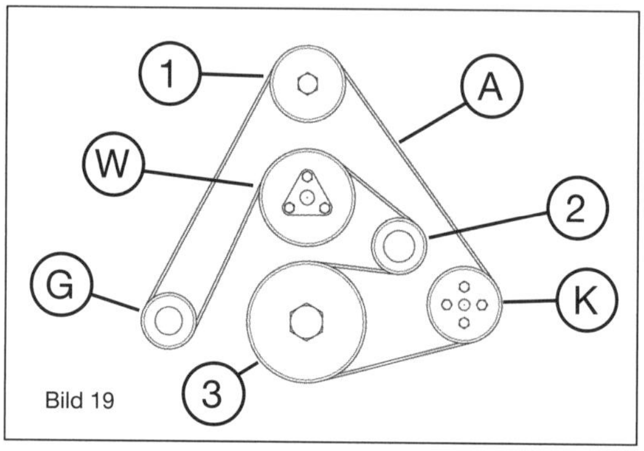

Bild 19

- Keilrippenriemen entspannen und den Stift zum Arretieren der Keilrippenriemen-Spannvorrichtung einsetzen.
- Keilrippenriemen abnehmen. Bei weiterführenden Arbeiten am Motor oder Steuergehäusedeckel die Spannvorrichtung entlasten.

Die Montage erfolgt sinngemäß im umgekehrter Reihenfolge.

- Vor dem Einbau des Keilrippenriemens ist die Spannvorrichtung auf Beschädigungen zu prüfen und ggf. zu erneuern.
- Vor dem Einbau des Keilrippenriemens darauf achten, dass alle Aggregate (Generator, Klimakompressor, Flügelpumpe) fest angebaut sind.
- Starten Sie den Motor und kontrollieren Sie den Riemenlauf.

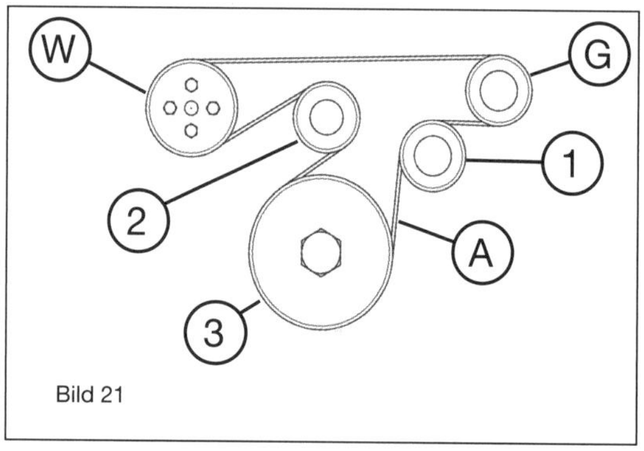

Bild 21

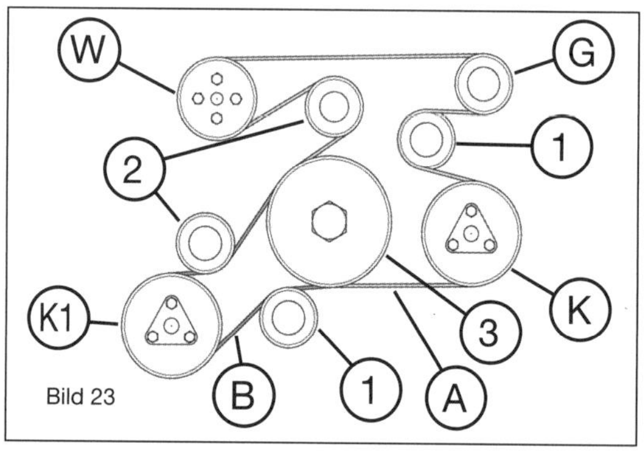

Bild 23

Stretchriemen zum Lüfterrad (OM 642)

Der Antriebsriemen für das Lüfterrad benötigt keine Spannvorrichtung. Es handelt sich um einen Stretchriemen. Er wird nach der Demontage grundsätzlich erneuert. Für die Montage sind Montagehilfen erforderlich, die den Riemen auf die Riemenscheibe auflegen helfen. Diese gibt es als Spezialwerkzeug und werden meist vom Riemenhersteller empfohlen. Wenn Sie den Riemen mit einem flachen Montagehebel auflegen, achten Sie darauf, den Riemen nicht zu überdehnen oder zu beschädigen.

- Bauen Sie das Lüfterrad ab.
- Umlenkrolle (1) mit Hilfe des Montagewerkzeuges ausbauen.
- Montagewerkzeug (6 im Bild 24) entspannen und abnehmen.
- Den Antriebsriemen (4) durch Drehen der Riemenscheibe/Schwingungsdämpfer (1) mit Montagekeil (Montagehilfe) abdrücken.

Die Montage erfolgt sinngemäß in umgekehrter Reihenfolge.

Vor dem Einbau des Antriebsriemens darauf achten, dass alle Aggregate (Generator, Klimakompressor) fest angebaut sind.

- Legen Sie den neuen Antriebsriemen auf die Riemenscheibe des Lüfterrades auf.
- Legen Sie den Antriebsriemen (4) wie im Bild 24 gezeigt auf die Riemenscheibe der Kurbelwelle (1) auf.
- Drehen Sie die Kurbelwelle in Pfeilrichtung (2) und fädeln Sie den Riemen mit Hilfe einer Montagehilfe (3) auf die Riemenscheibe der Servopumpe (1) auf.
- Achten Sie auf den korrekten Sitz des Antriebsriemens auf den Riemenscheiben.
- Starten Sie den Motor und kontrollieren Sie den Riemenlauf.

Demontage des automatischen Riemenspanners

Austausch von Spanner und Umlenkrolle

Die Umlenkrolle (1 in den Bildern 18-23) sowie der automatische Riemenspanner (2) sind einzeln erhältlich.

Spanner und/oder Umlenkrolle sollten dann gewechselt werden, wenn Sie folgende Merkmale feststellen können:

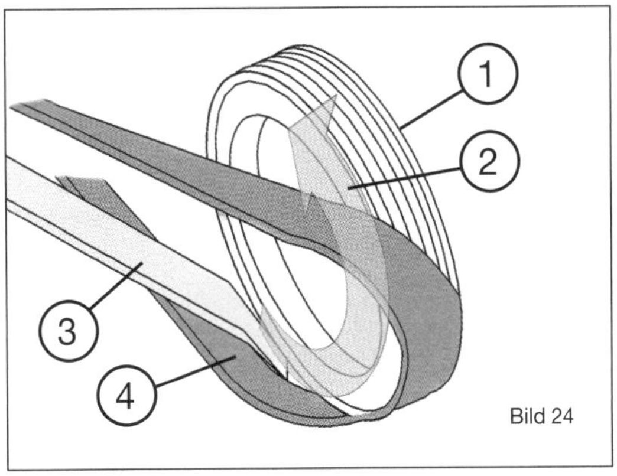

Bild 24
Aufziehen des Stretchriemens beim OM 642.
1 Riemenscheibe
2 Drehrichtung zur Montage
3 Montagehilfe
4 Antriebsriemen

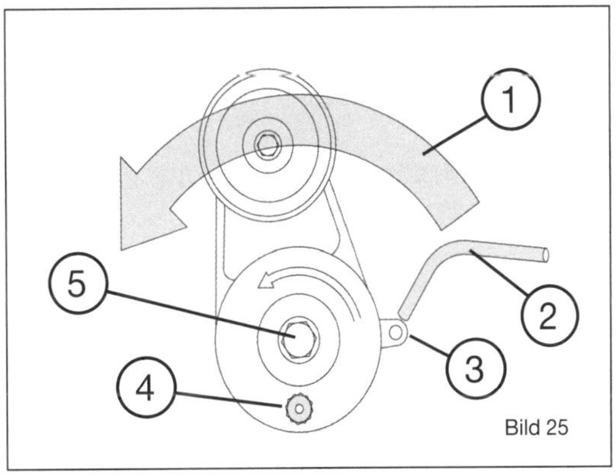

Bild 25
Entspannen des automatischen Riemenspanners.
1 Bewegungsrichtung zum Enspannen
2 Sicherungsstift
3 Bohrung und Lasche am Spannergehäuse und Arm
4 Zwölfkant zum Verdrehen (Entspannen)
5 Befestigungsschraube

- Laufspuren oder Schäden sind auf der Rolle erkennbar.
- Das Lager macht hörbare Geräusche.
- Das Lager oder die Rolle weist seitliches Spiel auf.

Demontage des Riemenspanners mit Spannrolle

- Bauen Sie wie bereits beschrieben die Motorabdeckung oben ab.
- Stecken Sie eine Zwölfkantnuss SW13 auf den Zwölfkant (4 im Bild 25) auf.
- Verdrehen Sie den Spanner gegen den Uhrzeigersinn, um den Keilrippenriemen zu entspannen.
- Stecken Sie den Sicherungsstift in die Bohrung (3) und fixieren Sie so den automatischen Spanner.
- Nehmen Sie den Keilrippenriemen ab.
- Drehen Sie die Schraube (5) heraus.
- Nehmen Sie den Riemenspanner mit Spannrolle ab.

Die Montage erfolgt sinngemäß in umgekehrter Reihenfolge.

- Achten Sie auf den korrekten Sitz des Antriebsriemens auf den Riemenscheiben.
- Starten Sie den Motor und kontrollieren Sie den Riemenlauf.

Bild 26
OM 651 Ventildeckel.
1 Ventildeckel
2 Stutzen Ölrohr
3 Schraube
4 Schrauben Ventildeckel

Bild 27
OM 642 Anzugsfolge der Schrauben im Ventildeckel links.
1 - 30 Reihenfolge zum Anziehen des Ventildeckels
30 - 1 Reihenfolge zum Lösen des Ventildeckels

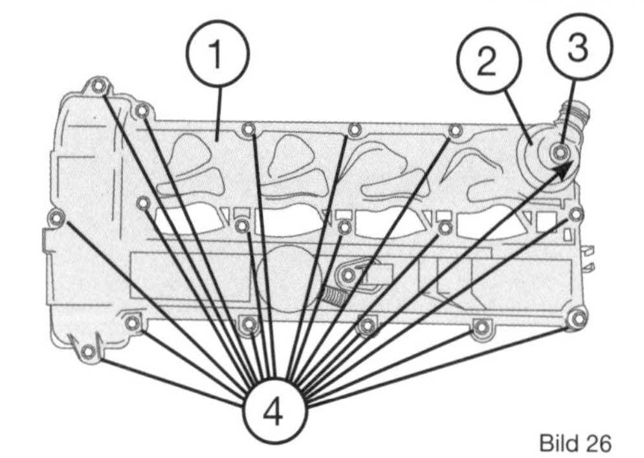

Bild 26

Ventildeckel/Zylinderkopfhaube demontieren

Ventildeckel/Zylinderkopfhaube aus- und einbauen (OM 651)
Die Demontage der Injektoren beschreiben wir Ihnen im Kapitel Gemischaufbereitung.

Demontage des Zylinderkopfhaube:
■ Motorabdeckung soweit verbaut demontieren.
■ Die Injektoren ausbauen.
☞ Öffnungen im Zylinderkopf mit einem fusselfreien Lappen verschließen.
■ Entlüftungsschlauch am Ölrohr (2 im Bild 26) an der Zylinderkopfhaube (1) abziehen.
■ Kühlmittelschlauch am Kabelkanal Motorleitungssatz abbauen.
■ Kabelkanal Motorleitungssatz an der Zylinderkopfhaube (1) lösen und zur Seite drücken.
☞ Wenn erforderlich, die Kabelbinder des hinteren Halters am Zylinderkopf abbauen.
■ Hohlschraube herausschrauben und Kraftstoffleitung zur Seite legen. Den Anschluss am Rail mit geeignetem Verschlussstopfen verschließen.
■ Die 18 Schrauben der Zylinderkopfhaube (4) herausschrauben. Die Schrauben verbleiben an der Zylinderkopfhaube (1).
■ Zylinderkopfhaube (1) abnehmen.

Die Montage erfolgt sinngemäß im umgekehrter Reihenfolge.
■ Dichtflächen reinigen und Dichtung erneuern.
■ Dichtringe am Railanschluss erneuern.
■ Prüfen Sie die Dichtigkeit der Kraftstoffleitungen bei laufendem Motor.

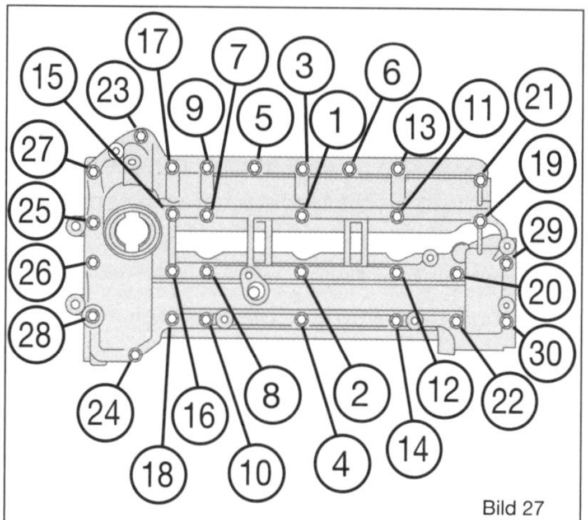

Bild 27

Ventildeckel/Zylinderkopfhaube aus- und einbauen (OM 642)
Vor der eigentlichen Demontagearbeit der beiden Ventildeckel müssen einige Vorarbeiten durchgeführt werden.
■ Motorabdeckung (soweit verbaut) wie bereits beschrieben demontieren.
■ Einspritzleitungen zu den Injektoren (Einspritzventilen des betreffendes Rails ausbauen.
■ Verbindungsleitung am Rail und am Ladeluftverteilerrohr lösen.

Rail am linken Zylinderkopf ausbauen:
Die Arbeiten fallen dann an, wenn der linke Ventildeckel demontiert werden soll.
■ Drehen Sie die Schraube am Halter für die Hochdruckleitung am Ventildeckel heraus.
■ Bauen Sie die Druckleitung am Rail ab.
■ Ziehen Sie die elektrische Steckverbindung am Druckregelventil ab.
■ Bauen Sie die Kabelbinder ab und legen Sie den Motorleitungssatz frei.
■ Die Schelle am Rücklaufschlauch öffnen und das Rail vom Rücklaufschlauch abziehen.
■ Das linke Rail abnehmen.
☞ Offene Anschlüsse mit geeigneten Verschlussstopfen verschließen, um Verunreinigungen zu vermeiden.

Rail am rechten Zylinderkopf ausbauen:
Die Arbeiten fallen dann an, wenn der rechte Ventildeckel demontiert werden soll.
■ Drehen Sie die Schraube am Halter für die Hochdruckleitung am Ventildeckel heraus.
■ Bauen Sie die Druckleitung am Rail ab.
■ Klipsen Sie den Halter mit der elektri-

schen Steckverbindung des Temperaturfühlers vor dem Abgasturbolader am Rail aus.
■ Trennen Sie die elektrische Steckverbindung am Raildrucksensor.
■ Nehmen Sie das Rail ab.

Weiterarbeit am linken Ventildeckel:
Die Arbeiten fallen dann an, wenn der linke Ventildeckel demontiert werden soll.
■ Lassen Sie das Kühlmittel ab.
■ Demontieren Sie die Unterdruckleitung am Bremskraftverstärker und legen Sie sie zur Seite.
■ Bauen Sie die Abdeckung über dem Ventildeckel ab.
■ Drehen Sie die Befestigungsschrauben heraus und legen Sie den Halter mit dem Kühlmittelschlauch nach vorne aus dem Arbeitsbereich heraus.
■ Demontieren Sie das Ladeluftrohr und legen Sie es aus dem Arbeitsbereich heraus.
■ Bauen Sie den Vorratsbehälter für die Hydraulikflüssigkeit ab und legen Sie ihn aus dem Arbeitsbereich heraus.
■ Demontieren Sie den Halter mit dem Glühkerzensteuergerät ab und legen Sie ihn zur Seite.
■ Die Einspritzleitungen am Ventildeckel und an der Hochdruckpumpe demontieren.
■ Die Leckölleitung am Rücklauf entsichern und abziehen.

⚠ Fangen Sie austretenden Kraftstoff mit einem saugfähigen Lappen auf.

☞ Verschließen Sie die Anschlüsse und Leitungen mit passenden Stopfen, um das Eindringen von Verschmutzungen zu verhindern.

■ Öffnen Sie die Schelle und ziehen Sie die Leckölleitung von der Kraftstoffleitung ab.
■ Bauen Sie die Kraftstoffleitung am Kraftstofffilter und an der Hochdruckpumpe ab.
■ Drehen Sie die Halteschrauben heraus und legen Sie die Kraftstoffleitung aus dem Arbeitsbereich heraus.
■ Bauen Sie die Kabelbinder ab und legen Sie den Motorleitungssatz frei.
■ Lösen Sie die Schrauben des Ventildeckels stufenweise in umgekehrter Reihenfolge zur im Bild 28 vorgestellten Anzugsfolge.
■ Heben Sie den Ventildeckel vorsichtig mit geeignetem Werkzeug vom Zylinderkopf ab.

⚠ Der Ventildeckel ist Bestandteil der Nockenwellenlagerung und bildet mit dem Zylinderkopf eine Paarung. Er kann nur zusammen mit dem Zylinderkopf ersetzt werden.

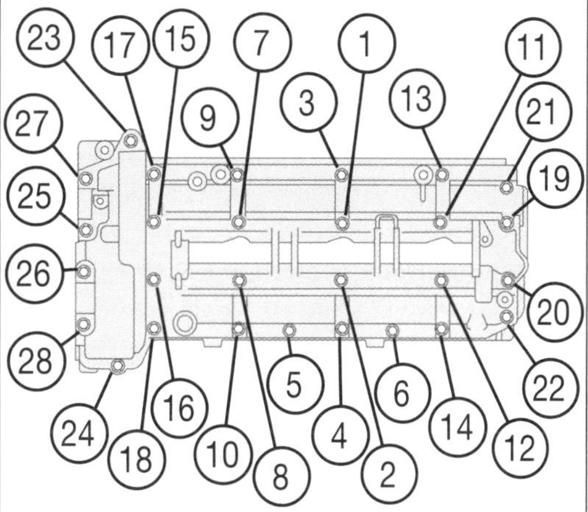

Bild 28

Bild 28
OM 642 Anzugsfolge der Schrauben im Ventildeckel rechts
1 - 28 Reihenfolge zum Anziehen des Ventildeckels
28 - 1 Reihenfolge zum Lösen des Ventildeckels

Weiterarbeit am rechten Ventildeckel:
Die Arbeiten fallen dann an, wenn der rechte Ventildeckel demontiert werden soll.
■ Drehen Sie die beiden Schrauben zum Ölabscheider seitlich heraus und bauen Sie den Ölabscheider ab.
■ Drehen Sie die beiden Schrauben zum Anschlussstutzen auf der Rückseite des Motors heraus und bauen Sie den Anschlussstutzen ab.
■ Bauen Sie die Injektoren (Einspritzventile) auf der rechten Seite aus.

☞ Die Demontage der Injektoren beschreiben wir Ihnen im Kapitel Gemischaufbereitung.

☞ Öffnungen im Zylinderkopf mit einem fusselfreien Lappen oder passenden Stopfen verschließen.

■ Entlüftungsschlauch (2) an der Zylinderkopfhaube (1) abziehen.
■ Demontieren Sie die Anschlusskabel zum Nockenwellengeber und lösen Sie sie vom Ventildeckel.
■ Demontieren Sie die Unterdruckpumpe.
■ Ziehen Sie den Entwässungsschlauch des Kraftstofffilters von der Entwässungsleitung am rechten Zylinderkopf ab.
■ Drehen Sie die Schraube zum Halter heraus und legen Sie die Entwässungsleitung aus dem Arbeitsbereich heraus.
■ Drehen Sie die Schraube heraus und drehen Sie den Ölmessstab zur Seite.
■ Demontieren Sie den Kabelsatz vom

Bild 29
OM 642 Ventildeckel.
1 Dichtmittelnaht
2 Dichtfläche Ventildeckel

Bild 30
OM 654 Ventildeckel.
Anzugsfolge der Schrauben im Ventildeckel.
1 - 17 Reihenfolge zum Anziehen des Ventildeckels
17 - 1 Reihenfolge zum Lösen des Ventildeckels

rechten Ventildeckel ab und legen Sie ihn aus dem Arbeitsbereich heraus.

■ Bauen Sie die Abgasrückführung aus.

■ Lösen Sie die Schrauben des Ventildeckels stufenweise in umgekehrter Reihenfolge zur im Bild 28 vorgestellten Anzugsfolge.

■ Heben Sie den Ventildeckel vorsichtig mit geeignetem Werkzeug vom Zylinderkopf ab.

⚠ Der Ventildeckel ist Bestandteil der Nockenwellenlagerung und bildet mit dem Zylinderkopf eine Paarung. Er kann nur zusammen mit dem Zylinderkopf ersetzt werden.

Die Montage erfolgt sinngemäß im umgekehrter Reihenfolge.

■ Die Dichtflächen gründlich reinigen.

Eine neue Dichtnaht (Silikondichtmasse) mit etwa 1,5 mm Stärke auftragen (Bild 29).

☞ Achten Sie auf die Verarbeitungszeit der Dichtmasse und auf das Mindesthaltbarkeitsdatum.

■ Ziehen Sie die Schrauben in drei Stufen wieder an.

■ Dichtringe am Railanschluss erneuern.

■ Prüfen Sie die Dichtigkeit der Kraftstoffleitungen bei laufendem Motor.

■ Prüfen Sie den Zustand der Wellendichtringe und erneuern Sie diese wenn erforderlich.

■ Reinigen Sie die Dichtflächen des Anschlussstutzens hinten rechts und erneuern Sie den Dichtring.

Ventildeckel/Zylinderkopfhaube aus- und einbauen (OM 654)

■ Motorabdeckung oben soweit verbaut demontieren.

■ Bauen Sie die Injektoren und das Railrohr aus. Die Demontage beschreiben wir Ihnen im Kapitel Gemischaufbereitung.

☞ Öffnungen im Zylinderkopf mit einem fusselfreien Lappen verschließen.

■ Bauen Sie den Nockenwellenpositionsgeber aus.

■ Demontieren Sie das Ladeluftrohr zum Turbolader.

■ Bauen Sie den Halter zum Motorenlüftungsgehäuse ab.

■ Bauen Sie die Hebeöse am Zylinderkopf ab.

■ Drehen Sie die Schrauben des Ventildeckels in der Reihenfolge 17-1 (Bild 30) los. Die Schrauben verbleiben im Deckel.

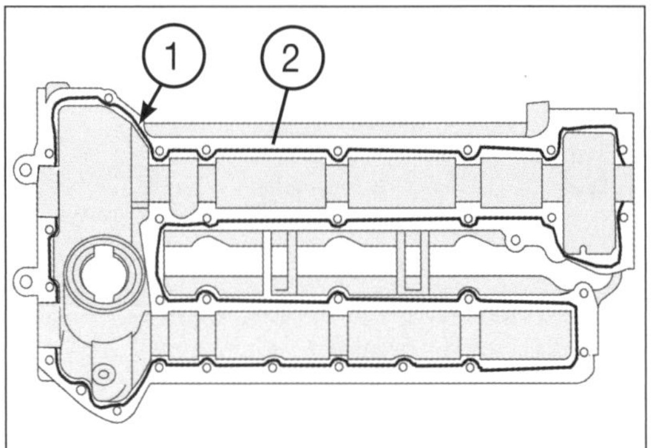

Bild 29

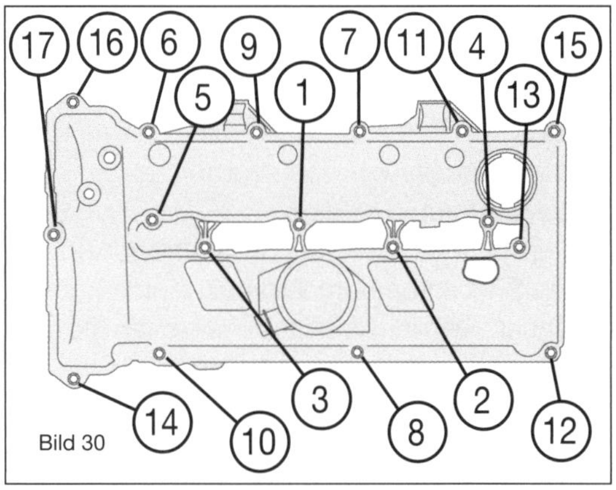

Bild 30

■ Den Ventildeckel (Zylinderkopfhaube) nach oben abnehmen.

Die Montage erfolgt sinngemäß im umgekehrter Reihenfolge.

■ Dichtflächen reinigen und Dichtung erneuern.

■ Dichtringe am Railanschluss erneuern.

■ Prüfen Sie die Dichtigkeit der Kraftstoffleitungen bei laufendem Motor.

Prüfen der Steuerzeiten

Die Markierungen am Motor sind zur Kontrolle nach den Montagearbeiten oder aber auch schon beim Verdacht auf verstellte Steuerzeiten bei der Fehlersuche recht wichtig.

Steuerzeiten am OM 651 prüfen

Markierung an der Nockenwelle (Bild 31):

■ Motorabdeckung oben, soweit verbaut, ausbauen.

■ Nockenwellensensor ausbauen.

■ Motor an der Kurbelwelle mit geeignetem Gegenhalter in Motordrehrichtung drehen, bis die Markierung 0° KW an der Riemen-

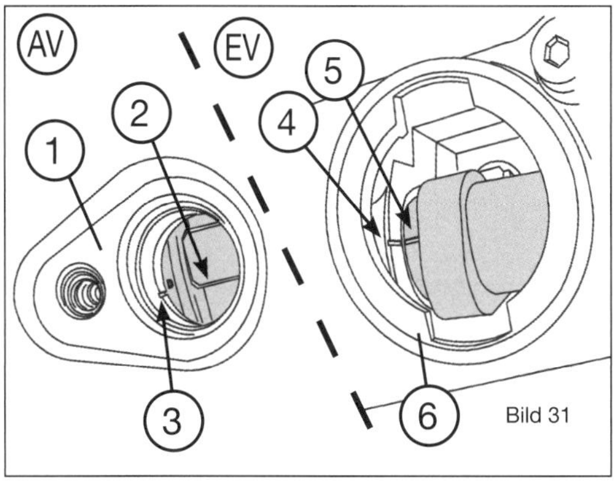

Bild 31

scheibe/ Schwingungsdämpfer (2 im Bild 31) mit dem Steg (1) am Zylinderkurbelgehäuse übereinstimmt.

Die Markierung (1 im Bild 31) muss mit der Markierung 2) fluchten.

■ Demontieren Sie das Öleinfüllrohr und blicken Sie auf die Einlassnockenwelle.

Wenn die Markierung (5) nicht sichtbar ist, die Kurbelwelle eine Umdrehung weiterdrehen und nochmals prüfen.

Fluchtet die Markierung (5) nicht mit der Markierung (4), muss die Grundstellung der Nockenwellen eingestellt werden.

■ Blicken Sie durch die Bohrung des Nockenwellensensors und prüfen Sie die Einstellung der Auslassnockenwelle.

Die Kante (2 im Bild 31) muss mit der Markierung (3) fluchten. Fluchtet die Markierung (3) nicht mit der Markierung (2), muss die Grundstellung der Nockenwellen durchgeführt werden.

Markierung an der Kurbelwelle (Bild 32):
Es gibt zwei OT-Stellungen des Kolbens. Zum einen kann er sich im Überschneidungs-OT befinden und zum anderen genau 360° KWU weiter, im Zünd-OT.

■ Die OT-Markierung (2 im Bild 32) des Schwingungsdämpfers (3) muss mit dem Steg des Steuergehäusedeckels (1) fluchten.

■ Achten Sie auf die Stellung und die Markierungen der Nockenwelle.

Steuerzeiten am OM 642 prüfen

Die Kontrolle der Steuerzeiten ist ohne die Demontage der beiden Ventildeckel nicht möglich. Diese sind allerdings die oberen Hälften der Nockenwellenlager.

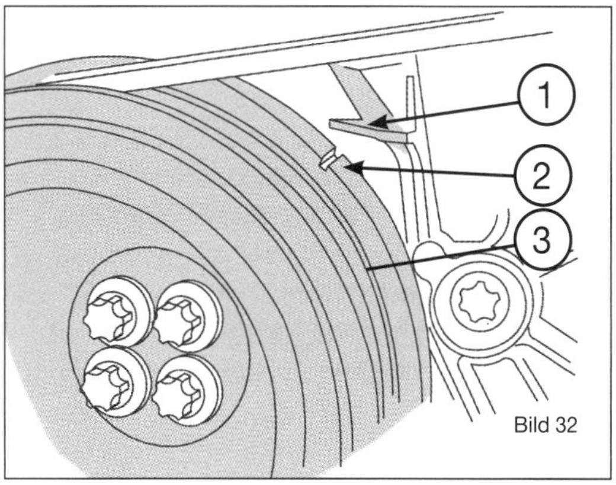

Bild 32

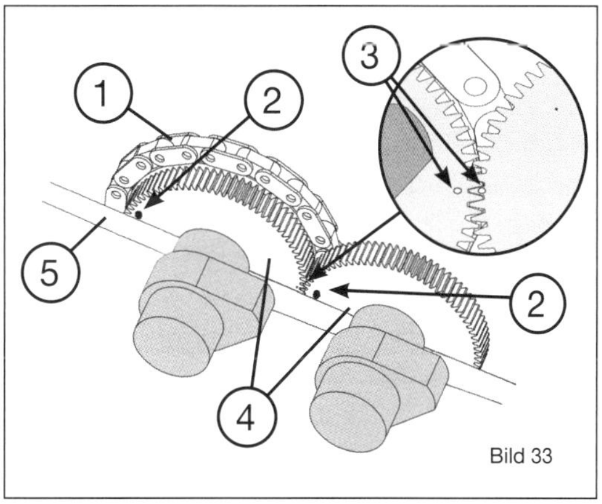

Bild 33

Markierung an der Kurbelwelle (Bild 32):
Es gibt zwei OT-Stellungen des Kolbens. Zum einen kann er sich im Überschneidungs-OT befinden und zum anderen genau 360° KWU weiter, im Zünd-OT.

■ Die OT-Markierung (2 im Bild 32) des Schwingungsdämpfers (3) muss mit dem Steg des Steuergehäusedeckels (1) fluchten.

■ Achten Sie auf die Stellung und die Markierungen der Nockenwelle (Bild 33).

Markierung an der Nockenwelle:

■ Die Viskose-Lüfterkupplung ausbauen.

■ Den rechten und linken Ventildeckel wie bereits beschrieben ausbauen.

■ Die Niederhalter (3) an die mittleren Nockenwellenlager der Zylinderköpfe anbauen.

Die Niederhalter (3) übernehmen die Funktion der Nockenwellenlager und entlasten die Nockenwellenhalter (2).

■ Auf die Position der Markierungen (1) und (2) im Bild 31 achten.

■ Motor am Schwingungsdämpfer in Motordrehrichtung drehen, bis sich die Markierungen (3 im Bild 33) der Nockenwellen gegenüberstehen und die Markierungen (2), in

Bild 31
Markierungen an den Nockenwellen (OM 651).
AV Auslassnockenwelle
EV Einlassnockenwelle
1 Einbauposition Nockenwellengeber Auslassnockenwelle
2 Kante (der Aussparung des Inkrementenrades der Auslassnockenwelle)
3 Markierung (in Bohrung für den Nockenwellensensor)
4 Markierung (auf Nockenwellen-Lagerdeckel)
5 Markierung (auf Einlassnockenwelle)
6 Einbauposition Öldeckel (Einfüllrohr)

Bild 32
Markierungen an der Kurbelwelle (OM 651).
1 Steg am Gehäusedeckel
2 Markierung an der Riemenscheibe
3 Riemenscheibe/ Schwingungsdämpfer

Bild 33
Markierungen an den Nockenwellen (OM 642).
1 Nockenwellenrad mit Steuerkette
2 Markierung der Nockenwellenräder an der Kopfkante
3 Markierung der Nockenwellenräder zueinander
4 Nockenwellenzahnräder
5 Zylinderkopfkante

Sichtprüfung Messen

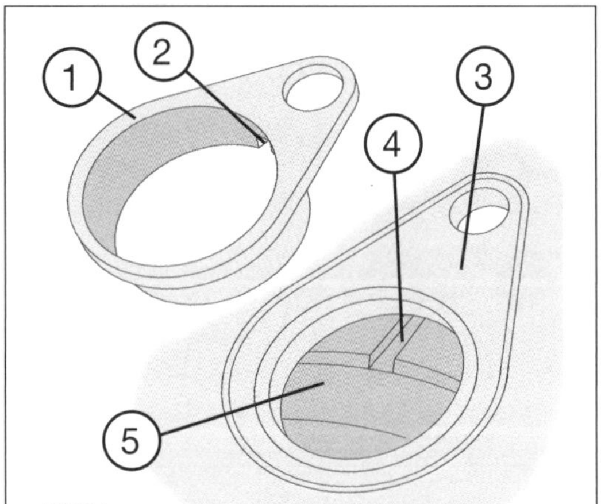

Bild 34

Bild 34
Markierungen an der Nockenwelle (OM 654).
1 Einsatz Nockenwellengeber MB 654589004000
2 Markierung im Spezial-Werkzeug
3 Ventildeckel
4 Markierung an der Nockenwelle
5 Auslassnockenwelle

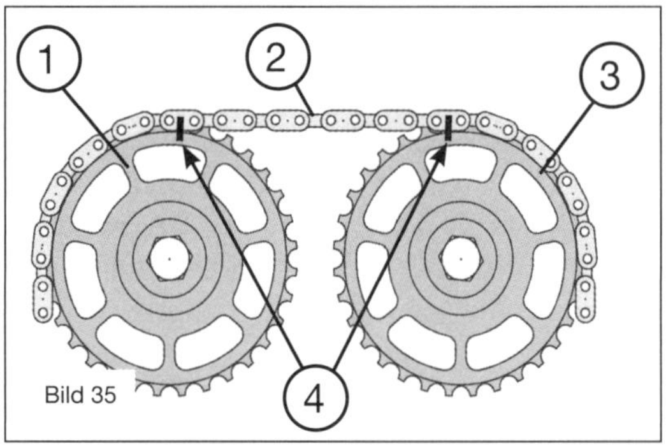

Bild 35

Bild 35
Markierungen an Steuerkette und Nockenwellenrad (OM 654).
1 Auslassnockenwelle
2 Steuerkette
3 Einlassnockenwelle
4 Markierung auf Nockenwellenrädern und Steuerkette

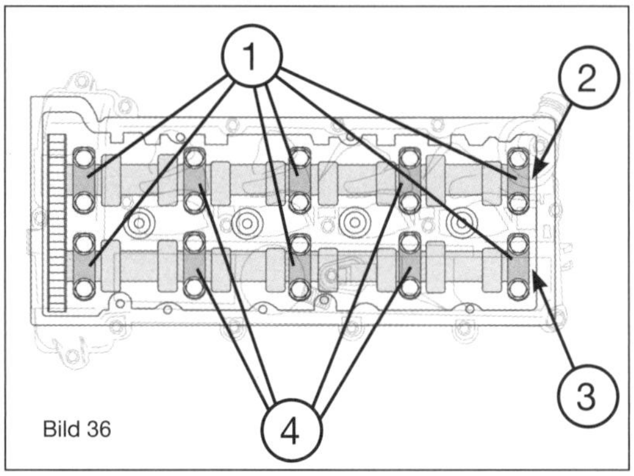

Bild 36

Bild 36
Lagerdeckel der Nockenwellen (OM 651).
1 Lagerdeckel Mitte und außen
2 Einlassnockenwelle
3 Lagerdeckel innen
4 Auslassnockenwelle

Fahrtrichtung gesehen, auf der linken Seite zur Oberkante des Zylinderkopfes fluchten. Die Kurbelwelle muss dann auf OT stehen.

Steuerzeiten am OM 654 prüfen

Markierung an der Nockenwelle (Bild 35):

■ Die Motorabdeckung oben, soweit verbaut, ausbauen.

■ Ziehen Sie das Anschlusskabel ab und bauen Sie den Nockenwellensensor aus.

■ Verdrehen Sie den Motor an der Kurbelwellenriemenscheibe in der normalen Drehrichtung, bis Sie den Zünd-OT des ersten Zylinders erreicht haben.

(Sichtprüfung) Im Zünd-OT ist eine Markierung (4 im Bild 35) auf der Auslassnockenwelle durch die Bohrung des Nockenwellensensors erkennbar.

■ Drehen Sie den Motor auf die »0°« - Markierung der Riemenscheibe auf der Kurbelwelle (siehe Bild 32).

⚠ Das Drehen gegen die normale Drehrichtung kann Schäden in der Spannvorrichtung der Steuerkette oder sogar das Überspringen der Steuerkette zur Folge haben.

■ Setzen Sie das Spezialwerkzeug (MB 654589004000) (1) in die Einbauposition des Nockenwellensensors ein und drehen Sie es mit der Befestigungsschraube des Nockenwellensensors handfest an.

(Sichtprüfung) Die Markierung auf der Nockenwelle (4) sollte nun mit der Markierung (2) auf dem Spezialwerkzeug fluchten. Ist das nicht der Fall, müssen Steuerkette, Kettenführungen und die Einstellung der Steuerzeiten geprüft werden.

Nockenwelle aus-/einbauen

Nockenwelle am OM 651

Ausbau der Nockenwellen:

☞ Die Nockenwelle wird zusammen mit den Nockenwellenrädern ausgebaut. Die Zentralschrauben der Nockenwellenräder müssen nur dann gelöst werden, wenn die Nockenwellenräder zu den Nockenwellen verstellt werden müssen.

■ Den Ventildeckel (Zylinderkopfhaube), wie bereits beschrieben ausbauen.

■ Die Grundstellung der Nockenwellen wie beschrieben prüfen und Kolben des 1. Zylinders auf oberem Totpunkt (OT) stehen lassen.

■ Den Kettenspanner ausbauen.

■ Die Position der Steuerkette (2 im Bild 35) zu den beiden Nockenwellenrädern (1 und 3) wasserfest kennzeichnen.

■ Markieren Sie auch den Sechskant der Nockenwelle zum Lagerdeckel. Er steht normalerweise mittig zum Lagerdeckel.

■ Die Schrauben der Nockenwellen-Lagerdeckel (1 im Bild 36) schrittweise herausdrehen und Nockenwellen-Lagerdeckel abnehmen.

■ Die Schrauben der Nockenwellen-Lagerdeckel (4) schrittweise herausdrehen und Nockenwellen-Lagerdeckel abnehmen.

■ Die Auslassnockenwelle (3) aus der

Steuerkette aushängen und herausnehmen.

Den Steuergehäuseschacht mit sauberen Lappen abdecken. Anderenfalls kann es durch hineingefallene Teile zu einem Motorschaden kommen.

- Sichern Sie die Steuerkette gegen Herunterfallen in den Kettenkasten.
- Die Einlassnockenwelle (2 im Bild 38) aus der Steuerkette aushängen und herausnehmen.

Einbau der Nockenwellen:

- Die hydraulischen Ausgleichselemente auf Beschädigung und Leichtgängigkeit prüfen.
- Das Nockenwellenrad der Einlassnockenwelle in Steuerkette einsetzen und Einlassnockenwelle in die Lagerhälften des Zylinderkopfes legen.

Die Kennzeichnung an der Steuerkette (Bild 35) und zwischen Sechskant und Nockenwellenlagerdeckel (Bild 37) beachten.

- Rollenschlepphebel und Nockenwellenlagerstellen einölen.
- Einlassnockenwelle (3 im Bild 38) so einsetzen, dass die Markierung (Pfeil 3) mit der Markierung (Pfeil 1) fluchtet und der Niederhalter (2) spannungsfrei festgeschraubt werden kann.
- Niederhalter (1) der Einlassnockenwelle festschrauben und die Nockenwellen-Lagerdeckel (2) einbauen.
- Nockenwellen-Lagerdeckel abwechselnd und gleichmäßig festschrauben.

Trennen der Nockenwellenräder von den Nockenwellen:

Die Demontage der Nockenwellenräder ist nach Mercedes-Vorgaben bei ausgebauten Nockenwellen durchzuführen.

- Demontieren Sie die Nockenwellen wie bereits beschrieben.
- Spannen Sie die Nockenwelle mit Schutzbacken auf dem Sechskantprofil der Nockenwelle in einen Schraubstock ein.
- Lösen Sie die Schraube des Nockenwellenrades.
- Nehmen Sie das entsprechende Nockenwellenrad von der Nockenwelle ab.

Montage der Nockenwellenräder auf die Nockenwellen:

- Drehen Sie die Zentralschraube des Nockenwellenrades lediglich so weit an, dass sich das Nockenwellenrad auf der Nockenwelle noch verdrehen lässt.
- Bauen Sie die Nockenwellen wieder ein.
- Verdrehen Sie die Nockenwellen so weit, dass Sie das Blockierwerkzeug (1 im Bild 38) einsetzen können.
- Bauen Sie die Nockenwellen wieder ein.

Die weitere Montage erfolgt sinngemäß in umgekehrter Reihenfolge.

Nockenwelle am OM 642

Ausbau der Nockenwellen:

Die Arbeiten unterscheiden sich zwischen der rechten und der linken Nockenwelle nur geringfügig. Wir stellen Ihnen deshalb all-

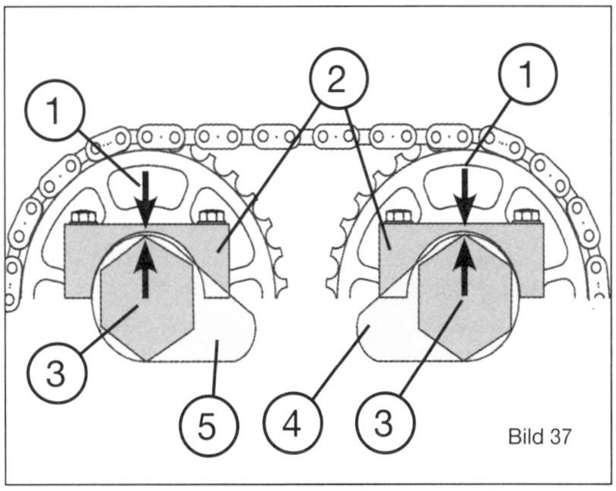

Bild 37

Markierungen Sechskant der Nockenwellen zu den Lagerdeckeln (OM 651).
1 Markierung auf dem Lagerdeckel
2 Lagerdeckel
3 Markierungen auf der obersten Kante des Sechskant
4 Einlassnockenwelle
5 Auslassnockenwelle

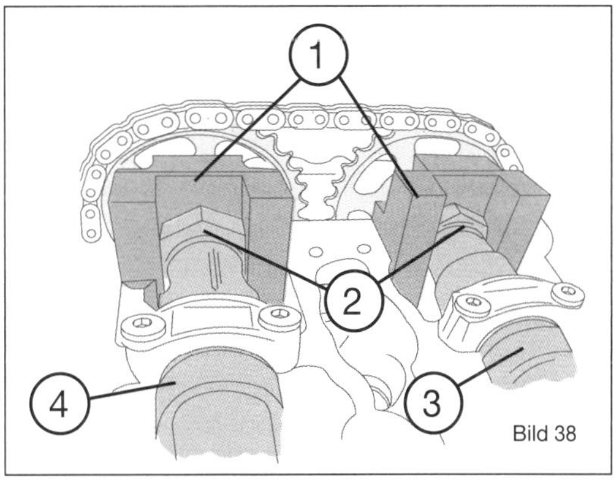

Bild 38

Blockieren der Nockenwellen am OM 651.
1 Blockierwerkzeug (DB 651 589 09 40 00)
2 Sechskant auf den Nockenwellen
3 Einlassnockenwelle
4 Auslassnockenwelle

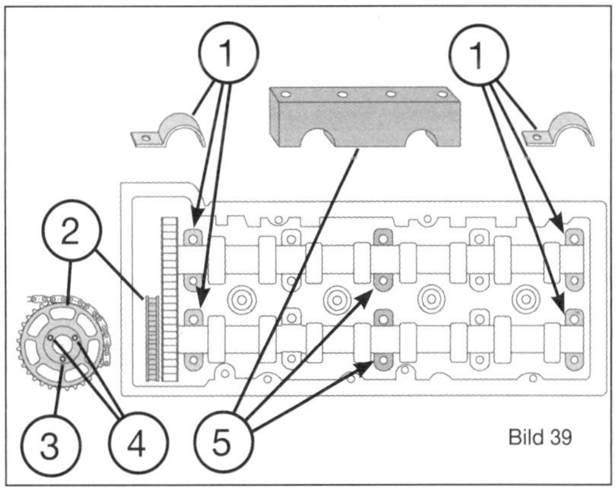

Bild 39

Gegenhalter der Nockenwellen am OM 642.
1 Niederhalter außen
2 Nockenwellenkettenrad
3 Untere Schraube
4 Obere Schrauben
5 Niederhalter (MB 642 589 00 31 00)

gemeingültige Arbeitsschritte vor.
■ Demontieren Sie den Steuerkettenspanner auf der rechten Motorseite.
■ Den Ventildeckel (Zylinderkopfhaube), wie bereits beschrieben, demontieren.
■ Montieren Sie die Niederhalter (1 und 5 im Bild 39) für die Nockenwellen des entsprechenden Zylinderkopfes.
■ Tragen Sie in den Lagerbereichen der Nockenwellen etwas Öl auf. Die Niederhalter werden im Folgenden die Aufgabe der Nockenwellenlagerung übernehmen.
■ Drehen Sie den Steuerkettenspanner handfest wieder ein.
■ Den Motor an der Riemenscheibe so weit verdrehen, dass der Motor auf der OT-Markierung steht (siehe Seite 43).
■ Verdrehen Sie den Motor so viel weiter, dass Sie die untere Schraube (3 im Bild 39) des Nockenwellenkettenrades erreichen können.
■ Drehen Sie die untere Schraube heraus und drehen Sie den Motor, in der Motordrehrichtung, wieder in die OT-Stellung.
■ Befestigen Sie das Steuerkettenrad mit Kabelbinder an der Steuerkette.
■ Drehen Sie die verbliebenen zwei Schrauben aus dem Steuerkettenrad heraus.
■ Rechtes bzw. linkes Nockenwellenrad mit aufgesetzter Steuerkette von den auszubauenden Nockenwellen (4) abnehmen.
■ Niederhalter (1) abbauen.
■ Niederhalter (5) ausbauen.
■ Auszubauende Nockenwelle aus dem Zylinderkopf herausheben.

Einbau der Nockenwellen:
Die Montage erfolgt sinngemäß in umgekehrter Reihenfolge.
■ Prüfen Sie den Zustand der Hydrostößel und der Schlepphebel vor der Montage der Nockenwelle.
■ Ölen Sie die Lagerstellen leicht ein.
■ Beachten Sie die Steuerzeiten.

☞ Achten Sie auf die Anzugsreihenfolge (Bild 28 auf Seite 41).

Nockenwelle am OM 654
Ausbau der Nockenwellen (des Nockenwellengehäuses):

☞ Die Nockenwellen können nicht vom Nockenwellengehäuse getrennt werden. Der Ersatz der Nockenwellen erfolgt mit dem Nockenwellengehäuse.

■ Demontieren Sie den Ventildeckel wie bereits beschrieben.
■ Verdrehen Sie den Motor, wie bereits auf der Seite 44 beschrieben, auf die OT-Stellung.
■ Demontieren Sie die Riemenscheibe und blockieren Sie die Kurbelwelle auf der »0« - Position mit dem Arretierwerkzeug (MB 654 589 00 21 00).
■ Drehen Sie die Schrauben 21 bis 24 im Bild 40 heraus.

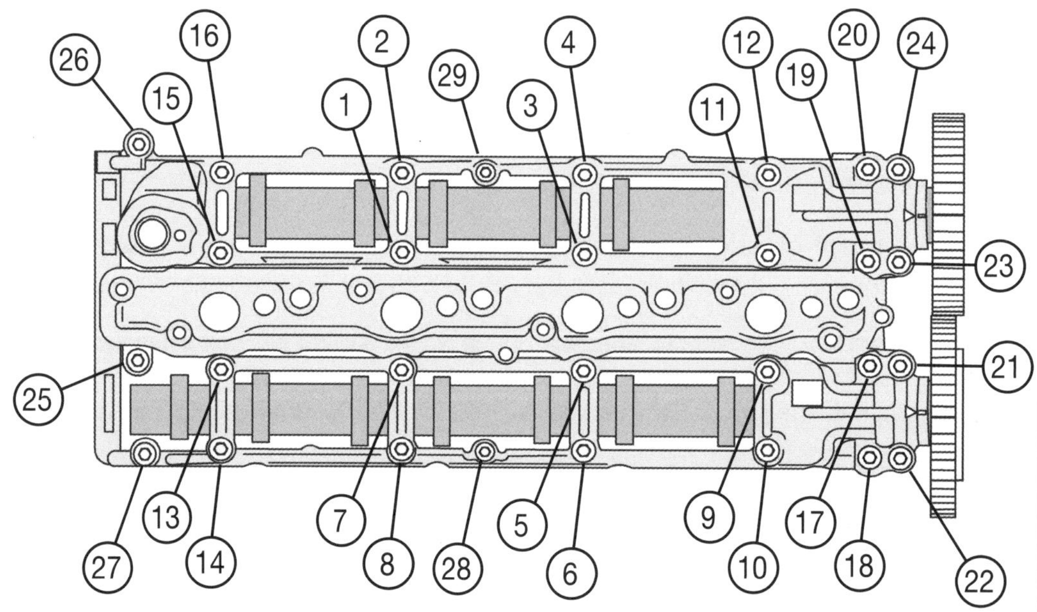

Bild 40

Bild 40
Anzugsreiheinfolge des Nockenwellenkastens beim OM 654.
1-29 Anzugsreihenfolge
29-1 Lösereihenfolge

■ Spannen Sie die Nockenwellenräder gegen den Uhrzeigersinn vor und stecken Sie die Nockenwellenräder mit dem Arretierwerkzeug (MB 654 589 00 31 00) ab.
■ Montieren Sie die Niederhalter für die Nockenwellen (MB 654 589 01 40 00) und drehen Sie sie mit den dazugehörigen Schrauben fest.
■ Demontieren Sie den Steuerkettenspanner.
■ Wenn die Nockenwellen oder die Nockenwellenräder getauscht werden sollen, lösen Sie die Zentralschrauben der Nockenwellenräder.
■ Demontieren Sie die Niederhalter für die Nockenwellen (MB 654 589 01 40 00) wieder.
■ Drehen Sie die Schrauben des Nockenwellengehäuses in der Reihenfolge 28-27-26-25-20-19-18-17-16-15-14-13-12-11-10-9-8-7-6-5-4-3-2-1 (Bild 40) heraus.

Die Reihenfolge ist sehr wichtig, da sonst das Nockenwellengehäuse verzogen werden kann.

■ Soweit die Nockenwellenräder abgebaut wurden, stecken Sie die Niederhalter für die Nockenwellen (MB 654 589 01 40 00) wieder auf (nicht verschrauben), um das Verdrehen der Nockenwellen zu verhindern.
■ Nehmen Sie das Nockenwellengehäuse zusammen mit den Nockenwellen ab.
■ Nehmen Sie den O-Ring im Bereich der Schraube 20 vom Zylinderkopf ab.

Die Montage erfolgt sinngemäß in umgekehrter Reihenfolge.
■ Erneuern Sie den O-Ring im Bereich der Schraube 20 im Zylinderkopf.
■ Prüfen Sie den Zustand der Nockenwellenräder.
■ Prüfen Sie die Nockenwellen auf Schäden.
■ Setzen Sie das Nockenwellengehäuse auf dem Zylinderkopf auf.
■ Drehen Sie die Schrauben in der Reihenfolge 1-8 (Bild 40) so weit hinein, bis das Nockenwellengehäuse auf dem Zylinderkopf aufliegt.
■ Die Schrauben 9-29 leicht von Hand anziehen.
■ Die Schrauben 1-29 auf Drehmoment in zwei Stufen anziehen.

Wenn die Nockenwellenräder demontiert worden sind, die Schrauben 21-24 noch nicht anziehen. Das erfolgt dann erst nach dem Anziehen der Zentralschraube der Nockenwellenräder.

Arbeiten am Steuerkettenantrieb (OM 651)

Steuerkettenwechsel
Grundsätzlich kann mit entsprechendem Mercedes Spezialwerkzeug die Steuerkette auch ohne die Demontage des Steuerkettenkastens gewechselt werden. Die neue Steuerkette wird an die alte Steuerkette mit einem Kettenschloss angebunden. Mit Hilfe eines zweiten Mechanikers wird nun der Motor vorsichtig verdreht, gleichzeitig die alte Kette herausgezogen und die neue Kette auf das Zahnrad der Auslassnockenwelle aufgelegt. Die Schwierigkeit besteht darin, Kettenführung und Drehung des Motors gut aufeinander abzustimmen.
■ Bauen Sie den Ventildeckel wie beschrieben ab.
■ Bauen Sie den Steuerkettenspanner aus.
■ Stopfen Sie den freien Querschnitt im Steuerkasten um die Steuerkette und die Steuerkettenräder mit fusselfreien Lappen aus.

So wird das Hineinfallen von Kleinteilen in den Motor sehr wirkungsvoll verhindert.

■ Pressen Sie mit einem geeigneten Kettentrenner den Bolzen der alten Steuerkette heraus.
■ Verbinden Sie mit einem geeigneten Kettenschloss (siehe Bild 42) ein Ende der neuen mit der alten Steuerkette.
■ Drehen Sie den Steuerkettenspanner mit einer neuen Dichtung einige Umdrehungen wieder ein, um ein Überspringen der Steuerkette zu verhindern.
■ Verbinden Sie das Endglied der Steuer-

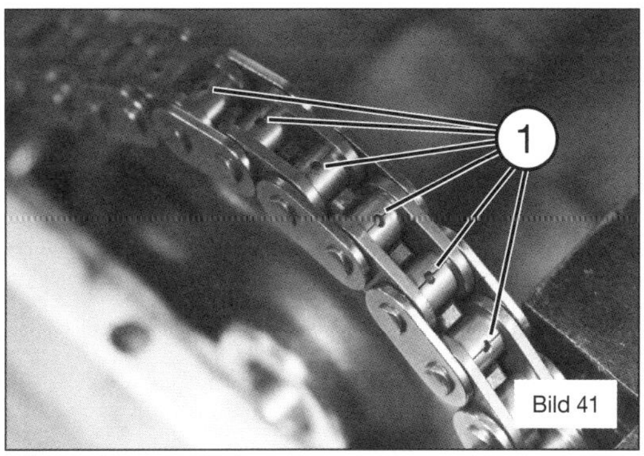

Bild 41
Bei Steuerketten mit Ölbohrungen (1) müssen die Bohrungen nach außen weisen.

Bild 42
Einfädeln der neuen Steuerkette am OM 651.
1 Neue Steuerkette
2 Inneres Kettenglied der neuen Steuerkette
3 Kettenschloss
4 Inneres Kettenglied der alten Steuerkette
5 Anfang der alten Steuerkette
6 Bewegungsrichtung der Kette mit der Motordrehung beim Einziehen
7 Auslasssteuerkettenrad
8 Ende der alten Steuerkette
9 Laschen des Kettengliedes
10 Herausziehen der alten Kette mit der Motordrehung

Bild 43
Kettennietwerkzeug im Einsatz.
1 Kettentrenner
2 Bolzen
3 Laschen (Außenglied)
4 Innenglied

Bild 44
Steuergehäusedeckel OM 651.
1 Schraube im Kettenkasten
2 Schrauben im Kettenkasten
3 Schrauben Vorderseite
4 Schrauben Vorderseite
5 Schrauben Rückseite

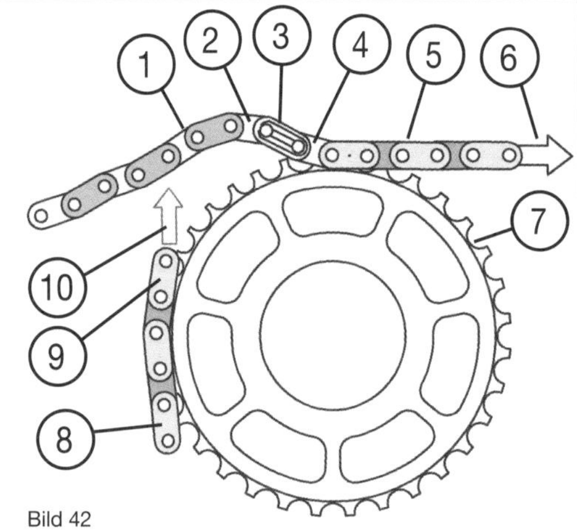

Bild 42

kette mit dem Kettenschloss (MB 651 589 04 63 00) (3 im Bild 42).

■ Legen Sie die neue Steuerkette so ab, dass Sie sie leicht auf das Kettenrad auflegen können.

■ Ziehen Sie den Lappen wieder aus dem Kettenkasten heraus.

⚠ Achten Sie darauf, dass keine Teile in den Kettenkasten hineinfallen. Diese Teile können leicht einen Motorschaden verursachen.

■ Verdrehen Sie mit Hilfe einer zweiten Person den Motor im Uhrzeigersinn. Legen Sie hierbei gleichzeitig die neue Steuerkette auf das Kettenrad der Auslassnockenwelle auf und nehmen Sie die alte Steuerkette vom Kettenrad ab.

☞ Durch die Drehung des Motors wird die neue Kette eingezogen (6) und die alte Kette (10) ausgefädelt. Achten Sie darauf, dass die Steuerkette sich bei dieser Arbeit nicht verhakt.

■ Sobald die alte Steuerkette komplett herausgezogen und der Anfang der neuen Steuerkette wieder auf dem Kettenrad angekommen ist, wird der Kettenkasten wieder mit dem fusselfreien Lappen zugestopft.

■ Demontieren Sie das Kettenschloss. Es ist nicht für den Dauerbetrieb im Motor geeignet.

■ Montieren Sie das Nietkettenschloss und vernieten Sie es mit dem Kettennietwerkzeug.

■ Prüfen Sie die Steuerzeiten, wie ab Seite 42 bereits beschrieben.

☞ Wenn erforderlich, müssen die Steuerzeiten wie beim Ausbau der Nockenwelle beschrieben neu eingestellt werden.

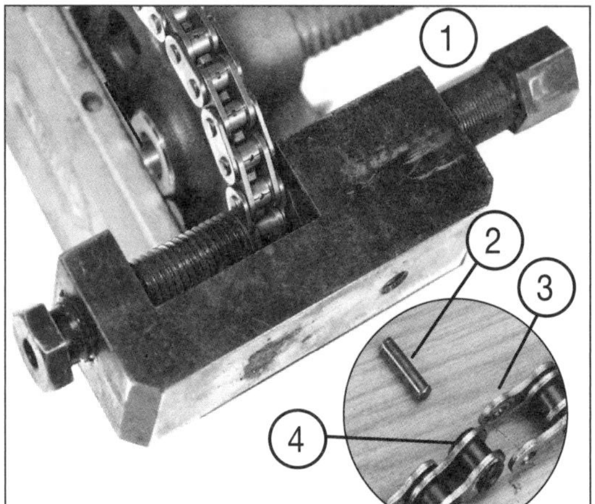

Bild 43

Die weitere Montage erfolgt sinngemäß in umgekehrter Reihenfolge.

Steuerkastendeckel demontieren

Der Steuerkastendeckel ist gleichzeitig die Kupplungsglocke, an der das Getriebe befestigt ist.

■ Lesen Sie den Fehlerspeicher aus und sichern Sie die Ergebnisse.

■ Fahrzeug mit der Hebebühne anheben.

⚠ Fahrzeug zwischen den Hebebühnensäulen ausrichten und die vier Aufnahmeteller an den vom Fahrzeughersteller vorgeschriebenen Hebebühnenaufnahmepunkten platzieren.

■ Lassen Sie das Motoröl ab.

■ Bauen Sie den Motor zusammen mit dem

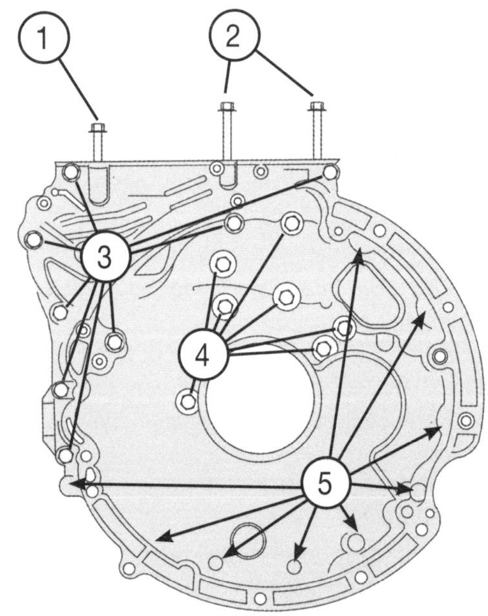

Bild 44

Getriebe aus. Diesen Arbeitsschritt werden wir am Ende dieses Kapitels genauer beschreiben.

- Bauen Sie das Getriebe ab.
- Demontieren Sie das Schwungrad, beziehungsweise die Mitnehmerscheibe.
- Demontieren Sie den Ventildeckel und den Deckel am Zylinderkopf.
- Legen Sie den Schlauch aus dem Arbeitsbereich heraus.
- Drehen Sie die Schrauben (1 und 2) im Bild 44) heraus.

⚠ Achten Sie darauf, dass keine Teile in den Kettenkasten hineinfallen. Diese Teile können leicht einen Motorschaden verursachen.

- Ziehen Sie den Steckkontakt zum Positionsgeber der Kurbelwelle ab.
- Drehen Sie die Halteschelle für die Kraftstoffleitungen los und legen Sie die Kraftstoffleitungen aus dem Arbeitsbereich heraus.
- Drehen Sie die Schrauben (3 und 4) von der Vorderseite aus heraus.
- Drehen Sie die Schrauben (5) von der Rückseite aus heraus.
- Hebeln Sie den Gehäusedeckel möglichst gerade mit einem geeigneten Werkzeug ab.

☞ Achten Sie darauf, die Dichtfläche nicht zu beschädigen.

Die Montage erfolgt sinngemäß in umgekehrter Reihenfolge.

- Tragen Sie die Dichtmittelraupe, wie im Bild 45 gezeigt auf.

☞ Die Dichtmittelraupe sollte etwa 2 mm Breite aufweisen.

⚠ Beachten Sie die angegebene Verarbeitungszeit und das Mindesthaltbarkeitsdatum der Dichtmasse.

Wechsel der Spann- und Gleitschienen

Vorbereitungen:

- Bauen Sie den Kettenspanner aus.
- Demontieren Sie den Steuerkastendeckel wie bereits beschrieben.

Demontage der Spannschiene:

- Drehen Sie ein Gewinde in den Lagerbolzen unten im Lagerbolzen der Spannschiene ein und ziehen Sie den Lagerbolzen mit einem Zughammer aus dem Motorblock heraus.

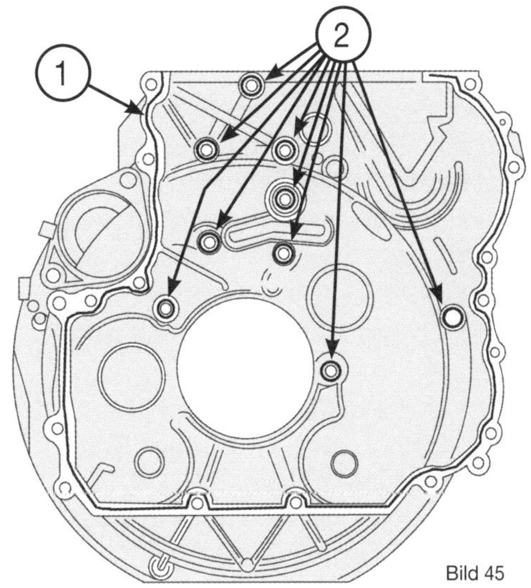

Bild 45

Bild 45
Dichtmittel auf dem Steuergehäusedeckel des OM 651.
1 Dichtmittelraupe am Gehäuserand
2 Dichtmittelraupe um die Bohrungen

- Nehmen Sie die Spannschiene nach unten heraus.

Demontage der Führungsschiene:

- Drehen Sie ein Gewinde in die Lagerbolzen seitlich am Zylinderkopf ein und ziehen Sie die Lagerbolzen mit einem Zughammer aus dem Zylinderkopf heraus.
- Nehmen Sie die Gleitschiene nach unten heraus.

Arbeiten am Steuerkettenantrieb (OM 642)

Steuerkettenwechsel

Mit Mercedes-Spezialwerkzeug (Kettennietwerkzeug) kann die Steuerkette auch ohne die Demontage des Steuerkettenkastens gewechselt werden. Die neue Steuerkette wird an die alte Steuerkette mit einem Kettenschloss angebunden. Mit Hilfe eines zweiten Mechanikers wird nun der Motor vorsichtig verdreht, gleichzeitig die alte Kette herausgezogen und die neue Kette auf das Zahnrad der Auslassnockenwelle aufgelegt. Die Schwierigkeit besteht darin, Kettenführung und Drehung des Motors gut aufeinander abzustimmen.

- Bauen Sie beide Ventildeckel wie beschrieben ab.
- Bauen Sie die Niederhalter wie im Bild 39 auf Seite 45 beschrieben an beiden Zylinderköpfen ein.

☞ Versehen Sie die Anlagestellen der Niederhalter mit ausreichend Öl. Die

Niederhalter müssen bei den folgenden Arbeitsschritten die Lagerung der Nockenwellen übernehmen.

■ Bauen Sie den Steuerkettenspanner aus.

■ Stopfen Sie den freien Querschnitt im Steuerkasten um die Steuerkette und die Steuerkettenräder mit fusselfreien Lappen aus.

So wird das Hineinfallen von Kleinteilen in den Motor sehr wirkungsvoll verhindert.

■ Pressen Sie mit einem geeigneten Kettentrenner (Bild 43 auf Seite 48) den Bolzen der alten Steuerkette heraus.

■ Verbinden Sie mit einem geeigneten Kettenschloss (siehe Bild 42) ein Ende der neuen mit der alten Steuerkette.

■ Drehen Sie den Steuerkettenspanner mit einer neuen Dichtung einige Umdrehungen wieder ein, um ein Überspringen der Steuerkette zu verhindern.

■ Verbinden Sie das Endglied der Steuerkette mit dem Kettenschloss (MB 651 589 04 63 00) (3 im Bild 42).

■ Legen Sie die neue Steuerkette so ab, dass Sie sie leicht auf das Kettenrad auflegen können.

■ Ziehen Sie den Lappen wieder aus dem Kettenkasten heraus.

⚠ Achten Sie darauf, dass keine Teile in den Kettenkasten hineinfallen. Diese Teile können leicht einen Motorschaden verursachen.

■ Verdrehen Sie mit Hilfe einer zweiten Person den Motor im Uhrzeigersinn. Legen Sie hierbei gleichzeitig die neue Steuerkette auf das Kettenrad der Auslassnockenwelle auf und nehmen Sie die alte Steuerkette vom Kettenrad ab.

Durch die Drehung des Motors wird die neue Kette eingezogen (6) und die alte Kette (10) ausgefädelt. Achten Sie darauf, dass die Steuerkette sich bei dieser Arbeit nicht verhakt.

■ Sobald die alte Steuerkette komplett herausgezogen und der Anfang der neuen Steuerkette wieder auf dem Kettenrad angekommen ist, wird der Kettenkasten wieder mit dem fusselfreien Lappen zugestopft.

■ Demontieren Sie das Kettenschloss. Es ist nicht für den Dauerbetrieb im Motor geeignet.

■ Montieren Sie das Nietkettenschloss und vernieten Sie es mit dem Kettennietwerkzeug.

■ Prüfen Sie die Steuerzeiten, wie ab Seite 42 bereits beschrieben.

Wenn erforderlich, müssen die Steuerzeiten wie beim Ausbau der Nockenwelle beschrieben neu eingestellt werden.

Die weitere Montage erfolgt sinngemäß in umgekehrter Reihenfolge.

Steuerkastendeckel demontieren

■ Bauen Sie die Luftführung um das Lüfterrad ab.

■ Drehen Sie den Motor, wie bereits auf Seite 43 beschrieben, auf die OT-Stellung des 1. Zylinders.

■ Demontieren Sie die Lüfterradnabe.

■ Demontieren Sie den Wellendichtring zur Kurbelwelle.

■ Ziehen Sie den Wellendichtring (3 im Bild 46) heraus.

■ Bauen Sie die Spannvorrichtung des Keilrippenriemens aus.

■ Bauen Sie die Umlenkrolle unten am Steuergehäusedeckel ab.

■ Bauen Sie die Umlenkrolle oben am Steuergehäusedeckel ab.

■ Bauen Sie das Ölwannenunterteil aus.

■ Demontieren Sie den Ölansaugstutzen der Ölpumpe.

■ Drehen Sie die Schrauben (2 und 5) heraus.

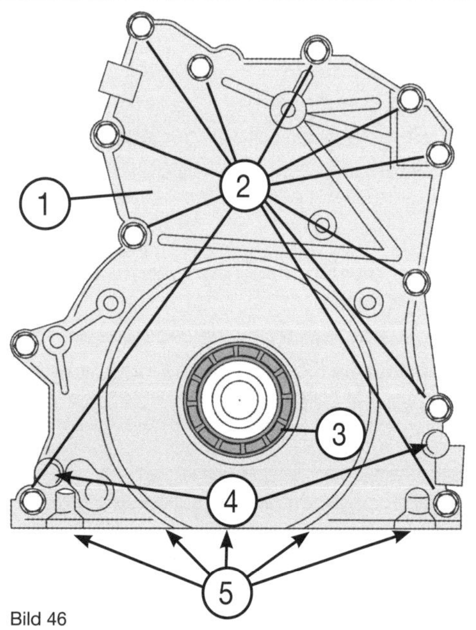

Bild 46

Bild 46
Steuergehäusedeckel am OM 642.
1 Steuergehäusedeckel
2 Schrauben Vorderseite
3 Wellendichtring
4 Einbauposition Passhülsen
5 Schrauben von der Ölwanne aus zugänglich

Nehmen Sie den Steuergehäusedeckel ab.

⚠ Aufgrund der Dichtmasse kann der Deckel sich schwer ablösen lassen. Achten Sie darauf, den Deckel gleichmäßig abzuziehen, um ihn nicht zu verziehen.

■ Nehmen Sie die Passhülsen (4) heraus. Sie werden nicht mehr verbaut.

☞ Eine richtige Montage ist nur bei ausgebautem Ölwannenoberteil möglich.

■ Reinigen Sie die Dichtflächen am Motorblock und an der Ölwanne gründlich.

■ Tragen Sie die Dichtmasse wie im Bild 47 gezeigt auf die Dichtflächen des Motorblocks und der oberen Ölwanne auf.

■ Setzen Sie den Steuergehäusedeckel vorsichtig auf und drehen Sie die beiden unteren Schrauben (4 im Bild 47) von vorne handfest in den Motorblock ein.

■ Setzen Sie die Passhülse (DB 642 58 00 14 00) in den Steuergehäusedeckel ein. Sie sorgt für die genaue Positionierung der Bohrung des Wellendichtringes zur Kurbelwelle.

■ Montieren Sie die restlichen Schrauben (2 und 5 im Bild 46) und ziehen Sie sie mit dem passenden Drehmoment an.

■ Bauen Sie den Ansaugtrichter der Ölpumpe wieder an.

■ Montieren Sie das Ölwannenunterteil wieder.

■ Montieren Sie einen neuen Wellendichtring zur Kurbelwelle.

Die weitere Montage erfolgt sinngemäß in umgekehrter Reihenfolge.

Wechsel der Spann- und Gleitschienen

■ Stellen Sie den Motor, wie bereits beschrieben, auf die OT-Stellung des 1. Zylinders.

■ Demontieren Sie beide Ventildeckel.

■ Lösen Sie die drei Schrauben der Steuerkettenzahnräder (rechte Zylinderbank Einlassnockenwelle, linke Zylinderbank Auslassnockenwelle).

■ Bauen Sie das Ölfiltergehäuse ab.

■ Demontieren Sie die Kraftstoffhochdruckpumpe.

■ Bauen Sie den Steuergehäusedeckel aus.

■ Demontieren Sie die Steuerkettenräder und nehmen Sie die Steuerkette von den Steuerkettenrädern ab und aus dem Motor heraus.

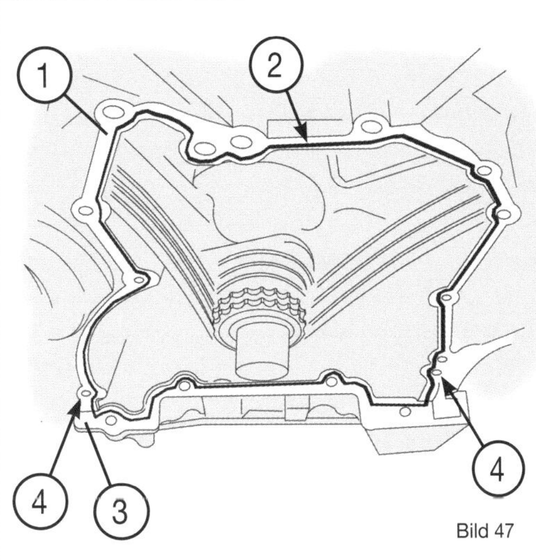

Bild 47

Bild 47
Dichtflächen am Steuergehäusedeckel OM 642.
1 Dichtfläche Motorblock
2 Dichtmittelraupe 1,5 mm bis 2,0 mm
3 Dichtfläche Ölwannenoberteil
4 Position der unteren Schrauben im Motorblock

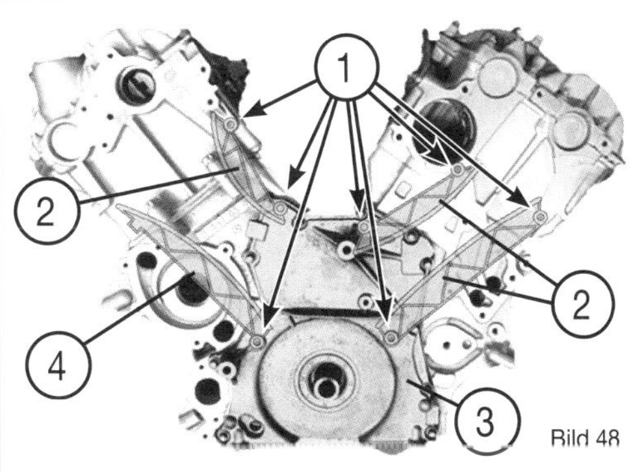

Bild 48

Bild 48
Führungs- und Spannschienen am OM 642.
1 Lagerbolzen
2 Führungsschienen
3 Steuerkastendeckel
4 Spannschiene

■ Ziehen Sie die Gleitschienenbolzen (1 im Bild 48) aus den Zylinderköpfen heraus.

■ Ziehen Sie die Gleitschienenbolzen (1 im Bild 48) im Bereich des Steuerkastendeckels heraus.

■ Nehmen Sie die Spannschiene (4) und die Führungsschienen (2) nach unten heraus.

☞ Für den Ausbau der unteren Führungsschiene müssen Sie den Kettenspanner für die Antriebskette der Ölpumpe nach oben drücken.

Die Montage erfolgt sinngemäß in umgekehrter Reihenfolge.

Arbeiten am Steuerkettenantrieb (OM 654)

Steuerkettenwechsel

Für den neuesten Motor kommt natürlich auch die ausgefeilteste Technik in Sachen Montagewerkzeug zum Einsatz, das wir Ihnen im Folgenden vorstellen werden. Die engen Platzverhältnisse lassen kaum Spielraum für eigene Reparaturwege.

■ Bauen Sie den Motor aus.
■ Demontieren Sie das Getriebe.
■ Demontieren Sie die Schwungscheibe beziehungsweise die Mitnehmerscheibe.
■ Bauen Sie, wie bereits beschrieben, den Ventildeckel ab.
■ Demontieren Sie die Nockenwellen wie auf Seite 46 beschrieben.
■ Nehmen Sie die Hydrostößel und die Schlepphebel heraus.
■ Montieren Sie die beiden Montageplatten (MB 654 589 00 32 00).
■ Montieren Sie die Abstandshalter am Nietwerkzeug (MB 654 589 00 33 00).
■ Pressen Sie den Bolzen aus der alten Steuerkette heraus.
■ Verbinden Sie mit einem geeigneten Kettenschloss (Bild 41) ein Ende der neuen mit der alten Steuerkette. Achten Sie darauf, dass die Öffnung des Kettenschlosses entgegen der Drehrichtung montiert ist.
■ Drehen Sie den Steuerkettenspanner mit einer neuen Dichtung einige Umdrehungen wieder ein, um ein Überspringen der Steuerkette zu verhindern.
■ Verbinden Sie das Endglied der Steuerkette mit dem Kettenschloss (MB 671 589 09 63 00) (3 im Bild 41).
■ Legen Sie die neue Steuerkette so ab, dass Sie sie leicht unter Spannung halten und nachführen können.

⚠ Achten Sie darauf, das keine Teile in den Kettenkasten hineinfallen.

■ Verdrehen Sie mit Hilfe einer zweiten Person den Motor im Uhrzeigersinn. Führen Sie hierbei gleichzeitig die neue Steuerkette unter leichter Vorspannung in den Motorblock und nehmen Sie die alte Steuerkette aus dem Motorblock heraus.

☞ Durch die Drehung des Motors wird die neue Kette eingezogen (6) und die alte Kette (10) ausgefädelt. Achten Sie darauf, dass die Steuerkette sich bei dieser Arbeit nicht verhakt.

■ Sobald die alte Steuerkette komplett herausgezogen und der Anfang der neuen Steuerkette am anderen Ende wieder herausgezogen ist, muss sie neu vernietet werden.
■ Demontieren Sie das Kettenschloss. Es ist nicht für den Dauerbetrieb im Motor geeignet.
■ Montieren Sie das Nietkettenschloss und vernieten Sie es mit dem Kettennietwerkzeug.
■ Prüfen Sie die Steuerzeiten, wie ab Seite 44 bereits beschrieben.

☞ Wenn erforderlich, müssen die Steuerzeiten wie beim Ausbau der Nockenwelle beschrieben neu eingestellt werden.

Die weitere Montage erfolgt sinngemäß in umgekehrter Reihenfolge.

Steuerkastendeckel demontieren
■ Bauen Sie den Motor aus.
■ Demontieren Sie das Getriebe.
■ Demontieren Sie die Schwungscheibe beziehungsweise die Mitnehmerscheibe.
■ Bauen Sie den Zylinderkopf ab.
■ Demontieren Sie den Starter (Anlasser).
■ Drehen Sie die Schrauben (B im Bild 49) heraus und nehmen Sie den Halter (A) ab.
■ Bauen Sie die Kraftstoffleitungen vom Steuergerätedeckel und dem Motorblock ab und legen Sie sie aus dem Arbeitsbereich heraus.
■ Bauen Sie die Öldruckleitung des Turboladers vom Steuergerätedeckel ab.
■ Demontieren Sie die Glühendstufe (Glühsteuergerät) und legen Sie die Anschlüsse aus dem Arbeitsbereich heraus.
■ Legen Sie den Entlüftungsschlauch aus dem Arbeitsbereich heraus.
■ Ziehen Sie den Wellendichtring aus dem Steuergehäusedeckel heraus.
■ Drehen Sie die Schrauben in der Reihenfolge 21-1 heraus.

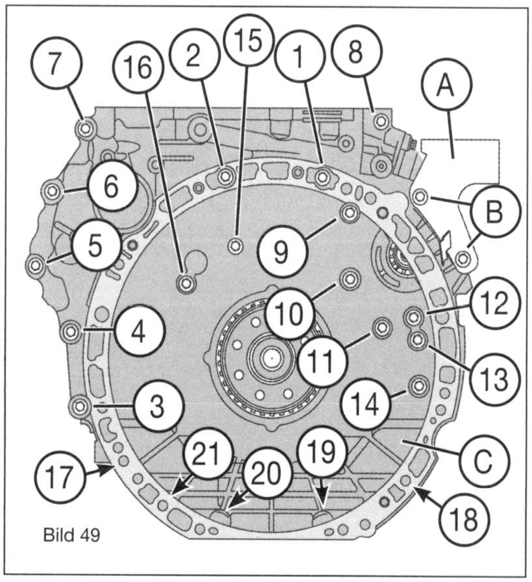

Bild 49

Bild 49
Steuergehäusedeckel am OM 654.
A Halter
B Schrauben
C Steuergehäusedeckel
1-16 Schrauben Vorderseite
17-21 Schrauben von der Ölwanne aus zugänglich
1-21 Anzugsreihenfolge der Schrauben
21-1 Lösereihenfolge der Schrauben

■ Nehmen Sie den Steuergehäusedeckel vorsichtig ab.

⚠ Aufgrund der Dichtmasse kann der Deckel sich schwer ablösen lassen. Achten Sie darauf, den Deckel gleichmäßig abzuziehen, um ihn nicht zu verziehen.

Die Montage erfolgt sinngemäß in umgekehrter Reihenfolge.

■ Reinigen Sie die Dichtflächen gründlich.

■ Tragen Sie die neue Dichtmasse mit einer etwa 1,5 mm breiten Raupe auf.

⚠ Beachten Sie die angegebene Verarbeitungszeit und das Mindesthaltbarkeit der Dichtmasse.

Deckel am Zylinderkopf demontieren

■ Demontieren Sie den Kühler für die Niederdruck-Abgasrückführung auf der Rückseite des Motors.

■ Bauen Sie die Abgasrückführungsleitung zwischen dem Niederdruck-Abgasrückführungs-Kühler und den Dieselpartikelfilter aus.

■ Demontieren Sie den Ventildeckel wie bereits beschrieben.

■ Ziehen Sie den Entlüftungsschlauch (B im Bild 51) am Deckel (C) ab und legen Sie ihn aus dem Arbeitsbereich heraus.

■ Drehen Sie die Schrauben in der Demontagereihenfolge (5-1) heraus.

■ Nehmen Sie den Deckel (C) vorsichtig vom Zylinderkopf ab.

Der Einbau erfolgt sinngemäß in umgekehrter Reihenfolge.

■ Die Dichtung (A) und die Schrauben müssen grundsätzlich erneuert werden.

■ Reinigen Sie die Dichtfläche gründlich.

■ Beachten Sie die Anzugsreihenfolge (1-5).

Wechsel der Spann- und Gleitschienen

■ Stellen Sie den Motor wie bereits beschrieben auf die OT-Stellung des 1. Zylinders.

■ Bauen Sie den Kettenspanner (5 im Bild 52) aus.

■ Demontieren Sie den Steuergehäusedeckel wie bereits beschrieben.

■ Drehen Sie den Lagerbolzen (7) heraus.

■ Ziehen Sie die Steuerkette etwas zur Seite und nehmen Sie die Spannschiene (6) heraus.

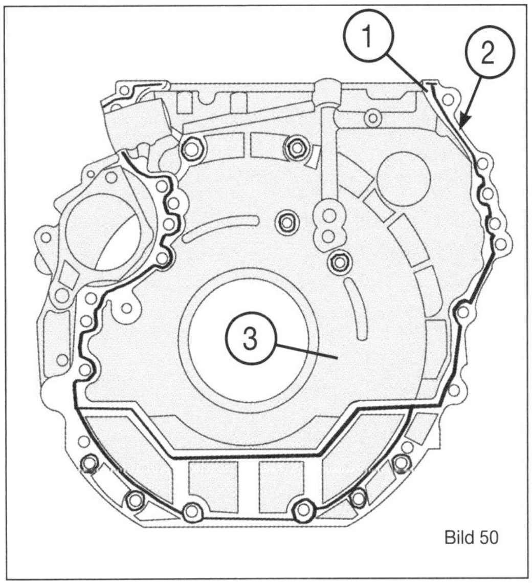

Bild 50
Dichtflächen am Steuergehäusedeckel OM 642.
1 Dichtfläche Steuergehäusedeckel
2 Dichtmittelraupe 1,5 mm
3 Steuergehäusedeckel

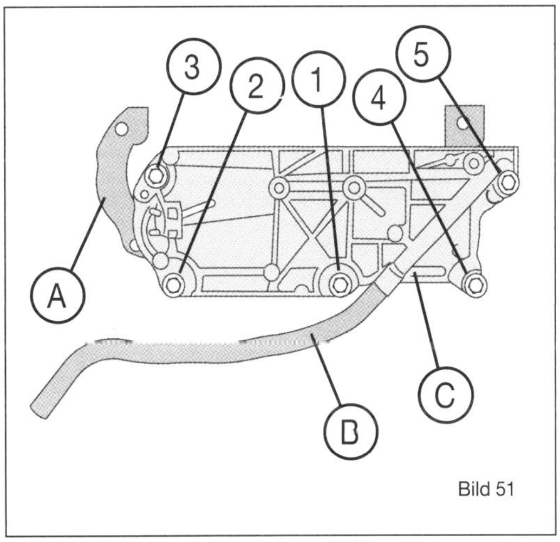

Bild 51
Deckel am Zylinderkopf OM 654.
1-5 Montagereihenfolge der Schrauben
5-1 Demontagereihenfolge der Schrauben
A Dichtung
B Entlüftungsschlauch
C Deckel am Zylinderkopf

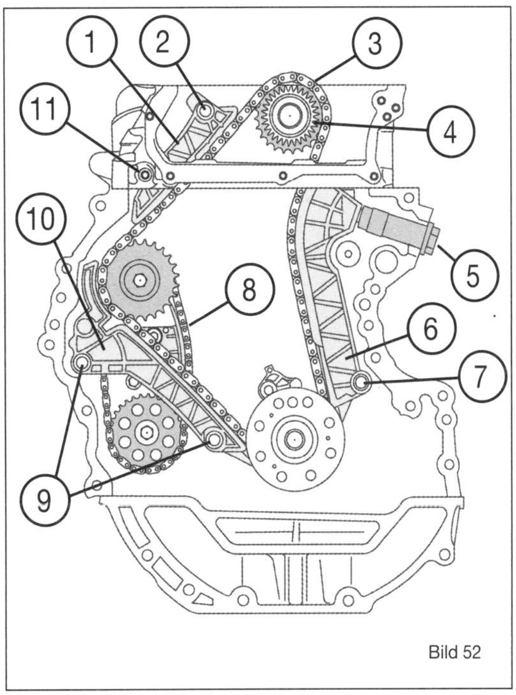

Bild 52
Steuerkette und Führungsschienen OM 654.
1 Führungsschiene oben
2 Lagerbolzen
3 Steuerkette
4 Umsetzerrad zu den Nockenwellen
5 Steuerkettenspanner
6 Spannschiene
7 Lagerbolzen
8 Antriebskette Ölpumpe
9 Lagerbolzen
10 Führungsschiene unten
11 Führungsbolzen

■ Drehen Sie den Lagerbolzen oben (2) heraus und nehmen Sie die Führungsschiene oben nach oben vom Lagerbolzen (11) ab.
■ Nehmen Sie die Führungsschiene oben (1) heraus.
■ Drehen Sie die beiden Lagerbolzen (9) heraus und nehmen Sie die Führungsschiene (10) heraus.

Der Einbau erfolgt sinngemäß in umgekehrter Reihenfolge.
■ Beachten Sie die Einbaulage der Steuerkette und die Steuerzeiten.

Steuerkettenspanner aus- und einbauen

Kettenspanner am OM 651
Der Steuerkettenspanner ist in Fahrtrichtung rechts hinten am Motor verbaut.
■ Schalten Sie die Zündung aus und ziehen Sie den Schlüssel ab.
■ Demontieren Sie die Motorabdeckung oben.
■ Schrauben Sie den Differenzdrucksensor von seinem Halter ab.
■ Lösen Sie den Kabelsatz zum Abgastemperaturfühler und zur Lambdasonde.
■ Lösen Sie das Anschlusskabel zum Starter aus seinem Halter.
■ Demontieren Sie den Halter.
■ Bauen Sie das Wärmeschutzblech über dem Steuerkettenspanner ab.
■ Drehen Sie den Steuerkettenspanner heraus.

☞ Fangen Sie austretendes Restöl mit einem saugfähigen Lappen auf.

Kettenspanner am OM 642
Der Steuerkettenspanner ist in Fahrtrichtung rechts vorne am Motor verbaut. Um ihn erreichen zu können, müssen Teile des Abgasrückführungssystems demontiert werden.
■ Schalten Sie die Zündung aus und ziehen Sie den Schlüssel ab.
■ Klemmen Sie die Masseleitung der Batterie ab.
■ Bauen Sie die untere und die obere Motorraumverkleidung ab.
■ Demontieren Sie den Ladeluftschlauch zum Ladeluftkühler.
■ Bauen Sie den Halter am Drosselklappengehäuse ab und legen Sie die Anschlusskabel frei.
■ Ziehen Sie den Anschlussstecker zum Drosselklappengehäuse ab und legen Sie ihn aus dem Arbeitsbereich heraus.
■ Demontieren Sie die Lüfterhaube.
■ Bauen Sie die Abgasrückführungsleitung vom AGR-Ventil ab.
■ Demontieren Sie das Mischrohr vom Ansauggehäuse.
■ Bauen Sie den Halter vor dem Steuerkettenspanner aus.
■ Bauen Sie den Steuerkettenspanner aus.

☞ Fangen Sie austretendes Restöl mit einem saugfähigen Lappen auf.

Kettenspanner am OM 654
Der Steuerkettenspanner ist hinter dem Dieselpartikelfilter verbaut.
■ Bauen Sie den Dieselpartikelfilter beziehungsweise den SCR-Kat mit Dieselpartikelfilter aus.
■ Demontieren Sie die beiden Schrauben und nehmen Sie den Deckel über dem Kettenspanner ab.
■ Bauen Sie den Steuerkettenspanner aus.

☞ Fangen Sie austretendes Restöl mit einem saugfähigen Lappen auf.

Der Einbau erfolgt jeweils sinngemäß in umgekehrter Reihenfolge.
■ Erneuern Sie den Dichtring am Steuerkettenspanner.
■ Prüfen Sie den Motorölstand.

Nockenwellensensor aus- und einbauen

Der Nockenwellensensor ist bei allen Motoren im Ventildeckel verbaut. Die Montagearbeiten unterscheiden sich nicht wesentlich. Wir stellen Ihnen an dieser Stelle eine allgemeingültige Montageanleitung zur Verfügung.
■ Schalten Sie die Zündung aus und ziehen Sie den Schlüssel ab.
■ Demontieren Sie die Abdeckung über dem Motor.
■ Betätigen Sie die Steckerraste und ziehen Sie den Steckkontakt am Nockenwellensensor ab.
■ Drehen Sie die Schraube am Nockenwellensensor heraus.

■ Ziehen Sie den Nockenwellensensor gerade aus dem Ventildeckel heraus.

Der Einbau erfolgt sinngemäß in umgekehrter Reihenfolge.
■ Erneuern Sie den Dichtring am Nockenwellensensor.
■ Lesen Sie den Fehlerspeicher aus.

Prüfungen an der Nockenwelle

Vor der Montage und nach der Reinigung sollten Sie die Nockenwellen, die Lager und das Spiel der Lager prüfen.

Axialspiel der Nockenwelle
■ Bauen Sie wie im Bild 53 gezeigt eine Messuhr und einen Messuhrhalter auf.
■ Legen Sie die Nockenwelle ohne die Ventilbetätigung (Kipp- oder Schlepphebel oder auch ohne Hydrostößel) in die Lagerstellen ein.
■ Drehen Sie die Schrauben der Nockenwellenlagerböcke, wie bereits beschrieben, in mehreren Stufen gleichmäßig an.
■ Richten Sie die Messuhr mit etwa 2 mm Vorspannung ein und stellen Sie die Außenskala auf null.
■ Verschieben Sie die Nockenwelle in Achsenrichtung.
■ Erfassen Sie das Spiel der Nockenwelle in Achsenrichtung. Ein Axialspiel bis 0,10 mm ist zulässig.

Optische Kontrolle der Lagerstellen
■ Kontrollieren Sie alle Lagerstellen der Nockenwelle im Zylinderkopf und auch an der Nockenwelle auf Schäden wie Klemmspuren und Grate.
■ Liegen Beschädigungen vor, müssen die entsprechenden Bauteile ersetzt werden.

Kontrolle der Tassenstößel und der Nockenflanken
■ Ziehen Sie jeden Hydrostößel aus seiner Bohrung im Zylinderkopf heraus und prüfen Sie die Leichtgängigkeit im Zylinderkopf und auf mögliche Klemm- oder Fressspuren.
■ Achten Sie auf der Stößelfläche auf mögliche Schäden oder Verschleißspuren.

⚠ Die Tassenstößel müssen grundsätzlich in der alten Position verbaut werden.

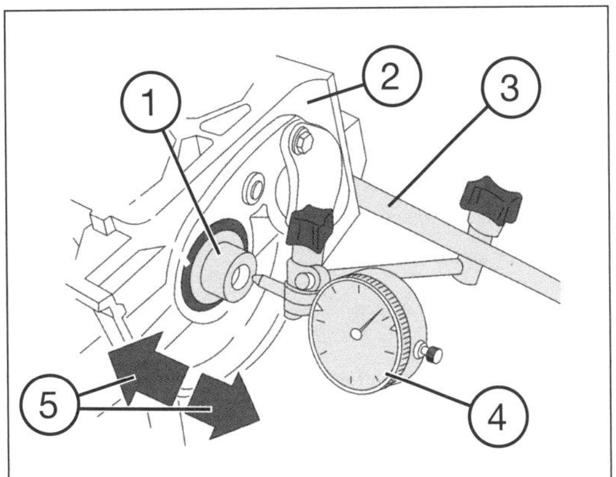

Bild 53

Bild 53
Axialspielmessung an der Nockenwelle.
1 Nockenwelle
2 Zylinderkopf
3 Messuhrhalter
4 Messuhr
5 Spielprüfung

Bild 54

Bild 54
Eingelaufene Nockenwelle.

■ Kontrollieren Sie die Nockenflanken auf Verschleißspuren oder Grate.
■ Liegen Beschädigungen vor, müssen die entsprechenden Bauteile ersetzt werden.

Kontrolle des Ventilspiels
Die Motoren im Sprinter sind alle mit hydraulischen Ventilspiel-Ausgleichs-Elementen (kurz Hydrostößel) ausgerüstet. Rasselnde Geräusche können von der Steuerkette, dem Steuerkettenspanner und natürlich auch von den Hydrostößeln verursacht werden. Das Ventilspiel ist nicht einstellbar.

Demontage des Zylinderkopfes

Warnende Anzeichen beachten
Wenn der Motor durch die Zylinderkopfdichtung viel Öl verliert, wenn man Öl-Wasser-Gemisch (Ölemulsion) am Messstab oder im Kühlwasser-Ausgleichsbehälter findet, wenn es bei laufendem Motor im Ausgleichsbehälter sprudelt, kann die Zylinderkopfdichtung defekt sein. Es kommen natürlich auch Schäden am Ölwärmetauscher und am Zylinderkopf selbst in Frage. Gelegentlich sind

der Motorblock und die Umgebung darunter durch austretendes Öl verschmutzt. Schon das sind warnende Zeichen. Aber schwere Schäden sind auf jeden Fall zu befürchten, wenn Kühlwasser in den Brennraum gelangt. Eine weiße Auspufffahne ist ernst zu nehmender Hinweis darauf.

Prüfungen ohne Demontage

Vor dem Zerlegen sollten Sie grundsätzlich sicherstellen, dass der Fehler auch durch die Zylinderkopfdichtung oder den Zylinderkopf verursacht wird. Druck und Gasbildung können auch leicht durch eine defekte Wasserpumpe oder einen Thermostat verursacht werden. Vor der aufwendigen Montage sollte immer eine genaue Untersuchung der umliegenden Systeme erfolgen. Ein Kühlmitteldrucktester und auch ein co2-Tester können hier hilfreich sein.

Sehr anspruchsvolle Reparaturarbeit

Bereits bei den genannten ersten Anzeichen ist es also ratsam, den Zylinderkopf abzubauen, prüfen zu lassen und die Dichtung zu wechseln. Diese Arbeit gehört zu den anspruchsvolleren Arbeiten der Motorreparatur. Es sind zahlreiche Baugruppen der Motorperipherie zu demontieren. Der Zusammenbau muss mit äußerster Sorgfalt erfolgen, um nicht etwa dann erst kapitale Schäden zu verursachen.

Es gibt ein allgemeingültiges Schema zum Aus- und Einbau des Zylinderkopfes, dem auch wir hier folgen und dabei auf motorspezifische Ergänzungen eingehen. Orientieren Sie sich an der Beschreibung der jeweiligen Motoren.

- Der Motor darf höchstens handwarm sein, sonst kann sich der Zylinderkopf verziehen.
- Die Kolben dürfen, falls nicht anders gefordert, nicht im OT stehen.
- Vor Ausbau des Kühlmitteltemperaturgebers muss Druck vom Kühlsystem abgebaut werden.
- O-Ringe an Geber und Zylinderkopfdichtung sind immer zu ersetzen.
- Nach dem Ersetzen der Zylinderkopfdichtung müssen wie nach dem Wechsel des Zylinderkopfes das Kühlmittel und das Motoröl erneuert werden.
- Den ausgebauten Zylinderkopf nur auf einer Schaumstoffunterlage ablegen, da die Glühkerzen beschädigt werden können.
- Den ausgebauten Zylinderkopf mit Haarlineal und Fühlerblattlehre an mehreren Stellen auf Verzug prüfen.
- Vor dem Einbauen kontrollieren, ob beide Passhülsen zur Zentrierung des Zylinderkopfs am Zylinderblock vorhanden sind.
- Beim Lösen und auch beim Einbau der Zylinderkopfschrauben ist die vorgegebene Reihenfolge unbedingt zu beachten.

Vorbereitung für alle Motoren

- Lesen Sie den Fehlerspeicher aus und sichern Sie die möglichen Einträge.
- Schalten Sie die Zündung aus und ziehen Sie den Zündschlüssel ab.
- Klemmen Sie die Batterie ab.
- Fahrzeug mit der Hebebühne anheben.
- Lassen Sie das Kühlmittel ab.

⚠ Fahrzeug zwischen den Hebebühnensäulen ausrichten und die vier Aufnahmeteller an den vom Fahrzeughersteller vorgeschriebenen Hebebühnenaufnahmepunkten platzieren.

Demontage des Zylinderkopfes (OM 651)

- Bauen Sie den Ventildeckel (Zylinderkopfhaube) wie bereits beschrieben ab.
- Demontieren Sie das Kraftstoffrail.
- Bauen Sie den Kühlerlüfter aus.
- Demontieren Sie den Halter des Luftfiltergehäuses.
- Trennen Sie die elektrischen Steckverbindungen am Zylinderkopf und ziehen Sie den Steckkontakt des Temperatursensors vor dem Abgasturbolader ab.
- Bauen Sie die Aufhängeöse für die Motordemontage vorne ab.
- Demontieren Sie den Ölmessstab mit seinem Führungsrohr.
- Bauen Sie den AGR-Kühler aus.
- Demontieren Sie das Abgasführungsrohr zum AGR-Ventil.
- Bauen Sie die Ladeluftleitungen ab.
- Drehen Sie die Schrauben heraus und legen Sie die Kraftstoffleitungen aus dem Arbeitsbereich heraus.
- Bauen Sie das Magnetventil ab und legen Sie es mit angeschlossenen Leitungen aus dem Arbeitsbereich heraus.
- Demontieren Sie den Halter für die Kraftstoffleitungen am Zylinderkopf.

■ Bauen Sie den Kraftstofffilter aus dem Halter aus.
■ Lösen Sie die Steckverbindungen an den Anbauteilen des Zylinderkopfs und legen Sie die Anschlusskabel frei.
■ Demontieren Sie den Unterdruckschlauch zur Membrandose der Bypassklappe.
■ Klemmen Sie die Anschlüsse am AGR-Steller ab und bauen Sie ihn aus.
■ Bauen Sie den Sensor im Ladeluftrohr mit seinem Halter ab.
■ Ziehen Sie den Anschluss zur Einlasskanalabschaltung ab.
■ Bauen Sie die Glühkerzen aus.
■ Bauen Sie den Kühlmittelthermostat aus.
■ Demontieren Sie die Hochdruckleitung zwischen Hochdruckpumpe und Rail.
■ Bauen Sie die Aufhängeöse für die Motordemontage hinten ab.
■ Ziehen Sie die Leckölleitung ab und befestigen Sie sie außerhalb des Arbeitsbereiches.
■ Demontieren Sie den Kettenspanner wie bereits beschrieben.
■ Bauen Sie das Hitzeschutzblech über dem Abgaskrümmer ab.
■ Drehen Sie die Schrauben des Abgaskrümmers zum Turbolader heraus.
■ Bauen Sie den Halter vorne am Zylinderkopf ab.
■ Bauen Sie die Nockenwellen wie bereits beschrieben aus.
■ Ziehen Sie die Rollenschlepphebel zusammen mit den Hydrostößeln nach oben heraus (Bild 56).
■ Legen Sie die Rollenschlepphebel mit den Hydrostößeln in der Montagereihenfolge ab.
■ Drehen Sie die Schrauben (A im Bild 55) heraus.
■ Drehen Sie die Zylinderkopfschrauben in der Reihenfolge 10-1 heraus.
■ Lösen Sie den Zylinderkopf und nehmen Sie ihn mit dem Abgaskrümmer und dem Ansaugrohr (Ladeluftverteiler) ab.
■ Legen Sie den Zylinderkopf auf einer weichen Ablage ab.

Die Montage erfolgt sinngemäß in umgekehrter Reihenfolge.
■ Reinigen Sie die Gewindebohrungen im Motorblock.
■ Reinigen Sie die Dichtflächen vorsichtig und gründlich.
■ Prüfen Sie die Dichtflächen des Zylinderkopfes und des Motorblocks auf Beschädigungen.
■ Prüfen Sie den Zylinderkopf auf Beschädigungen. Im Zweifelsfall lassen Sie ihn auf Dichtigkeit prüfen.
■ Verwenden Sie neue Zylinderkopfschrauben.
■ Führen Sie einen Ölwechsel durch.
■ Prüfen Sie die Dichtigkeit des Motors und der Anbauteile.

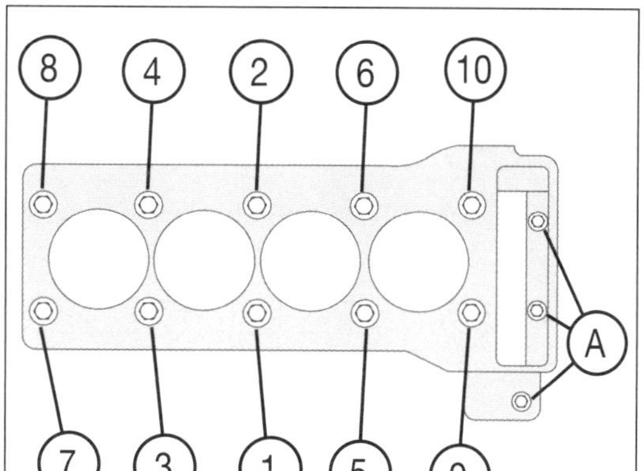

Bild 55

Bild 55
Schrauben des Zylinderkopfes am OM 651.
1-10 Anzugsreihenfolge
10-1 Lösereihenfolge
A die Schrauben werden nach dem Anziehen der Schrauben 1-10 angezogen beziehungsweise vor dem Lösen der Schrauben 10-1 gelöst

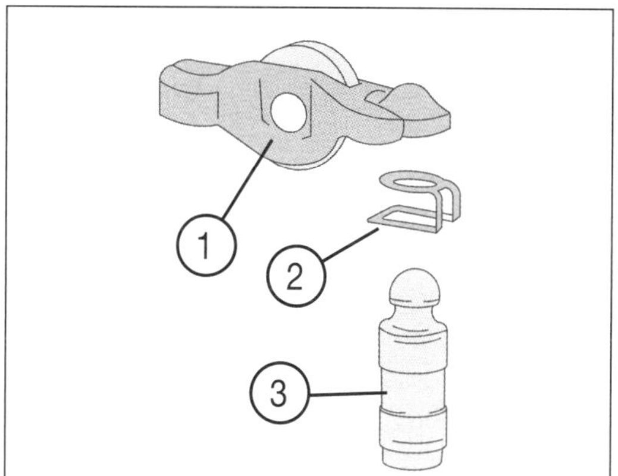

Bild 56

Bild 56
Aufbau des Ventilspielausgleichselements.
1 Schlepphebel
2 Halteklammer
3 Hydrostößel

Demontage des Zylinderkopfes (OM 642)

Für den V6 steht die Montagearbeit sogar für zwei Zylinderköpfe an. Wir werden die Arbeitsschritte für beide im Detail vorstellen.

Demontage des Zylinderkopfes links:
■ Den Ladeluftverteiler (Ansaugrohr) ausbauen.
■ Das Ölfiltergehäuse ausbauen.
■ Die Hochdruckpumpe ausbauen.
■ Nockenwellen im Zylinderkopf links wie beschrieben ausbauen.
■ Alle hydraulischen Ventilspiel-Ausgleichselemente im Zylinderkopf links (1-3 im Bild 56) nach oben herausziehen.

Bild 57
Schrauben des linken Zylinderkopfes am OM 642.
1-8 Anzugsreihenfolge
8-1 Lösereihenfolge
A Die Schrauben werden nach dem Anziehen der Schrauben 1-8 angezogen beziehungsweise vor dem Lösen der Schrauben 8-1 gelöst
B Fahrtrichtung

Bild 58
Schrauben des rechten Zylinderkopfes am OM 642.
1-8 Anzugsreihenfolge
8-1 Lösereihenfolge
A Die Schrauben werden nach dem Anziehen der Schrauben 1-8 angezogen beziehungsweise vor dem Lösen der Schrauben 8-1 gelöst
B Fahrtrichtung

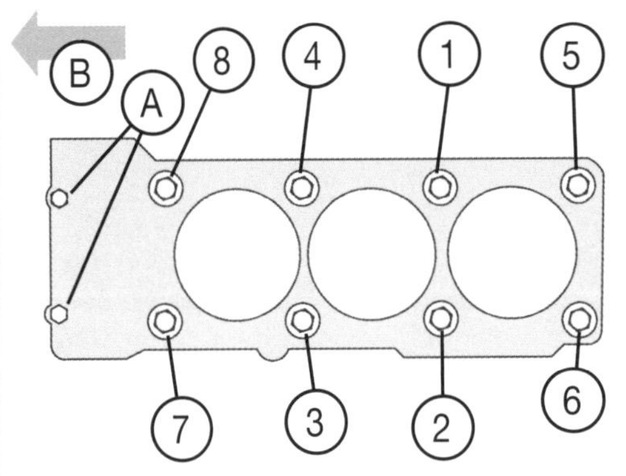

Bild 57

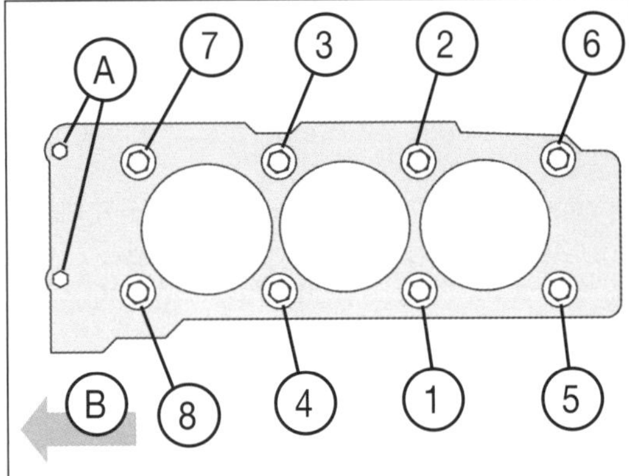

Bild 58

- Die Schrauben herausdrehen und das Wärmeschutzblech über dem Krümmer abbauen.

Beachten Sie die unterschiedlichen Größen der Schrauben.

- Die Schraube herausdrehen und die Kraftstoffleitungen zur Seite legen.
- Den Halter abbauen.
- Den Gleitschienenbolzen am Zylinderkopf links ausbauen.
- Die Zylinderkopfschrauben in der Reihenfolge (A, 8-1 im Bild 57) bei abgekühltem Motor stufenweise lösen und herausdrehen.
- Den Zylinderkopf links und die Zylinderkopfdichtung vom Kurbelgehäuse abbauen.
- Die Zylinderbohrungen und die Trennfläche am Kurbelgehäuse abdecken.

Die Montage erfolgt sinngemäß im umgekehrter Reihenfolge.

- Die Gewindebohrungen der Zylinderkopfschrauben im Kurbelgehäuse reinigen.
- Die Stiftschrauben des Abgaskrümmers am Zylinderkopf links auf Beschädigung prüfen.
- Zylinderkopfschrauben erneuern.
- Den Zylinderkopf links und das Kurbelgehäuse auf Beschädigungen prüfen.

Das Anziehschema (Bild 57) und Anziehvorschriften der Zylinderkopfschrauben beachten, da es sonst zum Verzug des Zylinderkopfes kommen kann.

Demontage des Zylinderkopfes rechts:

- Das AGR-Mischgehäuse auf der Vorderseite des Motors ausbauen.
- Den Ladeluftverteiler (Ansaugrohr) demontieren.
- Die Abgasrückführung ausbauen.
- Den Motorleitungssatz am Halter abbauen.
- Den Halter der Abgasrückführung am Zylinderkopf rechts abbauen.
- Die Masseleitung am Zylinderkopf rechts abbauen.
- Den Halter des Abgasrohres am Zylinderkopf rechts abbauen.
- Den Abgaskrümmer vom Zylinderkopf rechts abbauen und nach unten aus dem Arbeitsbereich herauslegen.
- Die Nockenwellen im Zylinderkopf rechts wie bereits beschrieben ausbauen.
- Das hydraulische Ventilspiel-Ausgleichselemente im Zylinderkopf rechts ausbauen.
- Die Schraube des Halters herausdrehen.
- Die elektrischen Steckverbindungen an der Glühendstufe trennen und die Glühendstufe mit dem Halter ausbauen.
- Die elektrischen Steckverbindungen an den Glühkerzen trennen und Motorleitungssatz am Zylinderkopf rechts frei legen.
- Die Gleitschienenbolzen am Zylinderkopf rechts (siehe 1 im Bild 48) ausbauen.
- Die Zylinderkopfschrauben in der Reihenfolge (A, 8-1 im Bild 58) bei abgekühltem Motor stufenweise lösen und herausdrehen.
- Den Zylinderkopf rechts und die Zylinderkopfdichtung vom Kurbelgehäuse abbauen.
- Die Zylinderbohrungen und die Trennfläche am Kurbelgehäuse abdecken.

Die Montage erfolgt sinngemäß im umgekehrter Reihenfolge.

- Die Gewindebohrungen der Zylinderkopfschrauben im Kurbelgehäuse reinigen.
- Die Bolzen des Abgaskrümmers am Zylinderkopf rechts auf Beschädigung prüfen.
- Zylinderkopfschrauben erneuern.

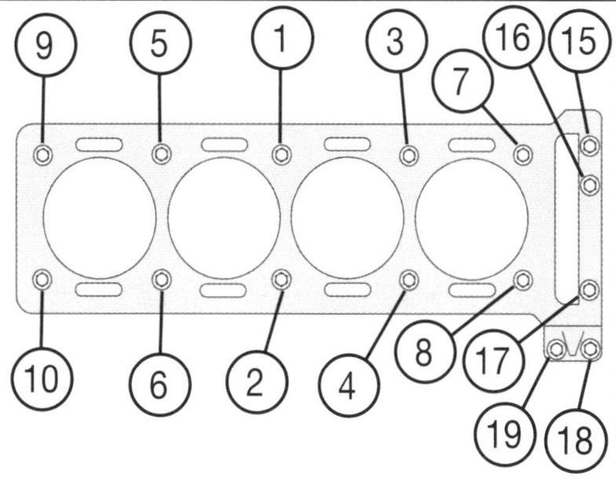

Bild 59

Bild 59
Schrauben des Zylinderkopfes am OM 654.
1-19 Anzugsreihenfolge
19-1 Lösereihenfolge

■ Den Zylinderkopf links und das Kurbelgehäuse auf Beschädigungen prüfen.

Tipp: Das Anziehschema (Bild 58) und Anziehvorschriften der Zylinderkopfschrauben beachten, da es sonst zum Verzug des Zylinderkopfes kommen kann.

Demontage des Zylinderkopfes (OM 654)

■ Bauen Sie den Ladeluftverteiler (Ansaugrohr) aus.
■ Bauen Sie den Kühler für die Hochdruck-Abgasrückführung zusammen mit dem Ventil Hochdruck-Abgasrückführung aus.
■ Demontieren Sie das Umschaltventil des Bypasses am Abgasrückführkühler.
■ Die Abgasrückführleitung vom Abgaskrümmer abbauen.

Nicht bei 140 kW-Motor erforderlich:
■ Bauen Sie die Kühlmittelleitung für Vor-/Rücklauf für Abgasturbolader aus.
■ Die Kühlmittelleitung Vorlauf für Ventil Hochdruck Abgasrückführung ausbauen.

Weiter für alle Motoren:
■ Die Ölvorlaufleitung des Abgasturboladers zum Motor ausbauen.
■ Den Kühler der Niederdruck-Abgasrückführung zusammen mit Ventil für Niederdruck-Abgasrückführung und der Abgasrückführleitung ausbauen.
■ Das hydraulische Ventilspiel-Ausgleichselement ausbauen (Bild 56).
■ Die Gleitschiene oben wie bereits beschrieben ausbauen (Bild 52).
■ Die Zentralschraube des Zwischenrades zu den Nockenwellenzahnrädern herausdrehen.
■ Das Zwischenrad ausbauen und dabei die Steuerkette vom Zwischenrad abnehmen und gegen Herunterfallen sichern.
■ Die Unterdruckleitung von Motoraufhängeöse und vom Kurbelgehäuse abbauen.
■ Die Kraftstoffleitung vom Kurbelgehäuse und von der Motoraufhängeöse abbauen.
■ Motoraufhängeöse hinten ausbauen.
■ Die Zylinderkopfschrauben in der Reihenfolge (19-1 im Bild 59) bei abgekühltem Motor stufenweise lösen und herausdrehen.
■ Den Zylinderkopf und die Zylinderkopfdichtung vom Kurbelgehäuse abbauen.

Die Montage erfolgt sinngemäß in umgekehrter Reihenfolge.
■ Die Gewindebohrungen der Zylinderkopfschrauben am Kurbelgehäuse reinigen.
■ Die Bolzen des Abgaskrümmers am Zylinderkopf rechts auf Beschädigung prüfen.
■ Zylinderkopfschrauben erneuern.
■ Den Zylinderkopf links und das Kurbelgehäuse auf Beschädigungen prüfen.

Tipp: Das Anziehschema (Bild 59) und Anziehvorschriften der Zylinderkopfschrauben beachten, da es sonst zum Verzug des Zylinderkopfes kommen kann.

Kompressionsdruck prüfen

Die Prüfwerte des Kompressionsdrucks in den einzelnen Zylindern zeigen an, ob der Motor sich noch in einem guten mechanischen Zustand befindet oder ob er für einen Austausch reif ist, zumindest aber komplett überholt werden muss.

Tipp: Zur Prüfung werden ein Kompressionsdruck-Prüfgerät, ein Zündkerzenschlüssel sowie ein Drehmomentschlüssel 5 bis 50 Nm benötigt.

Achtung: Die Motoröltemperatur muss mindestens 30 °C und die Batteriespannung mindestens 11,5 V betragen.

Vorbereitung und Druckprüfung

■ Motorabdeckungen oben oder den Luftfilterkasten ausbauen, um den Zugang zu den Glühkerzen und den Anschlüssen zu den Glühkerzen zu ermöglichen.
■ Die Steckkontakte aller Glühkerzen abziehen und die Anschlusskabel zur Seite legen.
■ Alle Glühkerzen ausbauen.
■ Soweit erforderlich die Drossel- oder

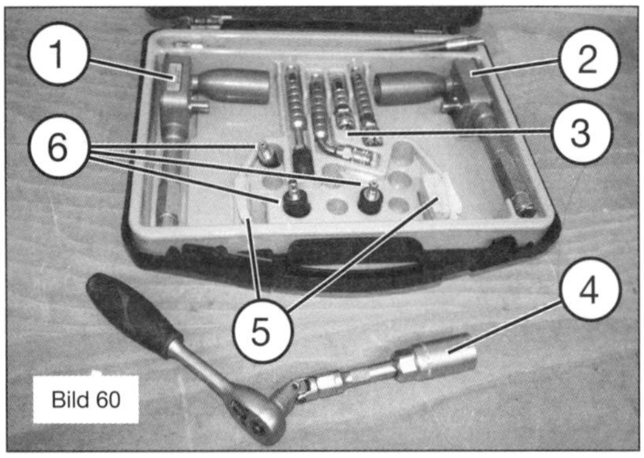

Bild 60

Bild 60 Kompressionsdruckschreiber.
1 Schreiber für Dieselmotoren
2 Schreiber für Ottomotoren
3 Verlängerungen
4 Knarre mit Kerzenschlüssel
5 Schreiberkarten für Otto- und Dieselmotoren
6 Dichtkonus für das Andrücken auf die Kerzenbohrungen im Zylinderkopf

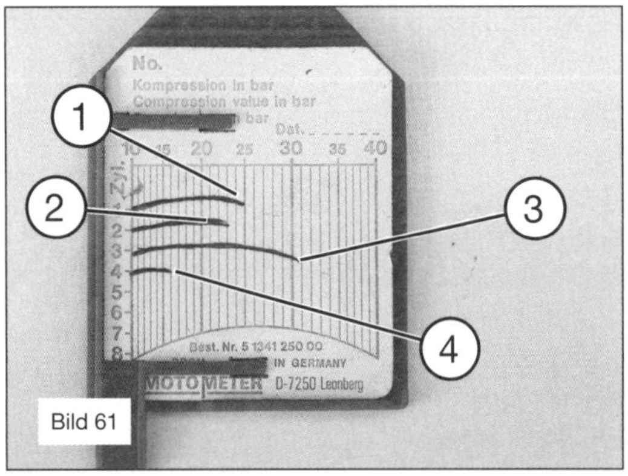

Bild 61

Bild 61 Auswertung des Schreiberkärtchens. Der gemessene Druck sollte bei etwa 23 - 30 bar liegen und zwischen den einzelnen Zylindern höchstens 1,5 bar abweichen.
1 Abgelesener Druck 25 bar
2 Abgelesener Druck 23 bar
3 Abgelesener Druck 32 bar
4 Abgelesener Druck 16 bar

Abstellklappe im Ansaugtrakt öffnen. Der Luftansaugweg muss frei sein.

■ Den Kompressionsdruck mit Kompressionsdruck-Prüfgerät prüfen. Die Handhabung des Prüfgerätes ist in der jeweiligen Bedienungsanleitung beschrieben.

■ Den Anlasser so lange betätigen, bis kein Druckanstieg mehr vom Prüfgerät angezeigt wird. Der Höchstdruck sollte spätestens nach 12 bis 15 Umdrehungen erreicht sein.

Auswertung

■ Werten Sie die Schreiberkarte oder die Messergebnisse aus:

Der Druck sollte zwischen 23 und 30 bar liegen.

Der Druckunterschied zwischen einzelnen Zylindern (höchster und niedrigster) darf höchstens 3,0 bar betragen.

■ Fallen die Messergebnisse deutlich anders aus, sollte mittels Druckverlustprüfung die Undichtigkeit des Brennraums genauer lokalisiert oder der Motor für eine genauere Diagnose zerlegt werden.

Rückbau und in Betrieb setzen

■ Glühkerzen mit dem Glühkerzenschlüssel einschrauben und mit dem richtigen Drehmoment festziehen.

■ Der weitere Zusammenbau erfolgt sinngemäß in entgegengesetzter Reihenfolge zum Ausbau.

■ Fehlerspeicher abfragen und ggf. vorhandene Fehler beheben, danach Fehlerspeicher löschen.

Druckverlusttest

Oft schon vergessen, war er schon vor einigen Jahrzehnten bekannt. Da der Tester in den meisten Werkstätten nicht mehr oder kaum noch zum Einsatz kommt, lässt sich ab und an ein solches Gerät auch von Bosch schon mal günstig erstehen. 25 bis 150 Euro werden es dann meist. Auch mit diesem Gerät wird die Dichtheit des Zylinders bewertet. Nur, dass nicht der Motor den Druck aufbringt, sondern der Motor mit Luftdruck aus dem Tester beaufschlagt wird. Undichtheiten können nun zum einen zahlenmäßig erfasst und zum anderen »erhört« werden. Die Diagnose fällt deshalb deutlich präziser aus als das Ergebnis des Kompressionstests.

Vorbereitung

■ Bauen Sie alle Glühkerzen aus.

■ Schalten Sie die Zündung aus.

■ Prüfen Sie, ob die Steuerzeiten in Ordnung sind.

■ Schließen Sie den Druckverlustprüfer an die Druckluftversorgung Ihrer Werkstatt an.

■ Stimmen Sie den Druckschreiber auf den Kompressordruck Ihrer Werkstatt ab.

■ Wählen Sie den passenden Gewindeadapter und den Anschlussschlauch für den Druckverlusttest aus.

■ Stellen Sie Radio und andere Lärmquellen ab.

■ Verdrehen Sie den Motor so weit, bis er am Ende des Verdichtungstaktes oder am Anfang des Arbeitstaktes steht.

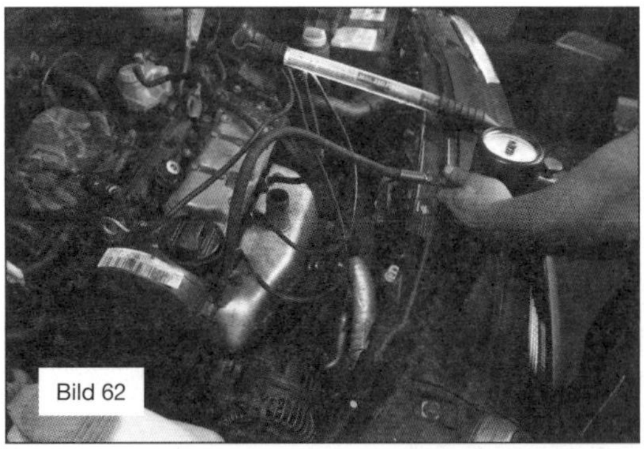
Bild 62

Bild 62 Druckverlusttest am Motor. Verlustwert und Verlustort werden festgestellt.

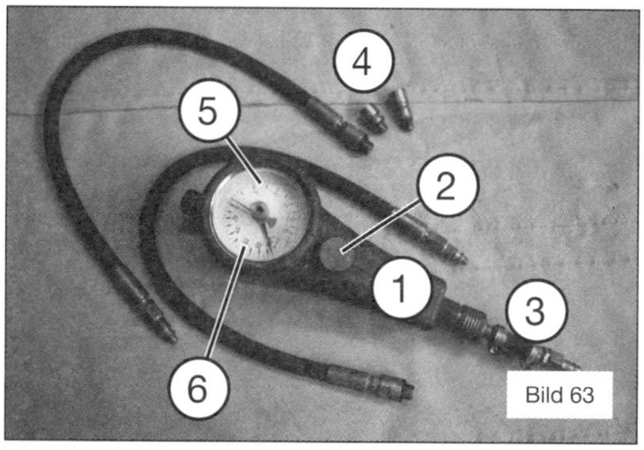

Bild 63

Bild 63
Meist recht günstig zu ersteigern: der Druckverlustprüfer.
1 Gehäuse
2 Einstellrad für Druckangleich
3 Anschlussschlauch Druckluftnetz
4 Prüfanschluss
5 Messuhr Kompressionsdruck
6 Messuhr Kompressionsdruck

- Ertasten Sie vorsichtig den Kolbenboden mit einem OT- Finder (Bild 64) und verdrehen Sie den Motor bis zu Zünd-OT.
- Blockieren Sie den Motor (Gang einlegen, Handbremse anziehen). Sollten Sie den Motor mit einem passenden Schlüssel auf der Kurbelwelle festhalten wollen, achten Sie darauf, dass sich der Motor verdrehen kann, sobald der Prüfdruck des Testers auf dem Kolben lastet. Er erzeugt ein nicht unbedeutendes Drehmoment, das Sie eventuell nicht von Hand halten können.

⚠ Es besteht Verletzungsgefahr an den Händen durch Abrutschen des Werkzeugs oder Klemmen!

Messung/Prüfung

- Führen Sie den Anschlussschlauch des Druckverlusttesters zuerst in das Glühkerzenloch des 1. Zylinders ein (Bild 62).
- Kuppeln Sie den Messschlauch an das Messgerät an.
- Werten Sie jeden Zylinder einzeln wie unten beschrieben aus.
- Wiederholen Sie diesen Vorgang nun für alle Zylinder des Motors, Auswertung (Bilder 66 und 67).

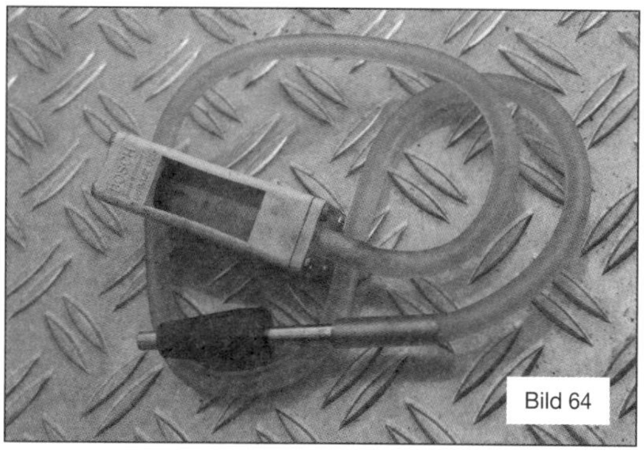
Bild 64

Bild 64
Der OT-Finder. Auf dem Weg nach OT verdrängt der Kolben Luft und schiebt den Anzeigekolben im Gerät nach oben. Fällt er schlagartig ab, wurde der OT-Punkt überschritten.

Bild 65

Bild 65
Nicht verwechseln: Mit Ventil (1) ist er für den Kompressionstest gerüstet, ohne Ventil (2) für den Druckverlusttest.

- Notieren Sie den angezeigten Druckverlust für jeden Zylinder einzeln.

Tipp: Ein Druckverlust beim 4-Takt-Hubkolbenmotor ist bis zu 15 % zulässig. Über 15 % muss die Ursache gesucht werden.

- Drehen Sie den Öldeckel ab und achten Sie auf Zischgeräusche aus dem Motorblock.
- Legen Sie den Kopf auf den Luftfilter oder besser noch, entfernen Sie den Luftfilter und hören Sie, ob Zischgeräusche aus dem Ansaugtrakt wahrnehmbar sind.
- Kontrollieren Sie auch am Auspuff, ob hier ein Luftstrom oder ein Zischgeräusch hörbar ist.

Bild 66

Bild 66
Druckverlust problematisch.

Bild 67

Bild 67
Druckverlust in Ordnung.

Beschreibung (Bild 66)	Toleranz	Ursache
Druckverlust zu groß: Zischgeräusch am Ansaugtrakt feststellbar, keine Zischgeräusche am Auspuff feststellbar.	Bis 15 % sind zulässig.	Einlassventil nicht sauber geschlossen, Einlassventil undicht, Einlassventil beschädigt; Steuerzeiten stimmen nicht, Motor steht nicht im Zünd-OT (Arbeitstakt).
Druckverlust zu groß: Zischgeräusche am Auspuff feststellbar, keine Zischgeräusche am Ansaugtrakt feststellbar.	Bis 15 % sind zulässig.	Auslassventil nicht sauber geschlossen, Auslassventil undicht, Auslassventil beschädigt, Steuerzeiten stimmen nicht, Motor steht nicht im Zünd-OT (Arbeitstakt).
Druckverlust zu groß: Zischgeräusche am Auspuff feststellbar, Zischgeräusche am Ansaugtrakt feststellbar.	Bis 15 % sind zulässig.	Beide Ventile nicht sauber geschlossen, beide Ventile undicht, beide Ventile beschädigt; Steuerzeiten stimmen nicht, Motor steht nicht im Zünd-OT (Arbeitstakt).
Druckverlust zu groß: keine Zischgeräusche am Auspuff feststellbar, keine Zischgeräusche am Ansaugtrakt feststellbar.	Bis 15 % sind zulässig.	Druckverlust über Kolben und Zylinder, Kolben und/oder Kolbenringe verschlissen oder defekt, Zylinderkopfdichtung defekt (während der Prüfung »blubbert« der Ausgleichsbehälter).

Verschleißmessung am Motor

Zugegeben, in der heutigen Zeit werden diese Arbeiten nur noch selten durchgeführt. Es ist aber nicht so, dass man die Verschleißmessung am Motor nicht mehr benötigen würde. Vielmehr wird sie oft aus Zeitgründen nicht mehr durchgeführt.

Im privaten Bereich legen wir nun aber eher Wert auf eine kostengünstige Reparatur und möchten gerne den Zustand unseres Gefährtes sicher dokumentieren. Sollten Sie den Motor einmal so weit zerlegt haben oder sind auf der Suche nach erhöhtem Ölverbrauch des Motors, können Sie, nachdem Zylinderkopf und Kolben demontiert wurden, den Motorblock ausmessen. Oftmals ist der Kolbenausbau auch am eingebauten Motor realisierbar. Schließlich müssen wir lediglich die Ölwanne abnehmen können, um die Pleuellager abschrauben zu können. Ob und wie weit die Laufleistung oder auch ungünstige Betriebszustände dem Motor zugesetzt haben, muss mit einigen einzelnen Messungen kontrolliert werden. Für die Messungen werden ein Innenmessgerät mit Innentaster, eine Messuhr, ein Messschieber, eine Fühlerlehre sowie eine Bügelmessschraube benötigt. Die Messung beschreibt den Zustand von Zylinder und Kolben. Das Zusammenspiel dieser Bauteile wird durch die Auswertung der Messergebnisse bewertet.

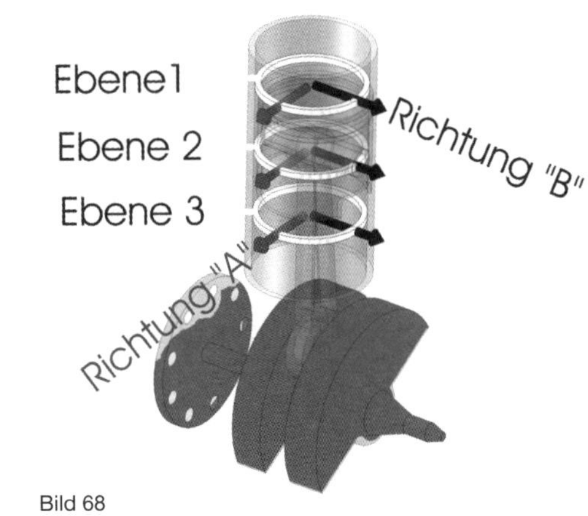

Bild 68

Bild 68
Messebenen und Messrichtungen am Zylinder.

Messungen am Zylinder

Vorbereitung der Messungen:

- Demontieren Sie den Zylinderkopf.
- Reinigen Sie Zylinderlaufbahn und Kolben.
- Messen Sie mit Hilfe des Messschiebers den Zylinderdurchmesser. Legen Sie anhand dieses Maßes fest, welche Adaptionsstücke in das Innenmessgerät eingebaut werden müssen.

■ Montieren Sie das ausgewählte Adaptionsstück am Innenmessgerät.
■ Führen Sie die Messuhr in die Aufnahme ein. Festgezogen wird sie aber erst, nachdem die Voreinstellung durchgeführt wurde.
■ Richten Sie die Messuhr gerade in der Zylinderlaufbahn aus und stellen sie mit einer Vorspannung von 2 mm fest.
■ Richten Sie das Grundmaß (entweder das mit dem Messschieber ermittelte und gerundete oder ein vom Hersteller angegebenes) mit der Bügelmessschraube aus.
■ Führen Sie die Feinjustierung des Innenmessgerätes durch.

Messungen:
■ Als Nächstes wird nun das Innenmessgerät in den zu messenden Zylinder eingeführt. Die Messung der Zylinderbuchse soll den Verschleiß genau darstellen.

Da der Verschleiß im Zylinder in der Regel durch die unterschiedlichen Belastungszustände ungleichmäßig ausfällt, werden die Zylinder in zwei Richtungen und drei Ebenen beurteilt. Die Messrichtung wird in die Richtung »A« und »B« aufgeteilt, wobei »B« dann die Messung in Achsenrichtung der Kurbelwelle und »A« die Messung in Drehrichtung der Kurbelwelle darstellt.

Die Messhöhe nennt sich recht einfach »1«, »2« oder »3«. So wird ein sehr genaues Bild des Zylinderverschleißes dargestellt.

■ Zuerst einmal sollten alle Messungen in der Richtung »A« gemacht und in das Auswertungsblatt eingetragen werden.

Erst dann werden die Messungen in der Richtung »B« durchgeführt und eingetragen. Das erspart das mehrmalige Einsetzen des Innenmessgerätes in den Zylinder.
■ Führen Sie die Messung in Richtung »A« durch und tragen Sie diese ins Auswerteblatt ein.
■ Führen Sie die Messungen in der Richtung »B« durch und tragen Sie diese in das Auswerteblatt ein.
■ Werte, die über das Grundmaß gehen, werden als »+«-Wert eingetragen.

Werte, die das Grundmaß unterschreiten, werden in der Tabelle als »-«-Wert geführt. Diese Praxis spart viel Rechnerei und somit auch mögliche Fehlerquellen ein.

Bild 69

Bild 69
Messung des Kolbendurchmessers.

Messungen am Kolben
Nachdem die Messungen festgehalten wurden, werden nun die Kolben gemessen. Die Bügelmessschraube ist nun noch auf das Grundmaß des Zylinders eingestellt.

■ Sie muss nun etwas geöffnet werden. Die Messungen werden grundsätzlich 90° versetzt zur Kolbenbolzenachse durchgeführt.
■ Die Messung erfolgt nach Herstellerangaben am Kolbenhemd. Bei den meisten Herstellern liegt diese Messhöhe bei ca. 1,5 cm vom Hemdende, also vom unteren Ende des Kolbens.
■ Auch hier werden die Messergebnisse im Messprotokoll unter dem Begriff Kolbendurchmesser notiert.

Kolben und Ölabstreifringe:

Neben dem Verschleiß am Kolbenhemd können auch die Kolbenringe beziehungsweise die Ölabstreifringe sowie die Ringnuten im Kolben verschleißen. Durch die Bewertung der Kolbenringe mit Stoß- und Höhenspiel kann hier eine ausreichend genaue Aussage über den Zustand der Bauteile getroffen werden.

Höhenspiel prüfen:

Der Kolbenring dichtet den Kolben zum Zylinder ab. Er schleift bei jeder Kolbenbewegung an der Zylinderwand entlang. Zwar wird er durch das Motoröl geschmiert, Verschleiß entsteht dennoch. Der Verschleiß der Kolbenringe muss also auch beachtet und vermessen werden.

■ Nun wird der Kolbenring in die Ringnut eingelegt.

Sichtprüfung   Messen

Bild 70
Höhenspielmessung am in die Ringnut eingelegten Kolbenring.

Bild 71
Stoßspielmessung am im Zylinder gerade eingelegten Kolbenring.

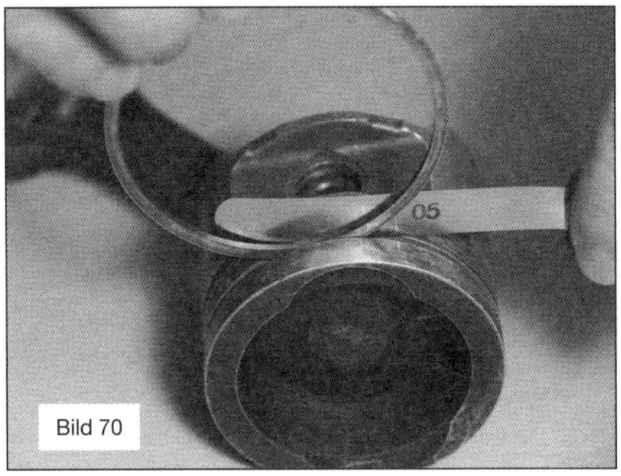

Bild 70

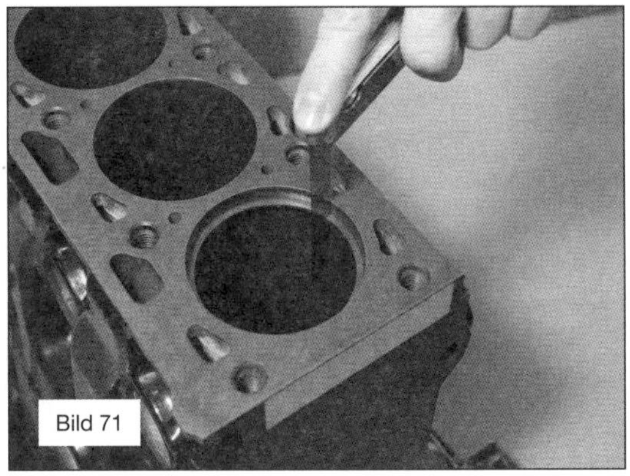

Bild 71

■ Mit Hilfe der Fühlerlehre wird nun geprüft, wie groß das Spiel des Kolbenrings nach oben und unten ist.
■ Die Messwerte werden natürlich auch im Auswertebogen festgehalten.

Stoßspiel prüfen:
Mit dieser Prüfung wird der Verschleiß des Kolbenringes selbst geprüft.

■ Zuerst einmal muss der Kolbenring genau gerade in den Zylinder eingesetzt werden.
■ Liegt der Kolbenring wie gezeigt im Zylinder, wird nun wiederum mit der Fühlerlehre das Spaltmaß zwischen den beiden Kolbenringenden gemessen.
■ Auch hier muss ein Maß aus den Herstellerunterlagen herausgesucht werden. Über den Daumen darf dieses Maß nicht größer als 1 mm ausfallen.

Auswertung Zylinder und Kolben
Die Messung ist der eine Teil, die Auswertung der Ergebnisse ist aber mindestens genauso wichtig.

Nachdem nun die Ergebnisse aus den Messungen des Zylinders und der Kolben vorliegen, können wir schon eine Aussage über die Verwendbarkeit von Zylinder und Kolben treffen. Die folgenden Begriffe können aus den Messwerten ermittelt werden. Die Ergebnisse hieraus stellen wir ihnen für die einzelnen Begriffe vor.

Die Ovalität:
Ovalität ist die Verformung des Zylinders. Sie kann zum einen durch die Einwirkung von Temperatur und zum anderen durch den Verschleiß entstehen. Sie wird als die größte Ovalität angegeben und vergleicht die Ovalität der einzelnen Messebene eines Zylinders.

Das Laufspiel:
Es beschreibt, wie viel Platz zwischen Kolben und Zylinder ist. Auch hier müssen wieder die Herstellerangaben zurate gezogen werden. Als Daumenwert kann von einem Laufspiel von 0,04 mm bis zu 0,09 mm ausgegangen werden.
■ Das Laufspiel errechnet sich, wenn man den Kolbendurchmesser vom größten und dem kleinsten Zylinderdurchmesser abzieht.

Lagerspiel an Kurbelwelle und Pleuel mit Plastigage messen
Im Gegensatz zu den Messungen mit dem Innenmessgerät ist die Messung mit Plastigage ungenauer, aber dafür sehr schnell durchzuführen.

Liegen keine besonderen Verschleißspuren oder eigenartig anmutende Lagertragbilder vor, ist diese Messmethode durchaus legitim.

Für die Messung werden die Lager komplett montiert (oder bleiben es). Um gut an die Lagerdeckel heranzukommen, empfiehlt es sich, die Kolben in eine Stellung zu bringen, an der die Lagerdeckel bequem de- und montiert werden können.
■ Demontieren Sie die Lagerdeckel und rei-

Bild 72
Lagerspielprüfung mit Plastigage.

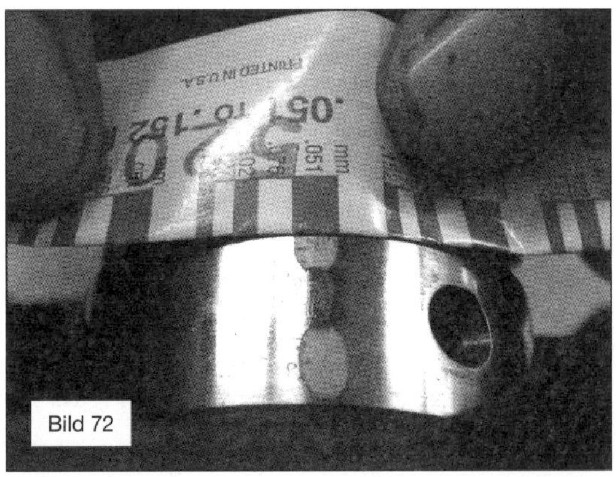

Bild 72

nigen Sie die Lagerstelle mit einem fusselfreien Lappen.

- Legen Sie einen Messfaden ein und montieren Sie das Lager wieder.
- Ziehen Sie das Lager auf das Solldrehmoment an. Der Messfaden wird nun »platt gedrückt«.
- Nach dem Entfernen des Lagerdeckels lässt sich anhand der Breite des Messfadens mit der mitgelieferten Tabelle das Lagerspiel ermitteln.

Beurteilen von Planflächen

Für diese Prüfung ist ein Präzisionslineal erforderlich. Das Haarlineal wird auf dem Zylinderkopf aufgelegt und gegen das Licht gehalten. Diese Prüfung über Kreuz und an mehreren Stellen am Zylinderkopf durchgeführt, lässt so die gesamte Fläche des Zylinderkopfes auf Ebenheit prüfen.

Prüfungen an der Nockenwelle

Auch die Nockenwelle unterliegt dem Verschleiß, oftmals finden sich bereits durch genaues Betrachten Mängel, die natürlich auch entsprechend bewertet werden müssen.

Laufspuren an der Nockenwelle (Bild 54)

Kleine Laufspuren dürfen gerade in Anbetracht des Alters des Motors als normal bezeichnet werden. Tiefe Rillen und Ausbuchtungen müssen eine Ursache haben. Gratartige scharfkantige Ausformungen an den Lagerstellen sind ein deutliches Zeichen für Verschleiß. In diesen Fällen muss das Lagerspiel geprüft werden.

Verschleiß an der Nockenwelle

Wenn sich die Nocken abnutzen, bedeutet das immer eine geringere Ventilöffnung und somit Leistungsverlust des Motors. Da auch die Oberflächenqualität in diesen Fällen stark leidet, werden die Ventilbetätigungen, also die Kipp- oder Schlepphebel mit beeinträchtigt. Die Lagerstellen für diese Bauteile sollten dann sehr gründlich untersucht werden. Lässt man durch Laufspuren beschädigte Teile weiterhin in Betrieb, kann es sein, dass der Schaden sich auf der beispielsweise erneuerten Nockenwelle wieder einstellt. Auch die Ursache für den Schaden muss festgestellt werden. Ist die Ölpumpe noch in Ordnung? Betrachten wir einmal einige einfache Messungen, die an der Nockenwelle durchgeführt werden sollen:

Schlagprüfung an der Nockenwelle

- Entweder wird die Nockenwelle zwischen die Spitzen der Drehbank eingespannt oder auf Auflager gelegt.
- Man richtet nun eine Messuhr mit Halter auf die einzelnen Lager aus und dreht die Nockenwelle.
- Der Höhenunterschied wird auf der Messuhr schnell deutlich. Die maximalen Toleranzen müssen den Herstellerunterlagen entnommen werden.

Als Daumenrichtwert kann ein Schlag bis zu 0,01 mm angenommen werden. Nockenwellen mit einer größeren Abweichung sollten ersetzt werden.

Nockenhubmessung

Mit dem gleichen Messaufbau wie bei der Schlagprüfung kann auch der Hub der Nocken festgestellt werden.

Gemessen wird der Unterschied zwischen der tiefsten Stelle und der höchsten Stelle eines Nockens. Auch diese Maße werden von jedem Motorenhersteller angegeben und sind nicht ohne Weiteres übertragbar.

Sollte ein relevanter Verschleiß vorliegen, ist er in der Regel auch schon am Verschleißbild gut zu erkennen. Sinnvoll ist es allerdings, die Nocken der einzelnen Zylinder untereinander auszumessen und zu vergleichen. Die Ursache für einen deutlichen Unterschied kann schon mangelhafte Schmierung für den Ventiltrieb dieses Zylinders sein.

Lagerspielmessung der Nockenwelle

Will man das Lagerspiel lediglich kontrollieren und hat keinen besonderen Befund, reicht es aus, die Lager mit Plastigage auszumessen.

Die Vorgehensweise wurde bereits an den Kurbelwellen- und Pleuellagern vorgestellt (Bild 72).

Soll das Lagerspiel genau in Augenschein genommen werden, müssen das gute alte Innenmessgerät und eine

Sichtprüfung Messen

entsprechende Bügelmessschraube zum Einsatz kommen. Auch diese Vorgehensweise wurde bereits vorgestellt und muss lediglich auf den kleineren Durchmesser der Nockenwelle abgestimmt werden.

Axialspielmessung an der Nockenwelle

Das Axialspiel (Bild 73) ist das seitliche Spiel der Nockenwelle. Auch diese Richtung ist Beschränkungen unterlegen. Selbstverständlich müssen auch hier die Werte der Motorenhersteller herangezogen werden.

Im Grundsatz kann aber davon ausgegangen werden, dass ein Axialspiel von 0,15 mm noch in Ordnung ist. Am einfachsten lässt sich das Axialspiel ausmessen, wenn Ventile und/oder Ventiltrieb nicht eingebaut sind. So entfällt die Reibung zwischen den betätigten Ventilhebeln und der Nockenwelle.

Als Messmittel kommt auch hier die Messuhr mit Messuhrträger zum Einsatz. Sie sollte dann entweder mit dem Magnetfuß befestigt oder an einer geeigneten Stelle verschraubt werden. Eine gebrochene Nockenwelle ist immer ein Zeichen großer mechanischer Kräfte. Oftmals bedeutet das, dass Ventile und eventuell auch die Stößelstangen beschädigt wurden. Diese Teile müssen dann in jedem Fall genauer unter die Lupe genommen werden.

Ventil und Führung beurteilen

Ventil ausmessen:

Natürlich gibt es auch Abmessungen am Ventil. Die Tellerbreite und die Ventilsitzbreite gehören auch zu den Abmessungen, die bei der Beurteilung eines Ventils sehr wichtig sind. Daran entscheidet sich, in wieweit ein Ventil wieder eingesetzt, überarbeitet oder erneuert werden muss. In den meisten Fällen ist aber die Überarbeitung nicht zulässig und auf das Einläppen oder Einschleifen beschränkt.

Ventilschlag ausmessen:

Um den Ventilschlag beurteilen zu können, muss das Ventil spielfrei gelagert werden. Das geht schon recht gut auf einem Messprisma. Besser jedoch ist die Aufnahme in einer Ventilprüfvorrichtung. Beurteilt werden der Ventilschlag am Ventilteller und in der Mitte des Schaftes.

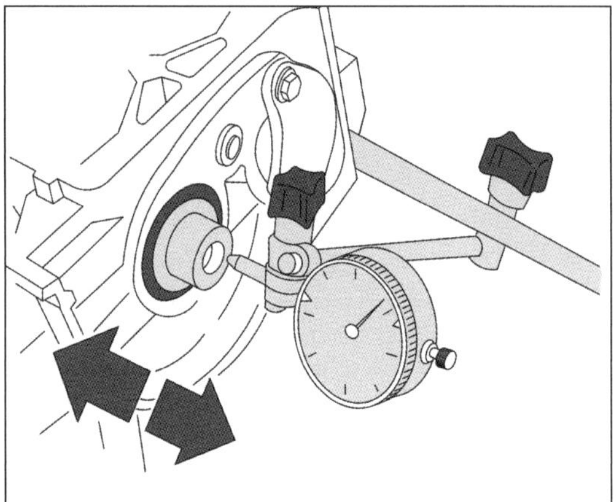

Bild 73

Bild 73
Messaufbau zur Axialspielmessung an der Nockenwelle.

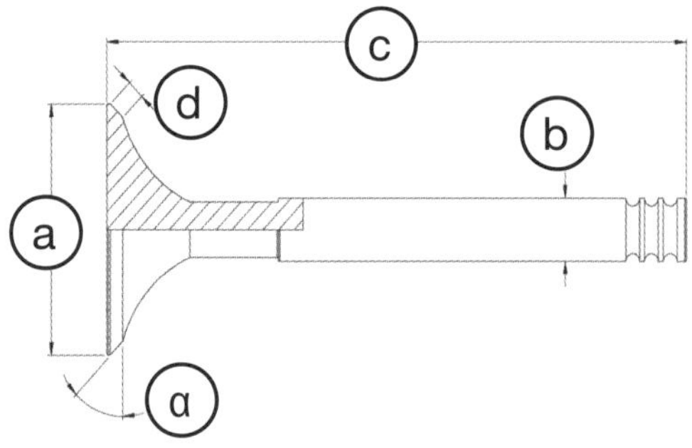

Bild 74

Bild 74
Abmessungen am Ventil.
a Tellerdurchmesser
b Schaftdurchmesser
c Ventillänge
d Sitzbreite
α Sitzwinkel

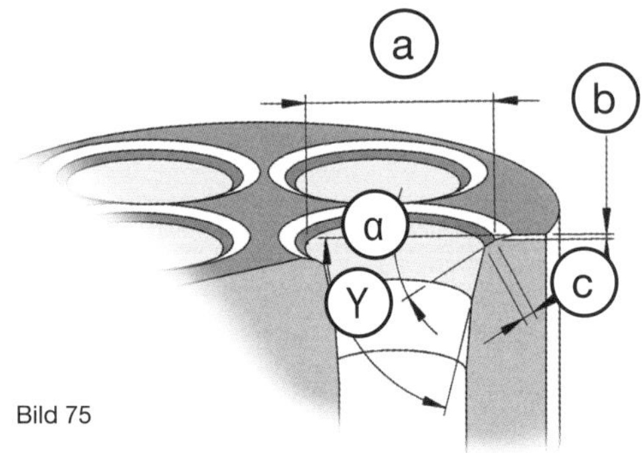

Bild 75

Bild 75
Abmessungen am Ventilsitz.
a Ventiltellerdurchmesser
b Maximales Nachbearbeitungsmaß
c Sitzbreite
α Sitzwinkel
Y Korrekturwinkel innen

Ventilführung ausmessen:

Auch diese Messung ist mit Hilfe einer Messuhr recht einfach zu bewerkstelligen. Das Ventil wird ohne Ventilfedern, Klemmstücken und Ventilschaftdichtung eingeführt. Nun wird das Kippen des Ventils mit einer Messuhr erfasst. Auch hier gelten durchaus unterschiedliche Werte, die von den jeweiligen Motorenherstellern vorgegeben werden. Auch muss darauf geachtet werden, dass die Messlänge (also das Maß, um das das Ventil aus dem Kopf herausragt) eingehalten wird.

Antriebseinheit ausbauen

Im weiteren Arbeitsablauf muss die Batterie ausgebaut werden. Prüfen Sie deshalb bitte, ob ein codiertes Radio eingebaut ist. Gegebenenfalls ist vorher die Anti-Diebstahl-Codierung zu erfragen.

Der Motor wird bei allen Varianten zusammen mit dem Getriebe nach vorne ausgebaut. Alle Kabelbinder, die beim Motorausbau gelöst oder aufgeschnitten werden, sind beim Motoreinbau an der gleichen Stelle wieder zu befestigen. Offene Leitungen und Leitungsanschlüsse mit sauberen Stopfen aus dem Verschlussstopfenset für Motor verschließen. Fangen Sie abgelassenes Kühlmittel zur Entsorgung oder Wiederverwendung nach Herstellervorgaben in einem sauberen Behälter auf.

Vorbereitungen mit Tester

Der Testereinsatz zu diesem Zeitpunkt ist sehr wichtig. Nicht, dass Sie nach der Montage einen Fehler suchen, den Sie sich »gefühlt» selbst eingebaut haben, der aber schon vor den Montagearbeiten vorhanden war.

- Vor dem Ausbau die Ereignisspeicher aller Steuergeräte mit dem Fahrzeugdiagnosetester abfragen.
- Fehlereinträge notieren und die Abarbeitung mit einbeziehen.

Vorbereitung karosserieseitig

Um ausreichend Platz zu gewinnen, um den Motor zusammen mit dem Getriebe nach vorne auszubauen, müssen die Bauteile der Fahrzeugfront demontiert werden. Es macht keinen Sinn, das Getriebe im Fahrzeug zu belassen. Das An- und Abflanschen und die Stabilisierung des Getriebes ist zu aufwendig.

Das Fahrzeug grundsätzlich auf der Hebebühne mit Spanngurten gegen Abrutschen oder Kippen sichern. Beim Ausbau der Antriebseinheit findet eine erhebliche Gewichtsverlagerung statt.

- Klemmen Sie das Masseband an der Batterie bei ausgeschalteter Zündung ab.
- Bauen Sie die Masseleitung der Zusatzbatterie ab.
- Soweit vorhanden, die Zusatzbatterie im Motorraum ausbauen.
- Bauen Sie den Stoßfänger aus.
- Stoßfängerträger vorn ausbauen.
- Bauen Sie den Schlossträger und die Scheinwerfer aus.
- Bauen Sie die Frontklappe aus.
- Kühlergrill ausbauen.
- Stellen Sie das Getriebe in Neutralstellung.

Vorbereitungen am Motorheber

- Hängen Sie die Anhängevorrichtung (Winkeladapter) am Werkstattkran ein.
- Hängen Sie die Anhängevorrichtung wie im Bild 76 gezeigt am Motor ein.

Mit dem Winkeladapter wird eine Beschädigung der Karosserie durch Spannketten vermieden. Der Schwerpunkt der Antriebseinheit liegt etwa im Bereich der hinteren Hebeöse, beziehungsweise am Getriebeflansch des Motors.

Vorbereitung von unten

- Falls vorhanden, Geräuschdämpfung oben ausbauen.
- Lassen Sie das Kühlmittel ab.
- Bauen Sie den Schalldämpfer und das Abgasendrohr (soweit vorhanden) aus.
- Lösen Sie die Kardanwelle am Getriebeflansch.
- Bauen Sie den Partikelfilter aus.
- Bauen Sie die Kardanwelle aus.

Arbeiten an der Klimaanlage

- Lassen Sie die Klimaanlage sachgerecht evakuieren.

Beachten Sie die Sicherheitshinweise zum Umgang mit der Klimaanlage auf Seite 8 dieses Buches.

- Demontieren Sie die Kältemittelleitung

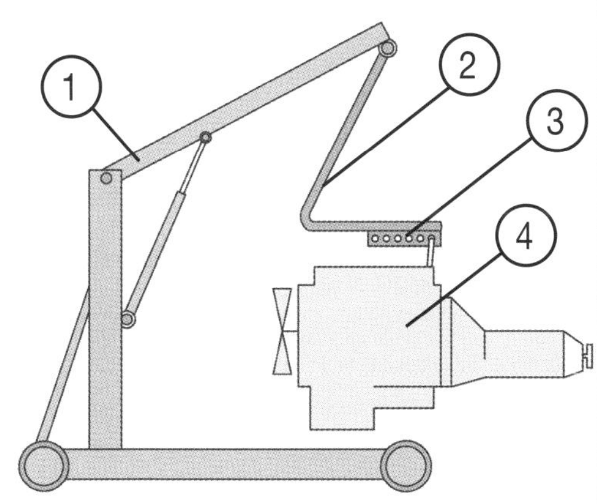

Bild 76

Bild 76
Montage der Antriebseinheit am Motorkran.
1 Motorkran (Werkstatt)
2 Winkeladapter
3 Anbauplatten
4 Antriebseinheit (Motor und Getriebe)

zwischen Kondensator und der Trennstelle vorn am Längsträger.

■ Bauen Sie die Kältemittelleitung zwischen Kondensator und Kältemittelkompressor am Kondensator ab.

■ Demontieren Sie die Kältemittelleitung am Kältemittelkompressor.

⚠ Um Beschädigungen am Kondensator sowie an den Kältemittelleitungen/-schläuchen zu vermeiden, ist darauf zu achten, dass die Leitungen und Schläuche nicht überdehnt, geknickt oder verbogen werden. Um den Motor auch ohne Öffnen des Kältemittelkreislaufs aus- und einbauen zu können, lösen Sie den Klimakompressor vom Halter. Befestigen Sie den Klimakompressor so am Aufbau, dass die Kältemittelleitungen/- Schläuche entlastet sind.

Arbeiten im Motorraum

■ Falls vorhanden, Geräuschdämpfung oben und unten ausbauen.

■ Bauen Sie den Luftfilter mit Luftfilterkasten aus.

■ Bauen Sie den Kühler und den Ladeluftkühler und falls vorhanden den Kondensator der Klimaanlage aus.

■ Bauen Sie die Halter für das Luftfiltergehäuse aus.

■ Lösen Sie die Verschlauchung der Servopumpe und fangen Sie die Servoflüssigkeit auf.

☞ Die Servoflüssigkeit wird ersetzt und muss fachgerecht entsorgt werden.

■ Die Rücklaufschlauchleitung der Servolenkung am Kühler Servolenkung abbauen.

■ Den Niederdruckschlauch der Servolenkung am Kühler Servolenkung abbauen.

■ Trennen Sie die elektrischen Leitungen zwischen Antriebseinheit und Karosserie, die von oben erreicht werden können.

■ Demontieren Sie die Ladeluftschläuche zum Ladeluftkühler und vom Ladeluftkühler.

■ Bauen Sie den NO-Sensor vor SCR-Katalysator vom Dieselpartikelfilter ab.

■ Trennen Sie die Steckverbindung zum Temperatursensor des Dieselpartikelfilters.

■ Demontieren Sie die Leitungen und Schläuche zwischen Motor und Karosserie.

Bei Allradfahrzeugen:

■ Die Gelenkwelle zur Vorderachse vom Verteilergetriebe abbauen.

■ Die Entlüftungsleitung aus Rahmenquerträger herausziehen. Die Entlüftungsleitung darf dabei nicht geknickt werden.

■ Das Verteilergetriebe mit Getriebeheber und einer passenden Getriebeplatte abstützen und mit einem Spanngurt sichern.

■ Bauen Sie das Verteilergetriebe aus.

☞ Das Aggregat muss beim Herausheben sorgfältig geführt werden, um Beschädigungen am Aufbau und am Lenkgetriebe zu vermeiden.

Weiter für alle Fahrzeuge:

■ Trennen Sie die elektrischen Leitungen am Getriebe bei angehobenem Fahrzeug.

■ Bauen Sie die Leitungen und Schläuche, die von unten erreichbar sind, zwischen Antriebseinheit und Karosserie ab.

■ Trennen Sie die elektrische Steckverbindung am Getriebe.

■ Demontieren Sie die Schaltzüge vom Getriebe.

■ Demontieren Sie die Gelenkwelle zur Hinterachse vom Antriebsflansch des Getriebes und befestigen Sie sie außerhalb des Arbeitsbereiches.

■ Drehen Sie die Schrauben des Motorlagers hinten heraus.

■ Lösen Sie die Schrauben des Querträgers am Rahmen. Belassen Sie den Querträger aber noch in seiner Position.

■ Hängen Sie den Motorheber wie auf der Seite 67 beschrieben am Motor ein.

■ Heben Sie den Motor so weit an, dass die Motorlager leicht entlastet werden.

■ Bauen Sie die Masseleitung vom Längsträger ab und befestigen Sie sie außerhalb des Arbeitsbereiches.

■ Drehen Sie die Schrauben des Motorlagers unten heraus.

■ Bauen Sie den Querträger unter dem Getriebe aus.

■ Heben Sie den Motor mit dem Getriebe mithilfe der Ausbauvorrichtung und Motorkran nach vorn aus dem Motorraum heraus.

Die Montage erfolgt sinngemäß in umgekehrter Reihenfolge.

■ Bei Schaltfahrzeugen das Kupplungsbetätigungssystem entlüften.

■ Entlüften Sie die Servolenkung.

■ Entlüften Sie das Kühlsystem.

■ Lassen Sie die Klimaanlage befüllen.

■ Prüfen Sie die Funktionen aller Systeme.

■ Führen Sie eine Probefahrt durch und fragen Sie anschließend den Fehlerspeicher mit dem Diagnosetester ab.

5 Motorschmierung

Alle Stellen im Motor, an denen Metalle aufeinander gleiten, müssen ständig mit Öl versorgt werden: Kolben, Zylinderlaufbahnen, die Lager von Kurbelwelle und Nockenwelle. Kein Triebwerk des Sprinters 907 hielte mehr als einige wenige Minuten ohne passende Schmierung durch. Damit das Öl seine Aufgabe erfüllen kann, strömt es im Motorblock durch ein System von Leitungen und feinen Bohrungen an die richtige Adresse. Eine wichtige Rolle in diesem Kreislauf spielt die Ölpumpe. Sie holt über das Ölsaugrohr das Motoröl aus der Ölwanne und drückt es in die Leitungen. Zuvor muss die Flüssigkeit den im Hauptstrom des Schmiersystems sitzenden Ölfilter passieren. Dort werden Verunreinigungen wie Ruß, Metallabrieb und Staub herausgefiltert. Ein Überdruckventil an der Pumpe öffnet bei zu hohem Druck, sodass ein Teil des Öls in die Ölwanne zurückfließen kann. Der Motor verbraucht Öl, weil es teilweise in den Verbrennungsraum gelangt und dort verbrennt. Ein undichter Motor, defekte Ventilschaftabdichtungen, auch falsch eingebaute Kolbenringe oder zu viel Spiel zwischen Ventilführung und Ventilschaft treiben den Verbrauch in die Höhe. Wenn der Motor technisch in Ordnung ist, verbraucht er allerdings so wenig, dass zwischen den Ölwechselintervallen nichts oder nur eine geringe Menge nachgefüllt werden muss.

Motorölstand prüfen

■ Das Fahrzeug zum Messen des Ölstandes waagerecht abstellen. Motor abstellen und mindestens drei Minuten warten, damit das Öl in die Wanne zurückfließen kann.
■ Ölmessstab herausziehen, mit einem sauberen Putzlappen abwischen und den Messstab wieder bis zum Anschlag hineinschieben.

■ Messstab anschließend wieder herausziehen und Ölstand ablesen (Bilder 1 und 2).

Tipp: Die Bilder zeigen die hauptsächlich eingesetzten Varianten des Messstabs, es gibt aber noch andere Ausführungen.

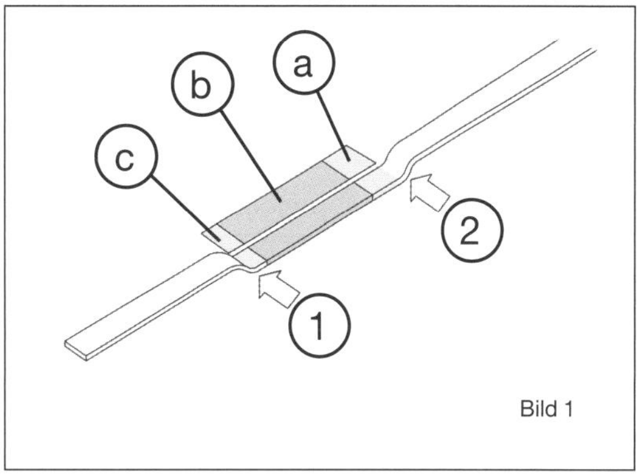

Bild 1

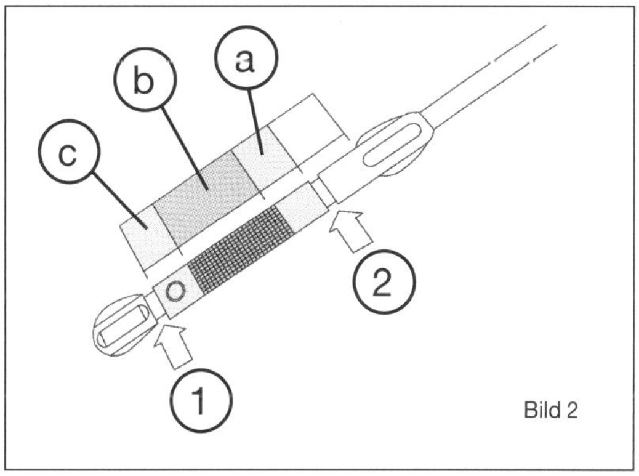

Bild 2

Das in den Bildern gezeigte Prinzip gilt jedoch generell. Die Markierungen besagen:
■ Bei Ölstand oberhalb der Markierung »a« (Max-Marke Pfeil 1) besteht die Gefahr von Katalysatorschäden.
■ Bei Nachfüllen im Bereich »b« kann es vorkommen, dass der Ölstand danach im Bereich »a« steht.
■ Beim unbedingt nötigen Nachfüllen von Öl im Bereich »c« genügt es, dass danach der Ölstand im Messfeld »b« (geriffeltes Feld) steht. Bei Ölstand unterhalb der c-Markierung (Min-Marke Pfeil 2) etwa 0,5 Liter Öl (bis zur a-Markierung) auffüllen.

Motoröl ablassen oder absaugen, Motoröl auffüllen

Ölwechsel mit Altölauffang- und Absauggerät
■ Öleinfüllverschlussdeckel abnehmen und Motoröl mit Altölauffang- und Absauggerät absaugen.

Tipp: Der Motorölwechsel mit einem Altölauffang- und Absauggerät sollte nach Möglichkeit bei betriebswarmem Motor durchgeführt werden.

Bild 1
Markierungen an Ölmessstäben in Flachmetallform.
a Kein Öl nachfüllen
b In diesem geriffelten Feld kann Öl nachgefüllt werden
c Öl muss unbedingt nachgefüllt werden.
Pfeile: Markierungen für maximalen (1) und minimalen (2) Füllstand.

Bild 2
Markierungen an Ölmessstäben in Kunststoffausführung.
a Öl muss unbedingt nachgefüllt werden
b In diesem geriffelten Feld kann Öl nachgefüllt werden
c Kein Öl nachfüllen
Pfeile: Markierungen für maximalen (1) und minimalen (2) Füllstand

Sichtprüfung Messen

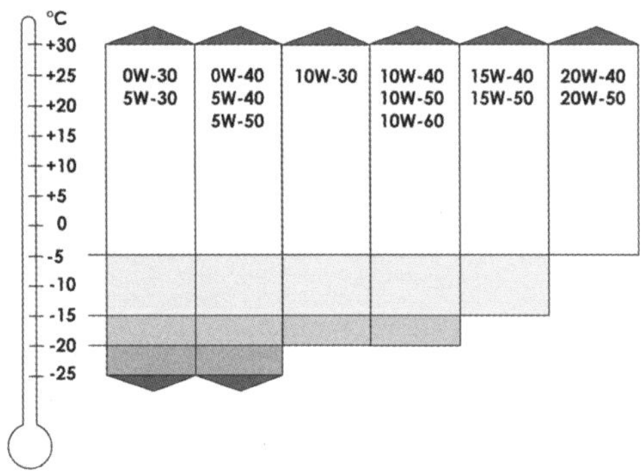

Bild 3

Bild 3
SAE-Viskositätsklassen. Die SAE-Viskositätsklasse muss in Abhängigkeit von der jahreszeitlich bedingten, durchschnittlichen Lufttemperatur ausgewählt werden.

Öl über Schraube ablassen

■ Fahrzeug anheben, Ölablassschraube unten in der Ölwanne herausdrehen und das austretende Öl auffangen.

■ Neue Ölablassschraube mit Dichtring handfest einschrauben und mit 30 Nm anziehen. Das Drehmoment darf nicht überschritten werden. Ein zu hohes Drehmoment könnte zu Undichtigkeiten oder sogar zu Beschädigungen im Bereich der Ölablassschraube führen.

■ Ölfilter ersetzen (im Anschluss).

Motoröl einfüllen

Werkseitig ist ein Qualitätsmehrbereichsöl eingefüllt, das außer in extrem kalten Klimazonen als Ganzjahresöl gefahren werden kann. Die Benzinmotoren benötigen die in obiger Tabelle angegebenen Ölfüllmengen mit Ölfilterwechsel, der immer zum Ölwechsel gehört.

Wird der Filter nicht ausgebaut und gewechselt, werden rund 0,5 Liter weniger Öl benötigt. Beim Nachfüllen und beim Ölwechsel muss unbedingt die Spezifikation beachtet werden, wie sie der Hersteller vorschreibt.

■ Einfüllöffnung aufschrauben, Öl gemäß Spezifikation (Mercedes-Benz-Freigabe) möglichst mit Trichter auffüllen.

■ Öleinfüllverschlussdeckel wieder aufschrauben.

■ Motor anlassen und auf Undichtigkeiten prüfen.

■ Motorölstand erneut prüfen und ggf. Öl nachfüllen.

■ Nachdem Öl erneut nachgefüllt worden ist, mindestens drei Minuten warten und dann erneut Ölstand prüfen.

Motortyp	Füllmenge mit Ölfilter	Mercedes Freigabe
OM 651	11,5 l	0W30 0W40 (nach Temperatur) (MB 229.51, MB 229.52, MB 229.31)
OM 642	12,5 l	
OM 654	10,0 l	

■ Soweit verbaut, die Geräuschdämpfung einbauen und Fahrzeug ablassen.

Ölfiltereinsatz wechseln

Zum Einsatz kommt hier im Wesentlichen eine Bauart für die unterschiedlichen Motortypen.

Ölfiltereinsatz (4 im Bild 4):

■ Lassen Sie das Motoröl ablaufen.

■ Drehen Sie den Deckel (1) los und lassen Sie das darin enthaltene Restöl ablaufen.

■ Nehmen Sie den Deckel (1) zusammen mit dem Ölfiltereinsatz (4) heraus.

■ Nehmen Sie den Dichtring (2) aus dem Deckel (6) heraus.

■ Reinigen Sie Deckel und Ölfiltergehäuse.

■ Setzen Sie den neuen Ölfilter ein und ziehen Sie den Deckel handfest an.

■ Ziehen Sie den Deckel mit etwa 25 Nm nach.

Eine passende Nuss sowie ein Gelenkschlüssel können hier hilfreich sein.

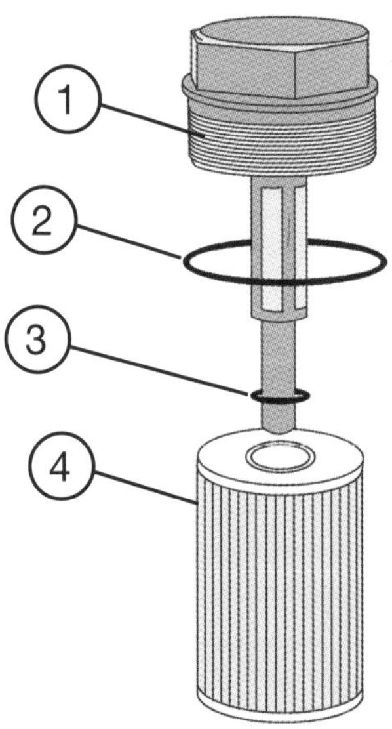

Bild 4

Bild 4
Filtereinsatz in der Bauart bei allen Motoren verbaut.
1 Deckel
2 Dichtring im Deckel
3 Dichtring im Schaft
4 Filtereinsatz

Ein Montageschlüssel wie im Bild 5 abgebildet, kann hier sehr hilfreich sein.

Ölwanne aus- und einbauen

Vorbereitungen zur Demontage

■ Fahren Sie das Fahrzeug auf die Hebebühne.
■ Lassen Sie das Motoröl ab.

Ölwanne am OM 651

Die Ölwanne bei diesem Motor ist zweiteilig. Der untere Teil kann recht einfach demontiert werden. Für den oberen Teil muss der Motor ausgebaut werden.

Demontage der unteren Ölwanne:

Die Ölwanne ist mit Abdrückgewinden ausgerüstet. Sie ermöglichen, die aufgeklebte untere Ölwanne von der oberen Ölwanne abzudrücken.

■ Trennen Sie die elektrische Steckverbindung zum Ölsensor.
■ Drehen Sie die Schrauben des Ölwannenunterteils heraus.

Drehen Sie zwei sich gegenüberliegende Schrauben nur 5 mm heraus, belassen Sie aber im Gewinde eingeschraubt. Sie dienen als Sicherung gegen Herunterfallen.

■ Drehen Sie zwei Schrauben in die Abdrückgewinde ein und drehen Sie sie vorsichtig an.
■ Entfernen Sie die Ölwanne vorsichtig, indem Sie die Dichtmasse mit einem geeigneten Werkzeug einschneiden und die Ölwanne vorsichtig an den Aussparungen (1 im Bild 7) abhebeln.
■ Drehen Sie die beiden verbliebenen Schrauben heraus und nehmen Sie die untere Ölwanne ab.

Die Montage erfolgt sinngemäß in umgekehrter Reihenfolge.

■ Entfernen Sie die Dichtmittelreste am Zylinderblock mit einem Flachschaber.
■ Entfernen Sie die Dichtmittelreste an der Ölwanne mittels einer rotierenden Bürste, z. B. einer Handbohrmaschine (Bild 6) mit Kunststoffbürsten-Einsatz (Schutzbrille aufsetzen).
■ Reinigen Sie die Dichtflächen. Sie müssen öl- und fettfrei sein.
■ Tragen Sie die Dichtmasse wie im Bild 7 gezeigt auf. Die Dichtmasse sollte eine Raupe von etwa 1,5 mm bis 2,5 mm aufweisen.

Beachten Sie die angegebene Verarbeitungszeit und das Mindesthaltbarkeitsdatum der Dichtmasse.

Demontage der oberen Ölwanne:

■ Motor mit dem Getriebe ausbauen.
■ Das Schwungrad oder die Mitnehmerscheibe ausbauen.
■ Bauen Sie den Motor an einen Montagebock an.
■ Demontieren Sie das Ölmessstabrohr.
■ Bauen Sie das Ölwannenunterteil aus.
■ Demontieren Sie den elektrischen Lei-

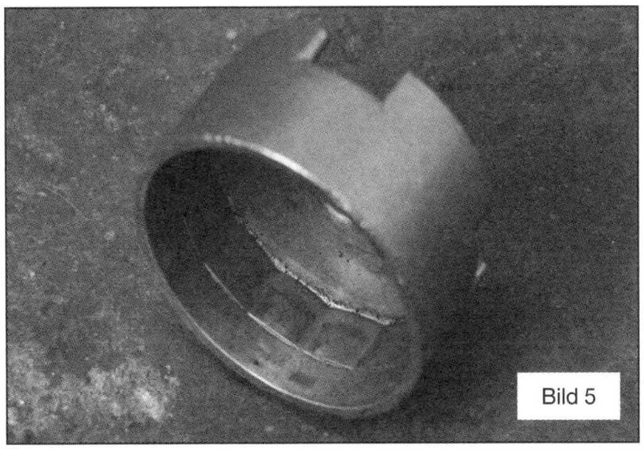

Bild 5
Adapter für Ölfilter und Deckeldemontage.

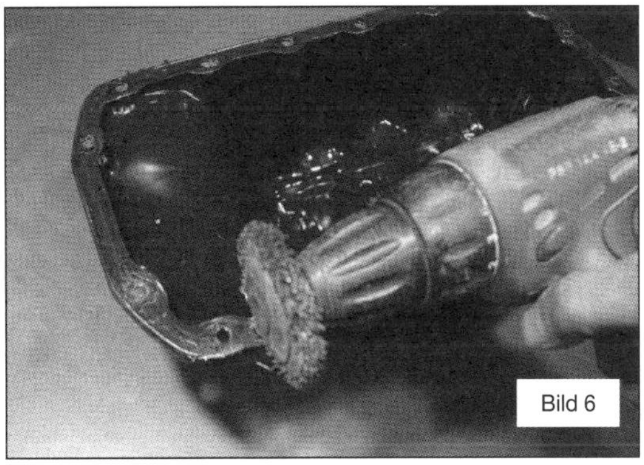

Bild 6
Reinigung mit einem Bürstenaufsatz auf einer Bohrmaschine.

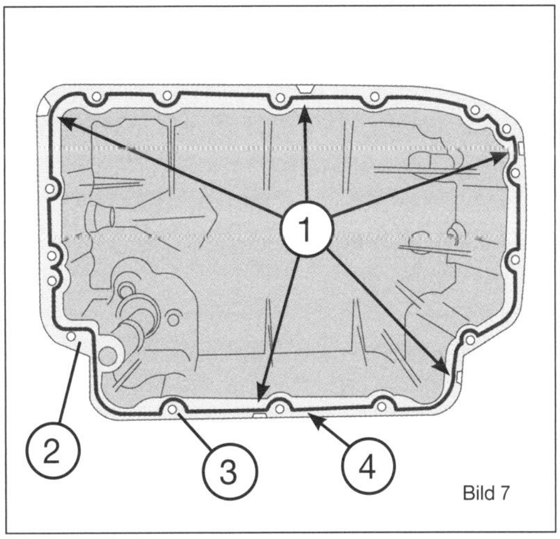

Bild 7
Ölwanne unten (OM 651).
1 Aussparung zum Abhebeln
2 Dichtfläche der Ölwanne
3 Schraubenloch der Ölwanne
4 Dichtmittelraupe (1,5 bis 2,5 mm Stärke)

Bild 8
Ölwanne oben (OM 651).
1 Dichtfläche der Ölwanne
2 Dichtmittelraupe (1,5 bis 2,5 mm Stärke)
3 Schraubenloch der Ölwanne

Bild 9
Ölwanne oben (OM 651).
1 Schrauben aus Richtung Schwungscheibe
2 Schrauben im Übergang zum Steuergehäusedeckel
3 Schrauben

Bild 10
Ölwanne unten (OM 642).
1 Schraubenloch der Ölwanne
2 Dichtfläche der Ölwanne
3 Dichtmittelraupe (1,5 bis 2,5 mm Stärke)

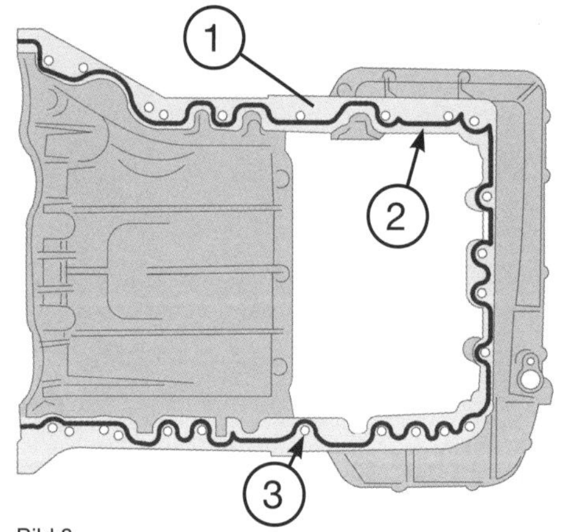

Bild 8

tungssatz von der Ölwanne ab.

- Die Schrauben (3 im Bild 9) der Ölwanne herausdrehen.
- Die zwei Schrauben (2) der Ölwanne herausdrehen.
- Die Schrauben (1) schwungradseitig der Ölwanne herausdrehen.
- Drehen Sie die Schrauben des Ölwannenunterteils heraus.
- Entfernen Sie die Ölwanne vorsichtig, indem Sie die Dichtmasse mit einem geeigneten Werkzeug einschneiden und die Ölwanne vorsichtig abhebeln.

Die Montage erfolgt sinngemäß in umgekehrter Reihenfolge.

- Entfernen Sie die Dichtmittelreste am Zylinderblock mit einem Flachschaber.
- Entfernen Sie die Dichtmittelreste an der Ölwanne mittels einer rotierenden Bürste, z. B. einer Handbohrmaschine (Bild 6) mit Kunststoffbürsten-Einsatz (Schutzbrille aufsetzen).
- Reinigen Sie die Dichtflächen. Sie müssen öl- und fettfrei sein.
- Tragen Sie die Dichtmasse wie im Bild 8 gezeigt auf. Die Dichtmasse sollte eine Raupe von etwa 1,5 mm bis 2,5 mm aufweisen.

⚠ Beachten Sie die angegebene Verarbeitungszeit und das Mindesthaltbarkeitdatum der Dichtmasse.

Ölwanne am OM 642

Die Ölwanne ist auch bei diesem Motor zweiteilig. Der untere Teil kann recht einfach demontiert werden. Für den oberen Teil muss der Motor ausgebaut werden, da die Verschraubungen nicht erreichbar sind.

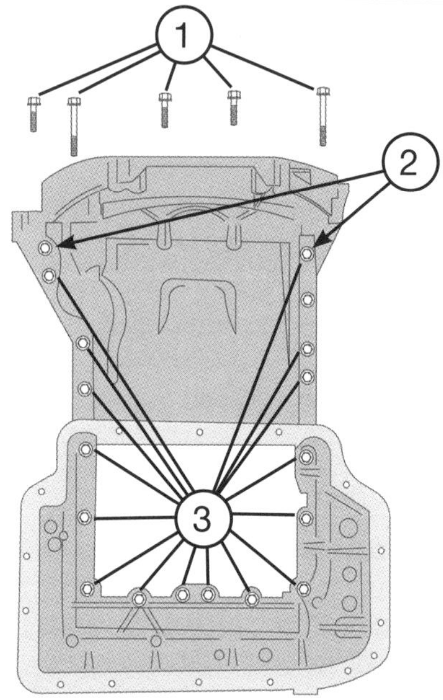

Bild 9

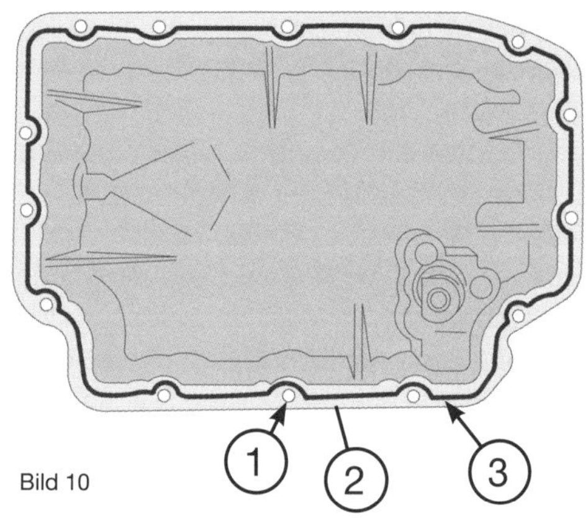

Bild 10

Demontage der unteren Ölwanne:

- Heben Sie das Fahrzeug an. Beachten Sie die Hinweise zum Anheben des Fahrzeugs auf Seite 9.
- Demontieren Sie die untere Motorraumverkleidung (soweit verbaut).
- Lassen Sie das Motoröl ab.
- Trennen Sie die elektrische Steckverbindung zum Ölsensor.
- Drehen Sie die Schrauben des Ölwannenunterteils heraus.
- Fangen Sie abtropfendes Restöl mit einem saugfähigen Lappen auf.
- Entfernen Sie die Ölwanne vorsichtig, indem Sie die Dichtmasse mit einem geeigneten Werkzeug einschneiden und die Ölwanne vorsichtig abhebeln.
- Nehmen Sie die untere Ölwanne ab.

Die Montage erfolgt sinngemäß in umgekehrter Reihenfolge.

■ Entfernen Sie die Dichtmittelreste am Zylinderblock mit einem Flachschaber.

■ Entfernen Sie die Dichtmittelreste an der Ölwanne mittels einer rotierenden Bürste, z. B. einer Handbohrmaschine (Bild 6) mit Kunststoffbürsten-Einsatz (Schutzbrille aufsetzen).

■ Reinigen Sie die Dichtflächen. Sie müssen öl- und fettfrei sein.

■ Tragen Sie die Dichtmasse wie im Bild 10 gezeigt auf. Die Dichtmasse sollte eine Raupe von etwa 1,5 mm bis 2,5 mm aufweisen.

Beachten Sie die angegebene Verarbeitungszeit und das Mindesthaltbarkeitsdatum der Dichtmasse.

Demontage der oberen Ölwanne:

Die Anzugsfolge beziehungsweise die Reihenfolge zum Lösen der Schrauben entspricht der im Bild 9 beschriebenen Reihenfolge für den OM 651.

■ Das Getriebe ausbauen.

■ Das Schwungrad oder die Mitnehmerscheibe ausbauen.

■ Bauen Sie das Ölmessstabrohr aus.

■ Bauen Sie den Kältemittelkompressor ab. Lassen Sie die Leitungen angeschlossen und befestigen Sie den Kompressor mit Kabelbindern außerhalb des Arbeitsbereiches.

■ Lösen Sie den elektrischen Leitungssatz mit dem Halter von der Ölwanne und legen Sie ihn aus dem Arbeitsbereich heraus.

■ Demontieren Sie die Ölwanne unten wie bereits beschrieben.

■ Bauen Sie den Ölansaugstutzen der Ölpumpe ab.

■ Bauen Sie den Abschlussdeckel zusammen mit Radial-Wellendichtring unter dem Schwungrad beziehungsweise der Mitnehmerscheibe aus.

Fangen Sie den Motor mit Stützstreben MB 642 589 03 40 00) ab, um ein Kippen zu vermeiden. Sie dienen als Anschlag der Ölwanne. Wenn die Ölwanne nicht korrekt montiert wird, können Undichtigkeiten entstehen.

■ Drehen Sie die Schrauben (3 wie im Bild 9) des Ölwannenoberteils heraus.

■ Drehen Sie die Schrauben (2) des Ölwannenoberteils heraus.

■ Die Schrauben (1) schwungradseitig der

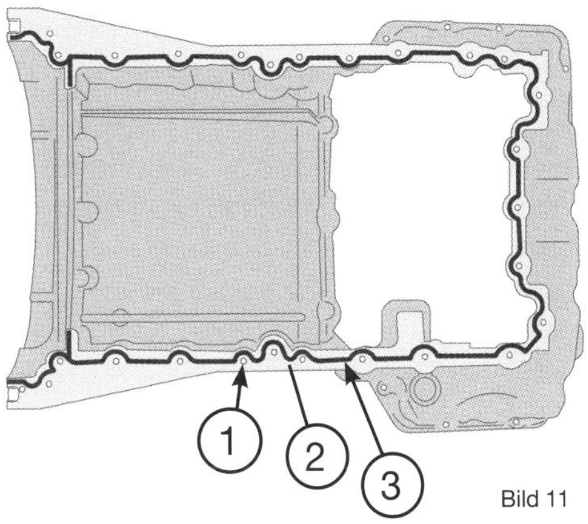

Bild 11

Bild 11
Ölwanne oben (OM 642).
1 Schraubenloch der Ölwanne
2 Dichtfläche der Ölwanne
3 Dichtmittelraupe (1,5 bis 2,5 mm Stärke)

Ölwanne herausdrehen.

■ Entfernen Sie die Ölwanne vorsichtig, indem Sie die Dichtmasse mit einem geeigneten Werkzeug einschneiden und die Ölwanne vorsichtig abhebeln.

Die Montage erfolgt sinngemäß in umgekehrter Reihenfolge.

■ Entfernen Sie die Dichtmittelreste am Zylinderblock mit einem Flachschaber.

■ Entfernen Sie die Dichtmittelreste an der Ölwanne mittels einer rotierenden Bürste, z. B. einer Handbohrmaschine mit Kunststoffbürsten-Einsatz (Schutzbrille aufsetzen).

■ Reinigen Sie die Dichtflächen. Sie müssen öl- und fettfrei sein.

■ Tragen Sie die Dichtmasse wie im Bild 11 gezeigt auf. Die Dichtmasse sollte eine Raupe von etwa 1,5 mm bis 2,5 mm aufweisen.

Beachten Sie die angegebene Verarbeitungszeit und das Mindesthaltbarkeitsdatum der Dichtmasse.

Ölwanne am OM 654

Die Ölwanne ist auch bei diesem Motor zweiteilig. Beide Ölwannen können von unten demontiert werden.

Demontage der unteren Ölwanne:

■ Heben Sie das Fahrzeug an. Beachten Sie die Hinweise zum Anheben des Fahrzeugs auf Seite 9.

■ Demontieren Sie die untere Motorraumverkleidung (soweit verbaut).

■ Lassen Sie das Motoröl ab.

■ Bei Fahrzeugen mit Heckklimaanlage demontieren Sie den Klimakompressor und den Halter. Sichern Sie den Klimakompressor mit

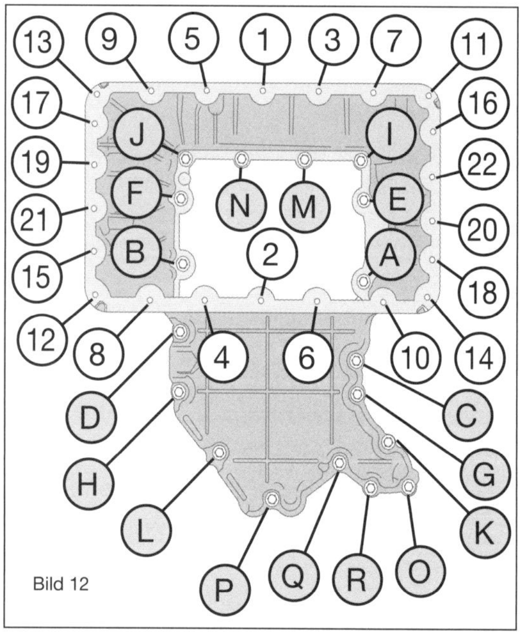

Bild 12

Bild 12
Anzugsfolge der Ölwannenschrauben (OM 654).
1-22 Anzugsfolge für die untere Ölwanne
22-1 Lösefolge für die untere Ölwanne
A-R Anzugsfolge für die obere Ölwanne
R-A Lösefolge für die obere Ölwanne

angeschlossenen Leitungen am Aufbau.

■ Bei Fahrzeugen mit Automatikgetriebe den Ölkühler abbauen. Sichern Sie ihn mit angeschlossenen Leitungen außerhalb des Arbeitsbereiches am Aufbau. Demontieren Sie den Halter des Ölkühlers am Getriebe.

■ Trennen Sie die elektrische Steckverbindung zum Ölsensor.

■ Drehen Sie die Schrauben des Ölwannenunterteils in der Reihenfolge (22 bis 1 im Bild 12) heraus.

■ Fangen Sie abtropfendes Restöl mit einem saugfähigen Lappen auf.

■ Entfernen Sie die Ölwanne vorsichtig, indem Sie die Dichtmasse mit einem geeigneten Werkzeug einschneiden und die Ölwanne vorsichtig abhebeln.

■ Nehmen Sie die untere Ölwanne ab.

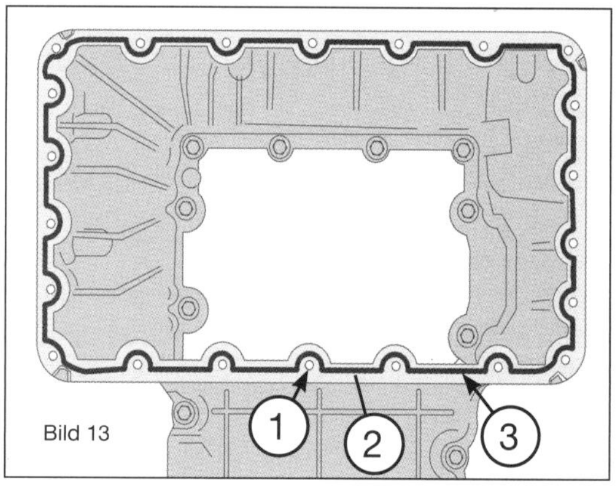

Bild 13

Bild 13
Ölwanne unten (OM 654).
1 Schraubenloch der Ölwanne
2 Dichtfläche der Ölwanne
3 Dichtmittelraupe (1,5 bis 2,5 mm Stärke)

Die Montage erfolgt sinngemäß in umgekehrter Reihenfolge.

■ Entfernen Sie die Dichtmittelreste am Zylinderblock mit einem Flachschaber.

■ Entfernen Sie die Dichtmittelreste an der Ölwanne mittels einer rotierenden Bürste, z. B. einer Handbohrmaschine (Bild 6) mit Kunststoffbürsten-Einsatz (Schutzbrille aufsetzen).

■ Reinigen Sie die Dichtflächen. Sie müssen öl- und fettfrei sein.

■ Tragen Sie die Dichtmasse wie im Bild 13 gezeigt auf. Die Dichtmasse sollte eine Raupe von etwa 1,5 mm bis 2,5 mm aufweisen.

⚠ Beachten Sie die angegebene Verarbeitungszeit und das Mindesthaltbarkeitsdatum der Dichtmasse.

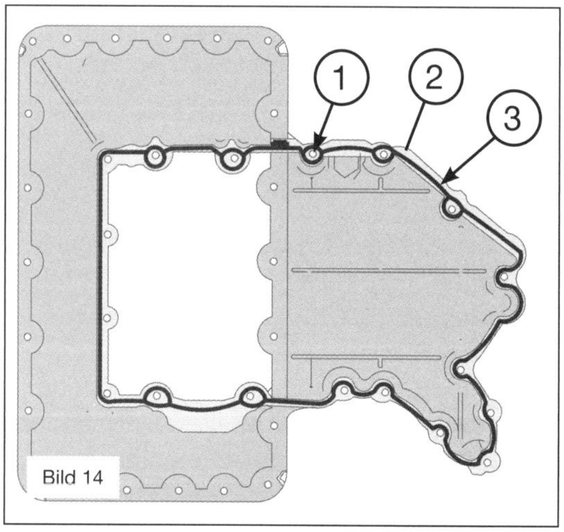

Bild 14

Bild 14
Ölwanne oben (OM 654).
1 Schraubenloch der Ölwanne
2 Dichtfläche der Ölwanne
3 Dichtmittelraupe (1,5 bis 2,5 mm Stärke)

Demontage der oberen Ölwanne:

■ Demontieren Sie die untere Ölwanne wie bereits beschrieben.

■ Demontieren Sie das Ölsaugrohr.

■ Bauen Sie die Umlenkrolle für den Keilrippenriemen des Kältemittelkompressors aus.

■ Drehen Sie die Schrauben heraus und lösen Sie die Kühlmittelleitung von der Ölwanne.

■ Drehen Sie die Schrauben (R-A im Bild 12) heraus und nehmen Sie die Ölwanne ab.

Die Montage erfolgt sinngemäß in umgekehrter Reihenfolge.

■ Entfernen Sie die Dichtmittelreste am Zylinderblock mit einem Flachschaber.

■ Entfernen Sie die Dichtmittelreste an der Ölwanne mittels einer rotierenden Bürste, z. B. einer Handbohrmaschine (Bild 6) mit Kunststoffbürsten-Einsatz (Schutzbrille aufsetzen).

■ Reinigen Sie die Dichtflächen. Sie müssen öl- und fettfrei sein.

■ Tragen Sie die Dichtmasse wie im Bild 13 gezeigt auf. Die Dichtmasse sollte eine Raupe von etwa 1,5 mm bis 2,5 mm aufweisen.

Beachten Sie die angegebene Verarbeitungszeit und das Mindesthaltbarkeitsdatum der Dichtmasse.

Demontage der Ölpumpe

Montage am OM 651

Für die Demontage der Ölpumpe sind an diesem Motor einige Vorarbeiten erforderlich. Die Reihenfolge der Arbeiten entspricht der, die Sie bei der Demontage durchführen sollten.

■ Demontieren Sie den Steuerkastendeckel wie bereits auf Seite 47 beschrieben.
■ Bauen Sie Unterdruckpumpe aus.
■ Demontieren Sie die Ölwanne unten und oben wie bereits beschrieben.
■ Stellen Sie den Kolben des 1. Zylinders auf Zünd-OT.
■ Die Lanchester-Ausgleichswellen in der Grundstellung entsprechend unveränderbar markieren.
■ Bauen Sie den Kunststoff-Ölabweiser (Schwallblech und Ansaugtrichter) (1 im Bild 15) unter der Ölpumpe ab.
■ Drehen Sie die Schrauben der Ölpumpe heraus (4) und ziehen Sie die Ölpumpe heraus.

Die Montage erfolgt sinngemäß in entgegengesetzter Reihenfolge zum Ausbau.

■ Prüfen Sie die Ölpumpe (3) auf Leichtgängigkeit.
■ Befüllen Sie die Ölpumpe vor der Montage mit Motoröl.

Montage am OM 642

Die Ölpumpe am OM 642 ist schon fast klassisch in der Ölwanne verbaut.

■ Falls vorhanden, Geräuschdämpfung ausbauen.
■ Die Ölwannen oben und unten ausbauen.
■ Die Schrauben herausschrauben und den Ölabweiser abnehmen.
■ Die Schrauben (3) herausschrauben und den Ansaugsschnorchel (4) abbauen.
■ Die Schrauben (6) herausschrauben.
■ Den Spannbügel wegdrücken, die Ölpumpe (1) aus der Ölpumpenkette aushängen und abnehmen.

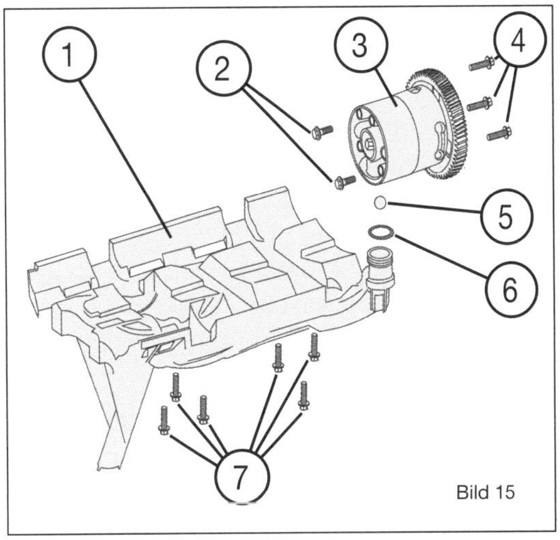

Bild 15
Ölpumpe (OM 651).
1 Schwallblech und Ansaugtrichter
2 Schrauben
3 Ölpumpe
4 Schrauben
5 Kugel
6 Dichtring
7 Schrauben

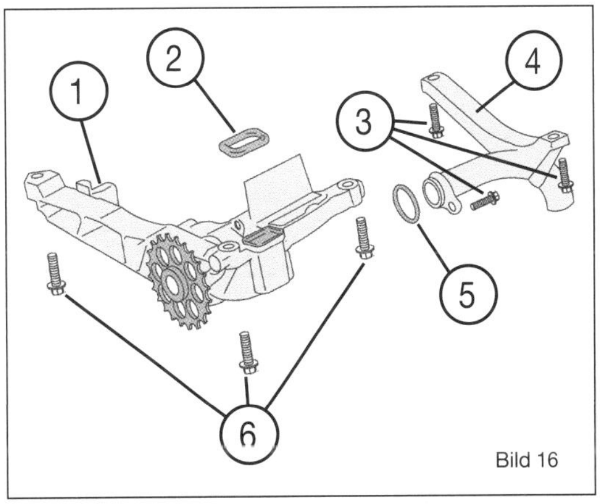

Bild 16
Ölpumpe (OM 642).
1 Ölpumpe
2 Dichtring
3 Schrauben
4 Ansaugschnorchel
5 Dichtring
6 Schrauben

■ Den Halter von der Ölpumpe (3) abbauen.

Die Montage erfolgt sinngemäß in entgegengesetzter Reihenfolge zum Ausbau.

■ Die Ölpumpe (1) vor dem Einbau mit Motorenöl befüllen.
■ Die Dichtung an der Ölpumpe erneuern.

Montage am OM 654

In diesem Motor ist eine kombinierte Pumpeneinheit verbaut. Sie erzeugt den Öldruck für die Schmierung und den Unterdruck für Bremskraftverstärkung und die Ansteueraufgaben für Turbolader und AGR.

■ Den Steuergehäusedeckel wie bereits auf Seite 52 bereits beschrieben ausbauen.
■ Die Gleitschiene unten ausbauen.
■ Die Spannvorrichtung der Ölpumpenkette (1 im Bild 17) zusammendrücken, bis die Bohrungen (Pfeil 5) fluchten.
■ Einen Bohrer oder einen entsprechenden Sicherungsstift mit 2 mm Durchmesser in die Bohrungen (Pfeil 5) bis zum Anschlag einste-

Bild 17
Spann- und Führungsschiene für die Ölpumpenantriebskette (OM 654).
1 Spannschiene
2 Schraube
3 Führungsschiene
4 Bohrung
5 Bewegungsrichtung zum Zusammendrücken

Bild 18
Ölpumpen (OM 654).
1 Öl- u. Unterdruckpumpe
2 Anschluss Unterdruck
3 Zentralschraube
4 Kettenrad
5 Schrauben Motorblock
6 Dichtring Ölpumpe-Motorblock
7 Dichtring Ölansaugstutzen
8 Ölansaugstutzen
9 Schrauben

cken und die Spannvorrichtung so sichern.

■ Die Schrauben (2) herausdrehen und die Spannvorrichtung herausnehmen.

■ Drehen Sie die Schrauben am Unterdruckrohr im Motorblock heraus.

■ Bauen Sie die Unterdruckleitung aus und verschließen Sie die Öffnungen mit geeigneten Verschlussstopfen.

■ Ziehen Sie den Anschlussstutzen (2 im Bild 18) zwischen Unterdruckleitung und Unterdruckpumpe heraus und verschließen Sie auch diese Öffnungen mit geeigneten Verschlussstopfen.

■ Blockieren Sie das Antriebskettenrad der Ölpumpe und lösen Sie die Zentralschraube (3).

Mercedes verbaut um das Antriebsrad der Tandempumpe (Öl- und Unterdruckpumpe) ein Spezialwerkzeug (MB-256589013300).

■ Nehmen Sie das Antriebsrad (4) mit aufgelegter Ölpumpenkette ab.

■ Nehmen Sie das Antriebskettenrad (4) aus der Kette heraus und binden Sie die Antriebskette außerhalb des Arbeitsbereiches fest.

■ Drehen Sie die Schrauben (5) heraus.

■ Mercedes verbaut den Abzieher (MB 256589013300) an der Tandempumpe und zieht dann mit der Spindel an der Pumpenwelle die Tandempumpe aus dem Kurbelgehäuse heraus.

■ Nehmen Sie die Tandempumpe (Ölpumpe mit integrierter Unterdruckpumpe) und die Dichtungen (6 und 7) heraus.

Die Montage erfolgt sinngemäß in entgegengesetzter Reihenfolge zum Ausbau.

■ Prüfen Sie die Ölpumpe (1) auf Leichtgängigkeit.

■ Befüllen Sie die Ölpumpe vor der Montage mit Motoröl.

Öldruckprüfung

Die Prüfung des Öldrucks fällt für die drei in diesem Buch vorgestellten Motoren grundsätzlich verschieden aus.

■ Prüfen Sie den Ölstand des Motors.

■ Lassen Sie den Motor warmlaufen. Der Öldruck fällt bei warmem Motor aufgrund des dünnflüssigeren Öls geringer aus. Bewertet wird der Druck im Betriebszustand.

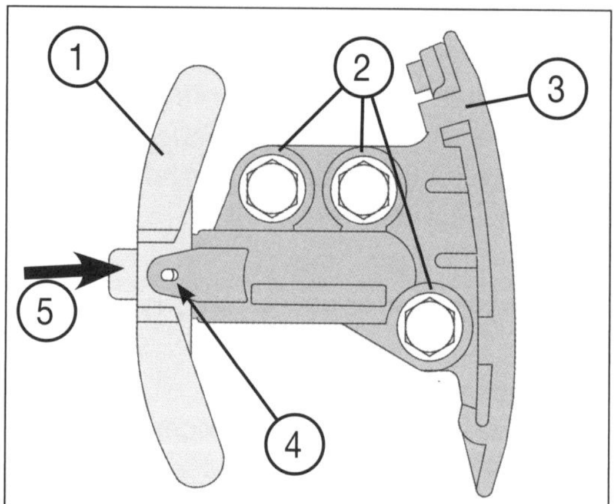

Bild 17

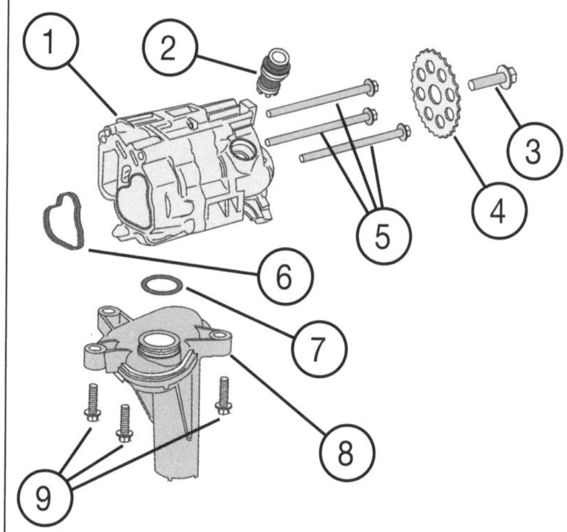

Bild 18

Öldruckmessung am OM 651

Unter dem Drosselklappenmodul ist der Öldrucksensor verbaut. Anstatt des Öldrucksensors wird ein Doppelstutzen verbaut, der den Öldruckschalter aufnimmt und einen Anschluss für ein Manometer ermöglicht. Bei betriebswarmem Motor sollte der Motor folgende Messwerte erreichen können:

Drehzahl	Druck
Leerlauf	0,9 bar
3.750 1/min	> 3 bar

Öldruckmessung am OM 642

Im Vorgängermodell wurde die Messung noch über das Einschrauben eines Doppelstutzens in die Druckleitung über der Riemenscheibe durchgeführt. Für den 907 gibt es einen Messadapter, der ersatzweise für die Ölfilterverschlusskappe montiert wird. Bei betriebswarmem Motor sollte der Motor folgende Messwerte erreichen können:

Drehzahl	Druck
Leerlauf	0,3 bar
3.000 1/min	> 3 bar

Öldruckmessung am OM 642

Für den OM 654, dem neuesten Antriebsmotor im Sprinter 907, erfolgt die Öldruckmessung über den Motortester. Natürlich muss auch hier der Motor vor der Prüfung betriebswarm sein.

■ Schließen Sie einen geeigneten Diagnosetester an und wählen Sie den Menüpunkt »Öldruck ermitteln« an.

■ Lesen Sie die Messwerte für den Leerlauf (760 1/min) und bei 3000 1/min ab. Vergleichen Sie die Messwerte mit den Sollwerten in der Tabelle unten.

Drehzahl	Druck
Leerlauf 760 1/min	0,5 bar
3.000 1/min	> 2,4 bar

Messen des Ölverbrauchs

Ölverbrauch ist bis zu einem gewissen Maß für einen Verbrennungsmotor normal. Über die Kolbenringe und auch über die Motorentlüftung werden Öl oder Ölnebel in den Brennraum übertragen. Bei den Turbomotoren kommt auch der Turbolader mit dazu. Zum Einschätzen des Ölverbrauches Ihres Sprinters stellen wir Ihnen die Auswertung nach den Herstellerrichtlinien vor.

Vorarbeiten

■ Stellen Sie das Fahrzeug auf die Hebebühne und untersuchen Sie den Motor, Turbolader, Ladeluftleitungen und Anbauteile auf Ölspuren.

■ Eventuelle Undichtigkeiten müssen vor der Messung beseitigt werden.

Soweit seit dem letzten Ölwechsel mehr als 1000 km gefahren wurden, muss zuerst ein Ölwechsel durchgeführt werden.

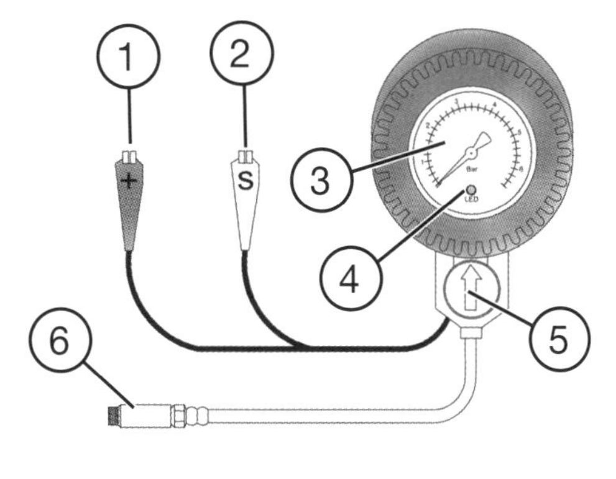

Bild 19

Bild 19
Messaufbau zur Öldruckprüfung.
1 Anschluss Batterieplus
2 Anschluss am Öldruckschalter
3 Druckmessuhr
4 LED (Kontrolllampe)
5 Ventilsteller
6 Anschluss am T-Stück für den Öldruckschalter oder am Anschlussgewinde

■ Stellen Sie sicher, dass ein zugelassenes Motoröl eingefüllt wurde. Wenn sich nicht nachvollziehen lässt, welches Öl in den Motor eingefüllt wurde, sollten Sie zuerst das Öl wechseln.

Die Messung

■ Bringen Sie das Fahrzeug auf Betriebstemperatur (etwa 80 °C) und stellen Sie das Fahrzeug auf eine ebene Fläche ab.

■ Warten Sie 5 Minuten ab und kontrollieren Sie den Ölstand mit dem Ölmessstab.

■ Belassen Sie den Ölmessstab etwa 1 Minute komplett eingeschoben und ziehen Sie ihn dann heraus.

Der Ölstand darf nicht über der Maximum-Markierung stehen.

■ Markieren Sie den genauen Ölstand mit einer Reißnadel auf dem Ölmessstab.

Auswertung Ölverbrauch

■ Nach etwa 500 bis 1000 km Fahrtstrecke wiederholen Sie die Messung.

■ Stellen Sie das Fahrzeug wieder auf die gleiche ebene Fläche, auf der Sie die Eingangsmessung durchgeführt haben.

■ Füllen Sie mit einem Messbecher, soweit erforderlich, den Ölstand bis zur Markierung (durch die Reißnadel) auf. Gehen Sie hier in kleinen Schritten vor (etwa 100 ml). Berechnen Sie den Ölverbrauch:

$$\frac{\text{Nachfüllmenge (in Litern)} \times 1000}{\text{Zurückgelegte Strecke (in km)}}$$

Das Ergebnis ergibt den Ölverbrauch auf 1000 km. Mercedes gibt einen zulässigen Ölverbrauch bis 0,8 Liter auf 1000 km an.

6 Kühlsystem

Funktion des Kühlkreislaufs

Das Kühlsystem sorgt für die richtige Betriebstemperatur des Motors. Es besteht aufbauseitig aus Kühler, Ladeluftkühler, Luftführungshutze mit Kühlerlüftern und Ausgleichsbehälter für Kühlmittel. Motorseitig gehören Kühlmittelschläuche und Kühlmittelrohre sowie ein Netz aus kleinen, genau bemessenen Kanälen in Motorblock und Zylinder, in denen die in den Ausgleichsbehälter eingefüllte Kühlflüssigkeit zirkuliert, zum System. So entsteht ein Wassermantel, der die Verbrennungswärme über die Schläuche des Kühlsystems an den Kühler abführt. Welche Wege im jeweils konkreten Betriebszustand das Kühlmittel im Kühlsystem nimmt, hängt von der Temperatur des Motors ab.

Zu den motorseitigen Aggregaten des Kühlsystems gehört auch der Motorölkühler. Eine mechanische Kühlmittelpumpe (»Wasserpumpe«) sorgt für den ständigen Kreislauf des Kühlmittels. Sie wird über den Keilrippenriemen angetrieben. Ein Kühlmittelregler (Dehnstoff-Thermostat) hält die Kühlmitteltemperatur konstant. Das Kühlsystem steht unter einem Überdruck von etwa 1,2 bis 1,5 bar bei Betriebstemperatur. Dadurch und durch den Einsatz von Kühlmittelzusätzen erhöht sich der Siedepunkt der Kühlflüssigkeit von 100 °C auf rund 120 °C.
Die höhere Temperatur ermöglicht einen wirtschaftlicheren und damit Kraftstoff sparenden Motorbetrieb. Wenn bei einem heißen Motor der Kühlmitteldruck 1,5 bar übersteigt, tritt das Überdruckventil am Ausgleichsbehälter in Aktion. Es öffnet dann und lässt zum Druckausgleich etwas Wasserdampf entweichen.

Sicht- und Funktionsprüfungen

Kühlmittelstand prüfen

■ Der Kühlmittelstand wird bei kaltem Motor am Kühlmittel-Ausgleichsbehälter geprüft. Dieser Behälter befindet sich im Motorraum rechts hinten. Er ist meist mit den Markierungen »Max« und »Min« gekennzeichnet, auf jeden Fall mit der »Min«-Markierung und einer Markierungslinie für den maximalen Füllstand.

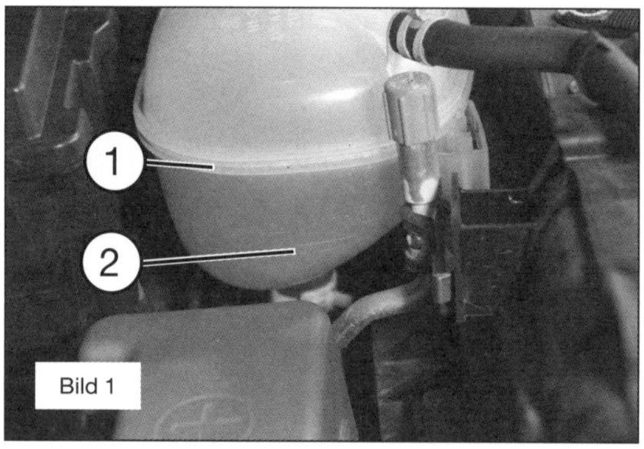

Bild 1
Kühlmittelstand am Kühlmittelausgleichsbehälter.
1 Maximum-Markierung
2 Minimum-Markierung

■ Ist der Motor kalt, muss das Kühlmittel zwischen »Max« und »Min« (Bild 1), bei warmem Motor etwas über der Markierungslinie für maximalen Füllstand stehen.
■ Bei nicht verbrauchsbedingtem Flüssigkeitsverlust muss die Ursache ermittelt und durch Reparatur beseitigt werden.

Frostschutz des Kühlmittels prüfen

Zur Frostschutzprüfung wird ein handelsüblicher Ansaugprüfer oder für genauere Prüfung ein sogenanntes Refraktometer benötigt. Beim Ansaugprüfer wird der jeweilige Frostschutz in °C angezeigt. Mercedes schreibt den Werkstätten aber vor, die Konzentration des Kühlmittelzusatzes bei der jüngsten Motorengeneration mit dem Refraktometer entsprechend Bedienungsanleitung zu prüfen (Bilder 2 und 3). Die Skala »1« des Refraktometers bezieht sich auf die Kühlmittelzusätze G12, G12 plus, G12 Plusplus und G30, die für die Sprinter-Kühlsysteme empfohlen werden. Die Skala »2« bezieht sich nur auf den zu verwendenden Kühlmittelzusatz G13.
■ Prüfen Sie den Kühlmittelstand im Ausgleichsbehälter bei kaltem Motor.

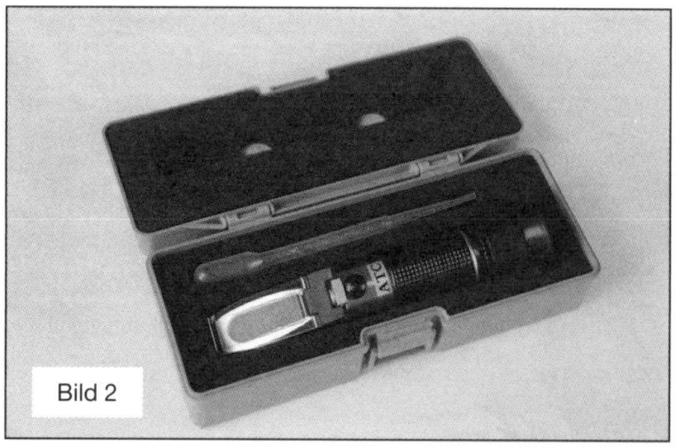
Bild 2
Refraktometer zur Frostschutzgehaltsprüfung.

■ Den genauen Wert bei den Prüfungen liest man an der Hell-Dunkel-Grenze ab. Zur besseren Veranschaulichung der Hell-Dunkel-Grenze wird mit der Pipette ein Tropfen Wasser auf das Glas gebracht. Die Hell-Dunkel-Grenze ist dann deutlich an der »Waterline« zu erkennen (Bild 3). Der Frostschutz muss bis etwa -25 °C gewährleistet sein.
■ Bei zu geringem Frostschutz, Kühlflüssigkeit ablassen und durch Kühlmittelzusatz G30 (violett) ergänzen.
■ Probefahrt durchführen und Frostschutz des Kühlmittels erneut prüfen.

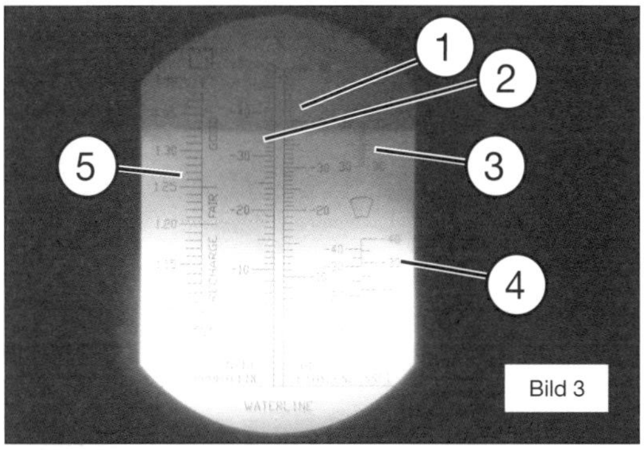

Bild 3
Sichtfeld des Refraktometers.
1 G12; G12 Plus, G12 Plusplus, G11 und auch G30
2 G13
3 AdBlue
4 Scheibenfrostschutz
5 Säuredichte der Batterie

Bild 4
Frostschutzspindel zur Frostschutzgehaltsprüfung.

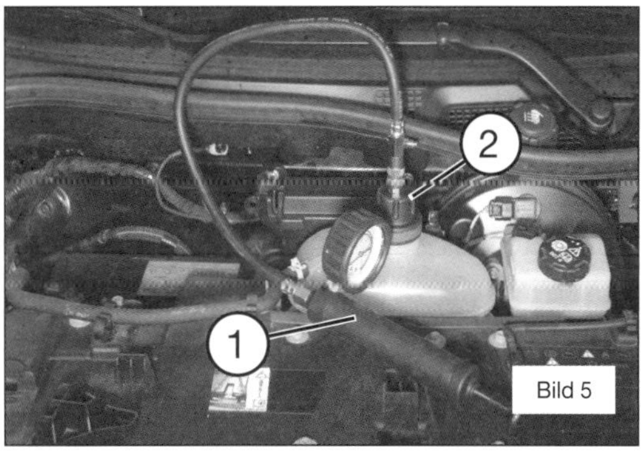

Bild 5
Druckpumpe mit Adapter auf dem Kühlmittelbehälter.
1 Prüfpumpo
2 Adapter

Kühlsystem auf Dichtigkeit prüfen
Zur Prüfung der Dichtheit des Kühlsystems und des Überdruckventils wird ein Kühlsystem-Prüfgerät mit Adapter (Bild 5) benötigt. Der Motor muss betriebswarm sein.
■ Verschlussdeckel vom Kühlmittel-Ausgleichsbehälter öffnen.
■ Adapter für das Kühlsystemprüfgerät in den Kühlmittelausgleichsbehälter schrauben.
■ Anschlussstück in den Adapter für Kühlsystemprüfgerät klemmen und das Anschlussstück über den mitgelieferten Verbindungsschlauch mit dem Kühlsystem-Prüfgerät verbinden.
■ Mit der Handpumpe des Kühlsystemprüfgerätes ca. 1,5 bar Überdruck erzeugen.

Fällt der Druck ab:
■ Undichte Stelle suchen und Fehler beseitigen.

⚠ Bevor das Kühlsystemprüfgerät vom Verbindungsschlauch oder Anschlussstück getrennt wird, muss unbedingt der vorhandene Druck abgebaut werden.
■ Dazu das Druckentlastungsventil am Kühlsystem-Prüfgerät drücken, bis das Druckmanometer den Wert »0« anzeigt.

Überdruckventil im Verschlussdeckel des Kühlmittelbehälters prüfen
■ Verschlussdeckel des Kühlmittel-Ausgleichsbehälters in den Adapter für Kühlsystemprüfgerät schrauben, Anschlussstück in den Adapter für Kühlsystemprüfgerät klemmen und das Anschlussstück über den mitgelieferten Verbindungsschlauch mit dem Kühlsystem-Prüfgerät verbinden.
■ Mit der Handpumpe des Kühlsystem-Prüfgerätes einen Überdruck von max. 1,6 bar erzeugen. Das Überdruckventil darf noch nicht öffnen.

Öffnet das Überdruckventil vorzeitig: Verschlussdeckel ersetzen.
■ Druck auf über 1,6 bar erhöhen. Das Überdruckventil muss öffnen.

Öffnet das Überdruckventil nicht: Verschlussdeckel ersetzen.

Kühlmittel ablassen, ergänzen, auffüllen

Kühlmittel ablassen
Die wesentlichen Arbeitsschritte unterscheiden sich nicht in den einzelnen Motorvarianten. Wir stellen Ihnen eine allgemeingültige Anweisung vor, die auch für Ihr Fahrzeuge angewendet werden kann.

Vorbereitungen

■ Verschlussdeckel vom Kühlmittel-Ausgleichsbehälter öffnen.

⚠ Bei warmem Motor steht das Kühlsystem unter Druck, beim Öffnen des Ausgleichsbehälters kann deshalb heißer Dampf bzw. heißes Kühlmittel entweichen. Überdruck abbauen, dazu Verschlussdeckel mit einem Lappen abdecken und vorsichtig öffnen. Schutzbrille und Schutzbekleidung tragen, um Augenverletzungen und Verbrühungen zu vermeiden.

■ Das Fahrzeug auf die Hebebühne fahren.
■ Fahrzeug anheben und Motorspritzschutz (Geräuschdämpfung) abschrauben.
■ Auffangwanne für Werkstattkräne unter den Motor stellen.

Kühlmittel ablassen

Das abgelassene Kühlmittel darf nicht wiederverwendet werden.

Fahrzeuge mit Ablasshahn (am Kühler):

■ Öffnen Sie den Kühlerverschlussdeckel.
■ Drehen Sie die Ablassschraube unten links im Kühler los.
■ Öffnen Sie den Ausgleichsbehälterdeckel.
■ Lassen Sie das Kühlmittel ablaufen.
■ Entsorgen Sie das Kühlmittel fachgerecht.

Fahrzeuge ohne Ablasshahn:

■ Öffnen Sie den Kühlerverschlussdeckel.
■ Schlauchschellen lösen und den unteren Kühlerschlauch am Unterboden abziehen.
■ Lassen Sie das Kühlmittel ablaufen.
■ Entsorgen Sie das Kühlmittel fachgerecht.

Fahrzeuge mit Standheizung:

■ Kühlmittelschläuche auch am Heizsystem abbauen und restliches Kühlmittel ablaufen lassen.
■ Entsorgen Sie das Kühlmittel fachgerecht oder geben Sie es beim Händler zurück.

Kühlmittel zum Befüllen vorbereiten

Als Kühlmittelzusatz darf nur »G 40« oder die originale Flüssigkeit nach Vorschriftenblatt 325.6 und 325.7 verwendet werden. Erkennungsmerkmal ist die lila Färbung. Auf keinen Fall darf G 30 mit anderen Kühlmittelzusätzen vermischt werden! Ist die Flüssigkeit im Ausgleichbehälter braun, wurde G 30 mit einem anderen Kühlmittel vermischt. In diesem Fall muss das Kühlmittel gewechselt werden. G 30 und Kühlmittelzusätze verhindern Frost- und Korrosionsschäden, Kalkansatz und heben außerdem die Siedetemperatur an. Aus diesen Gründen muss das Kühlsystem unbedingt ganzjährig mit Kühlerfrost- und Korrosionsschutzmittel befüllt sein.

Frostschutz und Klimazonen:

Besonders in Ländern mit tropischem Klima trägt das Kühlmittel durch den höheren Siedepunkt bei hoher Belastung des Motors zur Betriebssicherheit bei. Der Frostschutz muss bis etwa -25 °C (in Ländern mit arktischem Klima bis etwa -35 °C) gewährleistet sein.

Die Konzentration des Kühlmittels darf auch in der warmen Jahreszeit bzw. in warmen Ländern nicht durch Nachfüllen von Wasser verringert werden. Der Kühlmittelzusatz-Anteil muss mindestens 40 % betragen. Ist aus klimatischen Gründen ein stärkerer Frostschutz erforderlich, kann der Anteil von G 30 erhöht werden, aber nur bis zu 60 % (Frostschutz bis etwa -40 °C), da sich sonst der Frostschutz wieder verringert und außerdem die Kühlwirkung verschlechtert wird.

■ Zum Festlegen der aktuellen Frostschutzdichte wird das Refraktometer wie schon beschrieben empfohlen.

Anmischen:

Je nach Kühlmittelhersteller und Klimazone muss eine Mischung aus Frostschutzkonzentrat und Wasser hergestellt werden. Die erforderliche Menge können Sie einer Tabelle auf dem Behälter des Frostschutzkonzentrats ablesen.

■ Stellen Sie einen sauberen 5-l-Eimer bereit.
■ Mischen Sie die erforderliche Konzentratmenge mit der dazugehörigen Wassermenge an.
■ Kontrollieren Sie den Frostschutzgehalt mit dem Refraktometer oder der Frostschutzspindel.

Befüllen mit Kühler-Vakuum-Befüllgerät

Wurden Kühler, Wärmetauscher, Zylinderkopf oder Zylinderkopfdichtung ersetzt: Gebrauchtes Kühlmittel vorschriftsmäßig entsorgen und nicht wiederverwenden! Das Kühlmittel kann auch über die Abgabestellen für Sondermüll entsorgt werden.

■ Ablassschraube Kühler schließen.
■ Prüfverschluss oder einen Universalanschluss (7 im Bild 6) am Ausgleichsbehälter befestigen.
■ Druckluftleitung an dem Anschluss (2) anschließen und mit Druckluft beaufschlagen.
■ Den Sauganschluss (5) in einen Kanister mit gebrauchsfertig angemischter Kühlflüssigkeit leiten.
■ Den Abluftschlauch (11) in einen offenen Behälter legen.
■ Ablaufventil (8) und Zulaufventil (7) schließen.
■ Die für das Kühlsystem angegebene Kühlmittelmenge in der vorgeschriebenen Zusammensetzung aufbereiten und in den Kanister oder Behälter für den Ansaugschlauch (5) geben.

Tipp: Damit keine Luft angesaugt wird darauf achten, dass etwas mehr Kühlmittel im Kanister oder Behälter für den Ansaugschlauch (5) ist, als die maximale Füllmenge des Kühlsystems beträgt.

■ Das Filterstück (6) mit dem Schlauch am Sauganschluss in den Kanister einführen und das Filterstück (6) am tiefsten Punkt platzieren.
■ Das Ventil für den Venturianschluss (9) öffnen.
■ Das Ventil für den Kühlmittelzufluss (8) öffnen.

Praxistipp: Destilliertes Wasser als Mischbasis

Zum Befüllen wird laut Werkstattunterlagen einiger Fahrzeughersteller ausdrücklich destilliertes Wasser (plus Frostschutz) vorgeschrieben. »Leitungswasser mit dem vorgeschriebenen Frostschutzzusatz« ist nicht immer ausreichend. Auch dann, wenn der Hersteller das Anmischen mit Leitungswasser zulässt, kann das Verwenden von destilliertem Wasser Vorteile haben. Durch die unterschiedlichen Inhaltsstoffe, die länderspezifisch und sogar regionalspezifisch sein können, haben einige Hersteller entschieden, die Wasserqualität für Kühlsysteme zu definieren. Destilliertes Wasser erfüllt alle Anforderungen. Aus diesem Grund wird empfohlen, auch bei älteren Modellen das Kühlmittel bei Ergänzungen und Neubefüllungen mit destilliertem Wasser anzumischen.

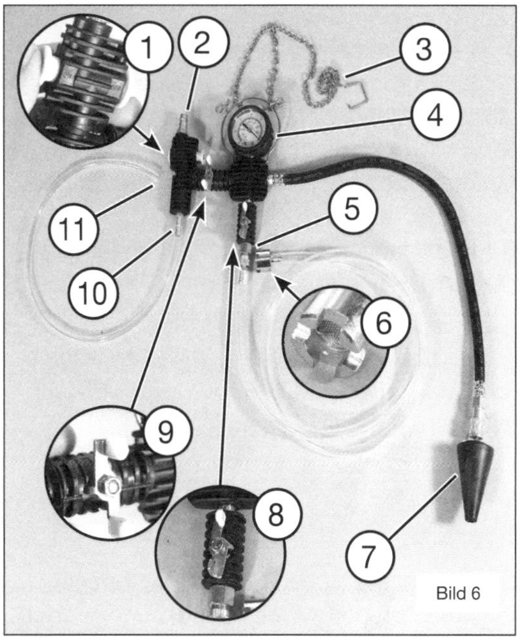

Bild 6

Bild 6
Vakuumbefüllgerät für Kühlsysteme.
1 Druckluftventil
2 Druckluftanschluss
3 Haltekette zum Aufhängen an der Haube
4 Unterdruckanzeige
5 Sauganschluss für Kühlmittel (aus einem Kanister)
6 Filterstück für den Kanister
7 Universalanschluss für den Ausgleichsbehälter
8 Ventil Kühlmittel
9 Ventil Venturianschluss
10 Anschluss Abluftschlauch
11 Abluftschlauch für einen offenen Auffangbehälter

■ Das Druckluftventil (1) öffnen. Im Kühlsystem wird nun ein Unterdruck erzeugt.
■ Das Ventil für den Kühlmittelzufluss (8) so lange öffnen, bis sich der Zulaufschlauch mit Kühlmittel gefüllt hat.
■ Das Ventil für den Venturianschluss (9) schließen, wenn sich die Anzeige der Kontrolleinheit (3) im grünen Bereich (etwa 0,5 bis 0,6 bar Unterdruck) befindet.
■ Das Druckluftventil (1) schließen.
■ Beobachten, ob der Unterdruck etwa 30 Sekunden stabil bleibt.
■ Ist dies nicht der Fall, Schläuche und Anschlüsse überprüfen, ggf. instandsetzen und Prüfung wiederholen.
■ Das Ventil für den Kühlmittelzufluss (8) öffnen. Das Kühlsystem wird nun befüllt.
■ Das Ablaufventil (8) öffnen, wenn kein Kühlmittel mehr aus dem Kühlmittelbehälter angesaugt wird und das Kühlmittel im Ausgleichsbehälter sichtbar ist.
■ Das Ventil für den Kühlmittelzufluss (8) schließen.
■ Das Ventil für den Venturianschluss (9) öffnen, um den Unterdruck im Kühlsystem abzubauen.
■ Das Vakuumbefüllgerät mit allen Anschlüssen und den entsprechenden Verschlauchungen zurückbauen.
■ Kühlmittelstand bis zur Unterkante der Markierung am Ausgleichsbehälter (Bild 1) auffüllen.
■ Falls demontiert, die verbaute Geräuschdämpfung wieder einbauen.

Befüllen ohne Gerät

■ Das Kühlmittel langsam bis zur oberen Markierung des gerasterten Feldes am Ausgleichsbehälter auffüllen (Bild 1).

■ Ausgleichsbehälter verschließen. Den Motor starten und die Motordrehzahl für ca. 3 Minuten auf ca. 2000/min halten.

■ Motor danach im Leerlauf laufen lassen.

■ Kühlmittelstand prüfen und ggf. ergänzen.

Bei betriebswarmem Motor muss der Kühlmittelstand an der oberen Markierung, bei kaltem Motor in der Mitte des gerasterten Feldes liegen.

Kühler aus- und einbauen

Die unterschiedlichen Motorvarianten verändern auch den Arbeitsablauf zum Ausbau des Kühlers im Detail. Es sind grundsätzlich zwei verschiedene Bauweisen der Kühlereinheiten in den unterschiedlichen Fahrzeugen verbaut worden. Sie lassen sich aber recht einfach schon optisch unterscheiden.
Die zusätzlichen Kühler für Klimaanlage, Ladeluftsystem und auch die Lenkung sind im Umfeld verbaut. wenn erforderlich werden wir den Umgang mit den Komponenten bei der Montage des Kühlers berücksichtigen.

Es ist sehr wichtig beim Ersatz des Kühlers den verbauten Kühler mit dem Ersatzteil zu vergleichen. Die Variantenvielfalt für die beiden Kühlersysteme ist sehr umfangreich.

Montagearbeiten am OM 651 und OM 642

■ Falls vorhanden, Geräuschdämpfung ausbauen.

■ Bei Fahrzeugen mit Klimaanlage, die Klimaanlage evakuieren (lassen).

Beachten Sie hierbei die Hinweise zum Umgang mit der Klimaanlage auf Seite 8 dieses Buches.

■ Das Kühlmittel ablassen.

■ Das Luftfiltergehäuse ausbauen.

■ Die Kühlschläuche an der Lüfterzarge ausklipsen und ausbauen.

■ Die Kühlmittelschläuche am Kühler demontieren.

■ Die Rasten der Lüfterzarge oben ausklipsen und legen Sie die Lüfterzarge auf dem Lüfter ab.

Decken Sie den Kühler mit einem Pappkarton ab, um bei den folgenden Montagearbeiten Beschädigungen an den Kühlerlamellen zu vermeiden.

■ Drehen Sie die Zentralschraube des Lüfters heraus und nehmen Sie den Lüfter und die Lüfterzarge nach oben heraus.

■ Demontieren Sie die Ladeluftschläuche am Ladeluftkühler.

■ Lösen Sie Kühlmittelschläuche am Kühler.

■ Bauen Sie den Kühlmittelschlauch zum Ausgleichsbehälter aus.

■ Stoßfängerabdeckung vorn ausbauen.

■ Lösen Sie die Luftführung zum Ladeluftkühler und bauen Sie sie aus.

■ Bei Fahrzeugen mit Klimaanlage den Lüftermotor vor dem Klimakondensator ausbauen.

■ Bei Fahrzeugen mit Automatikgetriebe den Ölkühler am Kühler (2) abmontieren und mit angeschlossenen Leitungen zur Seite schwenken.

■ Die Abdeckung links oben am Kühler demontieren und die Anschlüsse des Klimakondensators demontieren.

■ Ziehen Sie den elektrischen Steckkontakt für den Drucksensor im Klimakondensator ab und legen Sie das Kabel aus dem Arbeitsbereich heraus.

■ Den Kühler mit Kondensator in Richtung Motor zurückdrücken.

■ Die Verriegelungen drücken und den Kondensator am Kühler ausklipsen.

■ Den Kühler (2) nach oben herausnehmen.

Der Einbau erfolgt sinngemäß in umgekehrter Reihenfolge.

■ Getriebeölstand am automatischen Getriebe prüfen und bei Bedarf korrigieren.
Lassen Sie die Klimaanlage wieder befüllen.

■ Prüfen Sie die Dichtigkeit der Anschlüsse, Leitungen und Schläuche.

Montagearbeiten am OM 654

■ Die Masseleitung der Bordnetzbatterie abklemmen.

■ Das Luftfiltergehäuse ausbauen.

■ Die Kühlmittelpumpe Niedertemperaturkreislauf ausbauen.

■ Das Ventil für den Niedertemperaturkreislauf ausbauen.

■ Die Luftführung für die Ansaugluft zum Luftfilter ausbauen.

■ Die elektrische Steckverbindung an der Lüfterzarge trennen.
■ Den Kühlmittelschlauch unter der Lüfterzarge abbauen und freilegen.
■ Die unteren Kühlmittelschläuche am Kühler abbauen.
■ Die Kühlmittelschläuche zum Ausgleichsbehälter abbauen.
■ Die Entlüftungsleitungen oben an der Lüfterzarge abbauen.
■ Die Laschen oben an der Lüfterzarge nacheinander an Lüftereinheit zurückdrücken und die Lüfterzarge abbauen.
■ Die Lüfterzarge in Pfeilrichtung oben aus den Führungen und den Laschen schieben.

Lüftereinheit vorsichtig lösen, ansonsten können die Lamellen des Kühlers beschädigt werden.

■ Die Lüftereinheit von der Kühlereinheit abnehmen und nach oben herausziehen.

Der Einbau erfolgt sinngemäß in umgekehrter Reihenfolge.
■ Prüfen Sie die Dichtigkeit der Anschlüsse, Leitungen und Schläuche.

Kühlmittelpumpe/Wasserpumpe aus- und einbauen

Kühlmittelpumpe am OM 651
■ Das Kühlmittel ablassen.
■ Lüfterhaube (Zarge) ausbauen.
■ Die Schrauben (2 im Bild 7) der Kühlmittelpumpe (1) herausdrehen.
■ Die Kühlmittelpumpe (1) ausbauen.

Der Einbau erfolgt sinngemäß in umgekehrter Reihenfolge.
■ Die Dichtfläche der Kühlmittelpumpe (1) reinigen.
■ Die Dichtung erneuern.
■ Das Kühlsystem auf Dichtheit prüfen.
■ Kühlmittelpumpe (1) auf Dichtheit prüfen.

Kühlmittelpumpe am OM 642
■ Das Kühlmittel ablassen.
■ Den Keilrippenriemen für den Lüfter ausbauen.
■ Den Keilrippenriemen für 2. Kältemittelverdichter der Klimaanlage ausbauen (soweit verbaut).
■ Den Keilrippenriemen ausbauen.
■ Das Mischgehäuse ausbauen.

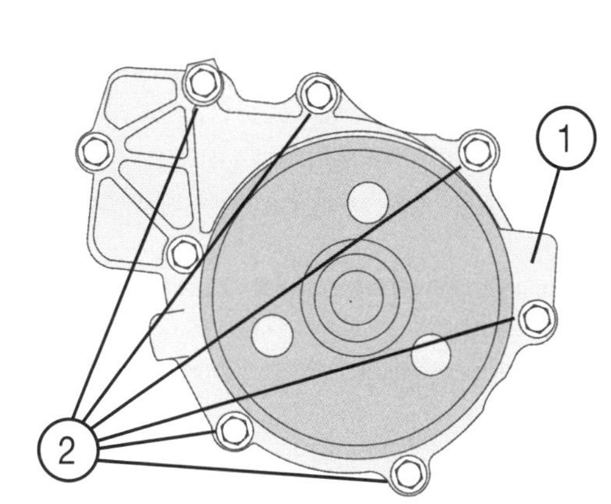

Bild 7

Bild 7
Wasserpumpe (OM 651).
1 Wasserpumpe
2 Schrauben

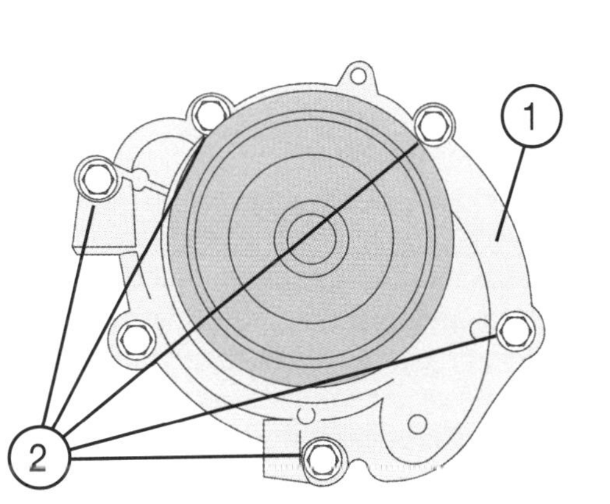

Bild 8

Bild 8
Wasserpumpe (OM 642).
1 Wasserpumpe
2 Schrauben

■ Den Drosselklappensteller (Drosselklappenmodul) ausbauen.
■ Die Schrauben (2 im Bild 8) herausschrauben und die Kühlmittelpumpe (1) abnehmen.

Der Einbau erfolgt sinngemäß in umgekehrter Reihenfolge.
■ Dichtfläche am Steuergehäusedeckel und der Kühlmittelpumpe (1) reinigen.
■ Die Dichtung erneuern.
■ Das Kühlsystem auf Dichtheit prüfen.

Kühlmittelpumpe am OM 654
■ Das Kühlmittel ablassen.
■ Den Dieseloxidationskatalysator (2) ausbauen.
■ Den Keilrippenriemen entspannen und wie bereits beschrieben, von der Riemenscheibe der Kühlmittelpumpe (1) abnehmen.
■ Die Schrauben herausdrehen und den Halter für den Oxikat abnehmen.
■ Die Schrauben am Kabelführungskanal herausdrehen und den Kanal aus den Hal-

Sichtprüfung Messen

Bild 9
Wasserpumpe (OM 654).
A Wasserpumpe
1-6 Anzugsfolge der Schrauben
6-1 Lösereihenfolge der Schrauben

teclips ausklipsen und aus dem Arbeitsbereich hinauslegen.

■ Die Schrauben (6 bis 1 im Bild 9) herausdrehen.

■ Die Kühlmittelpumpe (A) aus dem Kühlmittel-Pumpengehäuse herausnehmen.

Der Einbau erfolgt sinngemäß in umgekehrter Reihenfolge.

■ Prüfen Sie die Dichtigkeit der Anschlüsse, Leitungen und Schläuche.

■ Die Dichtflächen mit fusselfreiem Lappen reinigen.

■ Die Dichtung erneuern. Es ist nicht erforderlich, die Dichtung mit zusätzlicher Dichtmasse zu verbauen.

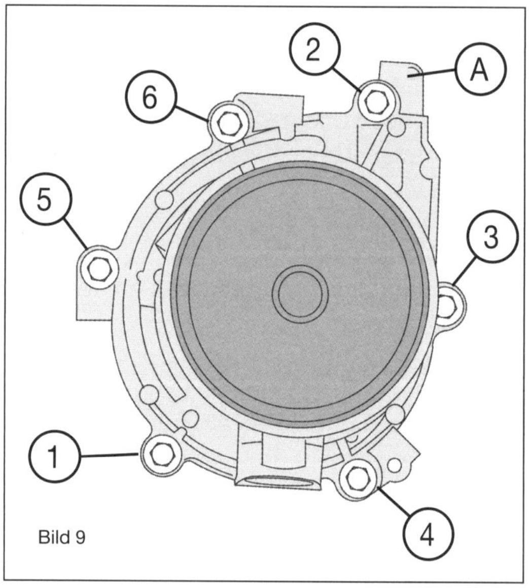

Bild 9

Bild 10
Elektrische Kühlmittelpumpe für den Niedertemperaturkreislauf.
1 Schraube
2 Anschlussstutzen
3 Anschlussstutzen
4 Halter
5 Kühlmittelpumpe
6 Anschlussstecker Pumpe

Elektrische Wasserpumpe

Im Sprinter 907 sind mindestens zwei Kühlmittelpumpen verbaut.
Die mechanische Pumpe ist für die Zirkulation im Motorkühlkreislauf zuständig.
Die elektrische Pumpe übernimmt den Volumenstrom zu den zusätzlichen Heizungskühlern oder wie beim OM 654 den Volumenstrom zum Niedertemperaturkreislaufes, der neben dem Turbolader auch die Versorgung des Ladeluftkühlkreislaufs übernimmt.

Pumpe für den Niedertemperaturkreislauf:

■ Lassen Sie den Motor abkühlen.

■ Lassen Sie das Kühlmittel ab oder klemmen Sie die Kühlmittelschläuche mit Schlauchklemmen zu.

■ Die elektrische Steckverbindung (6 im Bild 10) entriegeln und trennen.

■ Die beiden Anschlussstutzen (2 und 3) der Kühlmittelleitungen an der Kühlmittelpumpe (5) abbauen.

■ Die Anschlussstutzen (2 und 3) und Öffnung an der Kühlmittelpumpe (5) mit passenden Verschlussstopfen verschließen.

■ Die Schraube (1) herausdrehen und den Bügel des Halters (4) aushängen und abnehmen.

■ Die Kühlmittelpumpe (5) aus dem Halter (4) herausnehmen.

Der Einbau erfolgt sinngemäß in umgekehrter Reihenfolge.

■ Prüfen Sie die Dichtigkeit der Anschlüsse, Leitungen und Schläuche.

■ Die Dichtflächen mit fusselfreiem Lappen reinigen.

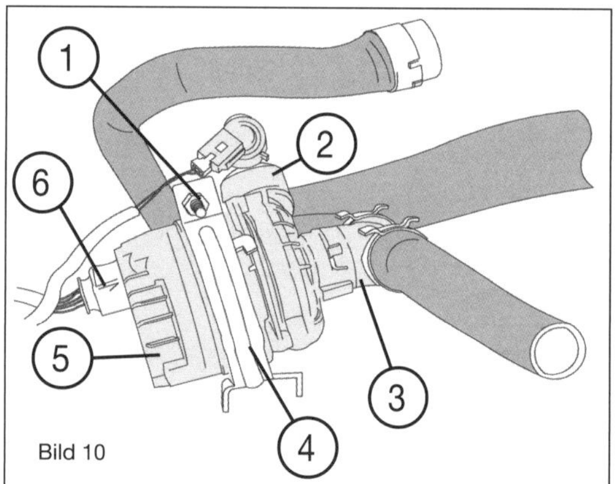

Bild 10

Elektrische Zusatzpumpe:

■ Lassen Sie den Motor abkühlen.

■ Lassen Sie das Kühlmittel ab.

■ Klemmen Sie die Kühlschläuche mit Schlauchklemmen zu.

■ Lösen Sie die Schlauchschellen mit einer geeigneten Schlauchschellenzange und ziehen Sie die Kühlschläuche von der Wasserpumpe ab.

Fangen Sie austretendes Restkühlmittel mit einem Lappen auf.

■ Ziehen Sie die elektrische Steckverbindung von der Kühlwasserpumpe ab.

■ Nehmen Sie die elektrische Wasserpumpe nach oben aus dem Gummihalteband heraus.

Die Montage erfolgt sinngemäß in umgekehrter Reihenfolge.

■ Füllen Sie das Kühlmittel auf.

■ Entlüften Sie das Kühlsystem wie bereits beschrieben.

Thermostat- und Regelventile

Die sogenannte Henn-Kupplung ist ein Schnellkupplungssystem der Firma Henn. Diese werden als Kupplungssystem für Kühlmittel und auch als ein Kupplungssystem für die Ladeluft eingesetzt.

Montage am OM 651 (Bild 12):

Der Thermostat ist fest im Thermostatgehäuse verbaut und wird als eine Einheit geprüft oder ersetzt. Er ist oberhalb der Wasserpumpe an der Vorderseite des Motors verbaut.

- Den Luftfilterkasten wie bereits beschrieben demontieren.
- Die Motorabdeckung oben wie beschrieben ausbauen.
- Das Kühlmittel ablassen.
- Die »Henn-Kupplung« (7) öffnen und Kühlmittelschlauch am Kühlmitteltemperaturregler (Thermostat) trennen.
- Die beiden Kühlmittelschläuche vom Kühlmitteltemperaturregler (Thermostat) abziehen und zur Seite außerhalb des Arbeitsbereiches befestigen.
- Den Kabelkanal des Motorleitungssatz lösen.
- Die Steckverbindung am Temperaturfühler für Kühlmittel (1) abziehen.
- Die Steckverbindung (6) am Heizelement des Thermostates abziehen.
- Die Steckverbindung an der Glühkerze des 1. Zylinders trennen.

In der alten Ausführung die elektrische Steckverbindung mit einer geeigneten Zange abziehen. In der neuen Ausführung kann man sie mit einer handelsüblichen Spitzzange abziehen.

- Die Schraube (8) herausschrauben.
- Die beiden Schrauben herausschrauben und den Halter über dem Thermostat herausnehmen.
- Die Klemmschelle des Kühlmittelschlauchs lösen und verschieben.
- Die beiden Befestigungsschrauben (3) des Thermostaten herausdrehen und herausschrauben.
- Den Kühlmitteltemperaturregler aus dem Träger herausziehen und dabei den Kühlmittelschlauch abziehen.
- Den Kühlmitteltemperaturregler herausnehmen.

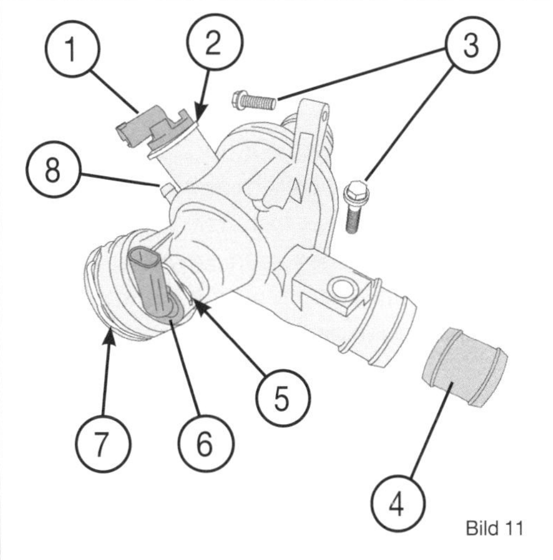

Bild 11

Bild 11 Thermostatgehäuse (OM 651).
1 Temperaturfühler Kühlmittel
2 Sicherungsclip
3 Schrauben
4 Rohrstutzen
5 Sicherungsclip
6 Anschluss Heizelement Thermostat
7 Henn-Kupplung
8 Anschluss Entlüftung

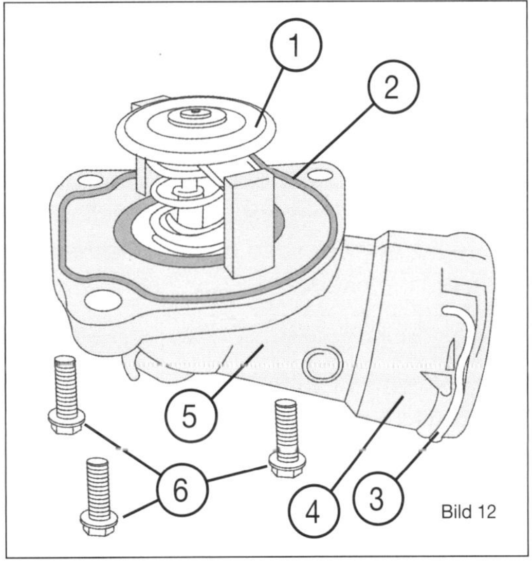

Bild 12

Bild 12 Thermostatgehäuse (OM 642).
1 Thermostateinsatz
2 Dichtung
3 Halteclip
4 Henn-Kupplung
5 Thermostatgehäuse
6 Schrauben

Der Einbau erfolgt sinngemäß in umgekehrter Reihenfolge.

- Abschließend das Kühlsystem auf Dichtheit prüfen.
- Das Verbindungsstück (Rohrstutzen) (4) und den Dichtring am Anschlussstutzen erneuern.
- Den Kühlmittelschlauch sowie die Klemmschelle auf Beschädigung prüfen und wenn erforderlich erneuern.
- Das Kühlsystem, wie bereits beschrieben wieder befüllen.
- Das Kühlmittel im Ausgleichsbehälter auffüllen.

Montage am OM 642 (Bild 12):

Der Thermostat (1) wird in der Regel nur zusammen mit dem Thermostatgehäuse geliefert. Das Zerlegen ist zwar nicht vorgesehen, trotzdem aber möglich.

Sichtprüfung Messen

Bild 13
Thermostat (OM 654) Ansicht von unten.
A Henn-Kupplungen
B Wasserpumpe
C Thermostatgehäuse
D Anschluss Thermostat
1-5 Anzugsreihenfolge der Schrauben
5-1 Lösereihenfolge der Schrauben

■ Das Kühlmittel ablassen.
■ Das Luftfiltergehäuse ausbauen.
■ Die Unterdruckleitung an der Abdeckung der linken Zylinderkopfhaube ausklipsen.
■ Den Halter mit der Glühendstufe ausbauen und aus dem Arbeitsbereich legen. Die elektrische Steckverbindungen an der Glühendstufe muss abgezogen werden.
■ Den Kühlmittelschlauch am Halter auf dem Ventildeckel ausklipsen.
■ Die »Henn-Kupplung« öffnen und Kühlmittelschlauch (4) am Kühlmittel-Temperaturregler (Thermostatgehäuse) (5) abbauen.
■ Die Leckölleitung (Kraftstoff) am Kühlmittel-Temperaturregler ausklipsen.
■ Die Schrauben (6) herausdrehen und den Kühlmittel-Temperaturregler abbauen.

Der Einbau erfolgt sinngemäß in umgekehrter Reihenfolge.
■ Den Dichtring der Kühlmittelleitung zum Thermostat prüfen und erneuern.
■ Die Dichtung (2) am Kühlmittel-Temperaturregler (5) prüfen, ggf. Kühlmittel-Temperaturregler erneuern und die Dichtflächen reinigen.
■ Das Kühlsystem wie beschrieben wieder befüllen.
■ Das Kühlmittel auffüllen.
■ Abschließend das Kühlsystem auf Dichtheit prüfen.

Montage am OM 654 (Bild 13):

Der Thermostat oder besser die Thermostateinheit ist unter der Wasserpumpe verbaut. Das Bild oben zeigt die Wasserpumpe und das Thermostatgehäuse auch von unten.
■ Lassen Sie das Kühlmittel wie beschrieben ab.
■ Bauen Sie die Riemenscheibe aus.
■ Den Keilrippenriemen wie bereits beschrieben ausbauen.
■ Den Steckkontakt des Kühlmitteltemperatursensors abziehen.
■ Den Sicherungsring herausziehen und den Kühlmitteltemperatursensor ausbauen.
■ Kühlmittelschlauch vom Kühler zum der Kühlmittelrohr unten abbauen.
■ Die Schraube im Bereich der Ölwanne vorne links am Kühlmittelrohr herausdrehen.

Die Schraube ist mit einer Schraubensicherung an der Kühlmittelleitung befestigt.

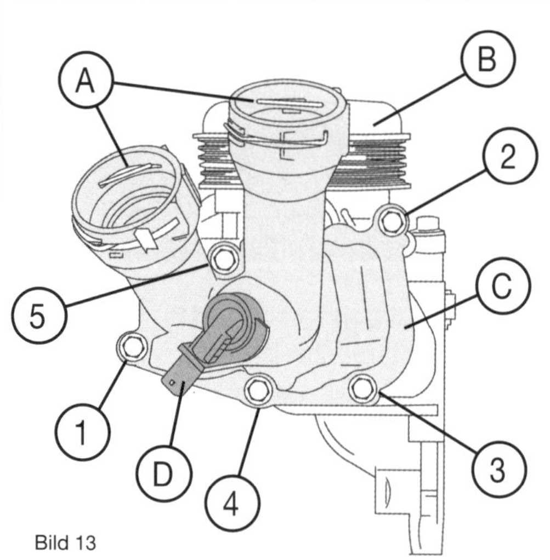

Bild 13

■ Entsichern Sie die »Henn-Kupplung« zum Kühlmittelrohr.
■ Das Kühlmittelrohr vom Kühlmittelthermostat (1) abbauen und herausnehmen.

⚠ Fangen Sie austretendes Kühlmittel mit einer Wanne auf.

■ Entsichern Sie die »Henn-Kupplung« des Kühlschlauches am Thermostat.
■ Bauen Sie den Kühlmittelschlauch vom Kühlmittelthermostat ab.

Verschließen Sie die Öffnung am Kühlmittelrohr und am Thermostaten mit passenden Stopfen oder entsprechenden Schutzhauben.

■ Demontieren Sie das Wärmeschutzblechunterteil unter dem Dieselpartikelfilter.
■ Drehen Sie die beiden Schrauben am Leitungsführungskanal über der Riemenscheibe heraus.
■ Die Halteclips des Leitungsführungskanal lösen.
■ Den Leitungsführungskanal außerhalb des Arbeitsbereichs befestigen.
■ Die elektrische Steckverbindung am Thermostat (1) entriegeln und abziehen.
■ Den elektrischen Leitungssatz am Kühlmittelthermostat lösen und zur Seite legen.
■ Die Schrauben in der Lösereihenfolge (5 bis 1) herausdrehen.
■ Das Kühlmittelthermostat mit dem Gehäuse (1) abnehmen.

Der Einbau erfolgt sinngemäß in umgekehrter Reihenfolge.
■ Den Dichtring der Kühlmittelleitung zum Thermostat prüfen und erneuern.

■ Die Dichtung (2) am Kühlmittel-Temperaturregler (5) prüfen, ggf. Kühlmittel-Temperaturregler erneuern und die Dichtflächen reinigen.
■ Das Kühlsystem wie beschrieben wieder befüllen.
■ Das Kühlmittel auffüllen.
■ Abschließend das Kühlsystem auf Dichtheit prüfen.

Ventil Niedertemperaturkreislauf

Das Ventil ist im oberen Bereich des Kühlers links (in Fahrtrichtung) verbaut.
■ Lassen Sie das Kühlmittel wie beschrieben ab.
■ Demontieren Sie die Kühlmittelschläuche am Ventil des Niedertemperaturkreislaufs.
■ Die elektrische Steckverbindung am Ventil Niedertemperaturkreislauf entriegeln und den Stecker abziehen.

Fangen Sie austretendes Kühlmittel mit einer Wanne auf.

Verschließen Sie die Öffnung am Kühlmittelrohr und am Thermostaten mit passenden Stopfen oder entsprechenden Schutzhauben.
■ Heben Sie das Fahrzeug an und demontieren Sie (soweit vorhanden) den Unterfahrschutz.
■ Die Halteklammer vom Halter am Ventil des Niedertemperaturkreislaufs abziehen.
■ Die Lasche am Kühler vorsichtig zurückdrücken und das Ventil des Niedertemperaturkreislaufs zusammen mit dem Halter abnehmen.

Arbeiten Sie sehr umsichtig. Bricht die Lasche ab, ist der Kühler beschädigt.

Thermostat prüfen

Auch wenn der Thermostat in einem Gehäuse verbaut und nicht weiter zerlegbar ist, kann er geprüft werden. Die Prüfung kann im ausgebauten Zustand und auch im eingebauten Zustand erfolgen. Auch neue Thermostate sollten vor dem Einbau überprüft werden.

Prüfung im eingebauten Zustand:
■ Stellen Sie das Fahrzeug auf eine Hebebühne und versehen Sie es mit einer Abgasabsauganlage.

Es besteht Vergiftungsgefahr. Neben der guten Belüftung müssen die Abgase nach außen abgeführt werden.
■ Lassen Sie den Motor laufen.

Kontrollieren Sie in regelmäßigen Abständen die Temperatur der Anschlussschläuche des Thermostaten mit einem Lasertemperaturmesser oder einem anderen geeigneten Thermometer.

Die Temperatur vor (Schlauch kommt vom Motor) und nach dem Thermostat (Schlauch geht zum Kühler) wird mit steigender Temperatur unterschiedlich ausfallen. Ab etwa 90 °C (die Temperatur kann durchaus zwischen 85 °C und 98 °C liegen) öffnet der Thermostat und die Temperatur ist vor dem Thermostat fast genauso hoch wie die Temperatur nach dem Thermostat.

Prüfung im ausgebauten Zustand:
■ Legen Sie den Thermostat in ein Wasserbad ein und erwärmen Sie das Wasser auf einer Kochplatte langsam.

Das Thermoelement muss sich langsam öffnen. Das können Sie beim Hindurchsehen durch einen Lichtspalt erkennen. Der Öffnungsbeginn liegt etwa bei 84 °C. Die vollständige Öffnung bei ca. 98 °C, hierzu muss aber der Thermostat oder das komplette Thermostatgehäuse im Wasserbad aufgehängt werden. Der Öffnungsweg ist nicht angegeben.
■ Die Öffnung muss ruckfrei erfolgen.
■ Der Thermostat darf nicht verklemmen.

Das Heizungsventil

Im Sprinter 907 ist kein Heizungsventil eingebaut. Die Lufttemperatur der Fahrerkabine wird über eine Klappe im Lüfterkasten geregelt. Bei Fahrzeugen mit Zusatzwarmwasserheizung finden Sie ein Regelventil das am Unterboden des Fahrgast/Laderaums hinten links verbaut ist.

Zusatzheizungen mit Regelsystemen

Aufgrund der Modellvielfalt und auch der Ausstattungsvarianten, wurden in diesem Fahrzeug Zusatzheizsysteme von der Warmluft-Diesel-Zusatzheizung am Unterboden der Fahrerkabine bis zum PTC-Zusatzheizgeät im Lüfterkasten verbaut. Wir haben uns entschieden, aufgrund der geringen Störanfälligkeit und des erheblichen Umfangs der Systeme, auf die Arbeiten an diesen Systemen zu verzichten.

7 Kraftstoffversorgung

Bauteile der Anlage und Arbeiten am Kraftstoffsystem

Sicherheit geht vor

⚠ Der Kraftstoffdruck im Hochdruckrohr kann beim Common-Rail-System bis zu 2000 bar betragen! Beachten Sie die Sicherheitsmaßnahmen zum Druckabbau im Hochdruckbereich. Selbst die Kraftstoffvorlaufleitung steht unter Druck! Tragen Sie Schutzbrille und Schutzbekleidung, um Verletzungen und Hautkontakt zu vermeiden. Vor dem Lösen von Schlauchverbindungen Putzlappen um die Verbindungsstelle legen. Dann durch vorsichtiges Abziehen des Schlauchs Druck abbauen.

⚠ Aus Sicherheitsgründen muss vor dem Öffnen des Kraftstoffsystems die Stromzufuhr zur Kraftstoffpumpe unterbrochen werden. Die Kraftstoffpumpe kann auch beim Öffnen der Fahrertür aktiviert werden. Nutzen Sie eine der folgenden Möglichkeiten, um die Stromzufuhr zu unterbrechen.

⚠ Wichtig zu wissen für die Arbeit an dieser Reparaturgruppe ist die Tatsache, dass es automatische Ein- und Ausschaltfunktionen für die Kraftstoffpumpe gibt.

Die Crash-Kraftstoffabschaltung

Sie soll die Gefahr eines Fahrzeugbrandes nach einem Crash reduzieren, indem die Kraftstoffpumpe abgeschaltet wird.

Komfortschaltung

Kurzzeitiges Einschalten der Pumpe beim Öffnen der Tür soll andererseits eine Komfortverbesserung des Startverhaltens beim Motor bewirken. Dabei wird die Kraftstoffpumpe 2 Sekunden lang angesteuert, damit sich im Kraftstoffsystem Druck aufbaut. Weil die Kraftstoffpumpe beim Einschalten der Zündung und durch den Türkontaktschalter der Fahrertür aktiviert wird, muss vor dem Öffnen des Kraftstoffsystems aus Sicherheitsgründen, wenn die Batterie nicht abgeklemmt wird, der Anschlussstecker von der Kraftstoff-Fördereinheit abgezogen oder die Sicherung für die Ansteuerung der Kraftstofffördereinheit aus dem Sicherungshalter entfernt werden.

Die Anlage im Überblick

Wichtigste Bauteile des Systems der Kraftstoffversorgung sind der Kraftstoffbehälter (Tank), in den der Kraftstoff über Tankklappeneinheit und Einfüllstutzen eingebracht

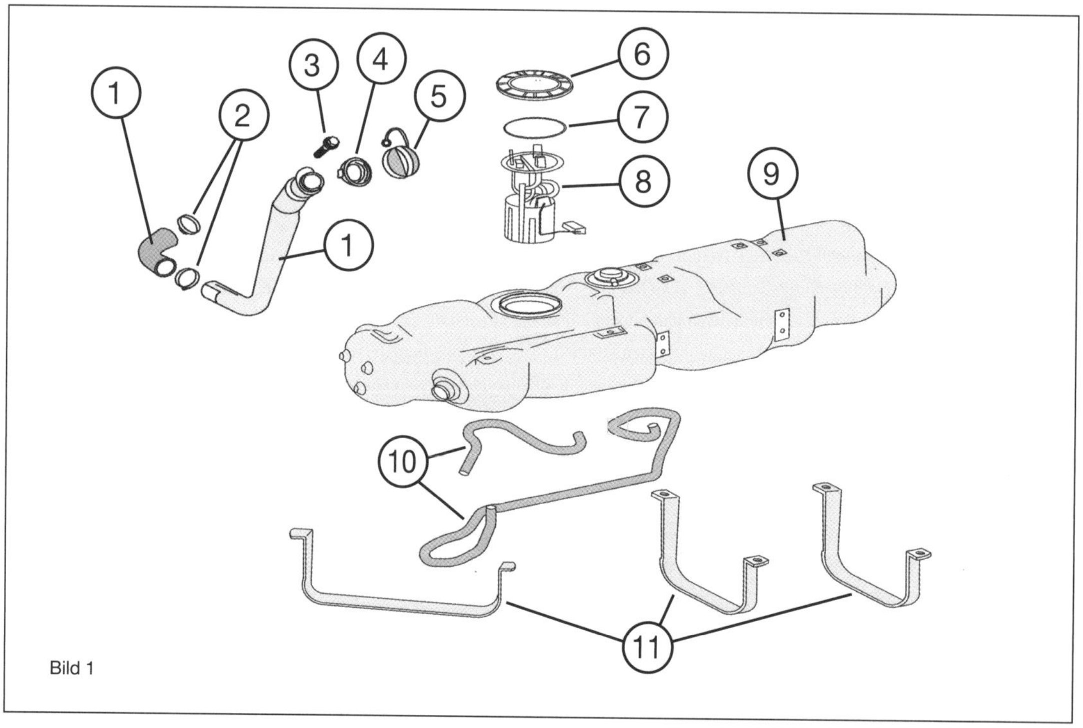

Bild 1
Tankanlage am Sprinter 907.
1 Schlauch
2 Schellen
3 Schraube Tankstutzen
4 Schutzring
5 Tankdeckel
6 Verschlussring
7 Dichtring
8 Tankfördermodul (Kraftstoffpumpe und Tankgeber)
9 Kraftstofftank
10 Entlüftungsleitungen
11 Tankfangbänder

wird, die in den Tank eingebaute Kraftstoffördereinheit (Kraftstoffpumpe), der Kraftstofffilter und die Kraftstoffleitungen (Bild 1). Es gibt kaum Merkmale, durch die sich die durchaus unterschiedlichen Tankanlagen für die unterschiedlichen Modelle im Kraftstoffversorgungssystem voneinander unterscheiden lassen. Die Einbauposition der Komponenten unterscheidet sich nicht. Erfahrungsgemäß wird der Ersatz oder auch Arbeiten am Tanksystem sich auf die Intankpumpe oder den Kraftstoffgeber beschränken. Der Austausch der kompletten Tankanlage ist möglich, aber aufwendig und kommt sehr selten vor.

Ansteuerung der Kraftstoffpumpe
Während sich in den Vorgängermodellen die Kraftstoffpumpe noch über eine Sicherung bestromen ließ, ist das in dieser Baureihe nicht mehr möglich. Auch dann nicht, wenn man die Anschlüsse des Tankfördermoduls freilegt. Die Kraftstoffpumpe ist ein dreiphasiger Gleichstrommotor. Durch das Steuergerät wird wie bei einem Wechselstrommotor hier ein Drehfeld erzeugt. Der Pumpenmotor kann nun stufenlos entsprechend der Anforderung an die Förderleistung angepasst werden. Die Ansteuerung für Service und Reparatur muss entsprechend über einen Diagnosetester erfolgen. Diese Funktion ist aber bei fast keinem der auf dem freien Markt verfügbaren Tester vorgesehen. Diese Funktion wird im Rahmen der Updates der Diagnosesoftware noch nachgeschoben.

Steckkupplungen trennen

Bei Fahrzeugen dieser Baureihen finden sich sechs typische Stecksysteme für die Verbindungen der Kraftstoffversorgungsschläuche, die durchaus auch bei anderen Fahrzeugherstellern zum Einsatz kommen.

Variante 1 (Bild 2)
- Steckkupplung (1) auf die Leitung drücken.
- Entriegelungstasten in Pfeilrichtung (3) drücken und gedrückt halten.
- Steckkupplung (1) von der Kraftstoffleitung (2) abziehen.
- Beim Einbau Farbzuordnung beachten.

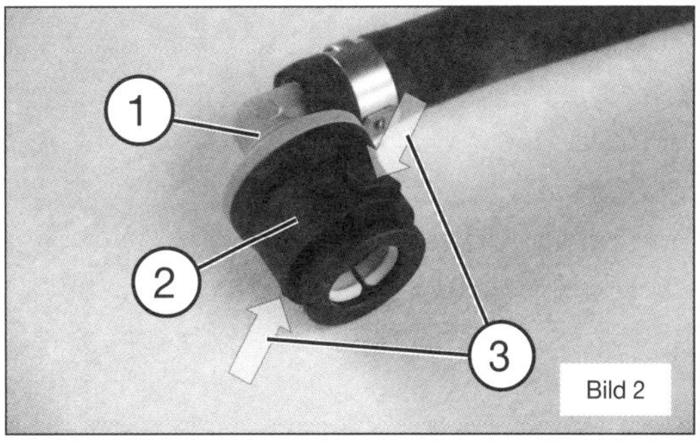

Bild 2

Bild 2
Variante 1.
1 Kupplungsgehäuse
2 Rastenring
3 Entriegelungstasten

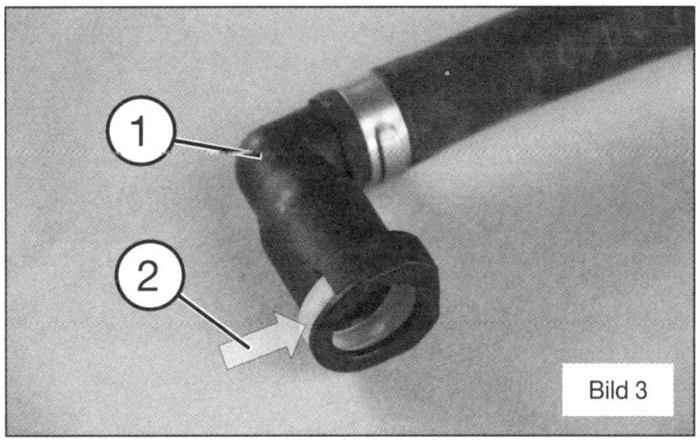

Bild 3

Bild 3
Variante 2.
1 Kupplungsgehäuse
2 Rastenring

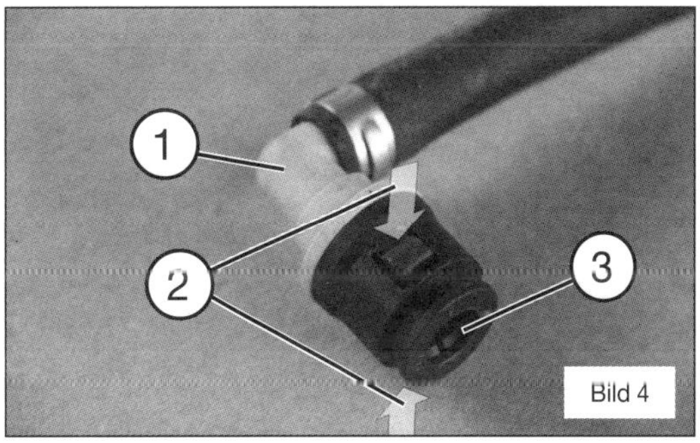

Bild 4

Bild 4
Variante 3.
1 Kraftstoffleitung
2 Zugentriegelung
3 Steckkupplung

- Steckkupplungen müssen beim Verriegeln »hörbar« einrasten.

Den festen Sitz der Steckkupplung durch Gegenziehen prüfen!

Variante 2 (Bild 3)
- Steckkupplung (1) auf die Leitung drücken.
- Zugentriegelung in Pfeilrichtung (2) ziehen.
- Steckkupplung (1) von der Kraftstoffleitung (2) abziehen.
- Beim Einbau Farbzuordnung beachten.
- Die Steckkupplungen müssen beim Verriegeln »hörbar« einrasten.

Den festen Sitz der Steckkupplung durch Gegenziehen prüfen!

Variante 3 (Bild 4)
- Steckkupplung (1) auf die Leitung drücken.
- Entriegelungstaste (2) drücken und Steckkupplungen abziehen.
- Beim Einbau Farbzuordnung beachten.

■ Steckkupplungen müssen beim Verriegeln »hörbar« einrasten.

☞ Den festen Sitz der Steckkupplungen durch Gegenziehen prüfen!

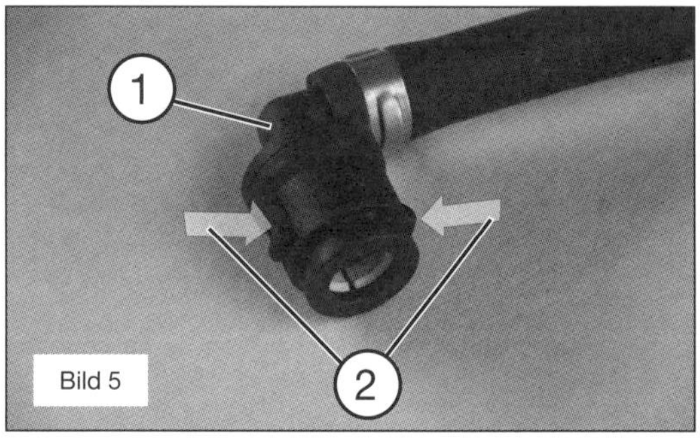

Bild 5

Bild 5
Variante 4.
1 Kupplungsgehäuse
2 Entriegelungstasten

Variante 4 (Bild 5)

■ Steckkupplung (1) auf die Leitung drücken.
■ Entriegelungstaste (2) drücken und Steckkupplung abziehen.
■ Beim Einbau Farbzuordnung beachten.
■ Steckkupplungen müssen beim Verriegeln »hörbar« einrasten.

☞ Den festen Sitz der Steckkupplung durch Gegenziehen prüfen!

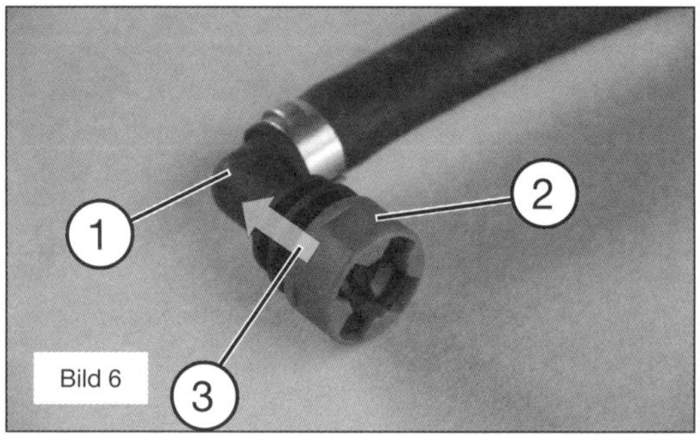

Bild 6

Bild 6
Variante 5.
1 Kupplungsgehäuse
2 Außenring
3 Bewegungsrichtung

Variante 5 (Bild 6)

■ Steckkupplung (1) auf die Leitung drücken.
■ Außenring (2) in Pfeilrichtung (3) zurückziehen und die Steckkupplungen abziehen.
■ Beim Einbau Farbzuordnung beachten.
■ Steckkupplungen müssen beim Verriegeln »hörbar« einrasten.

☞ Den festen Sitz der Steckkupplung durch Gegenziehen prüfen!

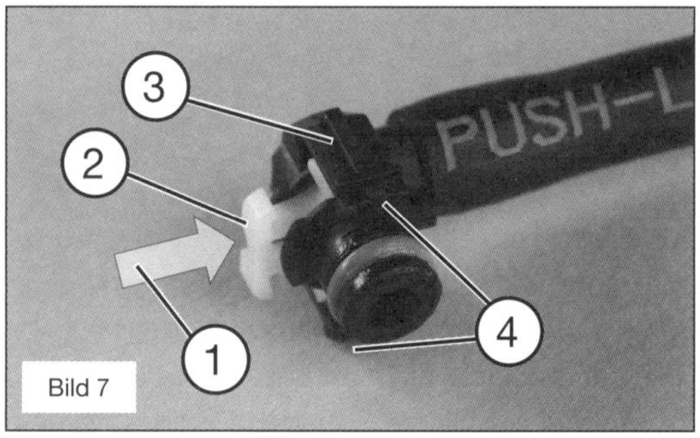

Bild 7

Bild 7
Variante 6.
1 Bewegungsrichtung (sichern)
2 Sicherungsklammer
3 Kupplungsgehäuse
4 Entriegelungstaste

Variante 6 (Bild 7)

■ Die Sicherungsklammer (2) rechts und links zusammendrücken (1).
■ Die Entriegelungstasten (4) rechts und links zusammendrücken und gedrückt halten.
■ Die Steckkupplung (3) abziehen.
■ Beim Einbau Farbzuordnung beachten.
■ Steckkupplungen müssen beim Verriegeln »hörbar« einrasten.

☞ Den festen Sitz der Steckkupplung durch Gegenziehen prüfen!

Kraftstoffbehälter entleeren oder befüllen

Die Montagearbeiten für die einzelnen Motorvarianten und Fahrzeugaufbauten unterscheiden sich nur unwesentlich.

⚠ Grundsätzlich sollten Sie den Kraftstofftank niemals im gefüllten Zustand demontieren oder mit hohem Füllstand die Verschlussschraube öffnen. Der Kunststofftank kann sich verziehen und so auch der Verschluss zum Tankgeber undicht werden.

Tank absaugen (Teilentleerung)

Der Kraftstofftank ist bei den meisten Fahrzeugen mit Tankfangbändern (11 im Bild 1) gehalten. Um den Umgang mit dem Kraftstofftank zu erleichtern, sollte er möglichst für eine Demontage entleert worden sein.

☞ Auch schon beim Ausbau des Fördermoduls ist bereits eine Teilentleerung erforderlich.

Teilentleerung über die Kraftstoffpumpe:

⚠ Die Entleerung des Tanks über die Kraftstoffpumpe ist in der Regel nicht vorgesehen. Die Kraftstoffpumpe wird über ein Steuergerät angesteuert. Die Bestromung über eine Sicherung ist nicht mehr möglich. Die Krafststoffpumpe ist mit Sensoren für den Krafstoffdruck und Temperatur ausgerüstet. Zudem handelt es sich nicht mehr um einen klassischen Gleichstrommotor, sondern um einen Dreiphasen-

Wechselstrommotor. Bedarfsgerecht kann die Drehzahl den Anforderungen angepasst werden. Die Ansteuerung ist über den Diagnosetester möglich. Die Tankentleerung über das System wird seitens des Herstellers nicht beschrieben.

Absaugen über das Tankfüllrohr:

Bei der Verwendung von einer externen Pumpe muss die Pumpe (das Pumpengehäuse) zur statischen Entladung an die Fahrzeugmasse angeschlossen werden.

Beim Sprinter bietet sich hier der Türschlossbügel der Fahrerseite an.

- Schalten Sie die Zündung ein und lesen Sie den Füllstand der Kraftstoffanzeige ab.
- Schätzen Sie über den Tankinhalt Ihres Fahrzeuges die erforderliche Größe für die Auffangbehälter ein.

Es ist nicht möglich den gesamten Tank über diese Methode zu entleeren. Muss der Tank vollständig entleert werden (beispielsweise bei Falschbetankung), muss der Tank ausgebaut werden.

- Schalten Sie die Zündung aus und ziehen Sie den Zündschlüssel ab.
- Führen Sie den Absaugschlauch in den Tankstutzen ausreichend weit in den Tank ein (etwa 1,5 m Schlauchlänge).
- Schalten Sie die Absaugpumpe ein und beobachten Sie den Füllstand des Auffangbehälters (Kanister).

Die Montage erfolgt sinngemäß in umgekehrter Reihenfolge.

Die Steckverbindungen der Entlüftungs- und Kraftstoffleitungen müssen beim Zusammenstecken hörbar einrasten.

- Kraftstoffleitungen am Kraftstoffbehälter einklipsen.

Auf festen Sitz der Kraftstoffschläuche achten.

Soll der abgesaugte Kraftstoff wiederverwendet werden, darf er keine Verschmutzungen aufweisen und es darf keine Beimischung von anderen Stoffen erfolgt sein.

Restentleerung des Tanks über den Zugang der Intankpumpe:

- Den Kraftstofftank ausbauen.
- Das Tankfördermodul ausbauen.

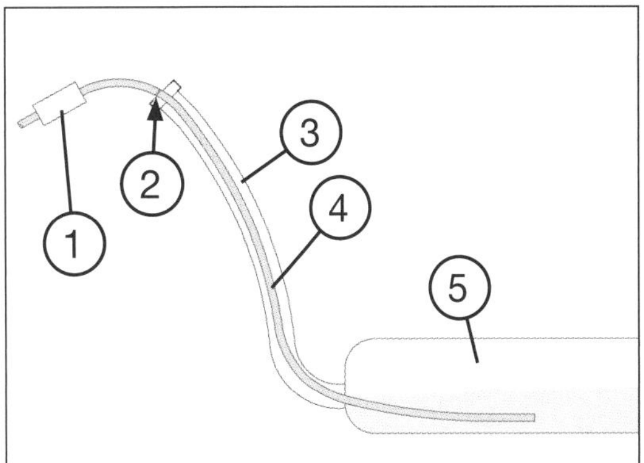

Bild 8

Bild 8
Markierung am Absaugschlauch.
1 Externe Pumpe
2 Markierung am Schlauch (140 cm vom Schlauchende)
3 Tankfüllrohr
4 Absaugschlauch
5 Tank

- Kraftstofffördereinheit entleeren und auf einen sauberen Untergrund stellen.
- Kraftstoffbehälter mit einem Kraftstoffabsauggerät über die Öffnung der Kraftstofffördereinheit vollständig entleeren.

Der Einbau erfolgt sinngemäß in umgekehrter Reihenfolge.

Es besteht Explosionsgefahr des Kraftstoffbehälters! Nach dem Einbau eines neuen oder vollkommen entleerten Kraftstoffbehälters muss umgehend eine Mindestmenge von 3 bis 5 Litern Kraftstoff eingefüllt werden. Die Kraftstoffpumpe darf in einem vollkommen leeren Kraftstoffbehälter nicht anlaufen.

Die Steckverbindungen der Entlüftungs- und Kraftstoffleitungen müssen beim Zusammenstecken hörbar einrasten.

- Kraftstoffleitungen am Kraftstoffbehälter einklipsen.
- Stecker am Flansch der Kraftstoffpumpe aufstecken und Leitung am Kraftstoffbehälter einklipsen.

Auf festen Sitz der Kraftstoffschläuche achten.

Kraftstofftank aus- und einbauen

Es kann beim Ausbau des Kraftstofftanks immer Restkraftstoff austreten. Legen Sie sich Bindemittel und einige Lappen bereit, um den austretenden Kraftstoff aufzufangen. Um zu vermeiden, dass Verschmutzungen in die Anschlüsse oder in den Tank selber eintreten, kann man die Anschlussstücke mit Klebeband abkleben oder durch Lappen verschließen.

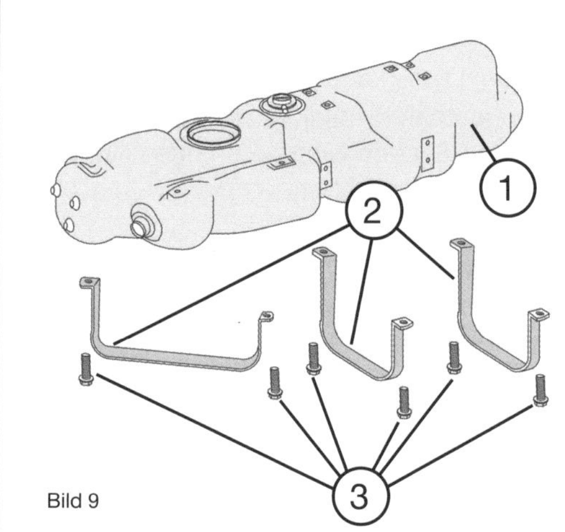

Bild 9

Tank und Halterungen.
1 Kraftstofftank
2 Tankfangbänder
3 Schrauben

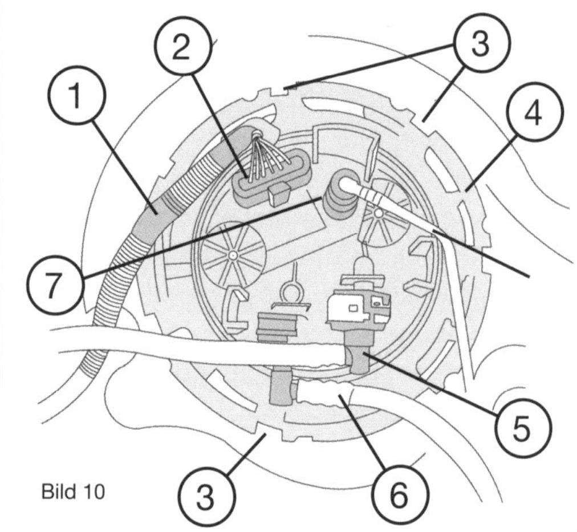

Bild 10

Tankfördermodul.
1 Anschlusskabel
2 Steckverbindung
3 Aussparungen
4 Tankverschlussring
5 Vorlaufleitung
6 Rücklaufleitung
7 Anschluss Zusatzheizung

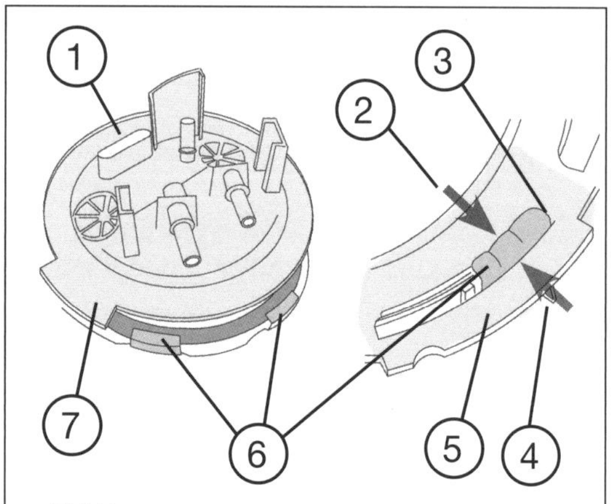

Bild 11

Einbauposition und Verrastung Tankfördermodul.
1 Tankfördermodul
2 Mitte Haltenase
3 Anschlag
4 Marker am Tank
5 Verschlussring
6 Haltenase
7 Montagezunge

- Prüfen Sie zuerst, ob ein codiertes Radio eingebaut ist. In diesem Fall erfragen Sie bitte die Anti-Diebstahl-Codierung.
- Klemmen Sie bei ausgeschalteter Zündung das Masseband der Batterie ab.
- Entleeren Sie den Kraftstofftank wie bereits beschrieben.
- Die Unterbodenverkleidung oder den Unterfahrschutz, soweit verbaut, im Bereich des Kraftstofftanks ausbauen.
- Die elektrische Steckverbindung im vorderen Bereich des Tanks am Unterboden trennen.
- Kraftstoffvorlauf- und Rücklaufleitungen entsichern und abziehen.
- Die Kraftstoffleitung zur Zusatzheizung (soweit verbaut) trennen.
- Stützen Sie den Kraftstofftank mit einem Getriebeheber oder mit anderen geeigneten Hubmitteln ab.
- Drehen Sie die Schrauben (3 im Bild 9) der Tankfangbänder (2) heraus.
- Legen die Anschlussleitungen frei.
- Lassen Sie den Kraftstofftank langsam ab und kontrollieren Sie, dass der Tank freigängig ist.
- Nehmen Sie den Kraftstoffbehälter (1) mit Hilfe einer zweiten Person heraus.

Der Einbau erfolgt in umgekehrter Reihenfolge.

- Verwenden Sie ausschließlich Schellen, die dem Serienstand entsprechen.
- Ersetzen Sie beschädigte Bauteile sofort.
- Prüfen Sie die Dichtheit der Kraftstoffanlage zum Aktivkohlefilter und zum Tankstutzen.

Kraftstoff-Fördereinheit aus- und einbauen

Die Montagearbeiten für die einzelnen Modelle unterscheiden sich nur unwesentlich. Die hier beschriebenen Arbeitsschritte können als Arbeitsschema für alle Modelle übernommen werden.

⚠ Der Kraftstoffbehälter darf maximal 1/2 gefüllt sein.

☞ Im weiteren Arbeitsablauf muss das Masseband der Batterie abgeklemmt werden. Prüfen Sie deshalb bitte, ob ein codiertes Radiogerät eingebaut ist. Gegebenenfalls ist dann vorher die Antidiebstahlcodierung zu erfragen.

- Klemmen Sie bei ausgeschalteter Zündung das Masseband der Batterie ab.
- Abdeckung unter der Sitzbank ausbauen.
- Den Anschlussstecker sowie Vorlaufleitung vom Flansch abziehen.
- Verschließen Sie die Leitungen, damit kein

Schmutz in das Kraftstoffsystem gelangen kann.

■ Drehen Sie den Verschlussring (4) mit einem geeigneten Schlüssel ab.

■ Kraftstoff-Fördereinheit und Dichtring aus der Öffnung des Kraftstoffbehälters ziehen.

Wenn Sie die Fördereinheit ersetzen wollen, müssen Sie die alte Fördereinheit vor dem Entsorgen entleeren.

Der Einbau der Kraftstoff-Fördereinheit erfolgt sinngemäß in umgekehrter Reihenfolge.

■ Beim Einsetzen der Kraftstoff-Fördereinheit bitte darauf achten, dass der Geber für die Kraftstoffvorratsanzeige nicht verbogen wird.

■ Den Dichtring der Kraftstoff-Fördereinheit trocken in die Öffnung des Kraftstoffbehälters einsetzen. Den Dichtring nur zur Montage der Kraftstoff-Fördereinheit mit Kraftstoff benetzen.

■ Auf festen Sitz der Kraftstoffschläuche achten. Kraftstoffschläuche mit Federbandschellen sichern.

■ Die Einbaulage des Flansches der Kraftstoff-Fördereinheit beachten: Die Markierung auf dem Flansch muss mit der Markierung auf dem Kraftstoffbehälter übereinstimmen.

■ Nach dem Einbau der Kraftstoff-Fördereinheit prüfen, ob die Vorlauf-, Rücklauf- und Entlüftungsleitungen noch am Kraftstoffbehälter eingeklipst sind.

■ Prüfen Sie die Dichtigkeit der Anschlüsse und den sicheren Sitz der Kupplungen.

Kraftstoffpumpe prüfen

Prüfungsvoraussetzungen

Die Prüfung der Kraftstoffpumpe ist ohne den Einsatz eines Diagnosetesters, der die Ansteuerung der Pumpe erlaubt, nicht oder nur sehr schwer möglich. Die Pumpe ist nicht mehr als klassischer Gleichstrommotor ausgelegt, der lediglich über ein Relais betromt wurde.

■ Die Batteriespannung muss mindestens 11,5 V betragen.

■ Schließen Sie ein Dauerladegerät zur Ladungserhaltung an die Batterie an.

■ Die Sicherungen sind alle intakt.

■ Alle elektrischen Verbraucher wie z. B. Licht und Heckscheibenheizung müssen ausgeschaltet sein.

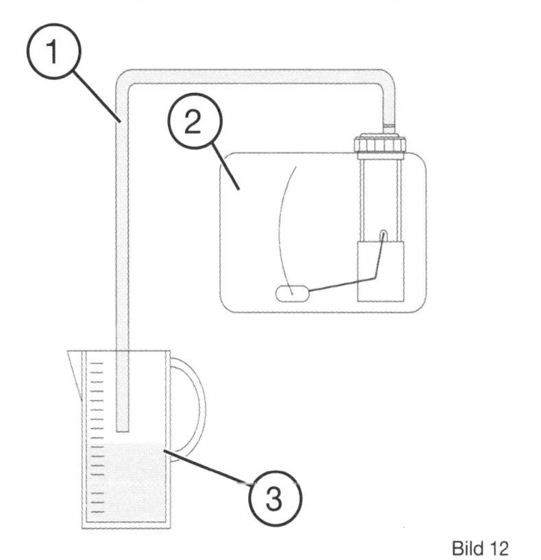

Bild 12

Bild 12
Fördermenge prüfen.
1 Vorlaufleitung
2 Kraftstofftank mit Kraftstofffördermodul (Intankpumpe und Füllstandssensor)
3 Messbecher (2 l)

■ Ist das Fahrzeug mit einer Klimaanlage ausgerüstet, muss diese ausgeschaltet sein.

Im weiteren Arbeitsablauf ist es eventuell erforderlich, das Masseband der Batterie abzuklemmen. Prüfen Sie deshalb bitte, ob ein codiertes Radiogerät eingebaut ist. Gegebenenfalls ist dann vorher die Antidiebstahlcodierung zu erfragen.

Fördermenge prüfen (Bild 12)

■ Nehmen Sie den Verschlussdeckel vom Kraftstoff-Einfüllstutzen ab.

■ Ziehen Sie den Vorlaufschlauch am Sammelrohr ab und fangen den ausfließenden Kraftstoff mit einem Putzlappen auf.

■ Schließen Sie ein T-Stück an die Kraftstoffvorlaufleitung an.

■ Stecken Sie einen Schlauch auf das T-Stück auf und halten Sie ihn in ein Messgefäß (3).

■ Betätigen Sie die Kraftstoffpumpe über den Diagnosetester.

■ Lassen Sie etwa 250 ml in den Messbecher laufen, schalten Sie die Kraftstoffpumpe ab. So werden T-Stück und der Anschlussschlauch entlüftet.

■ Das Messgefäß (3) entleeren.

Die Fördermenge der Kraftstoffpumpe hängt von der Batteriespannung ab. Prüfen Sie die Batteriespannung und schließen Sie, wenn erforderlich, ein Dauerladegerät an.

Betätigen Sie die Fernbedienung 15 Sekunden lang und messen dabei die geförderte Kraftstoffmenge. Sie sollte mindestens 0,5 l betragen.

Bild 13
Druckprüfung.
1 Vorlaufleitung
2 Kraftstofftank mit Kraftstofffördermodul (Intankpumpe und Füllstandssensor)
3 Anschluss zum Kraftstofffilter
4 Druckmessuhr
5 Anschlussadapter

Wird die Mindestfördermenge nicht erreicht:

■ Kraftstoffleitungen auf mögliche Verengungen (Knicke) oder Verstopfungen prüfen.
■ Ziehen Sie die Vorlaufleitung (1) vom Kraftstofffilter-Eingang ab.
■ Prüfung der Fördermenge vor dem Kraftstofffilter wiederholen.

Wird die Mindestfördermenge jetzt erreicht:

■ Ersetzen Sie den Kraftstofffilter.

Wird die Mindestfördermenge wieder nicht erreicht:

■ Bauen Sie die Kraftstoff-Fördereinheit aus und prüfen Sie das Filtersieb auf Verschmutzung.

Bisher liegt kein Fehler vor:

■ Kraftstoffpumpe defekt, ersetzen Sie die Kraftstoff-Fördereinheit.

Kraftstoffdruck im Niederdruckkreislauf messen (Bild 13)

Sie haben die Fördermenge erreicht, vermuten trotzdem einen Fehler in der Kraftstoffversorgung (Undichtigkeiten in der Pumpe unter Druck). Auch hier findet sich eine Besonderheit der Kraftstoffpumpe in diesem System. In der Pumpe ist ein Drucksensor für die Erfassung des Drucks im Niederdruckkreislauf verbaut. Das Auslesen ist somit mit einem geeigneten Tester auch ohne jegliche Montage möglich. Gleichzeitig können aber auch Fehlmessungen dieses Sensors Fehler in der Gemischaufbereitung verursachen.

■ Belassen Sie das T-Stück in der Kraftstoffleitung, stecken aber den Adapter auf das Kraftstoffverteilerrohr auf.
■ Verlegen Sie einen Verlängerungsschlauch (1 im Bild 14), sodass Sie den Kraftstoffdruck während der Fahrt beobachten können.
■ Fahren Sie das Fahrzeug mit einem zweiten Mechaniker Probe, um den Kraftstoffdruck beobachten zu können.
■ Fahren Sie das Fahrzeug auch unter hoher Last. Der Kraftstoffdruck muss bei etwa 4,0 bar bleiben.
■ Fällt der Kraftstoffdruck ab, müssen der Kraftstofffilter und die Kraftstoffleitungen überprüft werden.
■ Liegt kein Fehler vor, ist die Kraftstoffpumpe defekt, ersetzen Sie die Kraftstoff-Fördereinheit.

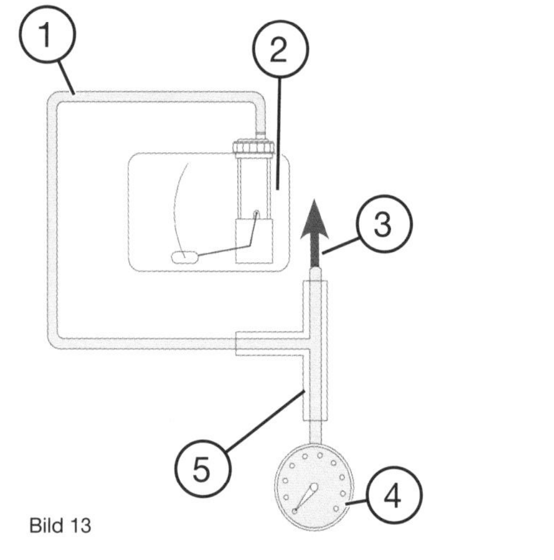

Bild 13

Stromaufnahme messen

Sie haben die Fördermenge erreicht, vermuten trotzdem einen Fehler in der Kraftstoffversorgung (z. B. zeitweiser Ausfall der Kraftstoffversorgung):

■ Alle gelösten Kraftstoffleitungen wieder anschließen.
■ Multimeter oder Stromzange an die Leitungen (Pin am Stecker 5, 7 und 9) vom Leitungsstrang anschließen.
■ Lassen Sie den Motor an und im Leerlauf laufen.

Stromaufnahme der Kraftstoffpumpe messen. Sollwert: Max. 9,5 Ampere.

■ Ist die Störung in der Kraftstoffanlage nur zeitweise vorhanden, können Sie die Prüfung auch während einer Probefahrt durchführen. Es ist dazu jedoch eine zweite Person erforderlich.

Wird die Stromaufnahme überschritten:

■ Kraftstoffpumpe defekt.

Rückschlagventil Kraftstoffpumpe prüfen

■ Der Fernschalter ist noch angeschlossen.
■ Die Druckmessuhr ist wie für die Druckmessung im Bild 13 noch angeschlossen.

Mit dieser Prüfung werden gleichzeitig die Anschlüsse der Kraftstoffvorlaufleitung von der Kraftstoff-Fördereinheit bis zur Anschlussstelle der Druckmessvorrichtung und der weitere Verlauf über das Kraftstoffverteilerrohr bis zur Einspritzdüse auf Dichtheit geprüft.

■ Schalten Sie die Kraftstoffpumpe ein, bis der Kraftstoffdruck auf der Messuhr ablesbar ist.

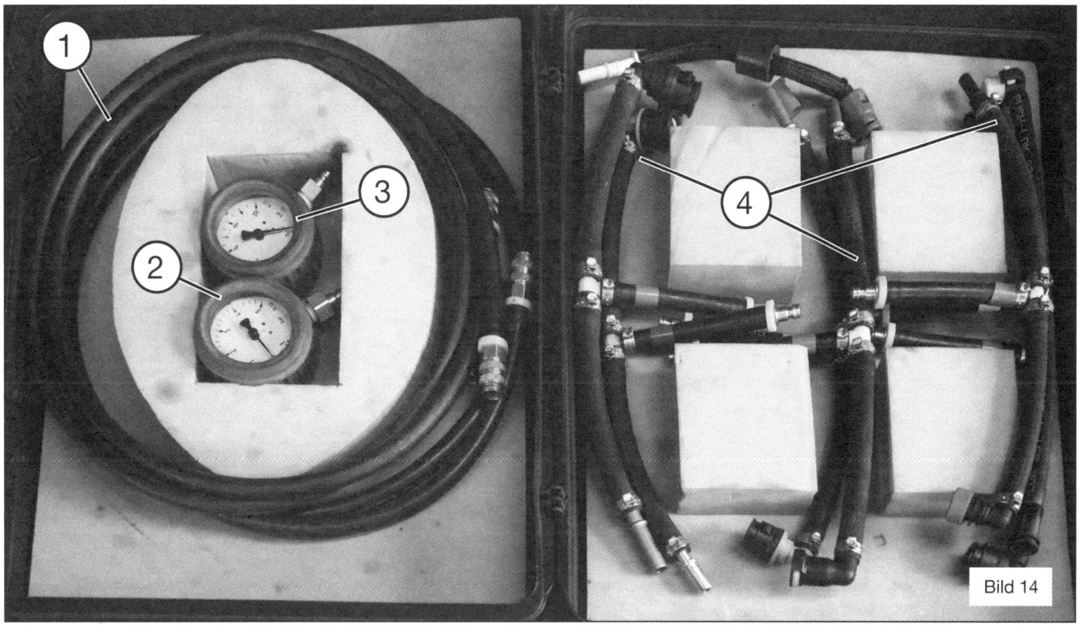

Bild 14
Druckprüfgeräteset.
1 Verlängerungsschlauch
2 Messuhr bis 5 bar
3 Messuhr bis 10 bar
4 Anschlussadapter mit T-Stücken

■ Beachten Sie den Druckabfall am Manometer. Der Druck darf nach 10 Minuten nicht unter 2,5 bar abfallen.

Fällt der Druck weiter ab:
■ Prüfen Sie die Leitungsanschlüsse auf Dichtheit.

Wird kein Fehler in den Leitungen festgestellt:
■ Kraftstoffpumpe defekt, ersetzen Sie die Kraftstoff-Fördereinheit.

Verhalten bei Falschbetankung

Durch eine Falschbetankung kann es wegen mangelnder Schmierung durch den falschen Kraftstoff (z. B. Ottokraftstoff) zu irreversiblen Schäden an den Hochdruckkomponenten, insbesondere der Hochdruckpumpe, kommen. Schäden in Form von »Fressern« und Partikelabtrag sind zu erwarten. Durch diese Partikel sind weitere Schäden im Druckregelventil und in den Injektoren als sicher anzunehmen. Betrachten wir als Nächstes zwei mögliche Szenenarien genauer.

Der Motor wurde mit falschem Kraftstoff gestartet.
Verunreinigter, beziehungsweise falscher Kraftstoff ist in das Kraftstoffsystem eingedrungen und hat die Hochdruckkomponenten erreicht.

⚠ Der Kraftstoffbehälter darf nicht vollständig über den Einfüllstutzen mit dem Kraftstoffabsauggerät entleert werden. Wird der Kraftstoffbehälter über den Einfüllstutzen mit dem Kraftstoffabsauggerät vollständig entleert, wird das Rückschlagventil beschädigt.
■ Zündung nicht einschalten.
■ Kraftstoffbehälter ausbauen.
■ Kraftstofffördereinheit ausbauen und gegen eine neue tauschen.
■ Kraftstoffbehälter mit dem Kraftstoffabsauggerät über die Öffnung der Kraftstofffördereinheit vollständig entleeren.
■ Kraftstoffbehälter auf Verschmutzung und Späne kontrollieren.
■ Ggf. den Kraftstoffbehälter reinigen.

Keine Späne im Kraftstoffbehälter:
■ Den Kraftstoffbehälter mit 5 Liter Dieselkraftstoff befüllen.
■ Kraftstoffbehälter nochmals wie oben beschrieben vollständig entleeren.
■ Hochdruckpumpe ersetzen.
■ Die Schrauben herausdrehen und die Zumesseinheit von der ALTEN Hochdruckpumpe abnehmen.

👁 Die Zumesseinheit und die Hochdruckpumpe auf Späne kontrollieren.

Falls Späne in der Hochdruckpumpe vorhanden sind, müssen folgende Komponenten ersetzt werden:
a) Hochdruckleitungen,
b) Hochdruckspeicher (Kraftstoffverteiler) inklusive Regelventil für Kraftstoffdruck und Kraftstoffdruckgeber,

c) Einspritzeinheiten (Injektoren),
d) Kraftstoffrücklaufleitungen (Leckölleitungen),
e) Kraftstofffilter.

- Fahrzeug volltanken.
- Kraftstoffsystem entlüften.
- Probefahrt durchführen.

Keine Späne in der Hochdruckpumpe:
Kraftstofffilter erneuern.

- Das Kraftstoffsystem mit dem Diagnosetester entlüften.
- Das Fahrzeug volltanken und Probefahrt durchführen.

Späne im Kraftstoffbehälter:

Kraftstoffbehälter auf Verschmutzung und Späne kontrollieren.

- Kraftstoffbehälter gründlich reinigen.
- Alle Hochdruckkomponenten ersetzen:

a) Hochdruckpumpe,
b) Hochdruckleitungen.
c) Hochdruckspeicher (Kraftstoffverteiler) inklusive Regelventil für Kraftstoffdruck und Kraftstoffdruckgeber.
d) Einspritzeinheiten,
e) Kraftstoffrücklaufleitungen (Leckölleitungen),
f) Einspritzeinheiten/Hochdruckspeicher (Rail).

- Die Kraftstofffördereinheit einbauen.
- Den Kraftstoffbehälter einbauen.
- Den Kraftstofffilter ersetzen.

Um einen Trockenlauf der Hochdruckpumpe zu vermeiden und einen raschen Motorstart nach Teiletausch zu erzielen, sind folgende Punkte unbedingt zu beachten:

- Den Kraftstoffbehälter mit 5 Liter Dieselkraftstoff befüllen.

Anschließend in den »Geführten Funktionen« die Funktion »Kraftstoffsystem entlüften« durchführen. Bei Austausch bzw. Ausbau von Bauteilen/Komponenten des Kraftstoffsystems zwischen Kraftstoffbehälter und Hochdruckpumpe muss dieses entlüftet werden. Dieser Vorgang dauert etwa 130 Sekunden. Dabei werden die Kraftstoffpumpen insgesamt 3 Mal angesteuert. Der Vorgang darf nicht vorzeitig abgebrochen werden.

- Den Kraftstoffbehälter vollständig mit Dieselkraftstoff befüllen.
- Das Kraftstoffsystem entlüften.

Falschbetankung wurde VOR dem Start des Motors bemerkt.

Der Motor wurde NICHT gestartet, die Zündung wurde NICHT eingeschaltet.

- Die Zündung NICHT einschalten.
- Steckverbindung der Kraftstoffpumpe für Vorförderung und den Geber für Kraftstoffvorratsanzeige im Bereich Unterboden entriegeln und abziehen.
- Den Kraftstoffbehälter wie bereits beschrieben ausbauen.
- Die Kraftstofffördereinheit wie bereits beschrieben ausbauen und entleeren.
- Das Sieb der Kraftstofffördereinheit auf Verschmutzung prüfen und wenn erforderlich reinigen.
- Kraftstoffbehälter mit dem Kraftstoffabsauggerät über die Öffnung der Kraftstofffördereinheit vollständig entleeren.
- Ist der Kraftstoffbehälter vollständig entleert, den Kraftstoffbehälter mit einem fusselfreien Lappen innen reinigen.
- Kraftstofffördereinheit einbauen.
- Kraftstoffbehälter einbauen.
- Steckverbindung Kraftstoffpumpe für Vorförderung und Geber für Kraftstoffvorratsanzeige im Bereich des Unterbodens Mitte links anschließen.

Bei Ausführungen, bei denen die Kraftstoffpumpe durch den Türöffner angesteuert wird, ist der Kraftstofffilter zu ersetzen!

Um einen Trockenlauf der Hochdruckpumpe zu vermeiden und einen raschen Motorstart nach Teiletausch zu erzielen, sind folgende Punkte unbedingt zu beachten:
a) Kraftstoffbehälter mit 5 Liter Dieselkraftstoff befüllen,
b) Kraftstoffsystem entlüften.

Werden Bauteile/Komponenten des Kraftstoffsystems zwischen Kraftstoffbehälter und Hochdruckpumpe abgebaut, ausgebaut oder ersetzt, muss zur Entlüftung des Kraftstoffsystems mit dem Fahrzeugdiagnosetester in den »Geführten Funktionen« die Funktion »Kraftstoffsystem Entlüften« durchgeführt werden.

Die Kraftstoffpumpe wird 3 Mal angesteuert. Der Vorgang darf nicht vorzeitig abgebrochen werden.

- Kraftstoffbehälter vollständig mit Dieselkraftstoff befüllen.

8 Gemischaufbereitung und Einspritzung

Gemischaufbereitung, Einspritzung und (Selbst-)Zündung werden durch elektronisch gesteuerte Einspritzsysteme realisiert. Die Aufladung über Abgasturbolader gehört zur Ausrüstung, der Motoren wie bei den meisten Herstellern der aktuellen Generationen.

Diesel-Motoren

Die CDI-Motoren haben direkte Kraftstoffeinspritzung über Hochdruckspeicher »Common Rail« (Bild 1) mit Aufladung über Abgasturbolader. Der Kraftstoff für die CDI, Diesel mit einer Cetanzahl (CZ) von mindestens 51, wird von der Fördereinheit im Tank über Vorlaufleitung und Kraftstofffilter zur Hochdruckpumpe geschafft. Diese drückt ihn ins »Common Rail«, das Kraftstoffsammler- und Verteilerrohr und von dort in die Piezo-Injektoren, die hier als Einspritzventil zum Einsatz kommen. Kraftstoffvor- und -Rücklaufleitungen sind aus besonders druckfestem Material gefertigt. Die erzielten Verbesserungen sind ein größeres, verfügbares Einspritzvolumen sowie eine besonders feine und schnelle Dosierung der Einspritzmenge durch exakt abgestimmte Schaltzeiten. Die direkte Ansteuerung der Piezodüsen durch das Motorsteuergerät erlaubt eine sehr feine Anpassung an Last und Drehzahlanforderungen. Eine sehr präzise Mehrfacheinspritzung ermöglicht eine Reduzierung des Kraftstoffverbrauchs und eine Verbesserung der Abgasemissionen. Nebenbei wird das Laufgeräusch leiser und auch im Leerlauf deutlich ruhiger.

Hauptkomponenten der Anlage
Einige Anmerkungen zu einzelnen Komponenten der Einspritzanlage gemäß Bild 1. Das Schema zeigt eine Anlage für die 4-Zylinder-CDI. Das Ventil für Kraftstoffdosierung (8) an der Hochdruckpumpe darf nicht geöffnet werden. Wenn die Kraftstoff-Hochdruckpumpe (7) erneuert wurde, muss eine Kraftstofferstbefüllung vorgenommen werden, auf jeden Fall muss Trockenlauf vermieden werden. Die Einspritzventile (6), die bei den CDI von Anfang an Piezo-Injektoren waren, haben Vorteile gegenüber magnetisch angesteuerten Dieselinjektoren. Ein Kraftstoffkühler muss nicht zwingend eingebaut sein. Auch das separate Vorwärmventil (1) muss nicht eingebaut sein. Die Komponenten in der Montage-Übersicht Bild 1 vermittelt einen Eindruck von der konkreten Umsetzung des Systems mit den wichtigsten Bauteilen. In den folgenden Arbeitsbeschreibungen geben wir einige der direkt aufs Bauteil bezogenen Arbeitshinweise des Herstellers wieder, um auf die Sensibilität des Systems aufmerksam zu

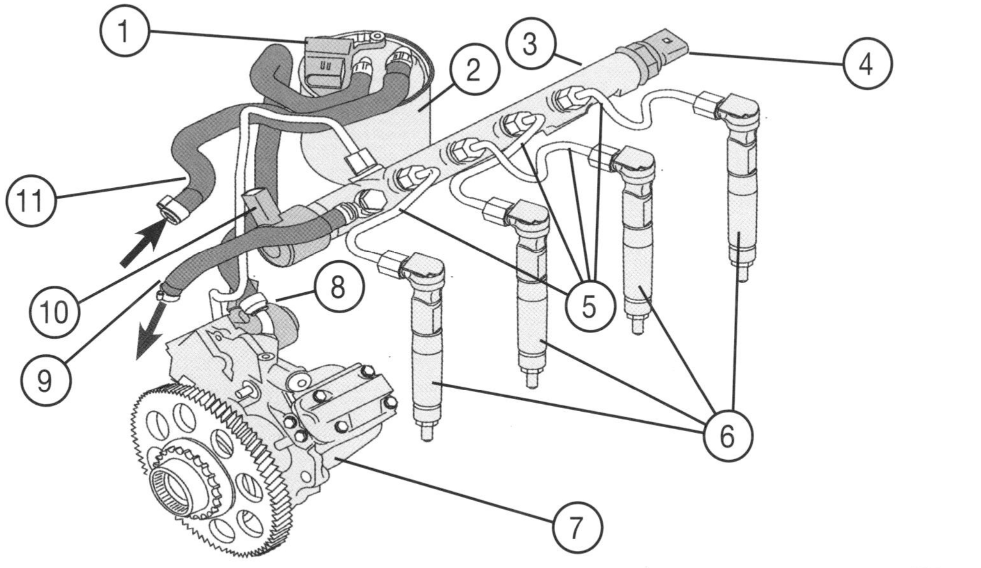

Bild 1

Bild 1
Bauteile der Common-Rail am 4-Zylinder.
1 Heizelement Kraftstoff
2 Kraftstofffiltergehäuse
3 Rail
4 Raildrucksensor
5 Druckleitung
6 Piezo-Injektor
7 Hochdruckpumpe
8 Mengenregelventil
9 Rücklaufleitung
10 Druckregelventil
11 Vorlaufleitung

Sichtprüfung Messen

Bild 2
Die Rundbürste mit der Mercedesnummer 611 589 00 68 00.

Bild 3
Die Zylinderbürste mit der Mercedesnummer 668 589 00 68 00.

machen. Daran darf nur mit Kenntnis, Sachverstand und Fingerspitzengefühl gearbeitet werden. Die Hochdruckleitung (5) verläuft zwischen Hochdruckpumpe (8) und Rail-Element (3) (Common Rail, Hochdruckspeicher). Sie muss spannungsfrei eingebaut werden. Die Hochdruckleitung kann wiederverwendet werden, wenn ihr Dichtkonus ohne Beanstandungen auf Verformungen und Risse geprüft wurde und wenn die Leitungsbohrung nicht verformt, verengt oder beschädigt ist. Korrodierte Leitungen dürfen nicht mehr verwendet werden.

⚠ Der Einspritzdruck kann bis zu 2000 bar erreichen. Es dürfen keine Verbindungen am Einspritzsystem bei laufendem Motor gelöst werden.

Injektoren/Bohrungen reinigen

Hinweise zum Reinigen des Injektorschachtes und des Injektorsitzes bei leichter Verkokung

■ Die Rundbürste (651 589 01 68 00) mit dem Wollkopf verwenden, das Verschließen der Brennraumbohrung ist hierbei nicht erforderlich.

■ Vor jedem erneuten Einsatz der Rundbürste mit dem Wollkopf müssen die Schmutz- und Fettrückstände mit einem Lappen entfernt werden.

☞ Bei der Verwendung der Rundbürste mit Wollkopf ist die Verwendung eines Akkuschraubers zulässig.

☞ Die Verwendung vom spanabhebenden Werkzeugen ist nicht zulässig.

■ Den Reinigungsvorgang so lange wiederholen, bis der Injektorschacht und der Injektorsitz metallisch blank sind. Wird kein zufriedenstellendes Ergebnis erreicht, dann ist mit der Reinigungsmethode bei starker Verkokung fortzufahren.

■ Den Injektorschacht nach Reinigung abdecken oder mit geeigneten Mitteln verschließen.

Hinweise zum Reinigen des Injektorschachtes und des Injektorsitzes bei starker Verkokung

■ Die Verwendung von Maschinen ist bei dieser Reinigungsmethode nicht zulässig.

■ Den Injektorschacht mit der Zylinderbürste (668 589 00 68 00) reinigen.

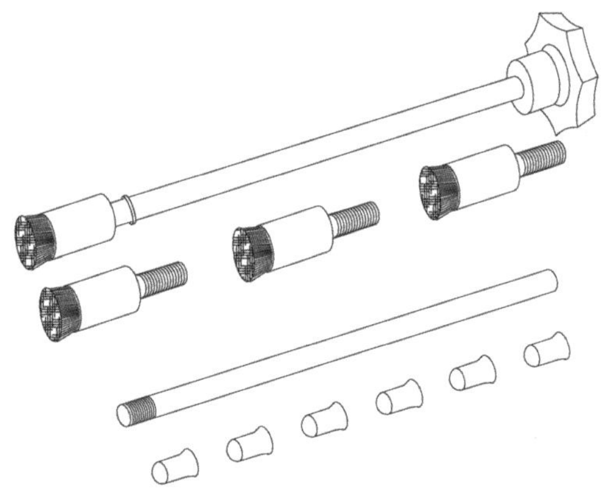

Bild 2

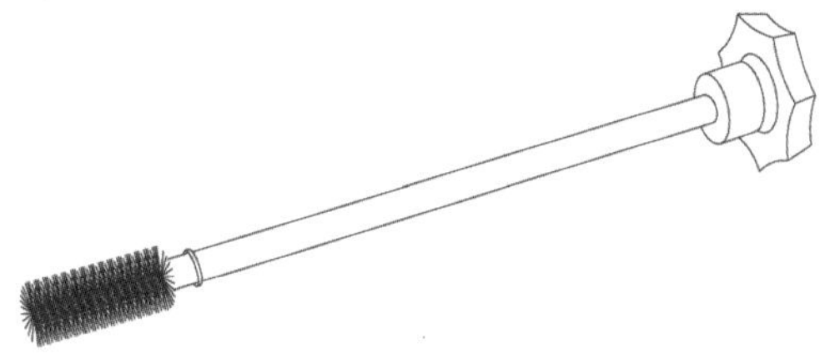

Bild 3

☞ Vor dem Reinigen des Injektorsitzes muss die Bohrung zum Brennraum mit den Verschlussstopfen aus dem Reinigungsset (611 589 00 68 00) verschlossen werden.

■ Den Injektorsitz mit der Rundbürste von Hand reinigen.

■ Die Rundbürste sorgfältig und behutsam einsetzen.

■ Den Reinigungsvorgang so lange wiederholen, bis der Injektorschacht und der Injektorsitz metallisch blank sind.

■ Die Reinigungsrückstände mit Luft ausblasen.

Hinweise zum Reinigen des Injektors

☞ Die Injektoren dürfen nicht zerlegt werden.

☞ Die Verwendung vom spanabhebenden Werkzeugen ist nicht zulässig.

■ Der Injektorbereich (A) kann mit einer Messingdrahtbürste gereinigt werden.

■ Die Düsenspitze niemals mit einer Messingdrahtbürste reinigen.

■ Den Injektor mit Vlieslappen gründlich nachreinigen.

■ Die Faserrückstände des Vlieslappens entfernen.

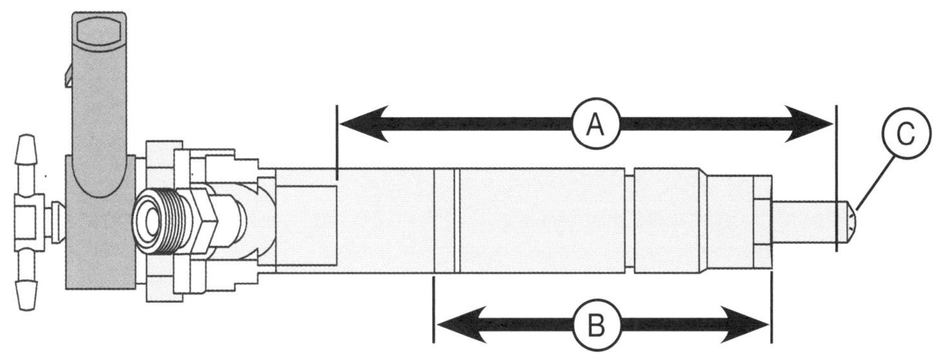

Bild 4

Bild 4
Reinigung der Injektoren.
A Bereich, der mit einer Messingbürste gereinigt werden darf
B Bereich, der bei der Montage mit einem Spezialfett behandelt werden muss
C Die Spitze darf nicht mechanisch behandelt oder bearbeitet werden

Hinweise zum Reinigungswerkzeug

■ Die Rundbürste (611 589 00 68 00) und Rundbürste (651 589 01 68 00) mit Wollkopf nach Gebrauch gründlich säubern.

■ Die Borstenlänge der Rundbürste (Bild 2) ist einstellbar. Die Borstenlänge soll 3 mm betragen. Bei Bedarf kann die Bürstenfläche eben geschliffen werden.

Einspritzdüsen (Injektoren) wechseln

Montage am OM 651

■ Bauen Sie die Motorabdeckung oben und den Luftfilterkasten aus.

Tipp: Vor dem Ausbau des Injektors ist die Zuordnung zum jeweiligen Injektorschacht zu kennzeichnen, sonst muss die Injektorklassierung (Kennzeichnung auf dem Injektor) mit Diagnosesystem im Steuergerät CDI neu eingetragen werden.

■ Die Einspritzleitungen (5 im Bild 1) ausbauen.

■ Beim Ausbau des Injektors des 3. Zylinders beziehungsweise des Injektors des 4. Zylinders rechten Halter des Luftfiltergehäuses an der Stirnwand abbauen.

■ Die elektrischen Steckverbindungen zum Nockenwellengeber trennen.

■ Die Verriegelung (4 im Bild 5) in Pfeilrichtung entriegeln und Leckölleitung mit Anschlussstück (1) am Injektor (3) abziehen.

■ Elektrische Steckverbindung (2) am Injektor trennen und den Leitungskanal aus dem Arbeitsbereich herauslegen.

■ Die Schraube der Spannpratze des Injektors herausschrauben und die Spannpratze abnehmen.

Achtung: Reinigen Sie den Montagebereich der Injektoren gründlich, um das Hineinfallen von Ablagerungen in die Injektorbohrung zu verhindern.

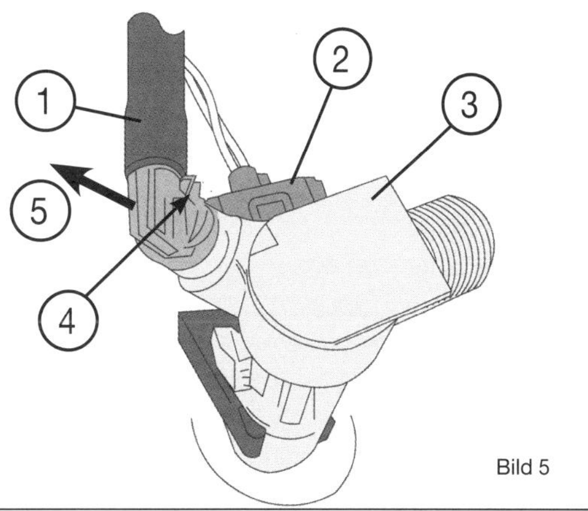

Bild 5

Bild 5
Anschluss am Injektor.
1 Rücklaufleitung
2 Anschlussstecker
3 Injektor (Einspritzventil)
4 Verriegelung
5 Demontagerichtung

■ Den Injektor nach oben herausziehen.

Tipp: Sitzen die Injektoren aufgrund von Ablagerungen zwischen Zylinderkopf und Injektor fest, zuerst ein Injektorenspray einwirken lassen und dann den Injektor mit einem geeigneten Auszieher gerade nach oben herausziehen.

■ Anschlüsse am Injektor und an der Leckölleitung (1) mit geeigneten Stopfen verschließen.

Achtung: Die Kraftstoffinjektoren müssen aufrecht mit den Anschlüsse nach oben) gelagert werden. So wird verhindert, dass Luft in Kraftstoffinjektoren gelangt, die beim Wiedereinbau zu Start- oder Motorlaufproblemen führen kann.

■ Injektor und Injektorschächte wie beschrieben reinigen.

Der Einbau erfolgt sinngemäß in umgekehrter Reihenfolge.

■ Nach dem Erneuern eines Injektors muss das Diagnosesystem angeschlossen werden und der Fehlerspeicher auslesen werden.

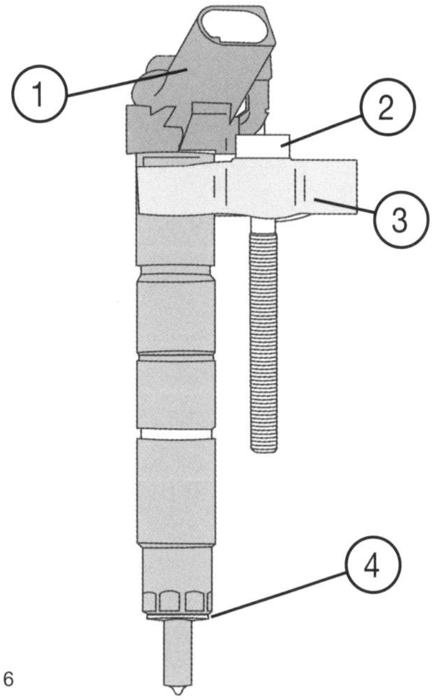

Bild 6

Bild 6
Injektor ausgebaut.
1 Elektrischer Anschluss
2 Schraube Spannpratze
3 Spannpratze
4 Dichtring

■ Die neue Injektorklassifizierung muss dann im Motorsteuergerät eintragen werden.
■ Der Injektorbereich (B im Bild 2) muss eingefettet werden. Spezialfett muss dünn und gleichmäßig aufgetragen werden.
■ Den Dichtring zwischen Injektor und Brennraum immer erneuern. Dichtring und dessen Anlageflächen müssen fettfrei sein.
■ Die Befestigungsschrauben müssen immer erneuert werden.
■ Befestigungsschrauben müssen leicht hineinzudrehen sein. Bei Bedarf das Gewinde vorsichtig nachschneiden/reinigen.

Montage am OM 642

Kennzeichnen Sie die Zuordnung der ausgebauten Injektoren zum Zylinder. Der Anpassungswert der Injektoren ist im Motorsteuergerät gespeichert.
■ Bauen Sie die Motorabdeckung oben und den Luftfilterkasten aus.
■ Bauen Sie die Einspritzleitung des auszubauenden Injektors aus.
■ Die elektrische Steckverbindung des auszubauenden Injektors abziehen.
■ Die Schraube (2 im Bild 6) der Spannpratze am auszubauenden Injektor herausdrehen.
■ Die Spannpratze (3) am auszubauenden Injektor abnehmen.
■ Den Bereich um den auszubauenden Kraftstoffinjektor reinigen.
■ Den auszubauenden Injektor herausnehmen.

⚠ Ausgebaute Injektoren müssen stehend gelagert werden. Andernfalls kann es zu Funktionsstörungen der Injektoren kommen.

Die Sauberkeitsregeln bei Arbeiten an der Einspritzanlage beachten. Verschließen Sie sofort die offenen Anschlüsse mit einem geeigneten Verschlussdeckel.

Der Einbau erfolgt sinngemäß in umgekehrter Reihenfolge.

Nach dem Erneuern eines Injektors muss das Diagnosesystem angeschlossen werden, der Fehlerspeicher auslesen und Injektorklassierung im Steuergerät CDI eintragen werden.
■ Reinigen Sie den ausgebauten Injektor wie bereits beschrieben.
■ Der Injektorbereich (B im Bild 4) muss eingefettet werden. Spezialfett muss dünn und gleichmäßig aufgetragen werden.
■ Den Dichtring zwischen Injektor und Brennraum (4 im Bild 6) immer erneuern. Dichtring und dessen Anlageflächen müssen fettfrei sein.
■ Die Befestigungsschrauben der Spannpratzen müssen immer erneuert werden.
■ Befestigungsschrauben müssen leicht hineinzudrehen sein. Bei Bedarf das Gewinde nachschneiden.

Montage am OM 654

Kennzeichnen Sie die Zuordnung der ausgebauten Injektoren zum Zylinder. Der Anpassungswert der Injektoren ist im Motorsteuergerät gespeichert.
■ Bauen Sie die Motorabdeckung oben und den Luftfilterkasten aus.
■ Bauen Sie die Einspritzleitung des auszubauenden Injektors aus.
■ Die elektrische Steckverbindung des auszubauenden Injektors abziehen.
■ Die Schraube (2 im Bild 6) der Spannpratze am auszubauenden Injektor herausdrehen.
■ Die Spannpratze (3) am auszubauenden Injektor abnehmen.
■ Den Bereich um den auszubauenden Kraftstoffinjektor reinigen.
■ Den auszubauenden Injektor herausnehmen beziehungsweise herausziehen.

Ausgebaute Injektoren müssen stehend gelagert werden. Andernfalls kann es zu Funktionsstörungen der Injektoren kommen.

Die Sauberkeitsregeln bei Arbeiten an der Einspritzanlage beachten. Verschließen Sie sofort die offenen Anschlüsse mit einem geeigneten Verschlussdeckel.

Der Einbau erfolgt sinngemäß in umgekehrter Reihenfolge.

Nach dem Erneuern eines Injektors muss das Diagnosesystem angeschlossen werden, der Fehlerspeicher ausgelesen und Injektorklassifierung im Steuergerät CDI eintragen werden.

- Reinigen Sie den ausgebauten Injektor wie bereits beschrieben.
- Der Injektorbereich (B im Bild 4) muss eingefettet werden. Spezialfett muss dünn und gleichmäßig aufgetragen werden.
- Den Dichtring zwischen Injektor und Brennraum (4 im Bild 6) immer erneuern. Dichtring und dessen Anlageflächen müssen fettfrei sein.
- Die Befestigungsschrauben (2) der Spannpratzen (3) müssen erneuert werden.
- Befestigungsschrauben (2) müssen leicht hineinzudrehen sein. Bei Bedarf das Gewinde nachschneiden.

Kraftstofffilter wechseln

Kraftstofffilter beim OM 651

Der Kraftstofffilter ist auf der linken hinteren Motorseite verbaut. Es wurden Filtersysteme mit fester und wechselbarer Filterheizung verbaut. Erkennbar sind diese an der Sicherungsschraube der demontierbaren Kraftstoffheizung.

- Bauen Sie die Motorabdeckung oben aus.
- Die Schellen der Kraftstoffanschlüsse (3 im Bild 7) öffnen.
- Die Kraftstoffschläuche (4) am Kraftstofffilter abziehen und die Anschlüsse mit geeigneten Verschlussstopfen verschließen.
- Die elektrische Steckverbindung der Kraftstofffilterheizung (1) mit Kondenswassersensor trennen.

Filterheizung mit Sensor demontierbar:

- Die Sicherungsschraube (2) herausdrehen, die Kraftstofffilterheizung mit Kondenswassersensor schwenken und nach oben herausziehen.

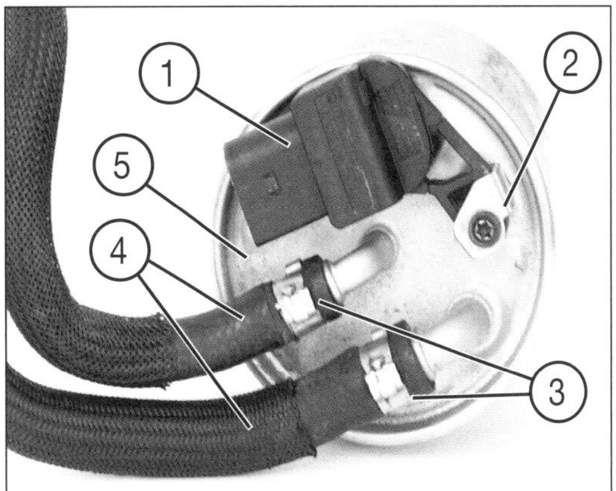

Bild 7

Bild 7
Kraftstofffilter (OM 651).
1 Filterheizung und Wassersensor
2 Sicherungsschraube
3 Schlauchschelle
4 Kraftstoffschläuche
5 Kraftstofffilter

Weiter für beide Systeme:

- Die Klammern am Filterträger öffnen und den Kraftstofffilter (1) nach oben ausbauen.

Der Einbau erfolgt sinngemäß in umgekehrter Reihenfolge.

- Die Einbaumarkierung (Markierungsstrich auf dem Filter) muss sich mittig über der Öffnung des Filterträgers befinden. Sonst ist ein spannungsfreier Einbau der Kraftstoffschläuche (3) nicht gewährleistet.
- Die Schellen der Kraftstoffschläuche erneuern, sonst kann es zu Undichtigkeiten kommen.

Um ein sofortiges Starten des Motors nach dem Kraftstofffilterwechsel zu gewährleisten und einen Trockenlauf der Pumpen zu verhindern, muss das Kraftstoffsystem mit dem Fahrzeugdiagnosesystem entlüftet werden oder vor dem ersten Motorstart den Kraftstofffilter durch mehrmaliges Ein-/Ausschalten der Zündung befüllen, um Schäden an der Hochdruckpumpe zu verhindern.

- Starten Sie den Motor und führen Sie eine Sichtprüfung auf Dichtigkeit des Kraftstoffsystems am Kraftstofffilter durch.

Kraftstofffilter beim OM 642

Der Kraftstofffilter ist zwischen den Zylinderbänken im vorderen Bereich des Motors verbaut.

- Den Luftansaugschlauch nach dem Luftfilter ausbauen.
- Die Motorabdeckung oben ausbauen (soweit verbaut).

Bild 8
Kraftstofffilter mit Entwässungsleitung (OM 642).
1 Enwässerungsleitung
2 Sicherungsclip
3 Spitzzange
4 Kraftstofffilter

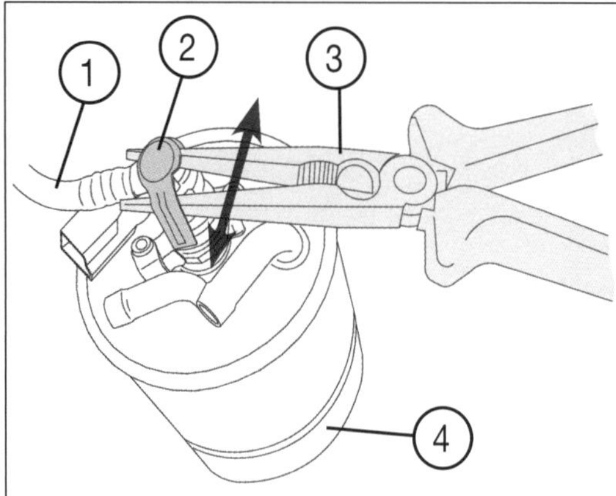

Bild 8

■ Die Unterdruckleitung an der Abdeckung der linken Zylinderkopfhaube ausklipsen und zur Seite drücken.
■ Die Glühendstufe ausbauen und zur Seite legen. Die elektrische Steckverbindung an der Glühendstufe aufgesteckt lassen.
■ Steckverbindung Endlagenschalter »EKAS« rechts im Bereich des Kraftstofffilters am Halter (12) abziehen und zur Seite legen.
■ Die beiden Schlauchschellen der Kraftstoffleitungen am Kraftstofffilter öffnen.
■ Kraftstoffschläuche vom Kraftstofffilter abziehen und mit geeigneten Stopfen verschließen.
■ Die Klemmschraube des Filterhalters lösen und den Kraftstofffilter so weit herausheben, bis die elektrische Steckverbindung und die Entwässerungsleitung ausgeklipst werden können.
■ Elektrische Steckverbindung am Wasserstandssensor Kraftstofffilter oder an der Kraftstofffilterheizung mit Wasserstandsensor trennen.

Filtersystem mit Entwässerungsleitung:
■ Sicherungsklammer bis zum Rastpunkt herausziehen, die Rasthaken mit geeigneter Zange am Filter entriegeln und Entwässerungsleitung nach oben abziehen.
■ Den Kraftstofffilter aus dem Halter herausnehmen.
■ Die Verschraubungen lösen und den Wasserstandsensor im Kraftstofffilter ausbauen.
Der Einbau erfolgt sinngemäß in umgekehrter Reihenfolge.

☞ Um ein sofortiges Starten des Motors nach dem Kraftstofffilterwechsel zu gewährleisten und einen Trockenlauf der Pumpen zu verhindern, muss das Kraftstoffsystem mit dem Fahrzeugdiagnosesystem entlüftet werden. Vor dem ersten Motorstart kann der Kraftstofffilter (1) durch mehrmaliges Ein-/Ausschalten der Zündung befüllt werden, um Schäden an der Hochdruckpumpe zu verhindern.
■ Starten Sie den Motor und führen Sie eine Sichtprüfung des Kraftstoffsystems am Kraftstofffilter durch.

Kraftstofffilter beim OM 654

☞ Der Kraftstofffilter ist am Unterboden vor dem Kraftstofftank verbaut. Er kann nur von unten erreicht werden.

■ Die Zündung ausschalten und den Schlüssel außerhalb der Sendereichweite (mindestens 2 m) aufbewahren.
■ Das Fahrzeug unter Beachtung der Hinweise zum Anheben und Aufbocken anheben.
■ Die Unterbodenverkleidung oder den Unterfahrschutz links (soweit verbaut) ausbauen.
■ Die elektrische Steckverbindung (2 im Bild 9) entriegeln und trennen.
■ Kraftstoffschläuche (1) im Bereich der Trennstellen reinigen.
■ Kraftstoffschläuche (1) an den Anschlussstutzen entriegeln und abziehen.

☞ Austretenden Kraftstoff mit saugfähigen Lappen auffangen. Öffnungen an Kraftstoffschläuchen (1) mit geeigneten Verschlussstopfen verschließen.

■ Schrauben (4) des Kraftstofffiltergehäuses (3) an Halter (6) herausdrehen.
■ Den Rasthaken entriegeln (5) und das Kraftstofffiltergehäuse (3) vom Halter (6) nach unten abnehmen.

Bild 9
Kraftstofffilter (OM 654).
1 Anschlüsse Kraftstoffleitungen
2 Elektrischer Anschlussstecker
3 Kraftstofffilter
4 Schrauben
5 Rastnase
6 Halter Kraftstofffilter

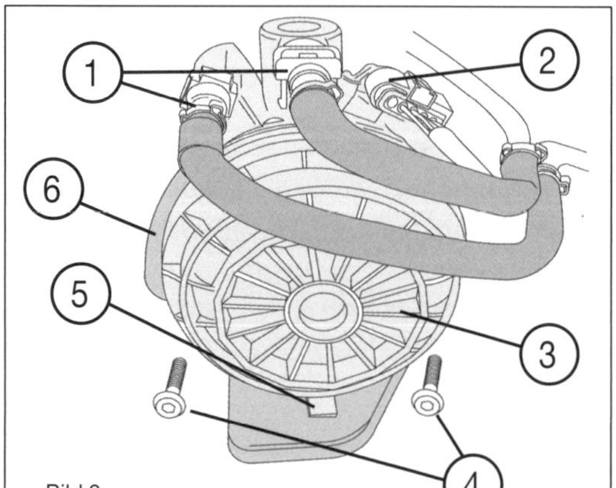

Bild 9

Der Einbau erfolgt sinngemäß in umgekehrter Reihenfolge.

Um ein sofortiges Starten des Motors nach dem Kraftstofffilterwechsel zu gewährleisten und einen Trockenlauf der Pumpen zu verhindern, muss das Kraftstoffsystem mit dem Fahrzeugdiagnosesystem entlüftet werden. Vor dem ersten Motorstart kann der Kraftstofffilter (3) durch mehrmaliges Ein-/Ausschalten der Zündung befüllt werden, um Schäden an der Hochdruckpumpe zu verhindern.

■ Montieren Sie die Unterbodenverkleidung oder den Unterfahrschutz (soweit verbaut) erst nach erfolgter Dichtigkeitsprüfung der Anschlüsse am Kraftstofffilter.

Luftfilter wechseln

Beim Ausblasen des Luftfiltergehäuses mit Pressluft ist Folgendes zu beachten:

■ Zur Vermeidung von Funktionsstörungen bitte die kritischen luftführenden Motorbauteile wie Luftmassenmesser, Lufteinlassrohre usw. mit einem sauberen Putzlappen abdecken.

Grundsätzlich sollten Sie das Gehäuse reinigen und wenn erforderlich auch mit einem Staubsauger aussaugen, um Rückstände gründlich zu entfernen.

■ Schlauchstutzen und Schläuche für Ladeluftsystem müssen vor dem Montieren öl- und fettfrei sein.

■ Verwenden Sie keine silikonhaltigen Gleitmittel bei der Montage.

Wechsel des Luftfiltereinsatzes

Der Luftfilter hat sich über die Modellreihen kaum oder besser gar nicht verändert. Wir stellen Ihnen für die Montagearbeiten eine allgemeingültige Beschreibung zur Verfügung.

Luftfiltergehäuse aus- und einbauen:

■ Die Schelle lösen und Ansaugschlauch (1 im Bild 10) vom Luftmassenmesser (3) abziehen.

■ Den elektrischen Anschlussstecker des Luftmassenmessers (3) entsichern und abziehen.

■ Die Steckverbindung des Saugrohrdruckgebers entsichern und abziehen.

■ Den Oleinfüllstutzen am Luftfilterkasten unten (13) entriegeln und nach oben abziehen.

■ Den Fremdstartpunkt am Luftfilterkasten unten entriegeln und nach oben abziehen.

■ Den Luftfilterkasten nach oben aus den Gummilagern (14) ziehen.

■ Den Luftfilter hinten aus den Haltern (8) ziehen und nach vorn wegnehmen.

Der Einbau erfolgt sinngemäß in umgekehrter Reihenfolge.

■ Tragen Sie etwas säurefreies Fett auf die Gummilager (14) auf, das erleichtert die nächste Demontage.

Luftfiltereinsatz ausbauen:

■ Ziehen Sie den Stecker vom Luftmassenmesser (3 im Bild 10) ab.

■ Lösen Sie die Klemmschelle vom Ansaugschlauch (2) und ziehen Sie den Ansaugschlauch (1) ab.

■ Drehen Sie die sieben Schrauben (16) heraus.

■ Heben Sie das Luftfilteroberteil (10) an und nehmen Sie den Luftfiltereinsatz (11) nachoben heraus.

■ Reinigen Sie gegebenenfalls das Luftfilterunterteil.

Der Einbau erfolgt sinngemäß in umgekehrter Reihenfolge zur Demontage.

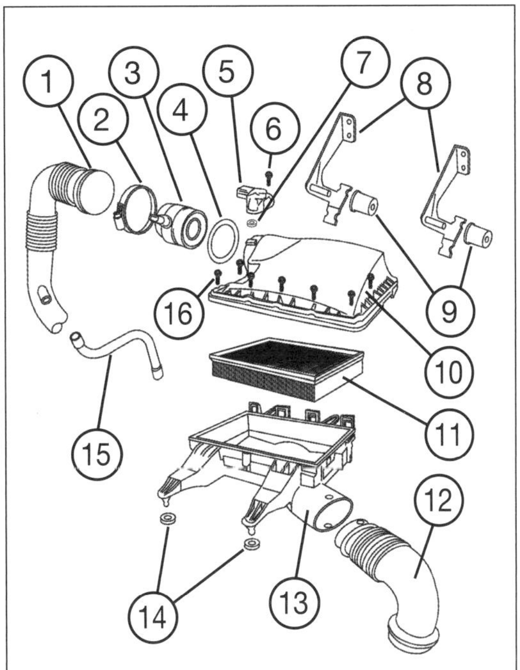

Bild 10

Bild 10
Luftfilter mit Filterkasten.
1 Ansaugschlauch
2 Schelle
3 Luftmassenmesser
4 O-Ring
6 Schraube
7 O-Ring
8 Halter
9 Gummilager
10 Luftfilteroberteil
11 Luftfiltereinsatz
12 Luftführungsrohr
13 Luftfilterunterteil
14 Gummilager
15 Schlauch
16 Schrauben

Glühkerzen wechseln

Umgang mit Keramik-Glühkerzen

☞ Eine Glühkerze darf generell nicht mit 12 V bestromt werden, da diese dadurch zerstört wird. Die Diagnose erfolgt über die Widerstandsmessung oder über den Diagnosetester.

⚠ Keramik-Glühkerzen sind sehr stoßempfindlich. Stöße können nicht sichtbare Beschädigungen (Haarrisse) verursachen und zu Motorschäden führen. Sie können nicht auf mechanische Beschädigungen (z. B. Haarrisse) geprüft werden. Solche Schäden sind in den meisten Fällen nicht erkennbar. Ist eine Keramik-Glühkerze heruntergefallen, muss diese zwingend erneuert werden.

☞ Verwenden Sie Keramik-Glühkerzen nur aus einer ungeöffneten Originalverpackung.

Wechsel der Glühkerzen beim OM 651

☞ Die Glühkerzen sind auf der linken Motorseite zwischen Rail und Kraftstofffilter angeordnet. Die Verkabelung befindet sich im darüber verbauten Leitungskanal.

- Die Motorabdeckung oben wie beschrieben demontieren.
- Die Abdeckung der Zylinderkopfhaube wie beschrieben ausbauen.
- Die elektrische Steckverbindung der Kraftstofffilterheizung (1 im Bild 7) mit Kondenswassersensor trennen.
- Die Klammern am Filterträger öffnen und den Kraftstofffilter nach oben herausziehen.
- Den Kraftstofffilter mit angeschlossenen Kraftstoffleitungen zur Seite legen.
- Den Kühlmittelschlauch am Leitungskanal der Glühkerzen ausklipsen. Den Leitungskanal des Motorleitungssatz lösen.
- Die elektrische Steckverbindungen der Glühkerzen trennen. Die elektrische Steckverbindungen der alten Ausführung mit einer speziellen Zange abziehen. Die elektrischen Steckverbindungen der neuen Ausführung mit handelsüblicher Spitzzange abziehen.
- Das Umfeld der Glühkerzen mit Bremsenreiniger, Bürste und Druckluft reinigen.

☞ Bei Wiederverwendung der Glühkerzen, Glühkerzen zum entsprechenden Zylinder 1 bis Zylinder 4 kennzeichnen.

- Die Glühkerzen herausdrehen.

⚠ Lassen sich die Glühkerzen nicht lösen, lassen Sie den Motor warmlaufen und sprühen Sie ein Injektorlösemittel im Bereich des Gewindes auf und warten Sie einige Minuten.

- Den jeweiligen Glühkerzenschacht reinigen.

Die Montage erfolgt sinngemäß in umgekehrter Reihenfolge.

- Richtige Verlegung und Befestigung des Motorleitungssatzes beachten.
- Abdeckung der Zylinderkopfhaube erst nach der Dichtheitsprüfung einbauen.
- Fehlerspeicher des Motorsteuergeräts löschen und Initialisierung der Glühkerzen durchführen.

Wechsel der Glühkerzen beim OM 642

☞ Die Glühkerzen sind in der Mitte des Motors zwischen Rail und Ansaugbrücke (Ladeluftverteiler) angeordnet. Die Verkabelung ist für die Demontage der Glühkerzen ausreichend frei beweglich.

- Die Abdeckung der linken und der rechten Zylinderkopfhaube wie beschrieben ausbauen.
- Motorleitungssatzkanal der linken Zylinderkopfhaube am Ladeluftverteiler lösen und zur Seite drücken.
- Die Steckverbindung Endlagenschalter »EKAS« (Einlasskanalabschaltung) links am Rail der linken Zylinderbank lösen und zur Seite legen.
- Den Motorleitungssatz am Rail der linken Zylinderbank abbauen und freilegen.
- Den Verteiler der Leckölleitung am Ladeluftverteiler abbauen.
- Die elektrischen Steckverbindung an Abgasdrucksensor trennen.
- Die elektrische Steckverbindungen der Glühkerzen mit einer speziellen Zange abziehen.

☞ Bei Wiederverwendung der Glühkerzen, die Glühkerzen zum entsprechenden Zylinder 1 bis Zylinder 6 kennzeichnen.

- Die Glühkerzen herausdrehen.

⚠ Lassen sich die Glühkerzen nicht lösen, lassen Sie den Motor warmlaufen und sprühen Sie ein Injektorlösemittel im Bereich des Gewindes auf und warten Sie einige Minuten.

■ Reinigen Sie den Glühkerzenschacht der Glühkerzen.

Verschließen Sie den Glühkerzenschacht, wenn weitere Montagearbeiten in diesem Bereich anliegen.

Die Montage erfolgt sinngemäß in umgekehrter Reihenfolge.

■ Richtige Verlegung und Befestigung des Motorleitungssatzes beachten.

■ Abdeckung der linken und rechten Zylinderkopfhaube erst nach der Dichtheitsprüfung einbauen.

■ Ereignisspeicher des Motorsteuergeräts löschen.

Wechsel der Glühkerzen beim OM 654

Die Glühkerzen sind auf der linken Motorseite zwischen Rail und Kraftstofffilter angeordnet. Die Verkabelung befindet sich im darüber verbauten Leitungskanal.

■ Den Masseanschluss an der Bordnetzbatterie abklemmen.

■ Die Schrauben der Luftführung des Dieseleinspritzsteuergerätes herausdrehen und das Steuergerät zur Seite legen.

■ Schrauben des Dieseleinspritzsteuergerätes herausdrehen und das Steuergerät so weit abnehmen, bis die elektrischen Steckverbindungen (5) zugängig sind.

■ Die elektrischen Steckverbindungen entsichern und trennen.

■ Das Dieseleinspritzsteuergerät herausnehmen.

■ Den Halteclip abziehen und den elektrischen Leitungssatz vom Steuergerätehalter abnehmen.

■ Drehen Sie die Befestigungsschraube heraus und ziehen Sie den Steuergerätehalter mit den Lagergummis ab.

■ Reinigen Sie den Zylinderkopf rund um die Einbaupositionen der Glühkerzen mit Bremsenreiniger und Druckluft.

Bei Wiederverwendung der Glühkerzen, Glühkerzen zum entsprechenden Zylinder 1 bis Zylinder 4 kennzeichnen.

■ Die Glühkerzen herausdrehen.

Lassen sich die Glühkerzen nicht lösen, lassen Sie den Motor warmlaufen und sprühen Sie ein Injektorlösemittel im Bereich des Gewindes auf und warten Sie einige Minuten.

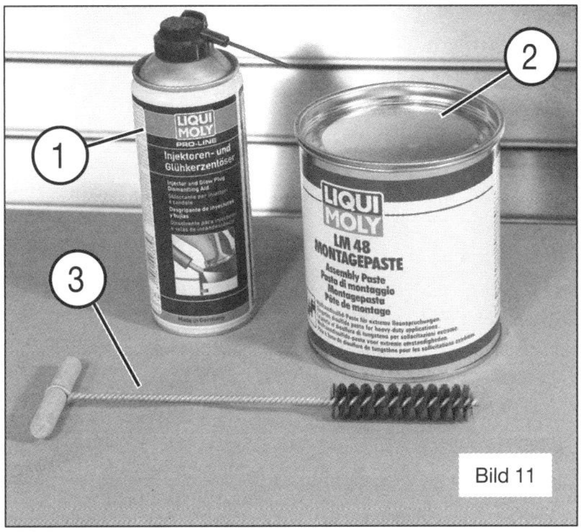

Bild 11

Bild 11
Reinigung des Glühkerzenkanals.
1 Spray zum Lösen von Verkokungen
2 Montagepaste
3 Bürste zum Reinigen

■ Reinigen Sie den Glühkerzenschacht der Glühkerzen (Bild 11).

Verschließen Sie den Glühkerzenschacht, wenn weitere Montagearbeiten in diesem Bereich anliegen.

Die Montage erfolgt sinngemäß in umgekehrter Reihenfolge.

■ Fehlerspeicher des Motorsteuergeräts abfragen, im Protokoll sichern und löschen.

Fahrzeugdiagnosetester einsetzen

Es gibt eine Reihe von Arbeiten im Bereich der Einspritz- und Zündanlage, die man ohne Tester mit Übung und Erfahrung, unter Einsatz bestimmter Spezialwerkzeuge und am besten auch mit fachkundiger Beratung in einer Mietwerkstatt ausführen kann. Darauf gehen wir mit den folgenden Arbeitsbeschreibungen ein. Vielfach aber kann man an den elektronisch gesteuerten Einspritzsystemen nur selbst Hand anlegen, wenn man über einen Diagnosetester verfügt. Das Steuergerät kann viele Fehler an elektrischen Teilen der Einspritz- und Zündanlage per Selbstdiagnose erkennen und sie in einem Fehlerspeicher ablegen. Dabei wird auch eine Entscheidung getroffen, ob es sich um permanente Fehler oder um sporadische Mängel handelt. Entsprechend kann die Diagnose oder der Austausch der einzelnen Komponenten ausgelegt werden. In den meisten Fällen werden aber nur fehlerhafte Abweichungen beschrieben. Die Diagnose muss dann mit Sachkenntnis über Systeme und Bauteile im System erfolgen.

Sichtprüfung

Messen

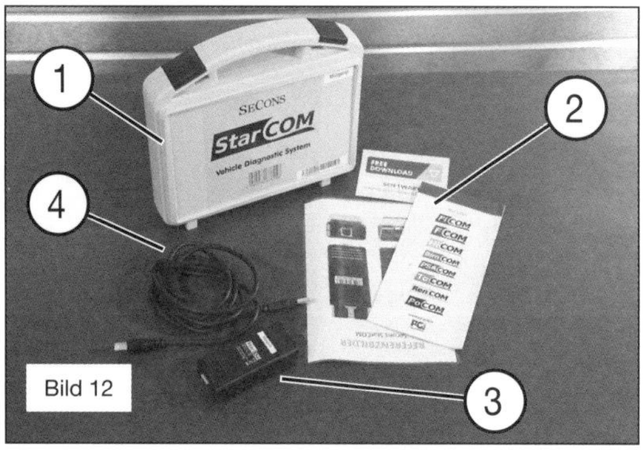

Bild 12
OBD-Tester mit Zubehör.
1 Aubewahrungskoffer
2 Informationsmaterial
3 OBD-Dongel
4 USB-Anschlusskabel

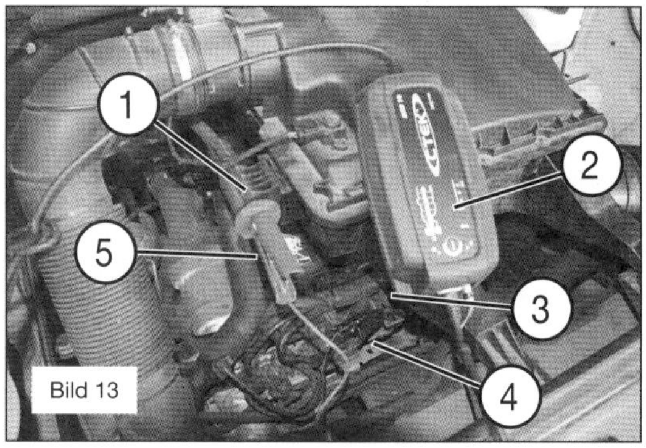

Bild 13
Dauerladegerät zur Ladungserhaltung.
1 »Plus«-Starthilfeanschluss
2 Dauerladegerät
3 Motoraufhängeöse
4 »Minus«-Anschlussklemme
5 »Plus«-Anschlussklemme

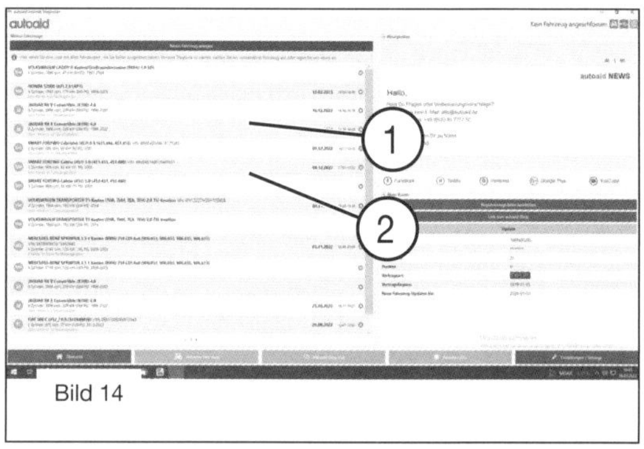

Bild 14
Anwahl eines Steuergerätes (1) oder die Abfrage aller verbauten Steuergeräte (2).

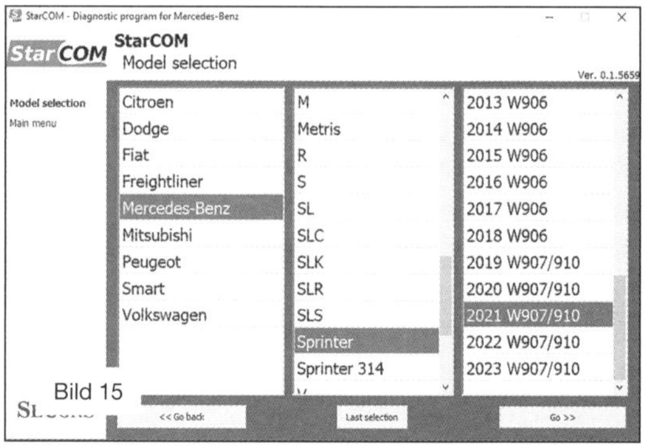

Bild 15
Anwahl der Fahrzeugmarke, des Modells und des Bautyps mit entsprechendem Baujahr.

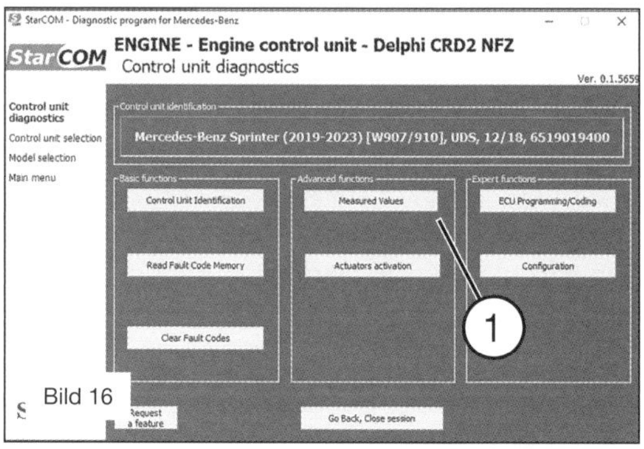

Bild 16
Anwahl der Aufgaben im angewählten Steuergerät.
1 Messwerte

Diagnosegeräte

Die Marken-Werkstätten verwenden ein eigenes Diagnosesystem, das auf die einzelne Marke abgestimmt ist. Mit geeigneter Software und gewisser Kenntnis der Funktions- und Vorgehensweise sind auch andere Werkstattsysteme zu verwenden, wie sie in vielen Mietwerkstätten vorhanden sind. Als Vertreter der frei verfügbaren markenspezifischen Systeme stellen wir Ihnen den »StarCOM« (freier Tester mit Zuschnitt auf die Arbeiten gerade in freien Werkstätten) vor. Der Testerhersteller Secons bietet Testsysteme für unterschiedliche Fahrzeughersteller an. Über regelmäßige Updates wird ein aktueller Software- und Fahrzeugbestand angeglichen. Hier möchten wir die Istwerte für die Gemischaufbereitung erfassen und darstellen. Die Fehlerspeicherauslese unterscheidet sich kaum von den Arbeitsschritten, die wir Ihnen ab Seite 30 in diesem Buch vorgestellt haben.

Messwerte aus Sicht des Steuergerätes

Da das Motorsteuergerät aus den erfassten Messwerten und den abgespeicherten Kennfeldern definierte Funktionen ausführt, ist es wichtig, die »Sichtweise« des Steuergerätes einzunehmen und die erfassten Messwerte auf Plausibilität zu überprüfen.
Exemplarisch werden wir im Folgenden die »Istwerte« für die Motordrehzahl, die errechnete Luftmasse pro Zylinder und den Saugrohrdruckfühler betrachten. Wir möchten hiermit die Reaktion der Sensoren zeitgleich beobachten. Wenn aus dem Leerlauf die Drosselklappe geöffnet wird, erfolgt ein Drehzahlanstieg des Motors und auch für unseren Turbomotor steigt der Druck im Saugrohr an. Bei geöffneter Drosselklappe erreicht der Saugrohrdruck bis etwa 1000 hPa beim Saugmotor. Bei den Turbomotoren kann sogar ein deutlich höherer Druck anliegen. Nach einigen Gasstößen kann die Auswertung über die Abweichung der Kurven untereinander erfolgen. Die dargestellten Messwertkurven (im Bild 19) und die Messwerte (Bilder 17 und 18) zeigen auch ohne die Istwerte (1) eine Reaktion beispielsweise des Saugdruckfühlers an. Der Messwert des Saugrohrdruckfühlers kann

dann auch über eine Druckmessuhr nachkontrolliert werden. Der Anschluss der Messuhr ist allerdings mit zusätzlichem Aufwand verbunden. Zumindest für die Funktionsprüfung in einer ersten Übersicht kann hier einiges an Vorbereitungszeit eingespart werden. Fällt ein Sensor aus oder liefert einen Messwert, der sich nicht erklären lässt, müssen die Spannungsversorgung des Bauteils und natürlich auch das Bauteil einzeln überprüft werden.

Istwerte-Erfassung über das Motorsteuergerät

Die Istwerterfassung verläuft für die meisten Testerhersteller sehr ähnlich. Wir haben für die Darstellung den StarCOM von Secon gewählt und schildern die wichtigsten Arbeitsschritte bis zu den unterschiedlichen Messwertdarstellungen.

- Schließen Sie ein Dauerladegerät (Bild 13) an, um die Batterie in den Phasen der Vorbereitung für die Messungen nicht zu belasten.
- Schließen Sie den Tester an die OBD-Anschlussdose an. Die 13-polige Anschlussdose befindet sich an der A-Säule im Fahrerfußraum.
- Schalten Sie die Zündung ein.
- Starten Sie die Testersoftware.
- Wählen Sie, wie im Bild 14 vorgestellt, den Fahrzeughersteller, das Modell und das entsprechende Baujahr an.
- Klicken Sie den Button » Select Control Unit« an und wählen Sie das Motorsteuergerät an.
- Wählen Sie über den Button »Measured Values« die Messwerteliste an.
- Über den Button unten »Measured Values 3x3 View« (Bild 18) wählen Sie die Maske an, in der Sie maximal neun Messwerte als Zahlenwert gleichzeitig darstellen können.
- Über den Button unten »Measured Values Graph View« (Bild 19) wählen Sie die Maske an, in der Sie zwei Messwerte anwählen können, die dann zusammen grafisch auf dem Bildschirm dargestellt werden.
- Lassen Sie den Motor im Leerlauf laufen.
- Wählen Sie aus der Liste (1 im Bild 19) die Motordrehzahl, die Luftmasse pro Zylinder und den Saugrohrdrucksensor an.

Über das Herunterscrollen mit dem Seitenschieber in der Liste lassen sich die Messwerte einsehen.

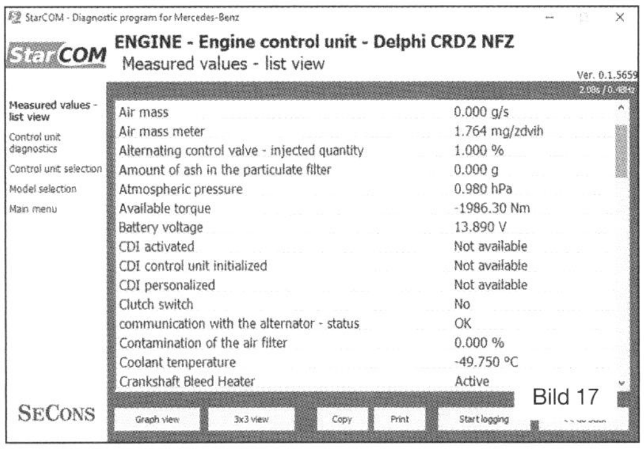

Bild 17
Übersicht der Messwerte in einer Liste.

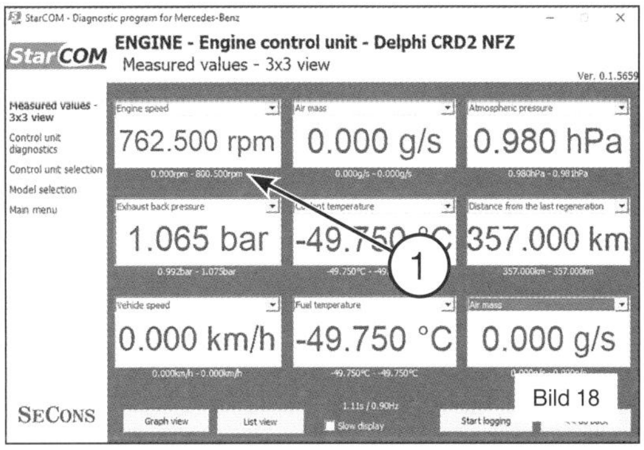

Bild 18
Messwertübersicht in frei zusammenstellbaren Zahlenblocks.
1 angegebene Sollwerte

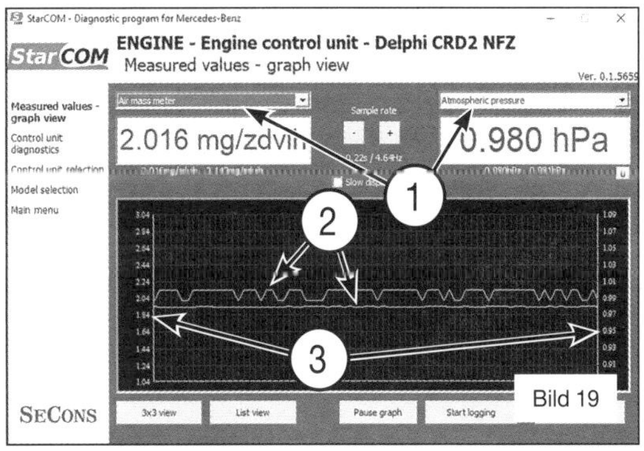

Bild 19
Der Messwertverlauf zur besseren Darstellung der Veränderungen als »Graph«.
1 Messwertlisten zum Anwählen
2 Messwertlinien
3 Messwerthöhe

- Die angewählten Messwerte werden nun auf der rechten Maskenseite beginnend grafisch dargestellt.

Der aktuelle Messwert wird als Zahlenwert mit der entsprechenden Einheit und graphisch dargestellt.

Die neueste Darstellung erfolgt bei diesem Tester immer rechts im Bild.

- Treten Sie nun das Gaspedal kurz voll durch und lassen Sie das Gaspedal wieder los. Der Saugrohrdruck und die Luftmasse werden etwas früher ansprechen.
- Wiederholen Sie die Gasstöße einige Male. Die Reaktion sollte ähnlich ausfallen.

Beobachten Sie die Reaktion der drei Messwerte untereinander. Die Messwerte für den Saugrohrdruck und die Luftmasse sollte fast zeitgleich und im erkennbaren Zusammenhang erfolgen.

Sensoren der Gemischaufbereitung

Der Umfang der erforderlichen Beschreibung für alle verbauten Sensoren im System würde den Rahmen dieses Buches sprengen. Im Folgenden werden wir Ihnen die relevantesten Sensoren für das Gemischaufbereitungssystem, ihre Einbauposition und die Demontage vorstellen.

Nockenwellengeber

Die Nockenwellenpositionsgeber oder auch Phasengeber sind bei allen Motorvarianten im Ventildeckel oder im Bereich des Ventildeckels verbaut. Die Demontage ist recht ähnlich. Wir stellen Ihnen hier eine allgemeingültige Beschreibung zur Verfügung.

- Lassen Sie den Motor für die Montagearbeiten abkühlen.
- Lesen Sie den Fehlerspeicher aus. Bauen Sie den Luftfilterkasten ab.
- Demontieren Sie die Motorabdeckung oben und legen Sie den Ventildeckel frei.
- Legen Sie die Steckkontakte frei.
- Entsichern Sie den Steckkontakt (4 im Bild 20) und ziehen Sie ihn ab.
- Drehen Sie die Schraube (1) heraus.
- Ziehen Sie den Sensor (2) gerade aus dem Ventildeckel heraus.

Die Montage erfolgt sinngemäß in umgekehrter Reihenfolge.

- Löschen Sie den Fehlerspeicher und lesen Sie ihn erneut nach der Probefahrt aus.

⚠ Der Nockenwellengeber ist ein Hallsensor. Eine Widerstandsmessung ist nicht sinnvoll und kann den Sensor beschädigen.

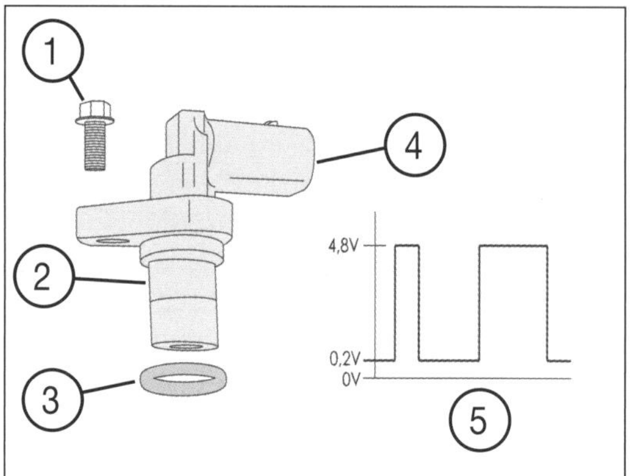

Bild 20

Bild 20
Nockenwellengeber.
1 Schraube
2 Nockenwellengeber (Phasengeber)
3 Dichtring
4 Elektrischer Steckkontakt
5 Typisches Signalbild

Kurbelwellengeber aus- und einbauen

Die Kurbelwellenpositionsgeber oder auch Drehzahlgeber sind bei allen Motorvarianten im Kurbelgehäuse oder am Kurbelgehäuse verbaut. Die Demontage ist recht ähnlich. Wir stellen Ihnen hier eine allgemeingültige Beschreibung zur Verfügung.

- Das Fahrzeug mit der Hebebühne wie beschrieben anheben.

☞ Fahrzeug zwischen den Hebebühnensäulen ausrichten und die vier Aufnahmeteller an den vom Fahrzeughersteller vorgeschriebenen Hebebühnenaufnahmepunkten platzieren.

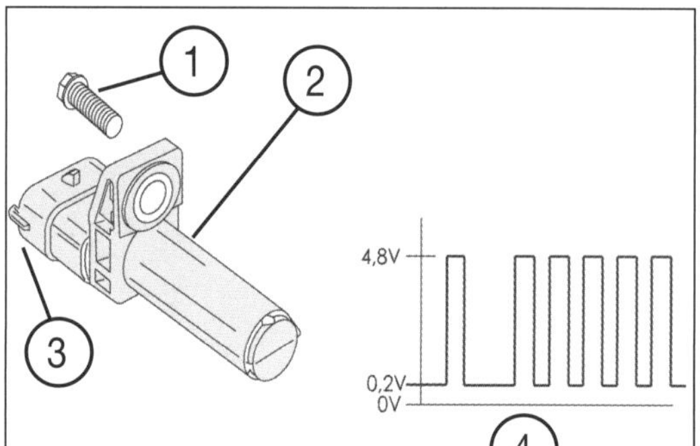

Bild 21

Bild 21
Kurbelwellengeber.
1 Schraube
2 Kurbelwellengeber (Drehzahlgeber)
3 Elektrischer Steckkontakt
4 Typisches Signalbild

- Den Motor und die Abgasanlage für die Montagearbeiten abkühlen lassen.
- Lesen Sie den Fehlerspeicher aus.
- Legen Sie die Steckkontakte frei.
- Entsichern Sie den Steckkontakt (3 im Bild 21) und ziehen Sie ihn ab.
- Drehen Sie die Schraube (1) heraus.
- Ziehen Sie den Sensor (2) gerade aus dem Gehäuse heraus.

Die Montage erfolgt sinngemäß in umgekehrter Reihenfolge.

- Löschen Sie den Fehlerspeicher und lesen Sie ihn nach der Probefahrt erneut aus.

⚠ Der Kurbelwellengeber ist ein Hallsensor. Eine Widerstandsmessung ist nicht sinnvoll und kann den Sensor beschädigen.

Luftmassenmesser aus- und einbauen

Der Lufmassenmesser ist zwischen Luftfiltergehäuse und Saugseite der Turbolader am Luftfilterkasten verbaut. Die Demontage ist recht ähnlich. Wir stellen Ihnen hier eine allgemeingültige Beschreibung zur Verfügung.

- Lassen Sie den Motor für die Montagearbeiten abkühlen.
- Lesen Sie den Fehlerspeicher aus.

■ Reinigen Sie den Bereich um den Luftmassenmesser gründlich.
■ Legen Sie die Steckkontakte frei.
■ Entsichern Sie den Steckkontakt (2 im Bild 22) und ziehen Sie ihn ab.
■ Demontieren Sie den Ansaugschlauch am Luftmassenmesser.
■ Drehen Sie die Schraube (1 im Bild 22) heraus.
■ Ziehen Sie den Luftmassenmesser (3) aus dem Luftfilterkasten heraus.

Die Montage erfolgt sinngemäß in umgekehrter Reihenfolge.
■ Löschen Sie den Fehlerspeicher und lesen Sie ihn erneut nach der Probefahrt aus.

Saugrohrdruckfühler aus- und einbauen
Der Saugrohrdrucksensor (MAP-Sensor) ist bei allen Motorvarianten im Ansauggehäuse vor dem Zylinderkopf verbaut.

■ Lassen Sie den Motor für die Montagearbeiten abkühlen.
■ Lesen Sie den Fehlerspeicher aus.
■ Reinigen Sie den Bereich um den Saugrohrdruckfühler gründlich.
■ Legen Sie die Steckkontakte frei.
■ Entsichern Sie den Steckkontakt (1 im Bild 23) und ziehen Sie ihn ab.
■ Drehen Sie die Schraube (3) heraus.
■ Ziehen Sie den Sensor (2) gerade aus dem Getriebegehäuse heraus.

Die Montage erfolgt sinngemäß in umgekehrter Reihenfolge.
■ Löschen Sie den Fehlerspeicher und lesen Sie ihn erneut nach der Probefahrt aus.

Kühlwassertemperaturgeber
Der Kühlwassertemperaturgeber befindet sich beim OM 651 am Motor oben vorne rechts im Thermostatgehäuse. Beim OM 642 ist er unter der linken Motorabdeckung im Wasserverteilerrohr verbaut. Bei OM 654 ist er im Thermostatgehäuse vorne unten rechts zu finden.
Die Temperaturfühler werden mit einem Gummiring abgedichtet und mit der Klammer gehalten.

■ Lassen Sie den Motor für die Montagearbeiten abkühlen.
■ Lesen Sie den Fehlerspeicher aus.
■ Entsichern Sie den Steckkontakt (3 im Bild 24) und ziehen Sie ihn ab.

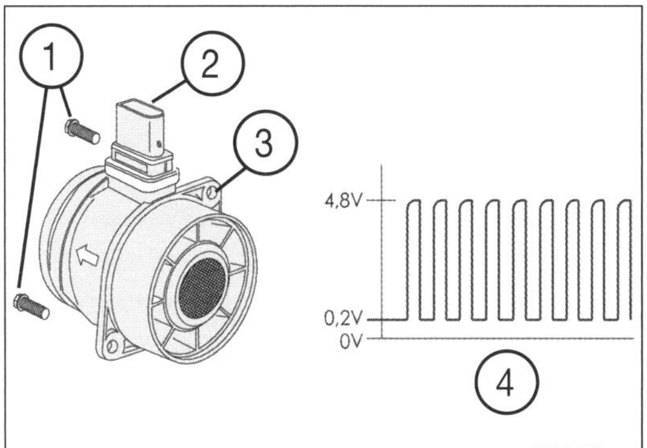

Bild 22

Bild 22
Luftmassenmesser.
1 Schraube
2 Elektrischer Steckkontakt
3 Luftmassenmesser (HFM 8)
4 Typisches Signalbild (die Frequenz verändert sich mit Zunahme der Luftmasse)

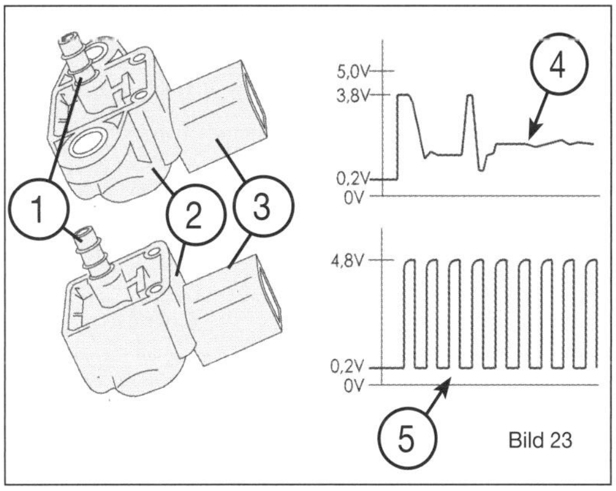

Bild 23

Bild 23
Saugrohrdruckfühler.
1 Messanschluss (im Saugrohr)
2 Saugrohrdruckfühler (MAP-Sensor)
3 Elektrischer Anschluss
4 Analoges Signal (alte Varianten)
5 Digitales Signal mit Frequenzänderung im Verhältnis zum anliegenden Druck (neue Varianten)

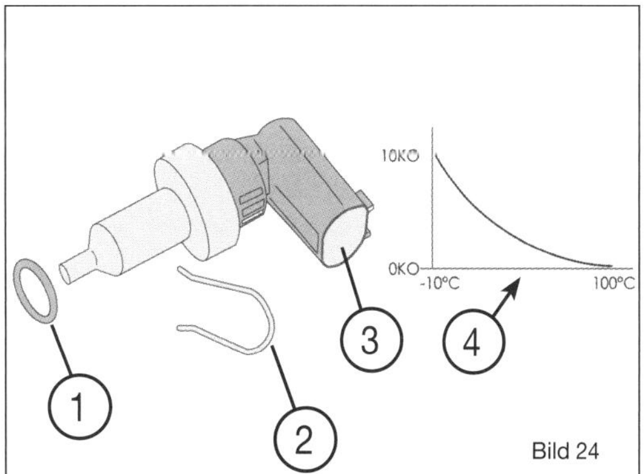

Bild 24

Bild 24
Wassertemperaturfühler.
1 O-Ring
2 Sicherungsklammer
3 Temperaturfühler
4 Temperaturkurve (NTC)

Stellen Sie einen Auffangbehälter auf und legen Sie einige saugfähige Lappen bereit.
■ Reinigen Sie den Bereich um den Temperaturfühler gründlich.
■ Ziehen Sie die Sicherungsklammer (2) heraus.
■ Ziehen Sie den Temperaturfühler (3) gerade heraus.
■ Fangen Sie austretendes Kühlmittel auf.

Die Montage erfolgt sinngemäß in umgekehrter Reihenfolge.
■ Ergänzen Sie das Kühlmittel.
■ Löschen Sie den Fehlerspeicher und lesen Sie ihn erneut nach der Probefahrt aus.

9 Abgasanlage

Die Abgas- oder Auspuffanlage am Unterboden des Sprinters reinigt mit Partikelfilter beim Diesel plus Oxidationskatalysator die Verbrennungsabgase und leitet sie mit geringem Gegendruck über das Endrohr zum Fahrzeugheck. Ein Schalldämpfer oder Schalldämpfersystem ist in diesem Modell nicht mehr erforderlich. Der Auspuff moderner Pkw ist für mehr als 60.000 Kilometer gut, wobei die Lebensdauer natürlich auch von den Einsatzbedingungen des Fahrzeugs abhängt. Ist man überwiegend auf kurzen Strecken unterwegs, fallen mehr Kondensat, Ruß und aggressive Säuren im Innern der Anlage an als beim Langstreckenbetrieb mit voll durchgewärmtem Motor. Das Abgasvorrohr ist seltener als die anderen Teile vom Rost bedroht, weil dort die Verbrennungsgase noch mit Temperaturen zwischen 800 und 1000 °C einströmen. Danach verlieren die Abgase an Temperatur und sind am Endrohr nur noch 150 bis 300 °C heiß. Dort tritt das meiste Kondenswasser aus. Es mischt sich mit Verbrennungsrückständen zu aggressiven Säuren und lässt das Auspuffblech von innen nach außen durchrosten. Falls das Endrohr nicht aus besonders korrosionsbeständigem Material hergestellt wurde, ist Arbeit angesagt: Ausbau des alten und Einbau eines neuen Abgasrohrs mit Schalldämpfer.

Hinweise und Regeln für Arbeiten an der Auspuffanlage

Reparaturen an durchgerosteten Auspuffanlagen, z. B. mit Auspuffkitt und Bandagen, haben nur kurzzeitig Erfolg. Das Blech bricht bald neben der Reparaturstelle. Werkstätten wechseln Auspuffanlagen meist komplett aus. Vor weiteren Arbeiten daher den Zustand der Anlage genau prüfen und dann entscheiden, ob einzelne Teile oder das ganze System erneuert werden sollen. Wird nach gründlicher Prüfung an der Abgasanlage gearbeitet, sollten folgende Grundregeln beachtet werden:

■ Bei einer Demontage darf die Abgasanlage keinesfalls herunterfallen. Dabei könnten wichtige Teile beschädigt werden.

■ Dichtungen und selbstsichernde Muttern immer ersetzen.

■ Verschraubungen der Auspuffanlage lassen sich beim nächsten Mal leichter lösen, wenn die Gewinde beim Einbau mit hochhitzefestem Kupferfett bestrichen werden.

☞ Werden Partikelfilter oder Katalysator ausgebaut und ersetzt, müssen die Altteile vorschriftsmäßig entsorgt werden. Sie dürfen nicht wie Schrott behandelt werden, weil sie wertvolles Edelmetall enthalten, das wieder in den Produktionsprozess eingebracht werden kann.

☞ Für Arbeiten an Lambdasonden gilt: Nur das Gewinde mit Heißschraubenpaste wie VW »G 052 112 A3« fetten. An die Schlitze des Sondenkörpers darf kein Fett kommen. Aus- und Einbau am besten mit Ringschlüsselsatz für Lambdasonde. Dichtring bei Undichtigkeit aufkneifen und ersetzen. Festziehen mit 45 Nm.

■ Alle Schlauchverbindungen mit Schlauchschellen sichern, die dem Serienstand entsprechen.

■ Alle Kabelbinder, die beim Ausbau gelöst werden, sind beim Einbau an der gleichen Stelle wieder anzubringen.

■ Nach Montagearbeiten an der Abgasanlage darauf achten, dass die Anlage nicht verspannt wird und ausreichend Abstand zum Aufbau hat. Gegebenenfalls Schellen lösen und Schalldämpfer und Abgasrohr so ausrichten, dass überall ausreichend Abstand zum Aufbau vorhanden ist und die Aufhängungen gleichmäßig belastet werden.

■ Nach getaner Arbeit immer Motorprobelauf durchführen und »Auspuffanlage auf Dichtheit prüfen« (Bild 2). Ansonsten gelten für Arbeiten an Abgasanlage und Abgasrückführung hinsichtlich Sauberkeit und Sicherheit die Vorschriften, die auch für Arbeiten an Motor, Kraftstoff- oder Einspritzsystem üblich sind.

Zustand der Auspuffanlage kontrollieren

■ Fahrzeug auf einer Hebebühne anheben oder absolut rüttelsicher aufbocken. Es darf nicht kippeln, wenn heftig an den Rohren der Auspuffanlage gedreht oder gezerrt wird. Die Aufhängungen und Gummiösen dürfen keine Schäden aufweisen.

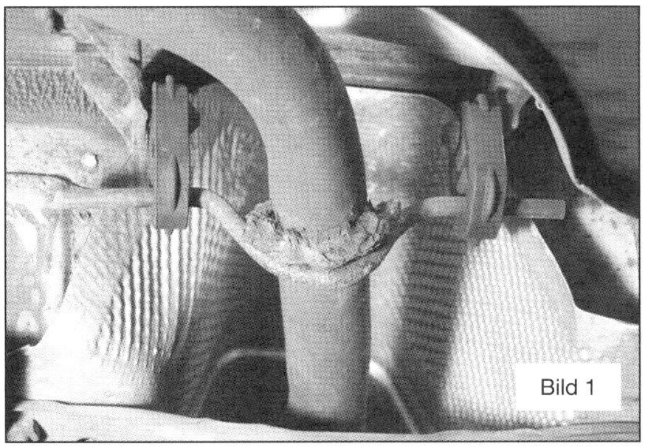
Bild 1

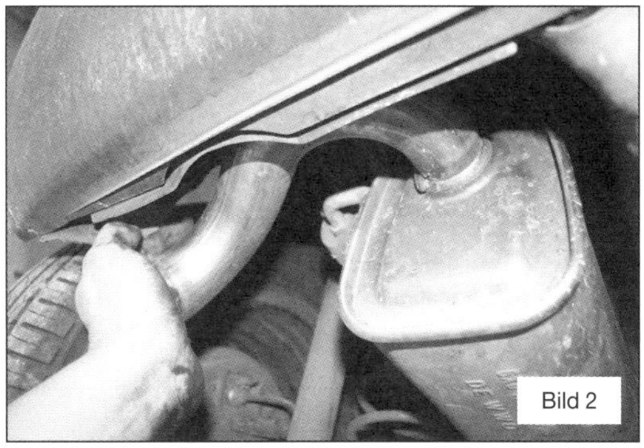
Bild 2

Bild 1
Der Zustand von Schalldämpfern, Schellen und Übergängen muss regelmäßig überprüft werden.

Bild 2
Zuhalten des Abgasrohres zur Dichtheitsprüfung.

■ Zur Kontrolle die Abgasanlage an den Schraubbefestigungen rütteln. Komponenten auf Brüchigkeit, Einrisse oder sonstige Schäden überprüfen, bei Bedarf ersetzen.
■ Wenn sich beim Demontieren eine Verschraubung nicht lösen lässt, mit Rost lösendem Mittel behandeln oder durch Überdrehen abreißen. Beim Festziehen von Verschraubungen z. B. am Abgaskrümmer die Reihenfolge von innen nach außen und über Kreuz einhalten.
■ Wenn Teile der Anlage schon einmal ersetzt wurden, trennt man die Steckverbindung der Rohrenden am besten in erwärmtem Zustand. Schweißbrenner oder Propangasbrenner verwenden und Feuerlöscher bereithalten.
■ Schalldämpfer mit einem Hammer rundum gründlich abklopfen, auch an den Stirnseiten (Übergang von den Töpfen zu den Rohren). Nicht zu zaghaft hämmern. Klingt es bei jedem Schlag hell, ist das Blech noch gesund. Wird das Klopfgeräusch an manchen Stellen dumpfer, ist die Außenhaut bereits geschwächt und wird bald durchbrechen.

Tipp: Ein sehr dumpfer Auspuffton und Knallen im Schiebebetrieb können auf einen durchgerosteten Auspuff hinweisen.

■ Dichtheit der Auspuffanlage prüfen (nachfolgende Anleitung).

Abgasanlage auf Dichtheit prüfen

■ Motor starten und mit Leerlaufdrehzahl laufen lassen.
■ Auspuffendrohr für die Dauer der Dichtheitsprüfung verschließen (Lappen, Stöpsel). Der Motor kann ausgehen. Grundsätzlich sollten Sie keine lauten Zischgeräusche wahrnehmen können.
■ Verbindungsstellen Zylinderkopf/Abgaskrümmer, Abgasturbolader/Abgasvorrohr usw. durch Abhören auf Dichtheit prüfen. Gibt es zischelnde Geräusche an Verbindungsstellen, ist die Anlage an der Geräuschstelle undicht.
■ Festgestellte Undichtigkeiten beseitigen.

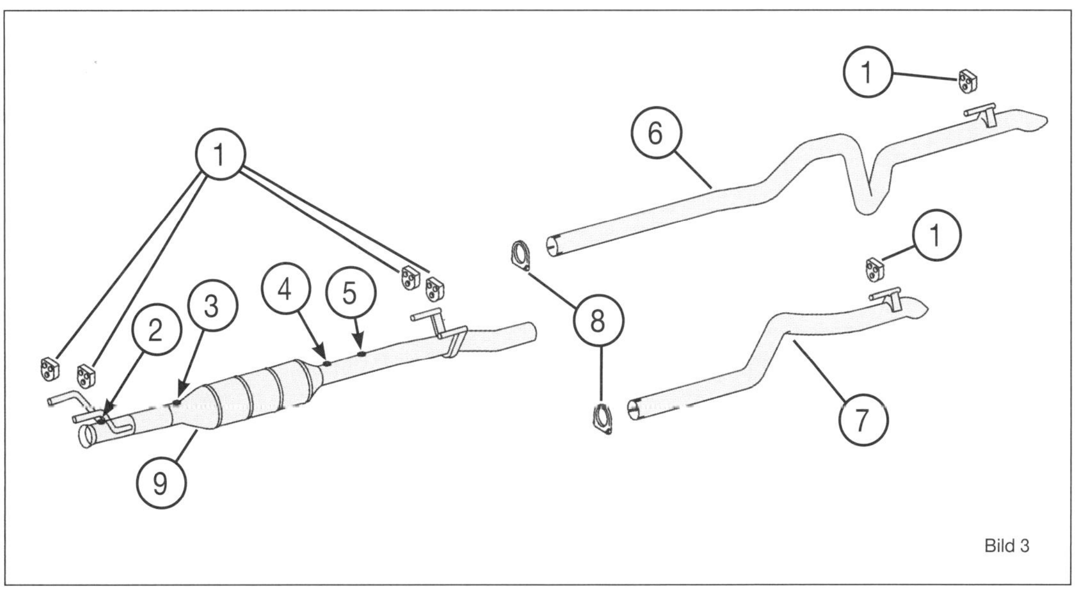

Bild 3

Bild 3
1 Auspuffhaltegummis
2 Einbauposition AdBlue-Einspritzdüse
3 Temperatursensor
4 Partikelsensor
5 NOx-Sensor
6 Abgasrohr hinten lang
7 Abgasrohr hinten kurz
8 Rohrschellen
9 SCR-Katalysator

Bild 4
Vibrationen und Verspannung: Schweißnaht rundum ausgebrochen.

Bild 5
Abgasanlage Mitte.
1 AdBlue Einspritzventil
2 Temperaturfühler SRC-Katalysator
3 Partikelsensor
4 NOx-Sensor
5 SCR-Katalysator

Abgasanlage spannungsfrei einrichten

Nach jeder Montagearbeit an der Abgasanlage muss die Abgasanlage spannungsfrei montiert werden, anderenfalls können Halter, Gummis oder auch das Flexstück geschädigt werden.

- Der Motor muss kalt sein.
- Verschraubungen der Klemmschellen lösen.
- Die Schraube handfest anziehen.
- Die Abgasanlage so ausmitteln, dass diese nirgends gegen stößt und spannungsfrei sitzt.

Die Haltegummis der Abgasanlage sollten möglichst nicht in ihre Aufsteckrichtung gezogen werden.

- Die Verschraubungen der Schellen und Klemmhülsen sollten so ausgerichtet werden, dass sie möglichst nicht nach unten herausstehen.
- Nach dem Anziehen der Klemmschellen die Freigängigkeit der Auspuffanlage prüfen und gegebenenfalls korrigieren.
- Achten Sie darauf, dass das Flexstück im Übergang zwischen Abgasanlage und Katalysator nicht verdreht montiert wurde oder unter Spannung steht.
- Prüfen Sie abschließend die Dichtheit der Auspuffanlage.

Schalldämpfer

In dieser Modellreihe sind keine Schalldämpfer verbaut. Die Auspuffanlage besteht aus Dieselpartikelfilter, SCR-Katalysator und Abgasendrohr.

Abgasrohr hinten

Die Montagearbeiten sind für die unterschiedlichen Modelle sehr ähnlich. Wir stellen Ihnen an dieser Stelle eine allgemeingültige Beschreibung zur Verfügung.

- Das Fahrzeug anheben und aufbocken.
- Die Rohrschelle (8 im Bild 3) lösen.
- Das Abgasrohr (6 oder 7) zum Lösen etwas nach oben und unten drücken.
- Das Endrohr (3) ausbauen.

Der Einbau erfolgt sinngemäß in umgekehrter Reihenfolge.

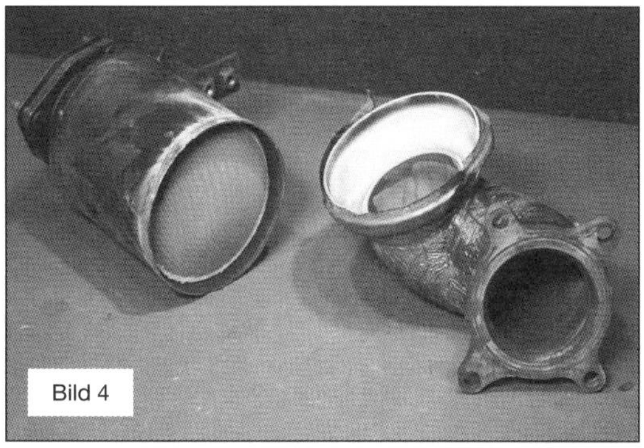

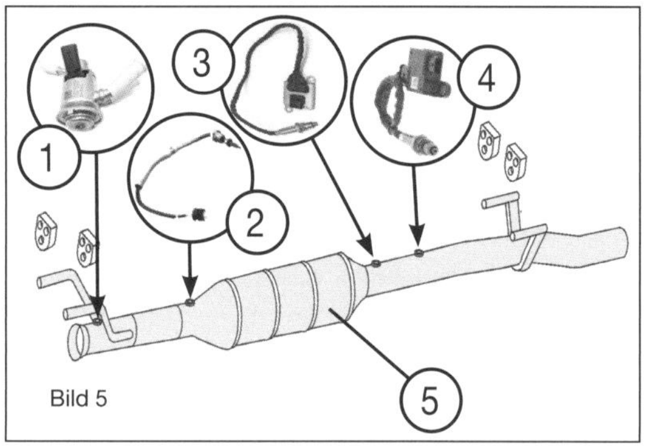

- Achten Sie auf den richtigen Sitz (Einbauposition) der Schelle. Die Verschraubung sollte nicht nach unten überstehen.
- Richten Sie die Abgasanlage wie bereits beschrieben spannungsfrei aus.
- Prüfen Sie die Dichtheit der Auspuffanlage wie bereits beschrieben.

SCR-Katalysator

Der SCR-Katalysator (Selektive Catalytic Reduction) befindet sich am Unterboden hinter dem Flexstück. Die Montagearbeiten sind für die unterschiedlichen Modelle sehr ähnlich. Wir stellen Ihnen an dieser Stelle eine allgemeingültige Beschreibung zur Verfügung.

⚠ Der Umgang mit dem Reduktionsmittel und den Bauteilen, die mit ihm in Berührung kommen, ist nicht ungefährlich für die Gesundheit und auch für lackierte oder anderweitig beschichtete Oberflächen. Das Reduktionsmittel kann Haut, Augen und Atmungsorgane reizen. Bei Hautkontakt mit dieser Flüssigkeit sofort mit viel Wasser abwaschen. Suchen Sie gegebenenfalls einen Arzt auf.

⚠ Achten Sie zu jedem Zeitpunkt darauf, dass kein Reduktionsmittel auf Verkleidungs- oder Karosserieteile gelangt. Sollte dies geschehen sein, waschen Sie das

Reduktionsmittel mit klarem Wasser und einem fusselfreiem Baumwolltuch wieder heraus. Falls sich das Reduktionsmittel bereits kristallisiert haben sollte, benutzen Sie warmes Wasser und einen Schwamm. Nicht entfernte Reduktionsmittelreste kristallisieren nach einiger Zeit und können die betroffene Oberfläche beschädigen. Informationen über Lagerung und Entsorgung erfragen Sie bei Ihrem Händler.

■ Das Abgasendrohr (6 oder 7 im Bild 3) wie beschrieben ausbauen.

■ Die AdBlue®-Leitung und die elektrische Steckverbindung des Dosierventils abbauen. Das Dosierventil (1 im Bild 5) nicht von SCR-Katalysator (5) abbauen.

■ Die elektrische Steckverbindung vom Temperaturfühler (2) entsichern und abziehen.

■ Die elektrische Steckverbindung vom Rußpartikelsensor (3) entsichern und abziehen.

■ Die elektrische Steckverbindung vom NOx-Sensor mit Steuergerät (4) entsichern und abziehen. Das Steuergerät freilegen.

■ Die Schelle zum Flexrohr ausbauen.

■ Die Auspuffgummis am SCR-Katalysator aushängen.

■ Den SCR-Katalysator (1) herausnehmen.

Der Einbau erfolgt sinngemäß in umgekehrter Reihenfolge.

■ Achten Sie auf den richtigen Sitz (Einbauposition) der Schelle. Die Verschraubung sollte nicht nach unten überstehen.

■ Richten Sie die Abgasanlage wie bereitsbeschrieben spannungsfrei aus.

■ Prüfen Sie die Dichtheit der Auspuffanlage wie bereits beschrieben.

Partikelfilter aus- und einbauen

Vorarbeiten für alle Fahrzeuge

■ Prüfen Sie die Dichtigkeit der Auspuffanlage vor der Demontage.

■ Lesen Sie den Fehlerspeicher aus.

■ Fahrzeug mit der Hebebühne anheben,

⚠ Das Fahrzeug zwischen den Hebebühnensäulen ausrichten und die vier Aufnahmeteller an den vom Fahrzeughersteller vorgeschriebenen Hebebühnenaufnahmepunkten platzieren.

⚠ Es besteht Gefahr durch Verbrennung. Die Teile der Abgasanlage können heiß sein.

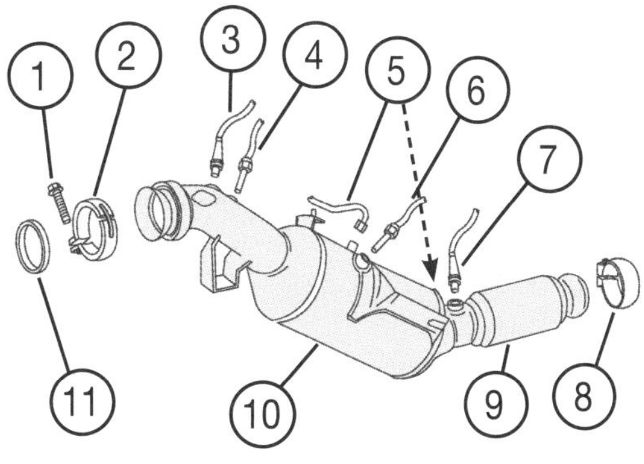

Bild 6

Bild 6
Abgasanlage vorne (OM 651).
1 Schraube
2 Schelle
3 Lambdasonde
4 Temperatursensor
5 Druckleitung
6 Temperatursensor
7 NOx-Sensor
8 Schelle
9 Flexstück
10 Partikelfilter
11 Dichtring

Vor dem Ausbau der Teile die Abgasanlage abkühlen lassen.

Partikelfilter am OM 651 (Bild 6)

Der Partikelfilter ist die erste Baueinheit der Abgasanlage nach dem Turbolader.

■ Bauen Sie wie beschrieben das Abgasrohr hinten aus.

■ Demontieren Sie die Schelle (8 im Bild 6).

■ Demontieren Sie den SRC-Katalysator wie bereits beschrieben.

■ Demontieren Sie den Querträger unter dem Getriebe und fangen Sie die Antriebseinheit ab.

■ Klemmen Sie die Anschlussleitung der Lambdasonde ab und bauen Sie die Lambdasonde (3) aus dem Partikelfilter (10) aus.

■ Klemmen Sie die Anschlussleitung des Abgastemperatursensors (4) ab und bauen Sie den Abgastemperatursensor (4) aus dem Partikelfilter (10) aus.

■ Bauen Sie die Schelle (2) am Tubolader aus und nehmen Sie den Dichtring (11) ab.

■ Klemmen Sie die Anschlussleitung des Abgastemperatursensors (6) ab und bauen Sie den Abgastemperatursensor (6) aus dem Partikelfilter (10) aus.

■ Legen Sie die Anschlussleitung des NOx-Sensors mit Steuergerät (7) frei.

■ Klemmen Sie die Anschlussleitung des NOx-Sensors mit Steuergerät (7) ab und bauen Sie die Lambdasonde (3) aus dem Partikelfilter (10) aus.

■ Lösen Sie die Überwurfmuttern der beiden Druckleitungen (5).

■ Demontieren Sie den Halter am Partikelfilter und legen Sie die beiden Druckleitungen aus dem Arbeitsbereich hinaus.

■ Drehen Sie die vier Schrauben am Partikelfilter zu den Haltern heraus.

Bild 7
Abgasanlage vorne (OM 642).
1 Schraube
2 Rohrschelle
3 Dichtring
4 Lambdasonde
5 Temperatursensor
6 Flanschstück
7 Temperatursensor
8 NOx-Sensor
9 Schelle
10 Partikelfilter
11 Druckleitungen
12 Flanschdichtung

Bild 8
Abgasanlage vorne (OM 654).
1 Druckleitungen
2 Metalldichtung
3 Rohrschelle
4 Schraube
5 Schraube
6 NOx-Sonde
7 Schraube
8 Schelle
9 Dichtring
10 Abgasrohr mit Flexstück
11 Dichtring
12 Schelle
13 Druckleitungen
14 Partikelfilter

■ Nehmen Sie den Dieselpartikelfilter (10) nach unten/hinten heraus.

Der Einbau erfolgt sinngemäß in umgekehrter Reihenfolge.
■ Achten Sie darauf, das Flexstück (9) nicht zu überdehnen oder zu überlasten.
■ Schließen Sie das Diagnosesystem an und löschen Sie den Fehlerspeicher.

Beim Erneuern des Dieselpartikelfilters muss die Initialisierung des Dieselpartikelfilters im Steuergerät mit Diagnosesystem durchgeführt werden.

Partikelfilter am OM 642 (Bild 7)
Der Partikelfilter ist die erste Baueinheit der Abgasanlage nach dem Turbolader und rechts neben dem Getriebe verbaut.
■ Bauen Sie die Abdeckung der rechten Zylinderkopfhaube aus.
■ Bauen Sie wie beschrieben das Abgasrohr hinten aus.
■ Demontieren Sie die Schelle (9 im Bild 7).
■ Demontieren Sie den SRC-Katalysator wie bereits beschrieben.
■ Demontieren Sie den Querträger unter dem Getriebe und fangen Sie die Antriebseinheit ab.
■ Die Schelle (2 im Bild 7) lösen.
■ Die Halterungsschraube oben am Partikelfilter herausdrehen.
■ Den Differenzdrucksensor von seinem Halter abbauen.
■ Das Fahrzeug mit der Hebebühne anheben.

⚠ Das Fahrzeug zwischen den Hebebühnensäulen ausrichten und die vier Aufnahmeteller an den vom Fahrzeughersteller vorgeschriebenen Hebebühnenaufnahmepunkten platzieren.

■ Die rechte Unterbodenverkleidung ausbauen (soweit verbaut).
■ Klemmen Sie die Anschlussleitung des Abgastemperatursensors (4) ab und bauen Sie den Abgastemperatursensor (7) aus dem Partikelfilter (10) aus.
■ Die elektrische Steckverbindung vom NOx-Sensor mit Steuergerät (8) entsichern und abziehen. Das Steuergerät freilegen.
■ Lösen Sie die Überwurfmuttern der beiden Druckleitungen (11).
■ Demontieren Sie den Halter am Partikelfilter und legen Sie die beiden Druckleitungen aus dem Arbeitsbereich hinaus.

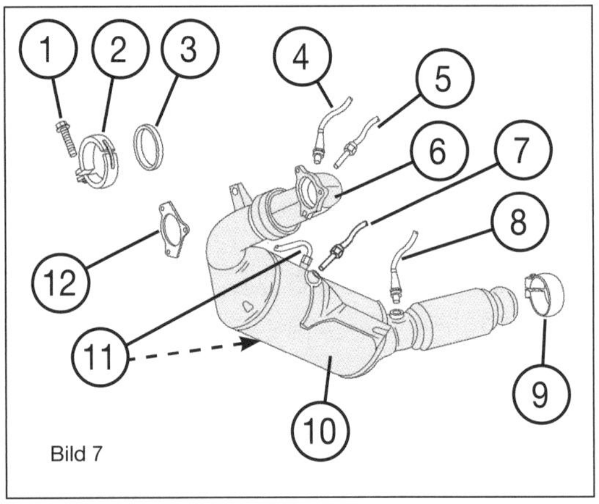

Bild 7

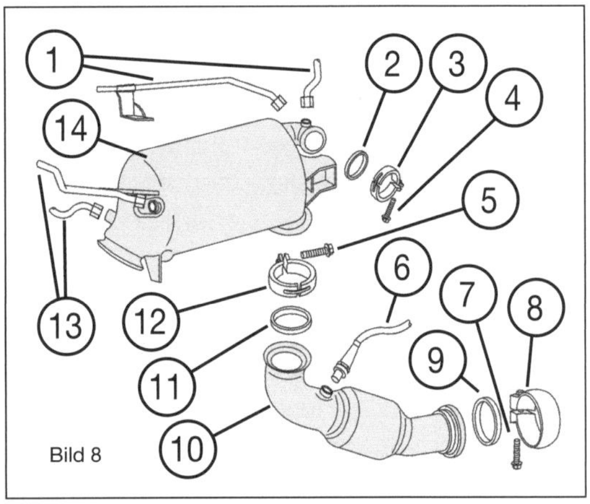

Bild 8

■ Drehen Sie die drei Schrauben am Partikelfilter zu den Haltern heraus.
■ Den Dieselpartikelfilter (10) nach unten ausbauen.

Der Einbau erfolgt sinngemäß in umgekehrter Reihenfolge.
■ Achten Sie darauf, das Flexstück (9) nicht zu überdehnen oder zu überlasten.
■ Schließen Sie das Diagnosesystem an und löschen Sie den Fehlerspeicher.

Beim Erneuern des Dieselpartikelfilters muss die Initialisierung des Dieselpartikelfilters im Steuergerät mit Diagnosesystem durchgeführt werden.

Partikelfilter am OM 654 (Bild 8)
Der Partikelfilter ist die zweite Baueinheit der Abgasanlage nach dem Oxikat und dem Flexstück vor dem SRC-Katalysator. Er ist auf der rechten Motorseite verbaut.
■ Die Masseleitung an der Bordnetzbatterie abklemmen.
■ Bauen Sie wie beschrieben das Abgasrohr hinten aus.
■ Demontieren Sie die Schelle (8 im Bild 8).

- Bauen Sie den Oxidationskatalysator aus.
- Das Abgasrohr mit Flexstück (10) vom Dieselpartikelfilter (14) abbauen.
- Das Wärmeschutzblechunterteil unter dem Dieselpartikelfilter ausbauen.
- Die Schraube (4) an Schelle (3) herausdrehen und Schelle (3) öffnen.
- Die Überwurfmuttern der Druckleitungen (1) abbauen und die Differenzdruckleitung (1) vom Dieselpartikelfilter (14) abbauen.
- Die Überwurfmuttern der Druckleitungen (13) abbauen und die Differenzdruckleitung (13) vom Dieselpartikelfilter (14) abbauen.
- Die Öffnungen mit geeigneten Verschlussstopfen verschließen.
- Die Befestigungsschrauben des Partikelfilters vorne und hinten herausdrehen.
- Den Dieselpartikelfilter (14) nach oben herausnehmen.
- Die Schelle (3) vom Dieselpartikelfilter (14) zum AGR abbauen.
- Die Dichtung (2) abbauen.

Verschließen Sie die Öffnungen am Dieselpartikelfilter (1) mit geeigneten Schutzhauben oder Stopfen.

Montage:

- Die Verbindungsstellen am Dieselpartikelfilter gründlich reinigen.
- Achten Sie darauf, das Flexstück (9) nicht zu überdehnen oder zu überlasten.
- Schließen Sie das Diagnosesystem an und löschen Sie den Fehlerspeicher.

Beim Erneuern des Dieselpartikelfilters muss die Initialisierung des Dieselpartikelfilters im Steuergerät mit Diagnosesystem durchgeführt werden.

- Verwenden Sie grundsätzlich neue Dichtungen.
- Bauen Sie eine neue Schelle (3) an den Dieselpartikelfilter an. Verschließen Sie die Schelle aber noch nicht.
- Setzen Sie den Dieselpartikelfilter (1) ein und positionieren Sie ihn in Einbaulage.
- Ziehen Sie die Befestigungsschraube vorne und hinten leicht von Hand an.
- Richten Sie den Dieselpartikelfilter zur Niederdruck-Abgasrückführleitung (zum AGR) aus und schließen Sie die Schelle (3).
- Ziehen Sie die Schraube (4) an der Schelle (3) leicht von Hand an.
- Montieren Sie die Schellen zum Flexrohr und zum Oxikat und ziehen Sie die Schrauben der Schellen fest.

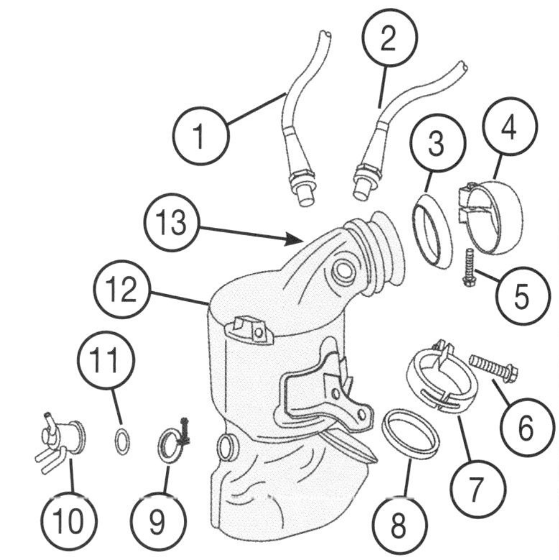

Bild 9

Bild 9
Oxikat vor dem Partikelfilter (OM 654).
1 NOx-Sensor
2 Lambdasonde
3 Dichtring
4 Rohrschelle zum Turbolader
5 Schraube
6 Schraube
7 Profilschelle zum Partikelfilter
8 Dichtring
9 Zweiteilige Profilschelle
10 Additiv-Einspritzventil
11 Dichtring
12 Diesel-Oxidationskatalysator (Oxi-Kat)
13 Temperatursensor

Der weitere Einbau erfolgt sinngemäß in umgekehrter Reihenfolge.

- Achten Sie darauf, das Flexstück (9) nicht zu überdehnen oder zu überlasten.
- Schließen Sie das Diagnosesystem an und löschen Sie den Fehlerspeicher.

Beim Erneuern des Dieselpartikelfilters muss die Initialisierung des Dieselpartikelfilters im Steuergerät mit Diagnosesystem durchgeführt werden.

Oxikat am OM 654 (Bild 9)

Der Dieseloxidationskatalysator (kurz Oxikat) befindet sich zwischen Partikelfilter und Turbolader.

- Prüfen Sie die Dichtigkeit der Auspuffanlage vor der Demontage.
- Bauen Sie, so weit verbaut, die Motorabdeckung oben und unten aus.
- Demontieren Sie den NOx-Sensor mit Steuergerät (1) beziehungsweise die Lambdasonde (2).
- Abgastemperatursensor (13) vom Dieseloxidationskatalysator (1) abbauen und zur Seite legen.
- Den Abgastemperatursensor vom Dieselpartikelfilter abbauen und zur Seite legen.
- Den Dieseloxidationskatalysator (12) abbauen und mit angeschlossenen Leitungen zur Seite binden.
- Die elektrische Steckverbindung entriegeln, den elektrischen Leitungssatz freilegen und aus dem Arbeitsbereich herauslegen.
- Die Schraube (6) an Schelle (7) herausdrehen und Schelle (7) öffnen.

■ Die Schelle (4) zum Turbolader ausbauen.
■ Dieseloxidationskatalysator (1) nach oben herausnehmen.
■ Die Befestigungsschrauben des Dieseloxidationskatalysators herausdrehen.
■ Die Dichtung (3) vom Abgasturbolader abnehmen.

Der Einbau erfolgt sinngemäß in umgekehrter Reihenfolge.
■ Schließen Sie das Diagnosesystem an und löschen Sie den Fehlerspeicher, soweit Fehler durch die Montage erfasst wurden.
■ Prüfen Sie die Dichtigkeit der Abgasanlage wie bereits beschrieben.
■ Die Gewinde der Lambdasonden nach KAT und vor KAT mit Paste bestreichen, wenn sie demontiert wurden.
■ Alle selbstsichernde Muttern erneuern.

⚠ Nach Montagearbeiten an der Abgasanlage darauf achten, dass die Abgasanlage nicht verspannt wird und ausreichend Abstand zum Aufbau hat.

Flexstück ersetzen

Der Ersatz des Flexstückes ist seitens des Fahrzeugherstellers nicht vorgesehen. Hinsichtlich einer zeitwertgerechten Reparatur und der horrenden Kosten der Bauteile ist der Ersatz des Flexstückes durch Einschweißen durchaus rentabel.
■ Fahrzeug mit der Hebebühne anheben, Fahrzeug zwischen den Hebebühnensäulen ausrichten und die vier Aufnahmeteller an den vom Fahrzeughersteller vorgeschriebenen Hebebühnenaufnahmepunkten platzieren.
■ Bauen Sie den Schalldämpfer wie bereits beschrieben aus.
■ Beschaffen Sie sich ein passendes Flexrohr (Bild 10) im Zubehör. Als Originalteil ist es nicht lieferbar. Hier ist lediglich der Ersatz des Schalldämpfers vorgesehen.
■ Markieren Sie die Einbauposition der Auspuffrohrstücke zum Flexrohr.
■ Trennen Sie das Flexrohr entsprechend der Länge des Flexrohrers aus dem Endschalldämpfer heraus.

☞ Führen Sie die Schnitte möglichst gerade aus.

■ Verschweißen Sie zuerst die eine Seite des Auspuffrohrs mit dem Flexrohr.

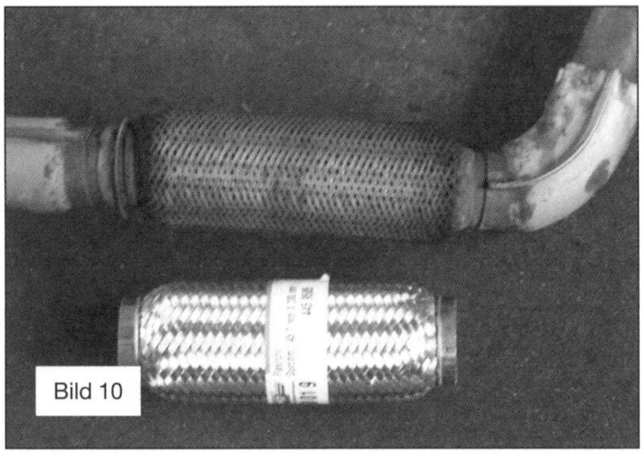
Bild 10

Bild 10
Reparatureinsatz für das Flexstück am Schalldämpfer.

■ Richten Sie das noch lose Auspuffrohrstück entsprechend Ihrer Markierung aus.
■ Verschweißen Sie das zweite Auspuffrohrstück mit dem Flexrohr.
■ Versiegeln Sie die Schweißnähte mit etwas Zinkspray.
■ Bauen Sie die Auspuffanlage wieder ein.
■ Verwenden Sie etwas Auspuffmontagepaste für die Verbindung zwischen Endschalldämpfer und Abgasrohr.
■ Prüfen Sie die Dichtigkeit der Abgasanlage wie bereits beschrieben.

SCR-System (Adblue®)

⚠ Das Reduktionsmittel kann Haut, Augen und Atmungsorgane reizen. Bei Hautkontakt mit dieser Flüssigkeit, sofort mit viel Wasser abwaschen. Suchen Sie gegebenenfalls einen Arzt auf.

⚠ Achten Sie zu jedem Zeitpunkt darauf, dass kein Reduktionsmittel auf Verkleidungs- oder Karosserieteile gelangt. Sollte dies geschehen sein, waschen Sie das Reduktionsmittel mit klarem Wasser und einem fusselfreiem Baumwolltuch wieder heraus. Falls sich das Reduktionsmittel bereits kristallisiert haben sollte, benutzen Sie warmes Wasser und einen Schwamm. Nicht entfernte Reduktionsmittelreste kristallisieren nach einiger Zeit und können die betroffene Oberfläche beschädigen. Informationen über Lagerung und Entsorgung erfragen Sie bei Ihrem Händler.

Reduktionsmitteltank entleeren und befüllen
Entleeren:
■ Den Arbeitsbereich um den AdBlue® Einfüllstutzen mit Folie und saugfähigem Papier großflächig abdecken.
■ Den Verschlussdeckel am AdBlue® Einfüllstutzen abschrauben.

■ Die Ansaugseite der Absaugpumpe mit einem Schlauch aus dem Umrüstsatz der Pumpe verlängern.
■ Die AdBlue®-Flüssigkeit über den Einfüllstutzen absaugen.

Befüllen:
■ Arbeitsbereich um den Einfüllstutzen mit Folie und saugfähigem Papier großflächig abdecken.
■ Neues AdBlue® bis zu den Füllstandsmarkierungen in den Einfüllstutzen einfüllen.
■ Die Folie und das Papier entfernen.

⚠ Es darf kein Papier in den Einfüllstutzen und den Additiv-Behälter gelangen, da sonst Schäden an der »AdBlue®-Anlage« drohen.

■ Reste von AdBlue® entfernen.
■ Den Verschlussdeckel am Einfüllstutzen festschrauben.
■ Nach Beenden des beschriebenen Arbeitsablaufs die Absaugpumpe sorgfältig mit Wasser spülen.

☞ Das abgesaugte Reduktionsmittel darf keinesfalls wiederverwendet werden. Informationen über Lagerung und Entsorgung erfragen Sie bei Ihrem Händler.

Arbeiten am Abgasrückführungssystem

Die Abgasrückführungssysteme unterscheiden sich für die einzelnen Motoren. Wir stellen Ihnen zum Ausbau des AGR-Ventils beispielhaft eine Vorgangsbeschreibung zu den unterschiedlichen Motoren vor.

Ausbau des AGR-Ventils beim OM 651
Das AGR-Ventil ist auf der linken Fahrzeugseite hinter dem Kraftstofffilter verbaut.
■ Lassen Sie den Motor abkühlen.
■ Bauen Sie den Luftfilterkasten und die Motorabdeckung oben aus.
■ Bauen Sie die Ladeluftleitung zum Drosselklappenmodul aus.
■ Die elektrische Steckverbindung (5 im Bild 11) und den Anschluss zum Klappensteller im Saugrohr trennen.
■ Den Drosselklappensteller ausbauen.
■ Das Ventil der Bypassklappe vom Halter abbauen und den Halter abschrauben.
■ Die Schrauben (1) vom Bypassventil herausdrehen.

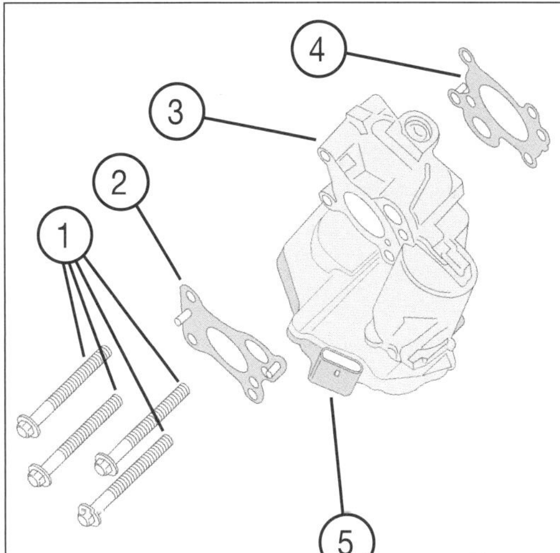

Bild 11

Bild 11
AGR-Ventil (OM 651).
1 Schrauben zum Bypassventil
2 Dichtung
3 AGR-Ventil
4 Dichtung
5 Elektrischer Anschluss

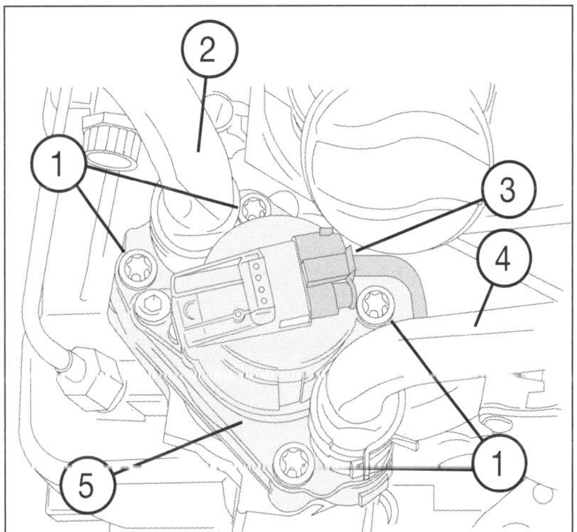

Bild 12

Bild 12
AGR-Ventil (OM 642).
1 Befestigungsschrauben
2 Kühlschlauch
3 Elektrischer Steckkontakt
4 Kühlschlauch
5 AGR-Ventil

■ Den Schlauch an der Membrandose abbauen und den Schlauch aus dem Arbeitsbereich herauslegen.
■ Das Abgasrückführventil (5) zusammen mit dem Abgasrückführsteller der Bypassklappe und der Bypassklappe ausbauen.

Der Einbau erfolgt sinngemäß in umgekehrter Reihenfolge.
■ Schließen Sie das Diagnosesystem an und löschen Sie den Fehlerspeicher, soweit Fehler durch die Montage erfasst wurden.

Ausbau des AGR-Ventils beim OM 642
Das AGR-Ventil ist auf der rechten vorderen Ecke des Motors verbaut.
■ Lassen Sie den Motor abkühlen.
■ Öffnen Sie den Deckel des Ausgleichsbehälters und bauen Sie den Druck im Kühlsystem ab.

■ Drücken Sie die Kühlmittelschläuche (2 und 4 im Bild 12) mit Schlauchklemmen ab.

■ Bauen Sie die Kühlmittelschläuche (2 und 4) am Abgasrückführventil (5) ab.

Fangen Sie auslaufendes Kühlmittel mit geeigenten Lappen auf.

■ Ziehen Sie die elektrische Steckverbindung (3) ab.

■ Drehen Sie die Schrauben (1) heraus.

■ Nehmen Sie das Abgasrückführventil (5) nach oben heraus.

■ Reinigen Sie die Dichtflächen gründlich.

Der Einbau erfolgt sinngemäß in umgekehrter Reihenfolge.

■ Schließen Sie das Diagnosesystem an und löschen Sie den Fehlerspeicher, soweit weitere Fehler durch die Montage erfasst wurden.

Aufbau der Abgasrückführung am OM 654

Zur weiteren Verbesserung der Abgaswerte kommt ein erweitertes AGR-System zum Einsatz. Herkömmliche AGR-Systeme arbeiten im Hochdruckbereich. Das ist immer der Fall, wenn das Abgas noch vor der Turbine des Turboladers und dem Katalysator abgeleitet und nach dem Ladeluftkühler und Drosselklappenmodul wieder eingeleitet wird. Von einem Niederdruck-AGR spricht man, wenn Abgas nach dem Katalysator abgeleitet wird und vor dem Verdichter des Turboladers wieder eingeleitet wird. Das Niederdruck-AGR-System ermöglicht eine höhere Abgasrückführrate und dadurch eine Senkung der Stickoxide.

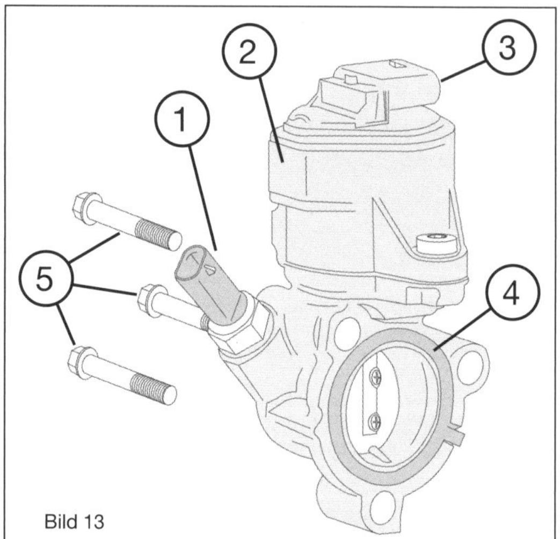

Bild 13

Bild 13
AGR-Ventil im Niederdruck (OM 654).
1 Temperaturfühler
2 AGR-Ventil
3 Elektrischer Anschluss
4 Dichtung
5 Schrauben

Ausbau des AGR-Ventils beim OM 654

Auch beim AGR-System finden sich für den OM 654 andere Bauformen. Es werden zwei AGR-Ventile verwendet. Wir werden im Folgenden die Montagearbeitsschritte für das AGR-Ventil im Niederdrucksystem und das AGR-Ventil im Hochdrucksystem vorstellen.

AGR-Ventil im Niederdruck-Bereich:

Das AGR-Ventil befindet sich auf der rechten hinteren Seite des Motors.

■ Bauen Sie das Luftfiltergehäuse wie bereits beschrieben aus.

■ Demontieren Sie die Luftansaugleitung zum Turbolader.

■ Die Schelle am dünneren Schlauch des Niederdruck-AGR-Ventils öffnen und den Schlauch abziehen.

■ Die Öffnungen mit geeigneten Verschlussstopfen verschließen.

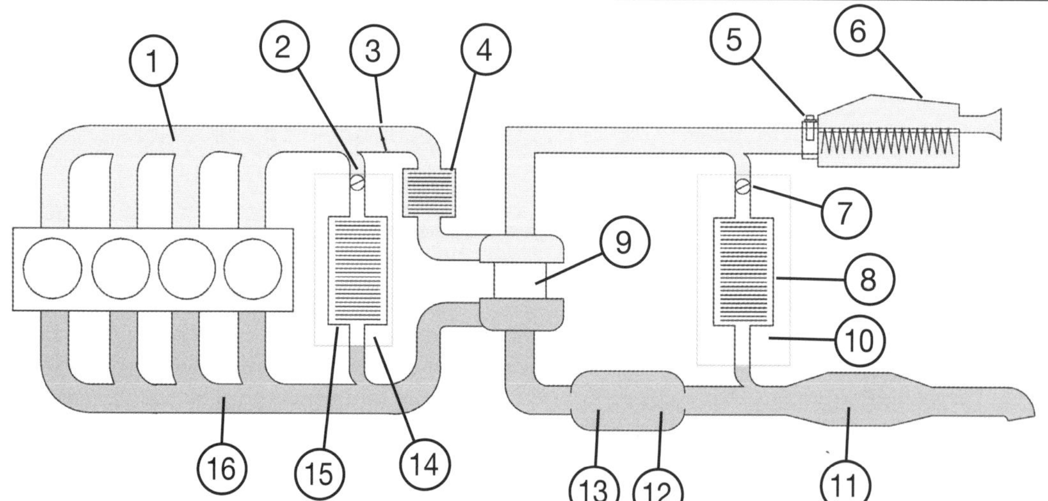

Bild 14

Bild 14
AGR-Ventil (OM 654).
1 Ansaugkrümmer
2 Hochdruck AGR-Ventil
3 Drosselklappenmodul
4 Ladeluftkühler
5 Luftmassenmesser
6 Luftfilter
7 Niederdruck AGR-Ventil
8 Niederdruck Ladeluftkühler
9 Turbolader
10 Niederdruckbereich
11 SCR-Kat
12 Partikelfilter
13 Oxikat
14 Hochdruckbereich
15 Hochdruckladeluftkühler
16 Abgaskrümmer

■ Die elektrische Steckverbindung des Temperaturfühlers (1 im Bild 13) entriegeln und abziehen.
■ Die elektrische Steckverbindung (3) entriegeln und abziehen.
■ Die Schelle öffnen und den dickeren Schlauch vom Niederdruck-AGR-Ventil abziehen.
■ Die drei Schrauben (5) herausdrehen.
■ Das Ventil Niederdruck-AGR-Ventil abnehmen.

Alle Anschlüsse mit geeigneten Schutzhauben verschließen.

■ Reinigen Sie die Dichtflächen gründlich.

Der Einbau erfolgt sinngemäß in umgekehrter Reihenfolge.
■ Schließen Sie das Diagnosesystem an und löschen Sie den Fehlerspeicher, soweit weitere Fehler durch die Montage erfasst wurden.

AGR-Ventil im Hochdruck-Bereich:
Das AGR-Ventil befindet sich oben auf der rechten vorderen Seite des Motors.
■ Das Kühlmittel wie bereits beschrieben ablassen.
■ Die Entlüftungsleitung lösen und aus dem Arbeitsbereich herauslegen.
■ Die elektrische Steckverbindung des AGR-Ventils (5 im Bild 15) trennen.
■ Die Schrauben der Kühlmittelleitung am AGR-Ventil (4) herausdrehen.
■ Die Kühlmittelleitung lösen und die Dichtung (2) abnehmen.
■ Die Schrauben der Hochdruck-Abgasrückführleitung am AGR-Ventil (4) herausdrehen.
■ Die Abgasrückführleitung lösen und die Dichtung (1) abnehmen.
■ Den Leitungskanal lösen, aus dem Arbeitsbereich herauslegen und mit einem Kabelbinder sichern.
■ Die Schrauben des AGR-Ventils zum AGR-Kühler aus Richtung des AGR-Kühlers herausdrehen.
■ Die verbliebene Schraube, unter der Kühlmittelölleitung des AGR-Ventils herausdrehen und die Verbindungsstelle lösen.
■ Das AGR-Ventil (4) vom AGR-Kühler lösen und abnehmen.
■ Die Dichtung (6) zwischen AGR-Ventil (4) und AGR-Kühler (2) abnehmen.

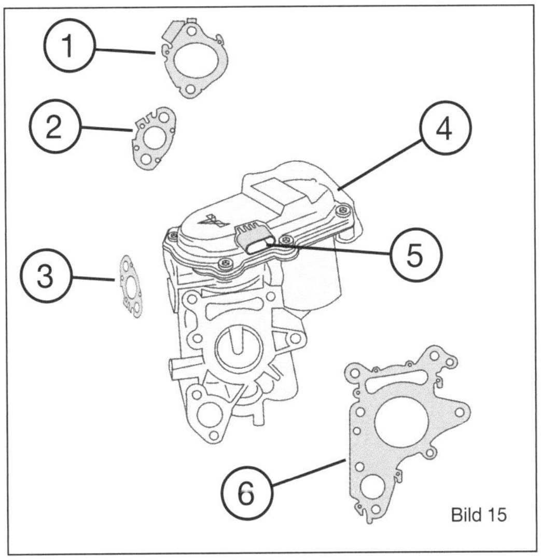

Bild 15
AGR-Ventil im Hochdruck (OM 654).
1 Dichtung
2 Dichtung
3 Dichtung
4 AGR-Ventil
5 Elektrischer Anschluss
6 Dichtung

■ Reinigen Sie die Anschlüsse am AGR-Ventil gründlich und verschließen Sie alle Öffnungen mit passenden Stopfen oder Abdeckhauben.

Der Einbau erfolgt sinngemäß in umgekehrter Reihenfolge.
■ Verwenden Sie grundsätzlich neue Dichtungen.
■ Prüfen Sie die Dichtigkeit des Kühlsystems nach der Befüllung.
■ Schließen Sie das Diagnosesystem an und löschen Sie den Fehlerspeicher, soweit weitere Fehler durch die Montage erfasst wurden.

Aufladesysteme beim Sprinter

Alle Modelle der Mercedes Sprinter sind mit Aufladesystemen wie dem Turbolader ausgerüstet. Die sich ergebende Mehrleistung und das steigende Drehmoment erlauben den Einsatz von Motoren mit kleinerem Hubraum bei erstaunlichen Fahrleistungswerten. Im Laufe der Betriebszeit kann ein Schaden oder einfach normaler Verschleiß am Turbolader den Ausbau und oder Ersatz erforderlich machen. Auch wenn extrem günstige Preise mancher Händler im Netz locken, sollten Sie immer genau nachsehen und sich informieren, wie die Qualität der oftmals aufbereiteten Lader ist. Schließlich kann ein Schaden am Lader auch einen kapitalen Motorschaden zur Folge haben. Wenn es in einem solchen Fall um die Beweislasten geht, werden Sie als privater Schrauber kaum die Möglichkeit haben, nachzuweisen, dass die Reparatur sachgemäß war und die Schadensursache im Bauteil zu finden ist. Fragen Sie deshalb auch in einer Fachwerkstatt nach, was eine Reparatur mit Garantie kosten würde. Das kann durchaus auch eine freie Werkstatt oder oft auch der Lieferant des Turboladers sein.

Sämtliche Schlauchverbindungen sind durch Schellen gesichert. Sichern Sie alle Schlauchverbindungen mit Schlauchschellen, die dem Serienstand entsprechen. Ladeluftsystem muss dicht sein. Selbstsichernde Muttern sind zu ersetzen. Motor nach dem Einbau des Turboladers ca. 1 Minute im Leerlauf laufen lassen und nicht gleich hochdrehen, damit die Ölversorgung des Abgasturboladers sichergestellt ist.

Arbeiten am Ladeluftsystem

Wird am Abgasturbolader ein mechanischer Schaden festgestellt, z. B. ein zerstörtes Verdichterrad, genügt es nicht, nur den Turbolader zu ersetzen. Um Folgeschäden zu vermeiden müssen:

a) Luftfiltergehäuse, Luftfiltereinsatz und die Ansaugschläuche auf Verunreinigungen geprüft werden.

b) Die gesamte Ladeluftstrecke und den Ladeluftkühler auf Fremdkörper überprüft werden.

Werden Fremdkörper im Ladeluftsystem festgestellt, muss die Ladeluftstrecke gereinigt und der Ladeluftkühler gegebenenfalls ersetzt werden.

Verschließen Sie die Zugänge zum Ladeluftsystem sowohl beim verbleibenden Restsystem am Fahrzeug als auch bei den ausgebauten Teilen, um versehentliches Hereinfallen von Kleinteilen und Verschmutzungen zu verhindern.

Turbolader aus- und einbauen

Ausbau des Turbolader am OM 651

Die Ansteuerung der Ventile am Abgasturbolader erfolgt über elektropneumatische Steuerventile.

- Das Fahrzeug zwischen den Hebebühnensäulen ausrichten und die vier Aufnahmeteller an den vom Fahrzeughersteller vorgeschriebenen Hebebühnenaufnahmepunkten platzieren.
- Das Fahrzeug mit der Hebebühne anheben.
- Den Generator ausbauen.
- Den Halter (10 im Bild 16) ausbauen.
- Das Ölablaufrohr des Abgasturboladers (8) von Abgasturbolader abbauen.

Fangen Sie austretendes Restöl mit einem Lappen auf.

- Das Luftansaugrohr ausbauen.

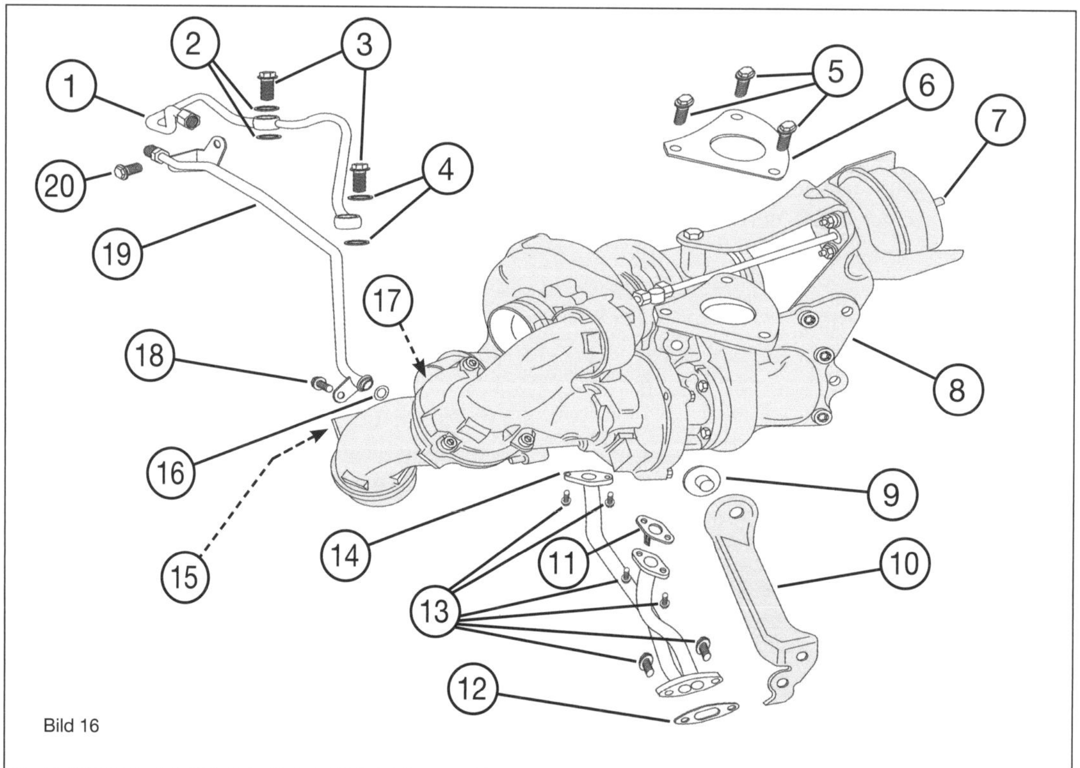

Bild 16
Turbolader OM 651.
1 Öldruckleitung
2 Dichtringe
3 Hohlschrauben
4 Dichtringe
5 Schrauben
6 Dichtung
7 Unterdruckanschluss
8 Turbolader (Bi-Turbo)
9 Schraube
10 Halter
11 Dichtung
12 Dichtung
13 Schrauben
14 Ablaufrohr (Doppel)
15 Temperatursensor
16 O-Ring
17 Unterdruckanschluss
18 Schraube
19 Öldruckleitung
20 Schraube

■ Den Luftfilterkasten wie bereits beschrieben ausbauen.
■ Die Motorabdeckung oben wie bereits beschrieben ausbauen.
■ Den Ladeluftschlauch zwischen Turbolader und Ladeluftkühler ausbauen.
■ Den Gebläse-Lüftungskasten ausbauen.
■ Den Unterdruckschlauch (7) von der Unterdruckdose des Turboladers (8) abziehen und aus dem Arbeitsbereich herauslegen.
■ Die elektrische Steckverbindung zum Temperatursensor (15) trennen.
■ Den Unterdruckschlauch (17) vom elektropneumatischen Steuerventil abziehen.
■ Die elektrische Steckverbindung des elektropneumatische Steuerventil abziehen.
■ Demontieren Sie den Drucksensor Ladedruck vom Halter ab.
■ Lösen Sie die oberen Schrauben am Turbolader.
■ Trennen Sie die Verbindung der beiden Öldruckleitungen (1 und 19).
■ Bauen Sie den Temperatursensor aus dem Abgaskrümmer aus.
■ Lösen Sie den Temperatursensor vom Halter des Turboladers oben und legen Sie ihn aus dem Arbeitsbereich heraus.
■ Bauen Sie das Wärmeschutzblech auf dem Abgaskrümmer ab.
■ Demontieren Sie die Schelle zum Partikelfilter (2 im Bild 6).
■ Drehen Sie die Schrauben (5 im Bild 16) aus dem Abgaskrümmer heraus.
■ Drehen Sie die Schrauben aus dem Halter des Turboladers oben heraus.
■ Nehmen Sie den Turbolader (8) zur Seite und dann nach oben heraus.

Die Montage erfolgt sinngemäß in umgekehrter Reihenfolge.
■ Prüfen Sie den Motorölstand mittels Ölmessstab und füllen Sie ihn falls erforderlich auf.
■ Füllen Sie etwas Öl in die Bohrung für die Hohlschraube für die Ölversorgung mit einem Ölkännchen ein.
■ Die Dichtfläche am Abgasturbolader und am Abgaskrümmer reinigen.
■ Alle selbstsichernden Muttern, die gelöst wurden, erneuern.
■ Lassen Sie den Motor zuerst einige Minuten im Leerlauf laufen, um sicherzustellen, dass die Ölversorgung zum Turbolader wieder gewährleistet ist.

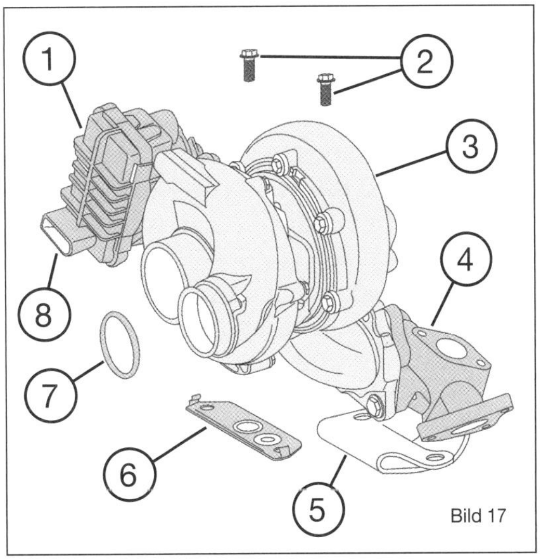

Bild 17

Bild 17
Turbolader (OM 642).
1 Ladedrucksteller
2 Schrauben
3 Turbolader
4 Verteilerrohr
5 Halter
6 Dichtung
7 O-Ring
8 Elektrischer Anschluss

■ Den Fehlerspeicher auslesen und soweit erforderlich abarbeiten und löschen.

Ausbau des Turbolader am OM 642

Die Ansteuerung des VTG-Turboladers erfolgt über einen Servomotor, der die Anstellung der Leitschaufeln umsetzt und die Position an das Steuergerät rückmeldet.
■ Das Fahrzeug zwischen den Hebebühnensäulen wie beschrieben ausrichten.
■ Den Luftfilterkasten wie bereits beschrieben ausbauen.
■ Den rechten Halter für Luftfiltergehäuse an der Stirnwand abbauen.
■ Den Gebläse-Lüftungskasten ausbauen.
■ Den Partikelfilter nach dem Abgasturbolader wie bereits auf Seite 114 beschrieben ausbauen.
■ Die Abgasrückführleitung hinten zwischen Abgasverteiler (3 im Bild 17) und AGR-Ventil zusammen mit den Haltern abbauen.
■ Die Geräuschdämpfung am Abgasturbolader (3) ausbauen.
■ Den Kabelhalter am rechten Railrohr abziehen und die Steckverbindung zum Temperatursensor abziehen.
■ Ziehen Sie die elektrische Steckverbindung (8) des Ladedruckstellers (1) ab.
■ Den Halter am Turbolader ausbauen.
■ Die Schrauben am Abgasverteilerrohr (4) zum AGR und zum Abgasrohr herausdrehen.
■ Die Schrauben am Halter unter dem Abgasverteilerrohr herausdrehen.
■ Die beiden Schrauben (2) herausdrehen.
■ Den Abgasturbolader (3) nach oben herausnehmen.

Sichtprüfung Messen

Bild 18
»Single« VTG-Turbolader (OM 654).
1 Schraube
2 Elektrischer Anschluss am Ladedrucksteller
3 Schrauben
4 O-Ring
5 O-Ring
6 Schrauben
7 Ölablaufleitung
8 Dichtung
9 Turbolader
10 Dichtring
11 Öldruckleitung

Bild 19
»Bi-Turbolader« am (OM 654).
1 Unterdruckanschluss Byplassklappe
2 Bi-Turbolader
3 O-Ring
4 Schrauben
5 Öldruckleitung
6 Schraube
7 Elektrischer Anschluss am Ladedrucksteller
8 O-Ring
9 Schrauben
10 O-Ring
11 Dichtung
12 Ölablaufleitung
13 Schrauben
14 Schraube
15 Schrauben
16 Kühlmittelleitung
17 Kühlmittelleitung
18 Schrauben
19 Unterdruckanschluss Byplassklappe

Die Montage erfolgt sinngemäß in umgekehrter Reihenfolge.

■ Prüfen Sie den Motorölstand mittels Ölmessstab und füllen Sie ihn falls erforderlich auf.

■ Die Dichtfläche am Abgasturbolader, am Abgaskrümmer und dem Ölversorgungsstutzen reinigen.

■ Dichtflächen an Abgassammelrohr und am Abgaskrümmer reinigen.

Keine scharfkantigen Werkzeuge oder Schleifpapier zur Reinigung verwenden. Die Dichtflächen werden durch die Schleifriefen beschädigt.

■ Lassen Sie den Motor zuerst einige Minuten im Leerlauf laufen, um sicherzustellen, dass die Ölversorgung zum Turbolader wieder gewährleistet ist.

■ Den Fehlerspeicher auslesen und soweit erforderlich abarbeiten und löschen.

Ausbau des Turbolader am OM 654

Für den OM 654 werden für die unterschiedlichen Leistungsstufen unterschiedliche wassergekühlte Turboladersysteme verbaut. Sie werden entspreche Versorgungsleitungen für den Schmierkreislauf und für die Kühlung vorfinden.

Das einstufige Ladersystem:
Zum Einsatz kommt ein VTG-Lader mit elektromechanischem Stellmotor.

Das zweistufige Ladersystem:
Zum Einsatz kommt eine Turboladerkombination aus einem Hochdruck- und einem Niederdruckturbolader. Die Regelung erfolgt über einen elektrischen Steller und zwei Bypassklappen, die pneumatisch über Unterdruck und Steherventile betätigt werden.

Montagearbeiten:
Die Montagearbeiten für die beiden Turboladervarianten fallen ähnlich aus. Wir stellen Ihnen hier eine allgemeingültige Beschreibung zur Verfügung. Die Bildnummern beziehen sich auf den »Singel-Turbolader«.

■ Das Kühlmittel wie ab Seite 79 beschrieben ablassen.

■ Den Dieseloxidationskatalysator wie auf der Seite 115 beschrieben ausbauen.

■ Das Ladeluftrohr zwischen Turbolader und dem Ladeluftkühler ausbauen.

■ Abgastemperatursensor vom Abgasturbolader abbauen und mit angeschlossener elektrischer Anschlussleitung aus dem Arbeitsbereich legen.

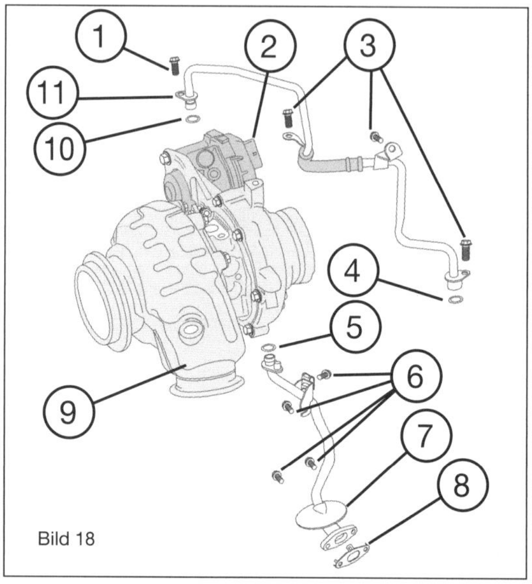

Bild 18

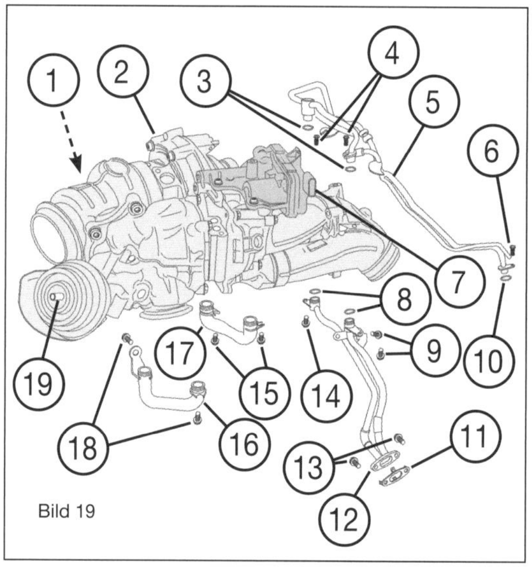

Bild 19

■ Demontieren Sie die Kühlmittelleitungen am Turbolader und verschließen Sie die Öffnungen mit geeigneten Verschlussstopfen.

■ Schrauben (6 im Bild 18) herausdrehen.

■ Die Ölrücklaufleitung (7) vom Abgasturbolader (9) abbauen.

■ Demontieren Sie die Öldruckleitung (11) zum Turbolader.

■ Lösen Sie die Schelle zum Abgaskrümmer.

■ Drehen Sie die Befestigungsschraube des Turboladers von unten heraus.

■ Den Abgasturbolader (9) vom Abgaskrümmer lösen und nach oben herausnehmen.

■ Bauen Sie die Schelle zum Abgaskrümmer ab.

Der Einbau erfolgt in umgekehrter Reihenfolge.

■ Füllen Sie etwas Öl in die Bohrung für die Hohlschraube für die Ölversorgung mit einem Ölkännchen ein.

■ Die Dichtfläche am Abgasturbolader und am Abgaskrümmer reinigen.

■ Alle selbstsichernden Muttern, die gelöst wurden, erneuern.

■ Kontrollieren Sie nach der Montage den Motorölstand im Kombiinstrument.

■ Lassen Sie den Motor zuerst einige Minuten im Leerlauf laufen, um sicherzustellen, dass die Ölversorgung zum Turbolader wieder gewährleistet ist.

■ Den Fehlerspeicher auslesen und soweit erforderlich abarbeiten und löschen.

Schäden am Turbolader

Moderne Turbolader wie die in Ihrem Sprinter können Drehzahlen von 300.000 1/min erreichen. Die Lagerung erfolgt auf sogenannten hydrodynamischen Lagern. Die Laderwelle schwimmt praktisch auf dem Ölfilm, der sich durch das unter Öldruck stehende Motoröl aufbaut. Schlechte Ölqualität, unzureichende Ölversorgung oder auch unzureichender Ölablauf führen zu frühzeitigen Laderschäden. Da auch schon ein erhöhter Gegendruck durch einen zugesetzten Partikelfilter und viele andere Möglichkeiten in Betracht kommen, muss ein Schaden am Turbolader grundsätzlich immer auf seine Ursache hin untersucht werden.

Prüfen der Ansteuerung des Ladedruckstellers (VTG-Verstellung)

Die Verstellung kann nur vom Motorsteuergerät angesteuert werden. Das kann über einen »Stellgliedtest« mit einem geeigneten Diagnosetester durchgeführt werden.

Die Verstellung selber wird über das Motorsteuergerät überwacht. Fehler in der Ansteuerung können direkt im Fehlerspeicher abgelegt werden.

Prüfen der Ansteuerung an der Unterdruckdose (Klappenverstellung)

Die Verstellung wird nicht direkt überwacht. Die Auswirkung der Ansteuerung wird über Sensoren erfasst und auf Plausibilität vom Steuergerät geprüft.

Bild 20
Klassischer Laderschaden.
1 Lagerschaden
2 Beschädigtes Turbinenrad

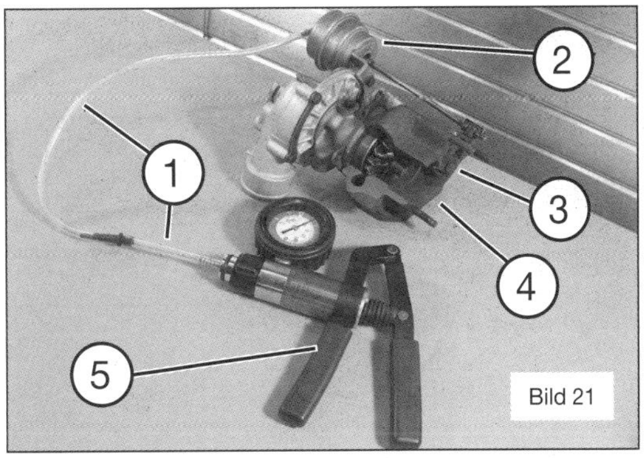

Bild 21
Prüfung der Unterdruckdose.
1 Anschlussschläuche
2 Druckdose
3 Bypassklappe
4 Turbolader
5 Handunterdruckpumpe

■ Ziehen Sie den Unterdruckanschluss am Turbolader ab und stecken Sie einen Schlauch mit einer Handunterdruckpumpe (Minivac-Pumpe) an.

■ Beaufschlagen Sie die Unterdruckdose mit Unterdruck und beobachten Sie die Bewegung des Betätigungsgestänges.

Es sollte sich ruckfrei und in Abhängigkeit vom Unterdruck von Anschlag zu Anschlag bewegen lassen.

Die Unterdruckdose muss dicht sein. Abfallender Druck bedeuten meist eine defekte Membran in der Unterdruckdose.

Vorbereitungen für die Druck- und Volumenmessungen am Turbolader

Mit dieser Prüfung wird das Fördervolumen der Schmierung des Turboladers geprüft. Die Prüfung ist beim Sprinter aufgrund der kompakten Bauweise nur schwierig möglich, beim V6 (OM 642) aufgrund des Einbaus des Laders zudem sehr aufwendig.

■ Prüfen Sie den Motorölstand wie bereits ab Seite 69 beschrieben.

■ Demontieren Sie die Hohlschraube (z. B. 3 im Bild 16) auf Durchlässigkeit und kontrollieren Sie, ob ein Sieb verbaut wurde, das sich eventuell zugesetzt hat.

■ Prüfen Sie die Öldruckleitung des Turboladers auf Durchgängigkeit und eventuelle Verschmutzungen.

Öldruck am Turbolader

■ Führen Sie die Vorbereitungsarbeiten wie beschrieben durch.
■ Bauen Sie an den Versorgungsanschluss um die Druckleitung einen Adapter für den Anschluss einer Druckmessuhr bis 10 bar an.
■ Lassen Sie den Motor bei etwa 2.000 1/min laufen. Der Öldruck sollte mindesten 2,0 bar erreichen.

Führen Sie die Prüfung über einen Zeitraum von etwa 10 Minuten durch. Kontrollieren Sie den Öldruck in diesem Zeitraum ununterbrochen.

Ölvolumen am Turbolader

■ Prüfen Sie den Öldruck am Turbolader wie bereits beschrieben.
■ Bauen Sie an den Ölrücklauf des Turboladers einen Schlauch an, den Sie in einen Messbecher mit mindestens 1 Liter Fassungsvermögen leiten.
■ Verschließen Sie die Bohrung für den Rücklauf im Zylinderblock mit einem geeigneten Stopfen.
■ Lassen Sie den Motor eine Minute im Leerlauf laufen.

Der Ölfluss sollte ohne Unterbrechung erfolgen.

Nach Ablauf der Prüfzeit von einer Minute sollten mindestens 0,3 l Öl durch die (den) Turbolader in den Messbecher geflossen sein. Die Messungen sollte mehrfach durchgeführt werden, um ein gesichertes Ergebnis auswerten zu können.

Arbeiten am Ladeluftsystem

Auch die Arbeiten am Ladeluftsystem müssen mit großer Sorgfalt erfolgen. Ein Eindringen von Fremdpartikeln oder Verschmutzungen kann erhebliche Schäden zur Folge haben.

Kontrollen am Aufladungssystem

Für die Sicherung der Schlauchverbindungen mit Schlauchschellen nur solche verwenden, die dem Serienstand entsprechen.

Schlauchstutzen und Schläuche für Ladeluftsystem müssen unbeschädigt und dicht sein.

■ Geringe Ölspuren können im Laufe der Betriebszeit schon auftreten. Erheblichem Ölverlust muss aber nachgegangen werden.
■ Achten Sie auf die korrekte Lage der Anschlusskabel und Schläuche.
■ Die Ölversorgung und der Ablauf müssen dicht sein.
■ Kühlmittelpumpe und die Anschlüsse am Turbolader müssen dicht sein.
■ Achten Sie auf die korrekte Befestigung der Abschirmbleche und der Geräuschdämmmatten.

Kontrolle des Ladedrucks mit der Druckmessuhr

Gerade dann, wenn der Saugrohrdrucksensor im Verdacht steht, den Fehler zu verursachen, ist es erforderlich den Ladedruck über eine Druckmessuhr zur erfassen.

■ Demontieren Sie das Luftführungsrohr am Ansaugkrümmer.
■ Montieren Sie einen passenden Messadapter in die Ladeluftleitung und montieren Sie die Ladeluftleitung mit dem verbauten Messadapter.
■ Schließen Sie eine Druckmessuhr mit einem Messbereich von 5 bar über eine Schlauchverlängerung an.
■ Legen Sie die Messuhr in den Sichtbereich und führen Sie eine Probefahrt durch.
■ Der Ladedruck sollte bei 1,5-1,7 bar liegen.

Kontrolle des Ladedrucks mit dem Diagnosetester

Die Kontrolle des Ladedrucks kann am einfachsten über den Diagnosetester erfolgen.

Das Ladedrucksystem Ihres Sprinter ist mit zwei Sensoren ausgerüstet. Abweichungen vom Sollwert werden in der Regel vom Motorsteuergerät erkannt und im Fehlerspeicher abgelegt.

Die Arbeitsschritte unterscheiden sich für die einzelnen Tester kaum.

■ Stecken Sie den OBD-Tester in die OBD-Anschlussdose ein.
■ Wählen Sie das Fahrzeug wie bereits auf der Seite 29 beschrieben an.
■ Wählen Sie das Motorsteuergerät »Motorsteuerung (EMS) an. Der Tester baut nun die Verbindung zu dem Steuergerät auf.
■ Wählen Sie die »Sensordaten« an.
■ Wählen Sie aus der Liste links den »Saugrohrdrucksensor« an.

■ Fahren Sie das Fahrzeug zusammen mit einem zweiten Mechaniker Probe.

Beobachten Sie den Ladedruck und werten Sie ihn aus. Er sollte etwa 0,5 - 0,7 bar über dem Atmosphärendruck erreichen. Das entspricht einem Absolutdruck von 1,5 - 1,7 bar. Im Zweifel beide Sensoren mit dem Oszilloskop prüfen.

Dichtigkeitsprüfung Bauteile und Leitungen im Ladedrucksystem

Ist der Ladedruck zu niedrig, muss nicht zwingend der Turbolader defekt sein.

Undichte oder gerissene Ladeluftleitung oder Schläuche, ein gerissener Ladeluftkühler oder ein undichtes Druckumluftventil kommen hier auch infrage. Auch die Dichtungen rund um den Ansaugkrümmer müssen in Augenschein genommen werden.

Undichtigkeiten im Ladedrucksystem können leicht auch zu hohen Turboladerdrehzahlen mit Folgeschäden an Turbolader oder sogar am Motor führen.

Akustische Kontrolle:

■ Lassen Sie den Motor einige Minuten im Leerlauf laufen und beschleunigen Sie ihn mehrfach aus dem Stand heraus auf etwa 4000 l/min.

■ Hören Sie die Ladeluftleitungen zwischen Turbolader und Ladeluftkühler sowie zum Ansaugkrümmer ab.

Achten Sie auf Zischgeräusche oder/ und auf einen Luftstrom.

Dichtigkeitsprüfung über Luftdruck:

■ Demontieren Sie den Luftfilterkasten komplett.

■ Demontieren Sie das Luftführungsrohr am Ansaugkrümmer.

■ Verschließen Sie das Luftführungsrohr zum Ansaugkrümmer mit einem passenden Verschlussstopfen.

■ Schließen Sie einen passenden Verschlussstopfen mit Luftanschluss am Luftfilteranschluss zum Turbolader an.

■ Beaufschlagen Sie das Ladeluftsystem mit etwa 2,0 bar Druckluft über einen Druckminderer.

■ Hören Sie die Ladeluftleitungen zwischen Turbolader und Ladeluftkühler sowie zum Ansaugkrümmer ab.

Achten Sie auf Zischgeräusche und/ oder auf einen Luftstrom.

Arbeiten an Temperaturfühlern, Lambda- und Druckmesssonden

In Ihrem Sprinter sind in der Abgasanlage unterschiedliche Sensoren für Druck, Temperatur und die Abgaszusammensetzung verbaut. Die Diagnose sollte ausschließlich über einen geeigneten Motortester erfolgen. Leider sind keine Messwerte für die einzelnen Sensoren seitens des Herstellers bekannt. Oft ist ein Vergleich über Sollwerte auch nicht möglich.

Optische Kontrolle

In vielen Fällen ist Korrosion oder ein Bissschaden durch Nagetiere ein Grund für einen Fehler, der einem Sensor zugeschrieben wird.

■ Kontrollieren Sie grundsätzlich vor dem Ausbau den Sitz des Steckkontaktes.

■ Prüfen Sie den Zustand der Steckverbindung.

■ Prüfen Sie den Zustand der Anschlussleitungen.

Demontagearbeiten

Alle Verschraubungen, die im Abgassystem verbaut sind, unterliegen verstärkt der Korrosion und können oft nur schwer gelöst werden.

■ Lassen Sie den Motor und die Abgasanlage für die Montagearbeiten abkühlen.

■ Lesen Sie den Fehlerspeicher aus.

■ Entsichern Sie die Steckkontakte und ziehen Sie sie ab.

■ Drehen Sie die Messsonde mit einem genau passenden Schlüssel (am besten ein Sechskant-Rohrschlüssel) los.

■ Nehmen Sie die Messsonde heraus.

Die Montage erfolgt singgemäß in umgekehrter Reihenfolge.

■ Die Gewinde der Messsonde vor der Montage mit Paste bestreichen.

Achten Sie darauf, lediglich das Gewinde und nicht die Messöffnungen zu bestreichen.

■ Verlegen Sie die Anschlusskabel in der Position, wie sie im Originalzustand gelegen haben.

Bild 1
Sechsganggetriebe im Sprinter mit Handschaltung.
1 Datenträger als Aufkleber auf dem Getriebegehäuse
2 Kennnummer und Fertigungsnummer auf der Fräsfläche am Getriebe

Bild 2
Kennzeichnung an der Hinterachse.
1 Achsrohr
2 Typenschild

10 Kraftübertragung

Getriebetypen beim Sprinter 907

Zum System der Kraftübertragung bei Fahrzeugen mit Schaltgetriebe gehören Getriebe, Kupplung und Achsantrieb. Damit alle Akteure perfekt zusammenarbeiten und die vom Motor produzierte Leistung an die Antriebsräder übertragen, sind sie durch Gelenke, Wellen und Zahnräder miteinander verbunden. Welche Kraft tatsächlich an den Rädern benötigt wird, hängt davon ab, was dem Fahrzeug während der Fahrt abverlangt wird. Der Motor bietet jedoch nur in einem begrenzten Drehzahlbereich eine verwertbare Leistung an. Damit der Wagen beim Beschleunigen und bei Bergfahrten trotzdem genügend Zugkraft entwickelt, ist das Getriebe nötig. Mit seinen verschiedenen Gängen gewährleistet es eine jeweils passende Übersetzung. Je nach Motor werden verschiedene Getriebe verbaut. Gerade beim Ersetzen des Getriebes aus dem Gebrauchtmarkt ist es wichtig, die Getriebe unterscheiden zu können.

Position der Getriebekennung
Auf einer Fräsfläche (2 im Bild 1) ist die Kennnummer eingeschlagen (eingefräst). Diese Kennnummer finden Sie auch auf dem Datenträger (1) der auf dem Getriebe aufgeklebt ist. Soweit es sich noch um das original verbaute Getriebe handelt, lässt es sich auch über die Fahrgestellnummer entschlüsseln. Ähnlich sind auch die Kennnummern für Zwischengetriebe beim Allrad und die Hinterachse. Für die Hinterachse sollten Sie zusätzlich auch das Übersetzungsverhältnis notieren.
Die Aufschlüsselung des Getriebes bei Bezug von Ersatzteilen oder einem Austauschgetriebe sollten Sie aufgrund der Aktualität über einen Mercedes Benz-Händler oder Ihren Getriebelieferant aufschlüsseln.
Da auch für die Ölbefüllung der Getriebetyp wichtig ist, sollten Sie sich die Getriebenummer und den Bautyp ins Serviceheft übertragen.

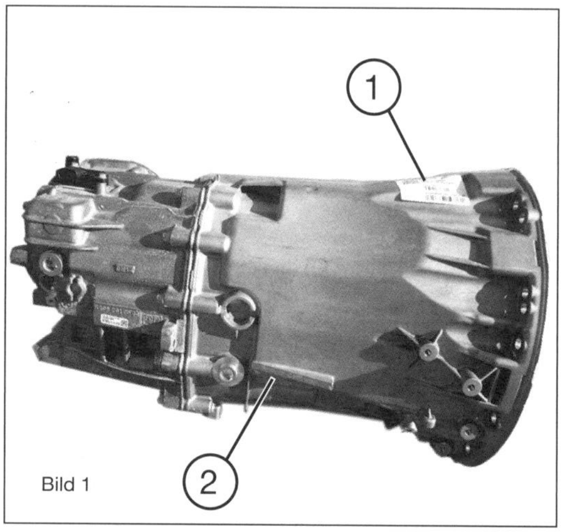

Bild 1

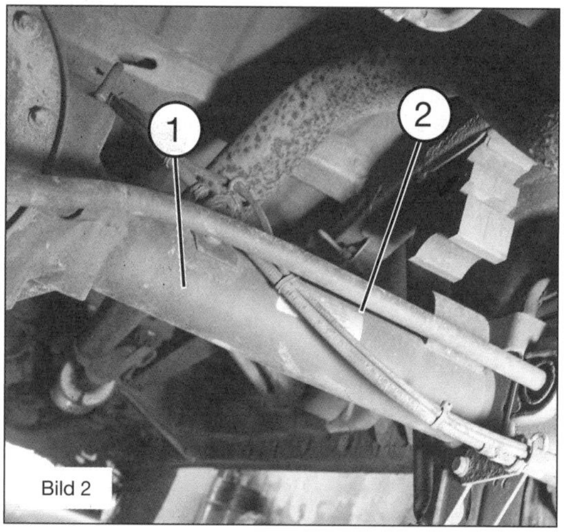

Bild 2

Besonderheiten beim Sprinter
Zwei Automatikgetriebe mit 7 Gängen und 9 Gängen sowie 3 Bautypen für das 6-Gang-Schaltgetriebe machen die Unterscheidung schwer. Gerade dann, wenn Sie Ihren Sprinter als Camper oder als Transporter durchaus auch im Ausland einsetzen, sollten Sie die Kennzeichnungen für Motor, Getriebe eventuelle Nebenabtriebe oder das Zwischengetriebe beim Allrad sicher notieren. Vermerken Sie sich auch die erforderliche Ölnorm und die Füllmenge. Letztere besser beim Mercedes-Händler erfragen. So haben Sie zumindest zum Zeitpunkt der Abfrage tagesaktuelle Information.

Ölwechsel am Getriebe

⚠ Das Getriebeöl grundsätzlich nur bei betriebswarmem Getriebe ablassen. Austretendes Getriebeöl in einem geeigneten Behälter auffangen. Das Getriebeöl immer vollständig ablaufen lassen.

■ Das Fahrzeug mit der Hebebühne anheben.

Das Fahrzeug zwischen den Hebebühnensäulen ausrichten und die vier Aufnahmeteller an den vom Fahrzeughersteller vorgeschriebenen Hebebühnenaufnahmepunkten platzieren.

■ Die Umgebung der Öleinfüllschraube (2 im Bild 3) am Getriebe reinigen und die Öleinfüllschraube herausschrauben.

Öle am Schaltgetriebe

6-Gang-Getriebe: 711.6xx, 700.791, 710.510

Informationen	75W80 synthetisch
Mercedes-Freigabe	MB 235.10
ohne Nebenabtrieb	2,1 l
mit Nebenabtrieb	2,6 l

Öle am Automatikgetriebe

7-Gang-Getriebe 722.9xx (ohne »Reibungsreduzierung« Code A89)

Informationen	ATF 134 (rot)
Mercedes-Freigabe	236.14
Neubefüllung	10,0 l
ohne Wandler	5,5 l
mit Wandler	9,0 l

Öle am Automatikgetriebe

7-Gang-Getriebe 722.9xx (ohne »Reibungsreduzierung« Code A89)

Informationen	ATF 134 (blau)
Mercedes-Freigabe	236.15
Neubefüllung	10,0 l
ohne Wandler	5,5 l
mit Wandler	9,0 l

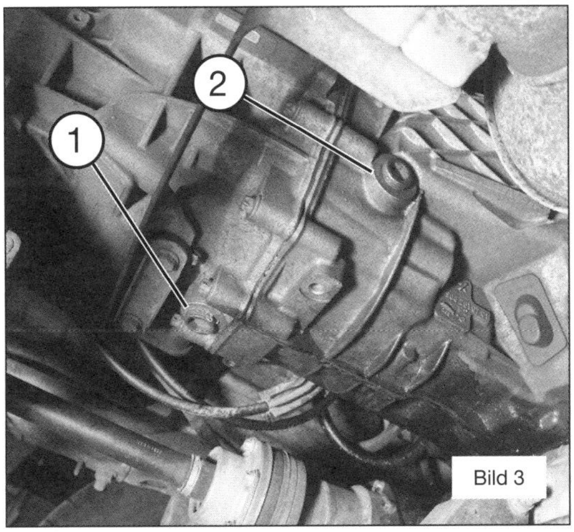

Bild 3

Bild 3
6-Gang-Schaltgetriebe.
1 Ablassschraube
2 Einfüllschraube

Öle am Automatikgetriebe

9-Gang-Getriebe 722.9xx (mit »Reibungsreduzierung« Code A89)

Informationen	ATF D971 (gold)
Mercedes-Freigabe	236.17
Neubefüllung	10,0 l
ohne Wandler	5,5 l
mit Wandler	9,0 l

Öl am Verteilergetriebe

Bei Allradfahrzeugen

Informationen	ATF 134 (rot)
Mercedes-Freigabe	236.12 236.14
Neubefüllung	1,0 l
Ölwechsel	1,0 l

Öl am Achsgetriebe hinten

Heck- und Allradangetriebe-Fahrzeuge

Informationen	75W-90 Hypoid GL4/5
Mercedes-Freigabe	235.8
Ölwechsel (741.421)	2,2 l
Ölwechsel (741.423)	1,5 l

Öl am Achsgetriebe vorne

Bei Allradfahrzeugen

Informationen	75W-90 Hypoid GL4/5
Mercedes-Freigabe	235.8
Ölwechsel	0,85 l

Ölwechsel am Schaltgetriebe

■ Ölablassschraube (1 im Bild 3) herausschrauben und Getriebeöl ablassen.

■ Den Magnet an der Ölablassschraube reinigen.

■ Die Ölablassschraube (1) im Getriebe einschrauben und anziehen. Verwenden Sie sehr wenig Dichtmasse.

■ Beachten Sie die richtige Füllmenge für das jeweilige Getriebe.

■ Überschüssiges Getriebeöl (4 im Bild 10) abtropfen lassen.

■ Das Gewinde der Öleinfüllschraube leicht einölen und die Schraube in das Gewinde von Hand eindrehen.

■ Die Öleinfüllschraube (2 im Bild 3) am Getriebe festschrauben.

■ Fahrzeug mit der Hebebühne absenken.

Bild 4
Ölfilter im Automatikgetriebe 722.9
1 Ölfilter
2 Dichtung
3 Ölwanne
4 Magnete Ölwanne
5 Überlaufrohr
6 Klemmkörper
7 Schrauben
8 Dichtring
9 Ablassschraube

Bild 5
Einbaulage des Füllrohrs in der Ölwanne.
1 Ölstand beim Befüllen (Oberkante Füllrohr)
2 Füllrohr
3 Ölwanne
4 Demontagerichtung des Füllrohres
5 Flansch in der Ölwanne
6 Dichtring
7 Ölablassschraube

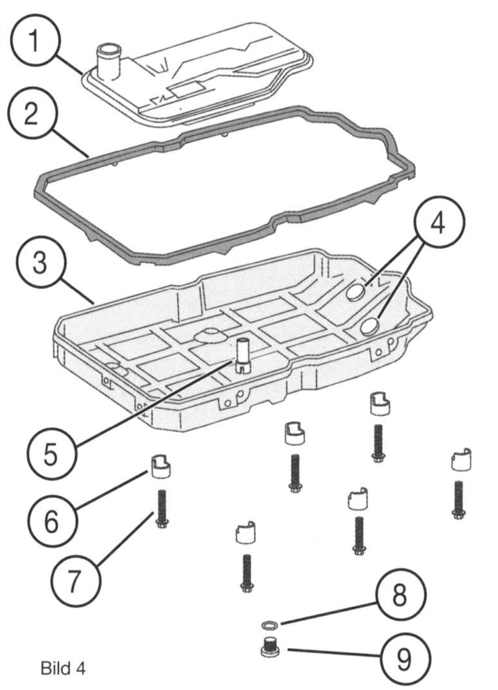

Bild 4

Ölwechsel am Automatikgetriebe 722.9 (7-Gang-Getriebe)

Der Ölstand (1 im Bild 5) im Automatikgetriebe wird durch das Ablaufen des Öls über die Oberkante des Füllrohres (2) erreicht. Beim Ablassen des Öls muss das Füllrohr nach oben (4) gedrückt werden und fällt in die Ölwanne hinein. Die Ölwanne muss deshalb grundsätzlich demontiert werden.

Fahrzeuge mit dem Ausstattungscode MJ8 (Start-Stopp-Funktion):

■ Reinigen Sie die Ölwanne und das Umfeld, um die Zusatzölpumpe vor der Ölwanne gründlich.

Weiter für alle Fahrzeuge:

■ Ölablassschraube (9 im Bild 5) herausschrauben und Getriebeölüberstand über dem Füllrohr ablaufen lassen. Bei stehendem Motor ist der Ölstand im Getriebe höher.
■ Das Füllrohr wie im Bild 5 gezeigt nach oben drücken (4).
■ Das Getriebeöl ablaufen lassen.
■ Verdrehen Sie den Motor an Kurbelwelle, bis die Ablassschraube am Drehmomentwandler durch die Öffnung an Getriebe zugängig ist.
■ Die Umgebung der Ölablassschraube am Wandler reinigen und die Ölablassschraube

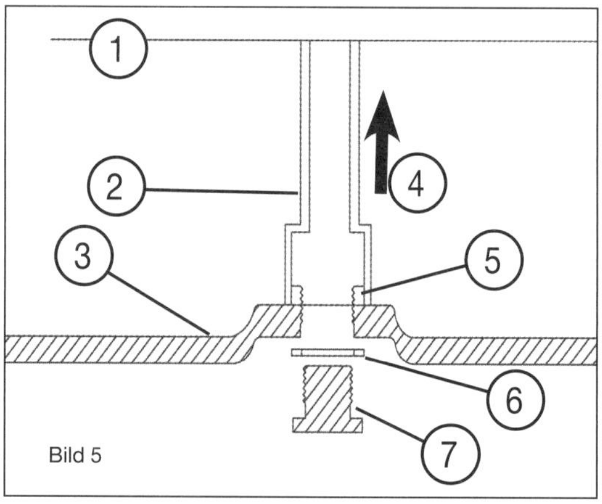

Bild 5

im Wandler herausdrehen.
■ Lassen Sie das Öl aus dem Wandler vollständig ablaufen.

Fahrzeuge mit dem Ausstattungscode MJ8 (Start-Stopp-Funktion):

■ Die Ölleitung links am Automatikgetriebe abbauen und die Anschlüsse verschließen.

Auslaufendes Getriebeöl auffangen und fachgerecht entsorgen. Das Öl darf nicht wiederverwendet werden.

■ Die elektrische Steckverbindung der Zusatzölpumpe trennen.
■ Das Automatikgetriebe hinten abstützen.
■ Das hintere Motorlager vom Getriebe abbauen.
■ Die Kardanwelle von Flansch am Automatikgetriebe abbauen, aus dem Arbeitsbereich legen und am Fahrzeug befestigen.
■ Das Automatikgetriebe so weit vorsichtig anheben, dass die Schrauben der Zusatzölpumpe erreichbar sind.
■ Die drei Schrauben der Zusatzölpumpe am Getriebegehäuse herausdrehen.
■ Die Zusatzölpumpe vom Getriebe abnehmen und die Anschlüsse an Getriebe und Pumpe verschließen.

Auslaufendes Getriebeöl auffangen und fachgerecht entsorgen. Das Öl darf nicht wiederverwendet werden.

Weiter für alle Fahrzeuge:

■ Drehen Sie die Schrauben aus der Ölwanne heraus und nehmen Sie die Klemmkörper der Ölwanne ab.
■ Nehmen Sie die Ölwanne ab.
■ Die Dichtung der Ölwanne abnehmen.

Die Positionen der Magnete (4 im Bild 4) in der Ölwanne markieren und für die Reinigung herausnehmen.

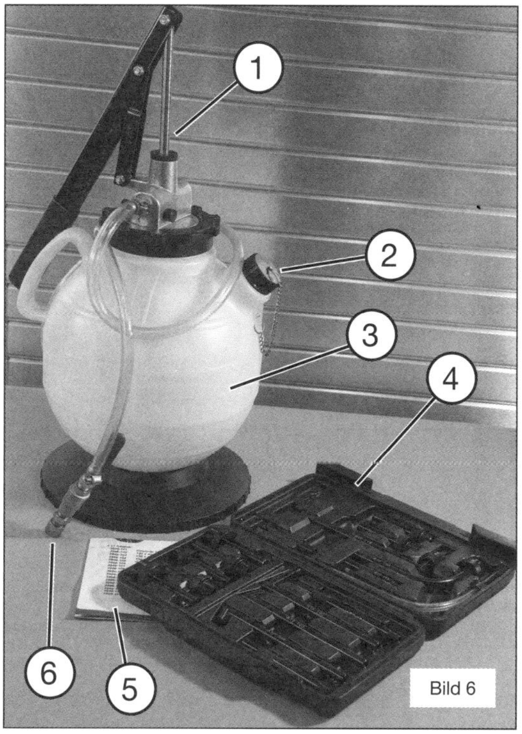

Bild 6

Bild 6
Ölfüllgerät für Automatikgetriebe.
1 Handpumpe
2 Einfüllöffnung
3 Behälter
4 Adapter
5 Adapterliste
6 Anschlussadapter

■ Das lose Überlaufrohr aus Ölwanne herausnehmen und auf Beschädigungen und den Zustand prüfen.
■ Das unbeschädigte Überlaufrohr oder ein entsprechendes neues auf den Flansch (im Bild 5) aufdrücken.
■ Bauen Sie den Ölfilter (5 im Bild 4) aus und ersetzen Sie ihn gegen einen neuen.
■ Reinigen Sie die Ölwanne (3) und positionieren Sie die Magnete (4) wieder an den markierten Stellen.
■ Montieren Sie die Ölwanne wieder mit einer neuen Dichtung.
■ Einen passenden Adapter des Ölfüllgerätes in das Getriebe eindrehen und das Füllgerät am Adapter anschließen.
■ 6 Liter Getriebeöl in das Automatikgetriebe pumpen und den Füllhahn schließen.
■ Den Motor starten, im Leerlauf laufen lassen und wieder abstellen.

Tipp: Wenn der Drehmomentwandler nicht entleert wurde, 2 Liter Getriebeöl nachfüllen.

Tipp: Nach Automatikgetriebe- oder Drehmomentwandleraustausch 4 Liter Getriebeöl nachfüllen.

■ Die Fahrstufen »P«, »R«, »N« und »D« bei betätigter Bremse und in Leerlaufdrehzahl des Motors mehrmals durchschalten.
■ Den Motor in Wählhebelstellung »P« mit Leerlaufdrehzahl laufen lassen.

elektr. Messen: Die Getriebeöltemperatur mit einem Diagnosesystem abfragen. Die Getriebeöltemperatur muss in Temperaturbereich zwischen 40 °C bis 45 °C liegen. Das Überlaufrohr ist für ein Ölvolumen in diesem Temperaturbereich ausgelegt. Bei Überschreitung kann dann zu viel Öl ablaufen.
■ Den Füllhahn des Füllgerätes schließen.
■ Einen Auffangbehälter unterstellen und den Füllhahn des Füllgerätes öffnen.

Tipp: Zuerst tritt ein konstanter Ölstrom aus dem Getriebe aus. Es handelt sich dabei um einen Ölüberschuss, der über das Füllrohr abläuft. Der richtige Ölstand ist erreicht, wenn bei der angegebenen Temperatur das Öl beginnt nur noch tropfenweise auszutreten.

■ Drehen Sie die Ablassschraube (3) hinein.

Die weitere Montage erfolgt sinngemäß in umgekehrter Reihenfolge.

Ölwechsel am Automatikgetriebe 725.0 (9-Gang-Getriebe)

Tipp: Der Ölfilter ist ein Bestandteil der Ölwanne und kann nicht einzeln ersetzt werden. Der Ölstand (1 im Bild 5) im Automatikgetriebe wird wie bei den meisten Getrieben durch das Ablaufen des Öls über die Oberkante des Füllrohres (2) erreicht. Zum Ablassen des Öls wird das Füllrohr

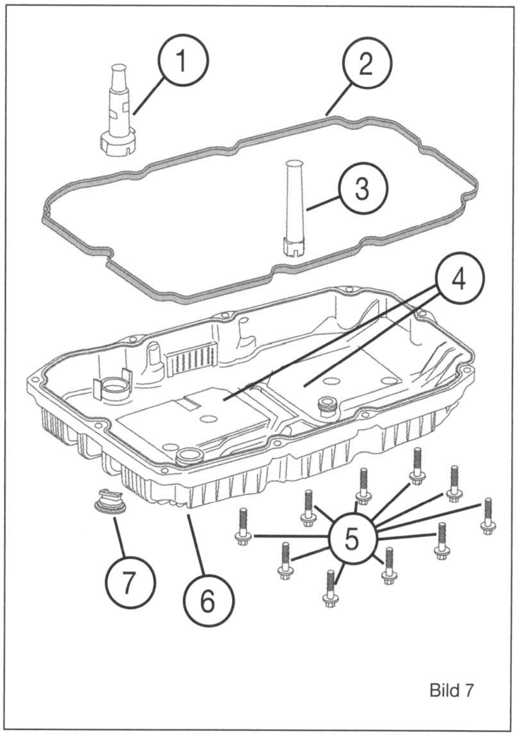

Bild 7

Bild 7
Ölfilter im Automatikgetriebe 725.0
1 Überlaufrohr
2 Dichtung
3 Führungsrohr
4 In der Ölwanne integrierte Filtereinheiten
5 Schrauben Ölwanne
6 Ölwanne
7 Verschlussdeckel

Sichtprüfung   Messen

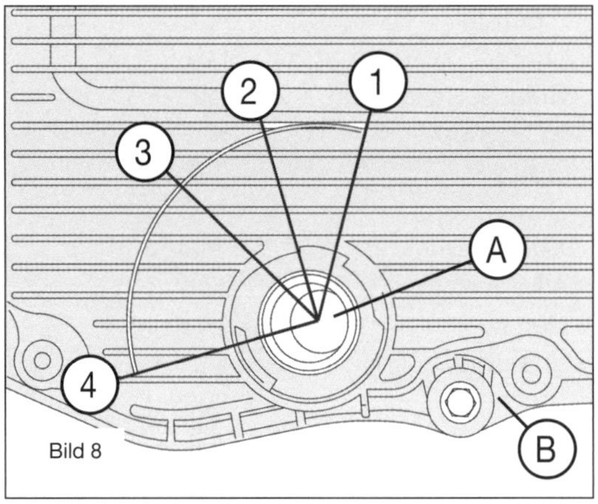

Bild 8
Funktionsstellungen des Überlaufrohrs beim 9-Gang-Automatikgetriebe 725.0
A Öffnung Ablassschraube in der Ölwanne
B Ölwanne
1 Schlüssel abziehen
2 Raststellung
3 Füllstand herstellen
4 Getriebeöl ablassen

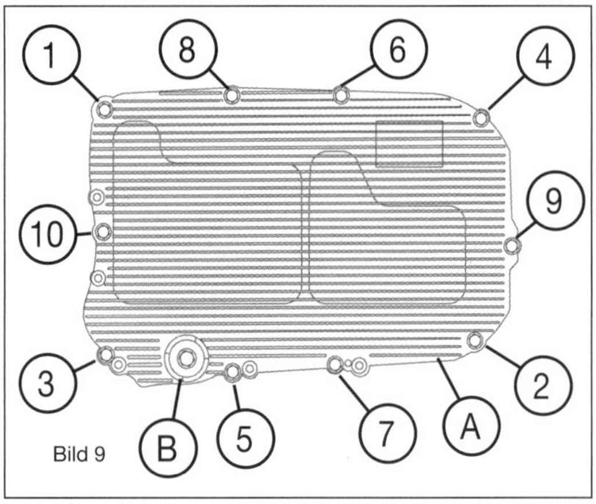

Bild 9
Verschraubungen der Ölwanne am 9-Gang-Automatikgetriebe 725.0
A Ölwanne
B Verschlussstopfen
1-10 Anzugsfolge der Ölwannenschrauben
10-1 Lösefolge der Ölwannenschrauben

verdreht. In der Stellung (4 im Bild 8) ist es zum Ablauf des Öls vorgesehen. Die Stellung (3) zum Ablaufen des Öls bis zum erforderlichen Ölstand.

Ölablassen am Wandler:

■ Verdrehen Sie den Motor an der Kurbelwelle, bis die Ablassschraube am Drehmomentwandler durch die Öffnung am Getriebe zugängig ist.

■ Die Umgebung der Ölablassschraube am Wandler reinigen und die Ölablassschraube im Wandler herausdrehen.

Zur Feststellung der Ölmenge, das abgelassene Öl in einem Messbecher auffangen.

■ Lassen Sie das Öl aus dem Wandler vollständig ablaufen.

Ölablassen am Getriebe:

Die Getriebeöltemperatur mit einem Diagnosesystem abfragen. Die Getriebeöltemperatur muss in Temperaturbereich zwischen 45 °C bis 50 °C liegen. Das Überlaufrohr ist für ein Ölvolumen in diesem Temperaturbereich ausgelegt. Bei Überschreitung kann dann zu viel Öl ablaufen.

Während der gesamten Prüfung darf weder die Feststellbremse gelöst, noch dürfen andere Störgrößen erzeugt werden, die nicht im Arbeitsablauf gefordert sind. Alle diese Faktoren führen zu einem Abbruch der Messung und erfordern einen Neustart.

■ Reinigen Sie die Ölwanne und das Umfeld der Ölwanne gründlich.

■ Stellen Sie einen Auffangbehälter unter das Getriebe und öffnen Sie den Verschlussstopfen (B im Bild 9).

Zum Öffnen des Verschlussstopfens und zum Betätigen des Füllrohrs wird ein Werkzeugsatz (Mercedes 725 589 00 09 00) benötigt, den Sie im Zubehörmarkt um etwa 50 Euro erwerben können.

■ Stecken Sie den Steckschlüssel aus dem Werkzeugsatz über die Öffnung in das Überlaufrohr hinein und verdrehen Sie ihn in die Position (4 im Bild 8).

■ Lassen Sie das Getriebeöl in einen Messbecher ablaufen.

Ausbau der Ölwanne mit Filtern:

■ Bauen Sie das Wärmeschutzblech am Getriebe ab.

■ Notieren Sie die abgelassene Ölmenge aus Wandler und Getriebe. Die Menge sollte in etwa den angegebenen Mengen auf Seite 127 entsprechen.

■ Drehen Sie die Schrauben in der Lösereihenfolge (10-1 im Bild 9) heraus.

■ Nehmen Sie die Ölwanne vom Getriebe ab.

■ Reinigen Sie die Dichtfläche am Getriebe. Die Montage erfolgt sinngemäß in umgekehrter Reihenfolge.

Getriebe mit Öl befüllen:

■ Bauen Sie den Adapter (Mercedes 725 589 00 90 0) anstatt des Verschlussstopfen an.

■ Schließen Sie das Füllgerät an den Adapter an.

■ Füllen Sie neues Getriebeöl, in der Menge die Sie beim Anlassen festgestellt haben, in das Getriebe und 0,5 l zusätzlich ein.

Die Getriebeöltemperatur mit einem Diagnosesystem abfragen. Die Getriebeöltemperatur muss in Temperaturbereich zwischen 45 °C bis 50 °C liegen. Das Überlaufrohr ist für ein Ölvolumen in diesem

Temperaturbereich ausgelegt. Bei Überschreitung kann dann zu viel Öl ablaufen.

■ Belassen Sie einen Auffangbehälter unter dem Getriebe und demontieren Sie den Adapter.

■ Die Fahrstufen »P«, »R«, »N« und »D« bei betätigter Bremse und in Leerlaufdrehzahl des Motors mehrmals durchschalten.

■ Den Motor in Wählhebelstellung »P« mit Leerlaufdrehzahl laufen lassen.

■ Stecken Sie den Steckschlüssel aus dem Werkzeugsatz über die Öffnung in das Überlaufrohr hinein und verdrehen Sie ihn in die Position (3 im Bild 8).

Zuerst tritt ein konstanter Ölstrom aus dem Getriebe aus. Es handelt sich dabei um einen Ölüberschuss, der über das Füllrohr abläuft. Der richtige Ölstand ist erreicht, wenn bei der angegebenen Temperatur das Öl beginnt nur noch tropfenweise auszutreten.

■ Drehen Sie den Steckschlüssel auf die Position (1 im Bild 8) zurück und ziehen Sie ihn ab.

■ Bauen Sie den Verschlussstopfen mit neuem Dichtring wieder ein.

Ölwechsel am Verteilergetriebe (Allrad)

■ Die Umgebung der Öleinfüllschraube (1 im Bild 11) zum Beispiel mit einem handelsüblichen Handfeger oder einem fusselfreien Tuch von Verschmutzungen befreien.

■ Falls vorhanden, Geräuschdämpfung oder Unterfahrschutz ausbauen.

■ Die Öleinfüllschraube (1) herausdrehen.

■ Ablassschraube (2) herausdrehen und Öl mit einer Auffangwanne auffangen.

■ Die Ölablassschraube handfest einschrauben und anschließend mit dem vorgeschriebenem Anzugsdrehmoment festziehen (40 Nm).

■ Getriebeöl bis zur Unterkante der Einfüllöffnung einfüllen.

■ Verschlussschraube (1) handfest einschrauben und anschließend mit vorgeschriebenem Anzugsdrehmoment von (40 Nm) festziehen.

■ Soweit vorhanden, Geräuschdämpfung wieder einbauen.

Ölwechsel am Achsgetriebe hinten

■ Umgebung der Öleinfüllkappe (1 im Bild 12) zum Beispiel mit einem handelsüblichen Handfeger oder einem fusselfreien Tuch von Verschmutzungen befreien.

■ Öleinfüllkappe (1) mit einem Schraubendreher heraushebeln.

■ Ablassschraube (2) herausdrehen.

■ Öl mit einer Auffangwanne auffangen.

■ Ölablassschraube (2) handfest einschrauben und anschließend mit dem vorgeschriebenem Anzugsdrehmoment vom 90 Nm festziehen.

■ Getriebeöl bis zur Unterkante der Einfüllbohrung (1) füllen.

■ Öleinfüllkappe wieder eindrücken.

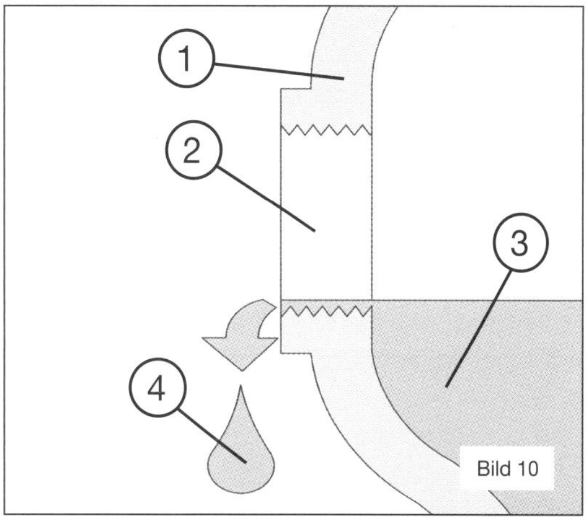

Bild 10
Ölfüllmenge ist beim Überlauf aus der Einfüllschraube erreicht.
1 Getriebegehäuse
2 Einfüllöffnung
3 Getriebeölfüllung
4 Abtropfendes Getriebeöl bei erreichtem Füllstand

Bild 11
Verteilergetriebe beim Allrad.
1 Öleinfüllschraube
2 Ölablassschraube

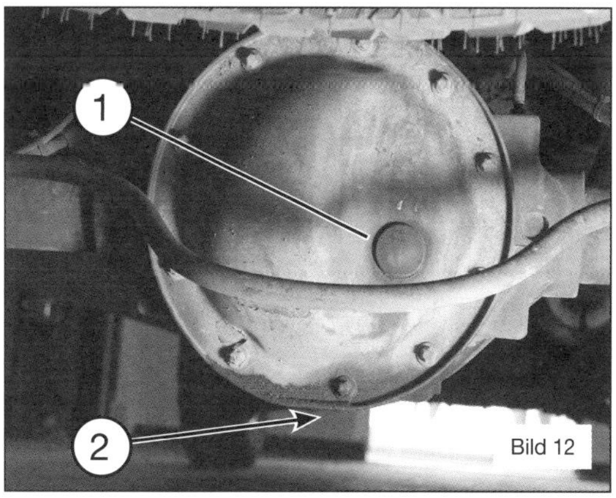

Bild 12
Achsgetriebe hinten.
1 Oleinfüllkappe
2 Ölablassschraube

Bild 13
Achsgetriebe vorne.
1 Öleinfüllschraube
2 Ölablassschraube

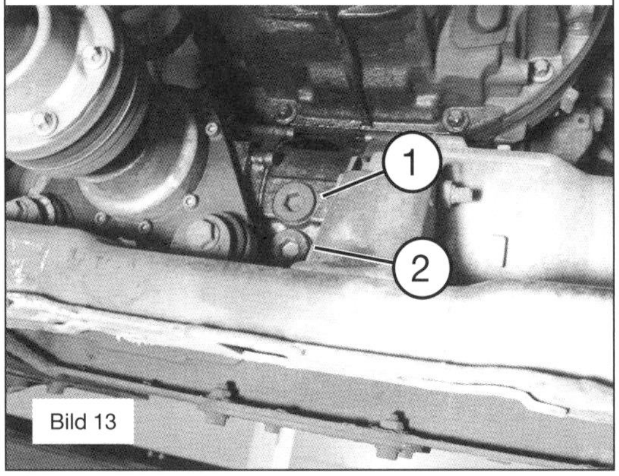

Bild 13

Bild 14
Kupplungsset.
1 Schwungscheibe
2 Mitnehmerscheibe
3 Druckplatte

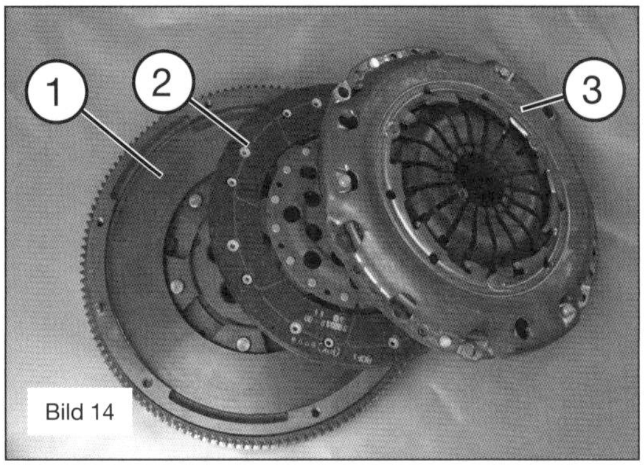

Bild 14

Ölwechsel am Achsgetriebe vorne (Allrad)

■ Umgebung der Öleinfüllschraube (1 im Bild 20) zum Beispiel mit einem handelsüblichen Handfeger oder einem fusselfreien Tuch von Verschmutzungen befreien.
■ Falls vorhanden, Geräuschdämpfung oder Unterfahrschutz ausbauen.
■ Öleinfüllschraube (1) herausdrehen.
■ Ablassschraube (2) herausdrehen und Öl mit einer Auffangwanne auffangen.
■ Ölablassschraube handfest einschrauben und anschließend mit vorgeschriebenem Anzugsdrehmoment festziehen (50 Nm).
■ Getriebeöl bis zur Unterkante der Einfüllöffnung einfüllen.
■ Verschlussschraube (1) handfest einschrauben und anschließend mit vorgeschriebenem Anzugsdrehmoment von 50 Nm festziehen.
■ Soweit vorhanden, Geräuschdämpfung oder Unterfahrschutz wieder einbauen.

Montagearbeiten am Getriebe

Die Demontage des Getriebes erfordert einige spezielle Werkzeuge und auch Erfahrung in der Montage. Im Rahmen dieses Buches gehen wir nur auf Arbeiten ein, die üblicherweise in privater Hand von Schraubern angegangen werden. Hinzu kommt, dass der Umfang der Arbeitsbeschreibungen für die Demontage den Rahmen dieses Buches sprengen würde.

Die Kupplung (manuelles Schaltgetriebe 6-Gang)

Der Kraftfluss vom Motor zum Achsantrieb muss nach Wunsch hergestellt und unterbrochen werden können. Das ist erforderlich, wenn Sie das Fahrzeug starten, mit laufendem Motor fahrbereit stehen oder die Gänge wechseln wollen. Dieses Ankoppeln und Trennen übernimmt bei Fahrzeugen mit Schaltgetriebe die Kupplung. Sie ermöglicht auch ruckfreies Anfahren, indem sie die unterschiedlichen Drehzahlen von Kurbelwelle und Antriebswelle des Getriebes ausgleicht. Kernstück des Systems Kupplung ist die Mitnehmerscheibe. Der Sprinter mit manuellem Schaltgetriebe hat eine hydraulisch betätigte Einscheiben-Trockenkupplung mit asbestfreien Belägen und Einmaßen-Schwungrad. Kupplungen sind komplizierte Konstruktionen. Ihr Verschleißteil Mitnehmerscheibe ist nicht ohne Weiteres zugänglich. Dazu muss das Getriebe vom Motor getrennt und nach unten ausgebaut werden. Diese Arbeit erfordert Know-how und Spezialwerkzeuge. Nun ist aber auch jede Kupplung so gut wie wartungsfrei, weil das System den Verschleiß selbsttätig ausgleicht.
Die Mitnehmerscheibe ist gewöhnlich erst nach mehr als 200 - 300.000 Kilometern zu erneuern. Allerdings hängt ihr Verschleiß von Belastung (zum Beispiel Anhängerbetrieb) und sehr wesentlich von der Fahrweise ab.

Die wichtigsten Teile der Kupplung

Je nach Getriebebauweise und Motorisierung weichen die Kupplungen in konstruktiven Details voneinander ab.

Im Wesentlichen aber arbeitet jede Kupplung mit den gleichen Komponenten:
■ Das Schwungrad (Motorschwungscheibe) (1 im Bild 14) ist fest mit der Kurbelwelle verbunden. Es hilft, eine gleichmäßige Drehschwingung an das Getriebe weiterzugeben.
■ Die Kupplungsscheibe (Mitnehmerscheibe) (2) sitzt axial beweglich auf der Getrie-

be-Eingangswelle. Auf beiden Seiten sind Beläge aufgenietet.

■ Die Druckplatte (3) ist mit dem Schwungrad fest verschraubt. Beim Tritt aufs Kupplungspedal löst sich über Kupplungshydraulik (oder Mechanik) und Ausrückplatte die Kupplungsscheibe gegen die Kraft der Tellerfeder (Membranfeder) von der Schwungscheibe.

⚠ Druckplatten sind korrosionsgeschützt und gefettet. Sie dürfen nur an der Anlauffläche gereinigt werden, sonst wird die Lebensdauer der Kupplung verringert.

Das hydraulische System

Geberzylinder am Kupplungspedal und Nehmerzylinder am Getriebe sind über eine hydraulische Leitung verbunden. In ihr befindet sich Bremsflüssigkeit, die bei Betätigung der Kupplung die Kraft zwischen Geberzylinder und Nehmerzylinder überträgt. Ein Defekt in der Kupplungsbetätigung kann daher einen sinkenden Pegel im Bremsflüssigkeitsbehälter verursachen. Ein ausreichender Flüssigkeitsrest für die Bremse ist allerdings immer garantiert. Auch hier drückt beim Einkuppeln die Tellerfeder der Druckplatte die Mitnehmerscheibe langsam gegen das Motorschwungrad, bis sie sich mit der gleichen Drehzahl dreht. So werden die Kräfte sanft übertragen. Dabei schleifen die Anlageflächen kurze Zeit aufeinander, ehe die Reibung wieder so groß ist, dass die Motorleistung vollständig auf das Getriebe übertragen wird. Wenn Sie das Kupplungspedal treten, überwindet das Ausrücklager die Kraft der Tellerfeder. Die Druckplatte wird entlastet und bei völlig durchgetretenem Pedal zurückgezogen. Die Mitnehmerscheibe kann nun im Raum dazwischen frei umlaufen. Das Kupplungsspiel sorgt dafür, dass das Ausrücklager auf dem Zentralausrücker nicht ständig unter Druck steht. Es verringert sich mit der Abnutzung der Beläge. Die Druckplatte nähert sich dem Ausrücklager. Liegt das Lager dann ohne Spiel an der Tellerfeder (Membranfeder) der Kupplung an, wird die Tellerfeder entlastet und die Kupplung rutscht durch.

Kupplung prüfen

Schleift nach Ihrem Eindruck die Kupplung, wenn Sie Ihr Fahrzeug im höchsten Gang beschleunigen, dreht der Motor also hoch, ohne dass die Fahrgeschwindigkeit zunimmt, sollten Sie einmal kurz die Funktion der Kupplung prüfen. Unternehmen Sie diese Probe allerdings wirklich nur gelegentlich!

■ Ziehen Sie die Handbremse an, die natürlich in Ordnung sein muss.

■ Starten Sie den Motor.

■ Legen Sie den 3. Gang ein; dann langsam einkuppeln und Gas geben.

■ Bei einwandfreier Kupplung wird der Motor dadurch abgewürgt.

Trennen der Kupplung prüfen

Treten kratzende oder krachende Geräusche beim Schalten auf, trennt meistens die Kupplung nicht mehr richtig. Machen Sie deshalb eine Probe, und zwar mit dem nicht synchronisierten Rückwärtsgang, damit Sie die mögliche Ursache der Geräusche durch ein defektes Getriebe ausschließen.

■ Lassen Sie den Motor im Leerlauf drehen.

■ Kupplungspedal voll durchtreten, etwa drei Sekunden warten, dann Rückwärtsgang einlegen. Wenn Sie jetzt das kratzende Geräusch hören, läuft die Mitnehmerscheibe nicht ganz frei. Dann trennt die Kupplung nicht sauber.

■ Kontrollieren Sie die Funktion der hydraulischen Übertragungselemente. Eventuell muss die Kupplungsbetätigung entlüftet werden. Zu viel Spiel verursacht schnell ein zu hohes Arbeitsspiel und damit reicht der Betätigungsweg der Kupplungsmechanik nicht mehr aus.

■ Teile der Kupplungsbetätigung auf Undichtigkeiten untersuchen.

Montage Kupplungspedal

☞ Der Lagerbock des Kupplungspedals und das Kupplungspedal bilden eine Einheit und können nicht getrennt werden. Der Kupplungsgeberzylinder kann weiterhin demontiert werden.

■ Die Zündung ausschalten und den Schlüssel abziehen.

■ Den Zulaufschlauch am Kupplungsgeberzylinder (5 im Bild 15) abbauen.

■ Die Hydraulikleitung am Kupplungsgeberzylinder (5) ausklipsen und zur Seite legen.

■ Den Luftkanal für die Beheizung des Fußraums ausbauen.

■ Den Taster für die Endstellung hinten an Kupplungspedal (5) ausbauen.

Bild 15
Kupplungspedaleinheit.
1 Sicherungsclipse
2 Muttern
3 Kupplungspedaleinheit
4 Halteclip
5 Kupplungsgeberzylinder
6 Verschlussstopfen

Bild 16
Kupplungsschalter.
1 Kupplungspedaleinheit
2 Drehrichtung öffnen
3 Schalter »betätigt«
4 Anschlusskabel
5 Schalter »unbetätigt«
6 Drehrichtung öffnen
7 Kupplungspedal

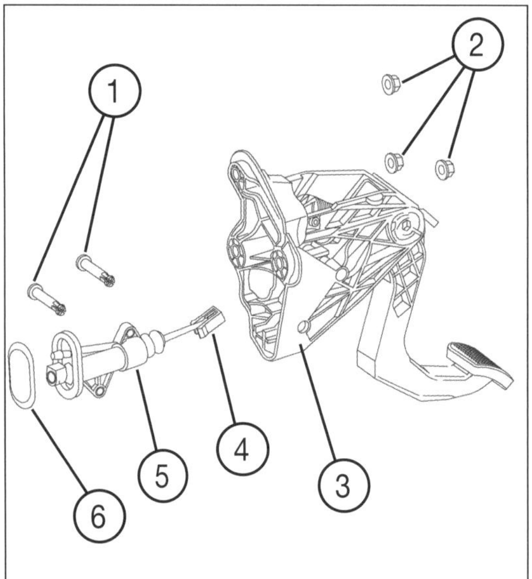

Bild 15

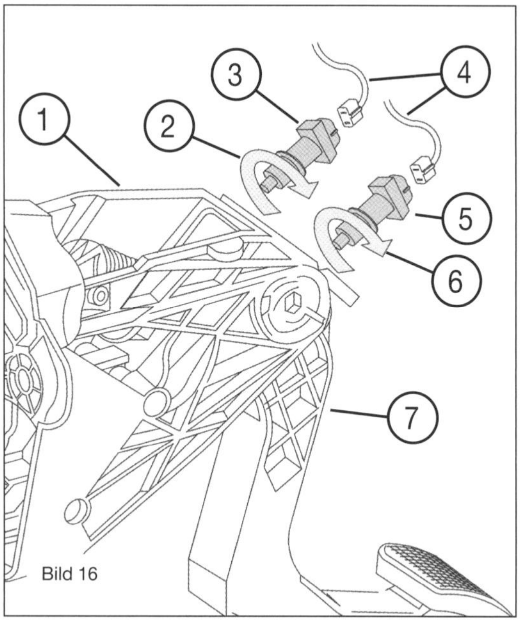

Bild 16

■ Den Taster Endstellung vorn an Kupplungspedal (5) ausbauen.
Elektrischen Leitungssatz der Taster Endstellung vom Pedalträger (1) abbauen.
■ Die Muttern (2) abschrauben.
■ Den Pedalträger (3) ausbauen.
■ Den Kupplungsgeberzylinder am Pedal ausklipsen.
■ Die Sicherungsclipse (1) herausziehen.
■ Den Kupplungsgeberzylinder (5) herausnehmen.

Einbau erfolgt sinngemäß in umgekehrter Reihenfolge.
■ Entlüften Sie das Kupplungssystem.
■ Prüfen Sie die Funktion der Kupplung.
■ Lesen Sie den Fehlerspeicher aus.

De- und Montage des Kupplungspedalgummis
■ Ziehen Sie die Gummibeläge von der Pedaltrittplatte ab.
■ Schieben Sie das neue Pedalgummi über die Ecken auf die Pedaltrittplatte auf.

De- und Montage der Kupplungspedalschalter

☞ Der Kupplungsschalter ist im Pedalträgermodul befestigt. Der Zugang erfolgt über den Fahrer-Fußraum.

☞ Es sind zwei unterschiedliche Kupplungsschalter verbaut. Sie melden die Lage bei betätigtem und bei unbetätigtem Kupplungspedal.

■ Lesen Sie den Fehlerspeicher aus, arbeiten Sie ihn soweit erforderlich ab und löschen Sie ihn gegebenenfalls.
■ Die Zündung ausschalten und den Schlüssel abziehen.
■ Entsichern Sie den Steckkontakt und ziehen Sie den elektrischen Anschluss (4 im Bild 16) vom Kupplungsschalter ab.
■ Die Raste am Schalter betätigen und den Schalter (3 oder 5) etwa um 45° gegen den Uhrzeigersinn (2) verdrehen.
■ Den Schalter (3 oder 5) gerade herausziehen.

Die Montage erfolgt sinngemäß in umgekehrter Reihenfolge.
■ Tragen Sie etwas Silikonfett auf die Anlage am Kupplungspedal auf.
■ Lesen Sie den Fehlerspeicher aus und löschen Sie ihn gegebenenfalls.

Hydraulische Kupplungsbetätigung (6-Gang-Getriebe)

Die Kupplungsbetätigung erfolgt hydraulisch über Geber- und Nehmerzylinder. Als Überträger wird Bremsflüssigkeit verwendet.

⚠ Vermeiden Sie Augen- und Hautkontakt. Tragen Sie Schutzhandschuhe und geeigneten Augenschutz.

Demontage des Geberzylinders
■ Demontieren Sie die Abdeckung über der Pedalanlage am Armaturenbrett im Fußraum.

Ausgetretene Bremsflüssigkeit sofort aufnehmen und mit Bremsenreiniger abspülen. Bremsflüssigkeit kann lackierte und beschichtete Flächen schädigen.

■ Markieren Sie den Stand der Bremsflüssigkeit mit einem wasserfesten Stift an der Außenseite des Vorratsbehälters, um später eine Überfüllung zu vermeiden.
■ Saugen Sie so viel Bremsflüssigkeit aus dem Vorratsbehälter ab, dass der Nachlauf zum Kupplungsgeberzylinder nicht mehr erfolgen kann.
■ Bauen Sie den Lagerbock des Kupplungspedals wie bereits beschrieben aus.
■ Den Clip im Kupplungspedal (4 im Bild 15) zusammendrücken und den Kupplungsgeberzylinder am Pedal herausziehen.
■ Die Sicherungsclipse (1) an der Kupplungspedaleinheit herausziehen.
■ Den Kupplungsgeberzylinder (5) abnehmen.

Die Montage erfolgt sinngemäß in umgekehrter Reihenfolge.
■ Tragen Sie etwas Silikonfett auf die Anlage am Kupplungspedal auf.
■ Entlüften Sie das Kupplungssystem.
■ Prüfen Sie die Funktion der Kupplung.
■ Lesen Sie den Fehlerspeicher aus und löschen Sie ihn gegebenenfalls.

Demontage des Nehmerzylinders
Die Vorgehensweise unterscheidet sich bei den Schaltgetriebetypen hinsichtlich des Arbeitsablaufes nicht.
■ Einen nicht fasernden Lappen unter den Nehmerzylinder legen, um damit die abtropfende Bremsflüssigkeit aufzufangen.
■ Den Sicherungsclip mit einem Schraubendreher aus der Hydraulikleitung für den Kupplungsnehmerzylinder klipsen.
■ Die Hydraulikleitung am Anschluss (3) des Kupplungsnehmerzylinders abziehen.
■ Das Getriebe ausbauen.
■ Die Abdeckung (5 im Bild 17) des Entlüftungsnippels entfernen.
■ Schrauben (4) herausdrehen.

Um das Auslaufen von Bremsflüssigkeit zu verhindern, verschließen Sie die abgezogene Hydraulikleitung mit der Verschlusskappe des Entlüftungsventils.

■ Den Kupplungsnehmerzylinder (Zentralausrücker) abnehmen.

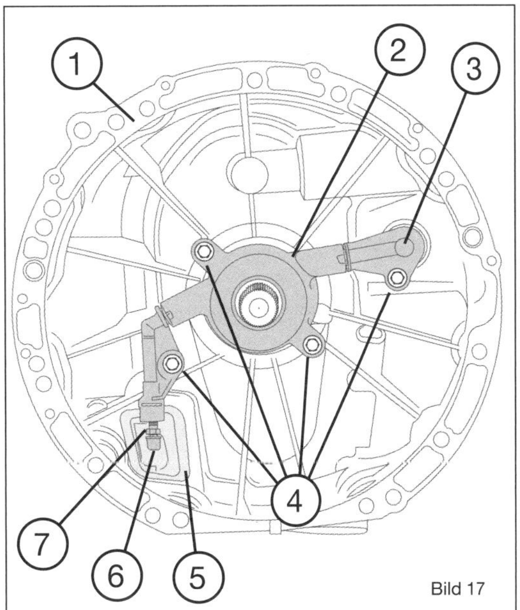

Bild 17

Bild 17
Kupplungsnehmerzylinder
1 Getriebegehäuse (Kupplungsglocke)
2 Kupplungsnehmerzylinder (Zentralausrücker)
3 Anschluss (von außen) Hydraulikleitung
4 Schrauben
5 Abdeckung
6 Staubschutzkappe
7 Entlüftungsnippel

Der Einbau erfolgt sinngemäß in umgekehrter Reihenfolge.
■ Die Führungshülse wird im Bereich des Ausrücklagers, der Ausrückhebel im Bereich der Anlagestelle am Kugelzapfen und das Lager im Bereich der Anlagestellen an den Ausrückhebel mit Molybdänsulfid-Schmierfett gefettet.
■ Bauen Sie das Getriebe ein.
■ Entlüften Sie die Kupplungsbetätigung.

Entlüften der Kupplungshydraulik

Das Entlüften der Anlage ohne ein Entlüftungsgerät ist nicht zu empfehlen. Die Leitungsführung und das geringe Fördervolumen der Zylinder machen eine Druckentlüftung oder ein Absaugen über den Entlüftungsnippel erforderlich. Beim Absaugen muss dringend darauf geachtet werden, dass der Vorratsbehälter nicht leergesaugt wird und der Geberzylinder keine Luft zieht.

■ Die Abdeckung (5 im Bild 17) in der Kupplungsglocke (1) herausziehen.
■ Geeignetes Bremsenfüll- und Entlüftungsgerät anschließen.
■ Zum Entlüften muss ein Entlüfterschlauch auf den Entlüftungsnippel (7) aufgesteckt werden.
■ Die Staubkappe des Entlüftungsnippels (6) entfernen.
■ Den Entlüfterschlauch mit Auffangbehälter auf den Entlüftungsnippel stecken.
■ Das System mit dem Entlüftungsgerät am

Vorratsbehälter mit einem Druck von etwa 1 bar beaufschlagen.

■ Die Entlüftungsschraube etwa eine halbe Umdrehung lösen.

■ Ca. 100 cm³ Bremsflüssigkeit in den Auffangbehälter ausströmen lassen und den Entlüftungsnippel wieder schließen.

■ Das Kupplungspedal 15- bis 20-mal sehr schnell von Anschlag zu Anschlag bewegen.

■ Die Entlüftungsschraube wieder etwa eine halbe Umdrehung lösen.

■ Etwa 50 cm³ Bremsflüssigkeit ausströmen lassen.

■ Die Entlüftungsschraube wieder anziehen.

☞ Nach Beendigung des Entlüftungsvorgangs, wenn der Druck des Entlüftungsgerätes wieder abgebaut ist, das Kupplungspedal bitte noch 10-mal mit dem Fuß treten.

■ Prüfen Sie die Funktion der Kupplung.

■ Machen Sie eine Probefahrt.

☞ Ausgetretene Bremsflüssigkeit sofort aufnehmen und mit Bremsenreiniger abspülen. Bremsflüssigkeit kann lackierte und beschichtete Flächen schädigen.

Kupplung beim manuellen 6-Gang-Getriebe

Demontage der Kupplung

■ Den Unterfahrschutz (soweit verbaut) ausbauen.

■ Getriebe ausbauen.

■ Haltesperre zum Blockieren des Motors anbauen.

■ Stecken Sie ein geeignetes Zentrierwerkzeug (3 im Bild 18) in Schwungscheibe und Kupplungsmitnehmerscheibe ein.

■ Die Schrauben (1) der Druckplatte (2) herausschrauben. Die Schrauben (1) jeweils in Schritten von 1,5 Umdrehungen diagonal lösen.

■ Die Druckplatte (2) und die Kupplungsscheibe (1) abnehmen.

■ Die Reibfläche der Druckplatte (2) entfetten und mit grober Schmirgelleinwand anrauen.

■ Die Druckplatte (2) und die Kupplungsscheibe (Mitnehmerscheibe) prüfen.

■ Das Schwungrad (5) auf Verschleiß und Beschädigung prüfen.

■ Den Zentralausrücker auf Geräusche, rauen Lauf, Undichtigkeit, Verschleiß und Beschädigung prüfen.

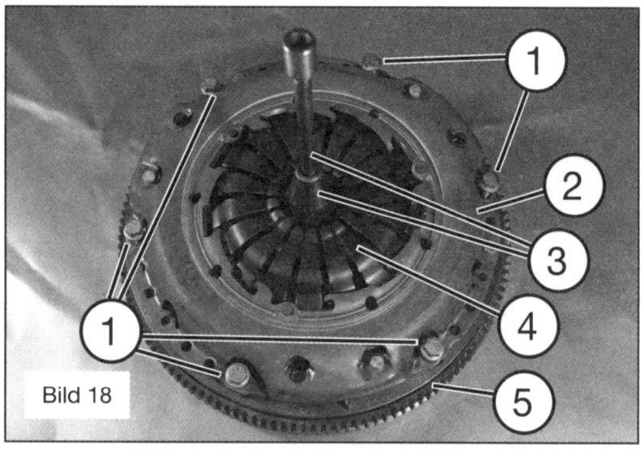

Bild 18
Kupplung und Schwungscheibe.
1 Schrauben
2 Druckplatte
3 Zentrierwerkzeug
4 Membranfeder
5 Schwungrad

Die Montage erfolgt sinngemäß in umgekehrter Reihenfolge.

■ Setzen Sie zur Montage das Zentrierwerkzeug (3) ein.

■ Ziehen Sie die Schrauben gleichmäßig und über Kreuz an.

■ Entlüften Sie das Kupplungssystem wie bereits beschrieben.

Wo liegt der Schaden – Kupplung, Betätigung oder Zweimassenrad?
Krachende Geräusche beim Gangeinlegen oder beim Gangwechsel, schwergängige Schaltvorgänge bei laufendem Motor?

■ Eine schlecht trennende Kupplung muss nicht zwangsläufig durch einen Schaden an der Kupplung oder der Druckplatte verursacht werden. Die Kupplungsbetätigung erfolgt bei modernen Systemen über ein hydraulisches System, das sich selbsttätig nachstellt. Die Rückstellung der Kupplung kann durch ein ausgeschlagenes Zweimassenrad größer ausfallen. Das wiederum kann den Hubweg verkürzen und die Kupplung wird nicht vollständig getrennt.

■ Auch dann, wenn die Verzahnung der Mitnehmerscheibe nicht leichtgängig auf der Getriebewelle verschoben werden kann, wird die Kupplung nicht ganz von der Druckplatte getrennt und schleift weiter an.

Kupplung Kraftschluss prüfen

☞ Schleift nach Ihrem Eindruck die Kupplung, wenn Sie Ihr Fahrzeug im höchsten Gang beschleunigen, dreht der Motor also hoch, ohne dass die Fahrgeschwindigkeit zunimmt, sollten Sie einmal kurz die Funktion der Kupplung prüfen. Unternehmen Sie diese Probe allerdings wirklich nur gelegentlich!

■ Ziehen Sie die Handbremse an, die natürlich in Ordnung sein muss.

■ Starten Sie den Motor.
■ Legen Sie den 3. Gang ein, dann langsam einkuppeln und Gas geben.
■ Bei einwandfreier Kupplung wird der Motor dadurch abgewürgt.

Druckplatte prüfen

Die Druckplatte ist auf die Schwungscheibe aufgeschraubt. Eine Wärmeabgabe ist nur sehr schlecht möglich.
■ Die Druckplatte beziehungsweise die Reibfläche (2 im Bild 19) auf Risse und Riefen sowie Membranfeder (4 im Bild 18) auf Brüche prüfen.
■ Die Zungen der Membranfeder (4) auf Verschleiß und gleichmäßige Höhe prüfen.

Kupplungsscheibe prüfen

■ Reibbeläge (1 im Bild 19) der Kupplungsscheibe auf Verölung, Risse, Ausbrüche und Verschleiß prüfen.
■ Die Dämpferfedern (4) auf Brüche und festen Sitz prüfen.
■ Das Keilwellenprofil in der Mitte (3) auf Verschleiß und Ausbrüche prüfen. Die Kupplungsscheibe muss sich mit geringem Kraftaufwand auf der Antriebswelle des Getriebes verschieben lassen.
■ Prüfen Sie den Zustand der Vernietungen (2) und den festen Sitz der Beläge auf dem Belagträger.
■ Prüfen Sie die Belagstärke (Bild 20).
■ Prüfen Sie den Seitenschlag.

Verschleißmaße für die Kupplung

Beachten Sie die Angaben für die einzelnen Kupplungshersteller (soweit vorhanden).

Belagstärke	3,10 mm
Max. Gesamtverschleiß	2,00 mm
Max. Seitenschlag	0,75 mm

Schwungrad demontieren

Die Arbeiten unterscheiden sich für die beiden Getriebebautypen nicht wesentlich. Wir stellen Ihnen an dieser Stelle eine allgemeingültige Beschreibung zur Verfügung.
■ Den Unterfahrschutz (soweit verbaut) und das Getriebe ausbauen.
■ Die Kupplung wie bereits beschrieben demontieren.

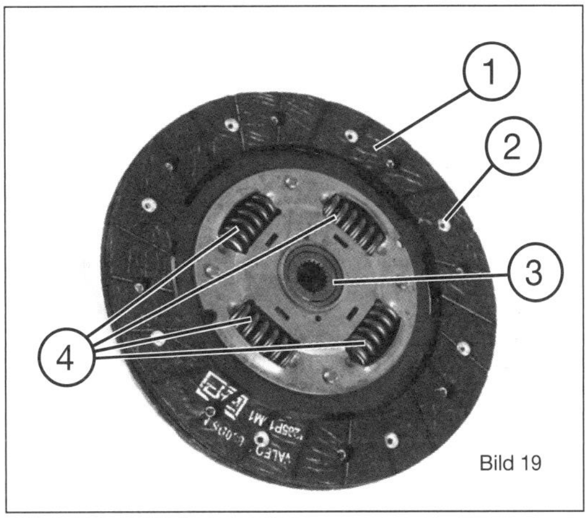

Bild 19

Bild 19
Mitnehmerscheibe.
1 Reibbelag
2 Belagnieten
3 Mittenverzahnung
4 Torsionsfedern

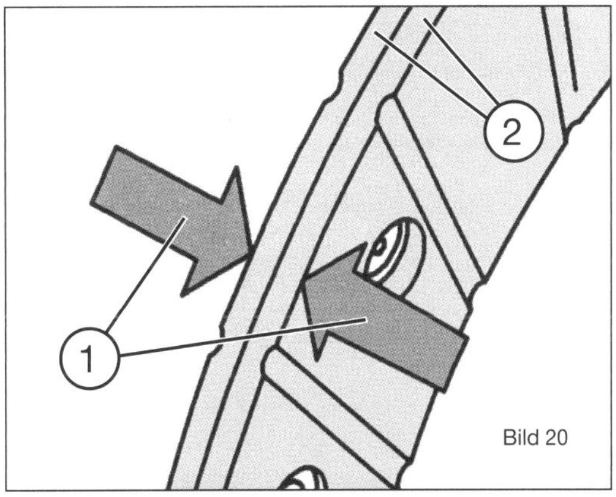

Bild 20

Bild 20
Kupplung und Schwungscheibe.
1 Messpunkt Belagstärke
2 Reibbeläge

Bild 21

Bild 21
Schwungscheibe auf der Kurbelwelle.
1 Schwungrad (Scheibe)
2 Schrauben

■ Die Schrauben (2 im Bild 21) am Schwungrad (1) herausdrehen.
■ Eine Haltesperre in der Verzahnung des Schwungrades zum Blockieren des Motors anbauen.
■ Das Schwungrad (1) von der Kurbelwelle abnehmen. Dabei auf die Einbaulage des Schwungrades (1) achten.

Die Montage erfolgt sinngemäß in umgekehrter Reihenfolge.
Achten Sie auf die Einbauposition.
■ Ziehen Sie die Schrauben über Kreuz mit dem vorgegeben Anzugsdrehmoment an.

Schaltzüge und Betätigung

Die Arbeitsschritte unterscheiden sich für die einzelnen Modelle nur unwesentlich. Wir stellen Ihnen an dieser Stelle eine allgemeingültige Beschreibung zur Verfügung.

Schaltknauf und Manschette aus- und einbauen

- Hebeln Sie die Plakette (2 im Bild 22) im Schaltknauf (1) heraus.
- Drehen Sie die Schraube (3) heraus.
- Ziehen Sie den Schaltknauf nach oben ab.
- Nehmen Sie den Betätigungsschaft und die Feder darunter ab.
- Klipsen Sie die Manschette von hinten beginnend aus der Verkleidung aus.
- Nehmen Sie die Manschette ab.

Die Montage erfolgt sinngemäß in umgekehrter Reihenfolge.

Schaltzüge beim 6-Gang-Getriebe aus- und einbauen

- Das Getriebe in Neutralstellung schalten.
- Das Fahrzeug anheben.
- Die Unterbodenverkleidung auf der linken Seite ausbauen.
- Die Schaltzüge (10 im Bild 22) unten vom Getriebe abbauen.
- Das Fahrzeug wieder absenken.
- Die Schalthebelmanschette (5) wie bereits beschrieben ausbauen.
- Die Verkleidung in der Mitte der Instrumententafel ausbauen.
- Die Schrauben (4) herausdrehen und Schaltkulisse (6) abnehmen.
- Die Schaltzugmanschette (9) am Fahrzeugboden herausziehen.
- Die beiden Schaltzüge (10) zusammen mit der Schaltzugmanschette ausbauen. Hierzu die Schaltzüge (1) vorsichtig nach oben aus Fahrzeugboden herausziehen.

Die Montage erfolgt sinngemäß in umgekehrter Reihenfolge.

- Schaltzüge (1), Schaltzugmanschette (2) und Kugelpfannen auf Verschleiß und Beschädigungen prüfen.

Schaltzüge beim 6-Gang-Getriebe einstellen

Die Voraussetzung für die korrekte Einstellung sind unbeschädigte Schaltzüge und

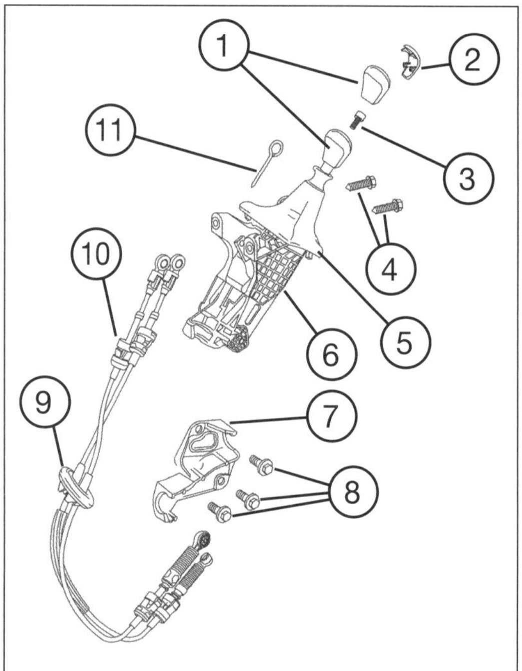

Bild 22

Bild 22
Schaltzüge am Sprinter 907 (Schaltgetriebe).
1 Schaltknauf
2 Plakette im Knauf
3 Schraube
4 Sechskantschraube
5 Manschette
6 Schalthebelkonsole
7 Halter
8 Schrauben
9 Manschette
10 Schaltzüge
11 Sperrstift

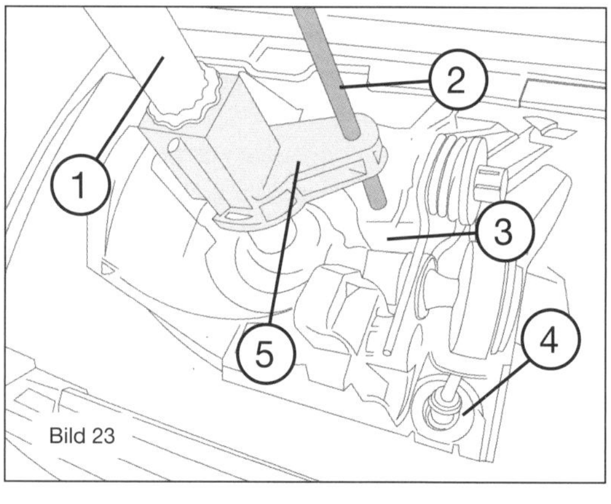

Bild 23

Bild 23
Grundeinstellung Schaltung.
1 Schalthebel
2 Sperrstift
3 Schaltkulisse
4 Schiebestück
5 Lasche Schalthebel

Lagerungen sowie eine spielfreie Mechanik der Schalthebelkonsole. Die Aufnahmen der Schaltzüge müssen schadfrei sein.

- Das Getriebe in Neutralstellung schalten.
- Demontieren Sie das Ablagefach unter der Instrumententafel.
- Bringen Sie die Bohrung der Lasche (5 im Bild 23) am Schalthebel mit der Bohrung in der Schaltkulisse überein und stecken Sie den Sperrstift (2) bis Anschlag ein.
- Das Schiebestück (4) am Schaltzug an seinem Gehäuse nach oben ziehen und so entsichern.
- Das Schiebestück loslassen. Der Schaltzug rastet wieder ein und sollte nun eingestellt sein.
- Ziehen Sie den Sperrstift heraus und prüfen Sie die Schaltung.

Achswellen (Hinterachse)

Achs- oder Antriebswellen finden sich beim Sprinter in unterschiedlichsten Bauweisen. Schon der heckgetriebene Bus ist mit der Kardanwelle unter dem Fahrzeug und zwei Antriebswellen im hinteren Achskörper ausgerüstet. Die Allradvarianten sind zusätzlich noch mit einer Zwischenwelle und zwei Antriebswellen für die Vorderräder ausgerüstet. Wir werden im Folgenden die einzelnen Wellen demontieren und für die Achsgelenkwellen auch die Instandsetzung genauer betrachten.

De- und Montage der Achswelle der Hinterachse (Normalausführung)

Die Montagearbeiten für die heckangetriebenen Varianten und die Allrad-Fahrzeuge unterscheidet sich nur unwesentlich.

■ Das Fahrzeug anheben und verzurren.

⚠ Wenn das Fahrzeug nicht verzurrt wird, besteht die Gefahr, dass es von der Hebebühne abrutscht.

■ Bauen Sie das Rad an der entsprechenden Seite ab.

■ Lösen Sie die Drehzahlfühlerleitung des ABS-Sensors vom Achskörper.

■ Bauen Sie den Bremssattel mit dem Bremsträger ab und befestigen Sie diesen am Aufbau.

☞ Beachten Sie dabei, dass die elektrische Leitung der Bremsbelagverschleißanzeige nicht beschädigt wird.

■ Bauen Sie die Bremsscheibe (5 im Bild 24) und die Bremsbacken für die Handbremse aus.

■ Drehen Sie die Schrauben (1 im Bild 24) heraus.

■ Stellen Sie eine Auffangwanne unter den Bereich der Hinterachswelle und ziehen Sie die Hinterachswelle (8) aus dem Achskörper heraus.

■ Nehmen Sie das Abdeckblech (Ankerplatte) der Bremsscheibe (3) vom Achskörper ab.

☞ Reinigen Sie die Ölablaufrinne (5 im Bild 25) vor der Montage.

Der Einbau erfolgt sinngemäß in umgekehrter Reihenfolge.

■ Das Abdeckblech der Bremsscheibe (3 im Bild 24) auf den Achskörper (2) aufsetzen.

■ Bauen Sie die Hinterachswelle (8) in den Achskörper (2) ein.

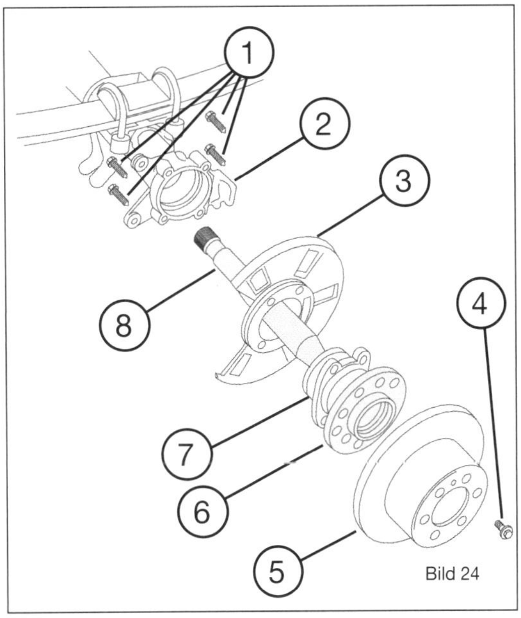

Bild 24

Bild 24
Antriebswelle «Single-Rad« (Normalausführung).
1 Schrauben
2 Achskörper
3 Bremsankerplatte
4 Schraube
5 Bremsscheibe
6 Radflansch (Achswelle)
7 Radlagergehäuse
8 Achswelle

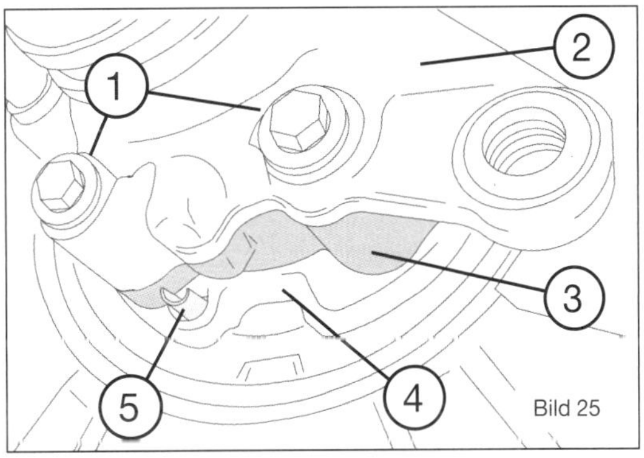

Bild 25

Bild 25
Grundeinstellung Schaltung.
1 Untere Schrauben am Radlagergehäuse
2 Achskörper
3 Radlagergehäuse
4 Bremsankerplatte
5 Ölablaufrinne

■ Ziehen Sie die neuen Schrauben (1 im Bild 24) über Kreuz fest.

☞ Beim Einbauen der Hinterachswelle muss die Ölablaufrinne (5 im Bild 25) durch das Abdeckblech (4) der Bremsscheibe geführt werden. Die Ölablaufrinne zeigt dabei nach unten.

■ Prüfen bzw. ergänzen Sie nach dem Einbau der Hinterachswelle den Getriebeölstand im Achsantrieb.

De- und Montage der Achswelle der Hinterachse (Zwillingsrad)

Die Montagearbeiten für die heckangetriebenen Varianten und die Allrad-Fahrzeuge unterscheidet sich auch bei diesem Achstyp nur unwesentlich.

■ Das Fahrzeug anheben und verzurren.

⚠ Wenn das Fahrzeug nicht verzurrt wird, besteht die Gefahr, dass es von der Hebebühne abrutscht.

■ Bauen Sie die Räder an der entsprechenden Seite ab.

Bild 26
Antriebswelle »Zwillingsrad«.
1 Achskörper
2 Bremssattel
3 Muttern
4 Achswelle
5 Radnabe
6 Bremsscheibe

■ Schrauben Sie die Muttern (3 im Bild 26) ab.
■ Stellen Sie einen Ölauffangbehälter unter den Bereich der Hinterachswelle und ziehen Sie die Hinterachswelle (4) aus dem Achskörper (1) heraus.

Der Einbau erfolgt sinngemäß in umgekehrter Reihenfolge.

Selbstsichernde Schrauben und Muttern sind immer zu ersetzen.

■ Dichtfläche der Hinterachswelle mit Dichtmittel einstreichen.
■ Hinterachswelle (19) einbauen und neue Muttern (20) über Kreuz festziehen.
■ Prüfen bzw. ergänzen Sie nach dem Einbau der Hinterachswelle den Getriebeölstand im Achsantrieb.

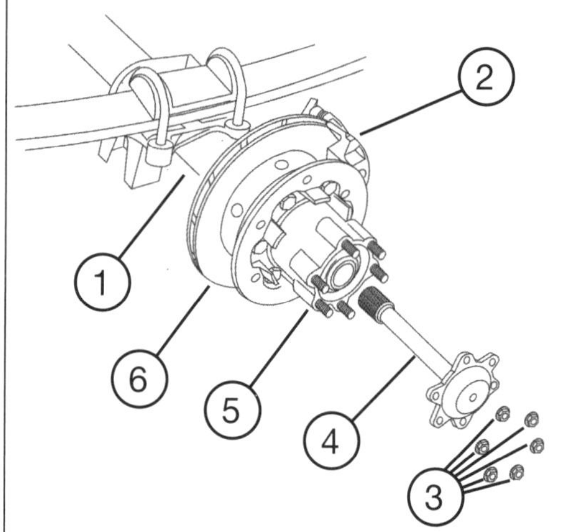

Bild 26

Bild 27
Antriebswelle an der Vorderachse.
1 Achsstummel am Achsgetriebe vorne
2 Schrauben
3 Beilagplatte
4 Achsgelenkwelle
5 Achswellenzentralmutter
6 Radnabe vorne
7 Achsschenkel

Achsgelenkwellen (vorne)

De- und Montage der Achsgelenkwellewellen der Vorderachse (Allrad-Fahrzeuge) Die Montagearbeiten unterscheiden sich nur unwesentlich. Die beschriebenen Montagearbeiten sind sowohl für die rechte als auch für die linke Seite anwendbar.

■ Fahrzeug anheben und verzurren.

Wenn das Fahrzeug nicht verzurrt wird, besteht die Gefahr, dass es von der Hebebühne abrutscht.

Das Radlagergehäuse besitzt zwei Löcher zur Befestigung der Drehzahlfühler vorn rechts. Ein Verdrehen beim Einbau der Drehzahlfühler vorn führt zu Fehlfunktionen. Vor der Demontage bitte die Einbaulage markieren.

■ Das entsprechende Vorderrad abbauen.
■ Den Drehzahlfühler ABS vorn ausbauen.
■ Den Bremssattel mit Bremsträger abbauen und so mit Draht befestigen, dass das Gewicht des Bremssattels den Bremsschlauch nicht belastet bzw. beschädigt.
■ Spurstangenkopf lösen.
■ Eventuelle Verschmutzung am Nabendeckel (soweit verbaut) entfernen.
■ Den Nabendeckel mit einem handelsüblichen Meißel von der Radnabe hebeln.

Der Nabendeckel wird beim Ausbau zerstört und muss ersetzt werden. Der Nabendeckel ist eingeklebt, was eine etwas erschwerte Demontage zur Folge hat.

■ Die Achswellenzentralmutter (5 im Bild 27) durch Zurückbiegen der Sicherung auf der Achswelle entsichern.

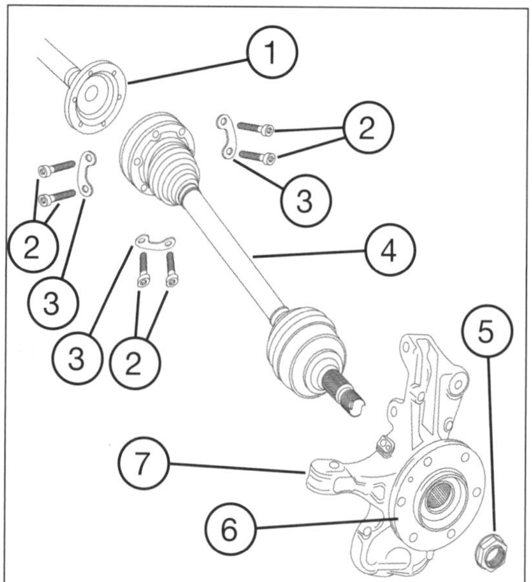

Bild 27

■ Die Achswellenzentralmutter (5) abschrauben.
■ Innenvielzahnschrauben (Pfeile im Bild 46) am Achsantrieb (1) für die Seite lösen.
■ Stabilisatorgestänge auf der entsprechenden Seite abbauen.
■ Den Einfederanschlag vom Querlenker abbauen.
■ Den Querlenker am Achskörper abbauen.
■ Die Lenkung nach rechts beziehungsweise nach links drehen, um mehr Bewegungsfreiheit zu erlangen.
■ Die Gelenkwelle aus dem Radlagergehäuse ziehen und Gelenkwelle entnehmen.

Gegebenenfalls Nutmutter wieder anschrauben und mit einem handelsüblichen Kunststoffhammer das Gleichlaufgelenk außen mit leichten Schlägen austreiben.

Bei loser radseitiger Gelenkwellenverschraubung dürfen die Radlager nicht belastet werden. Werden die Radlager durch das Eigengewicht des Fahrzeugs belastet, wird das Radlager vorgeschädigt. Die Radlagerlebensdauer ist dadurch geringer.

Fahrzeuge ohne Gelenkwelle dürfen nicht bewegt werden, da sonst das Radlager beschädigt wird. Soll ein Fahrzeug trotzdem bewegt werden, bitte Folgendes beachten:

- Anstatt der Gelenkwelle ein Außengelenk einbauen.

Die Montage erfolgt sinngemäß in umgekehrter Reihenfolge.

Beim Ablegen oder beim Einsetzen darauf achten, dass sich kein Schmutz an den Teilen befindet. Bei eventuellen Verschmutzungen oder Beschädigungen am Radlagergehäuse/Achsschenkel (7 im Bild 27) oder an der Radnabe (8), die Teile reinigen bzw. erneuern.

- Gelenkwelle einfügen und Gleichlaufgelenk außen in das Radlagergehäuse einführen.
- Schrauben des Querlenkers handfest anziehen und im eingefederten Zustand mit Drehmoment festziehen.
- Staubkappen auf Beschädigung und richtigen Sitz prüfen.
- Innenvielzahnschrauben (2) handfest anschrauben, anschließend mit vorgeschriebenem Anzugsdrehmoment festziehen.
- Spurstangenkopf befestigen.
- Drehzahlfühler vorn einbauen.
- Neuen Nabendeckel (soweit verbaut) einbauen.
- Bremssattel mit Bremsträger anbauen.
- Das entsprechende Vorderrad anbauen.

Zwischenwelle (zum Verteilergetriebe)

Die Zwischenwelle zwischen Verteilergetriebe und Vorderachse läuft auch dann mit, wenn die Vorderachse nicht angetrieben wird. Entsprechend muss sie auch leichtgängig und schadfrei sein.

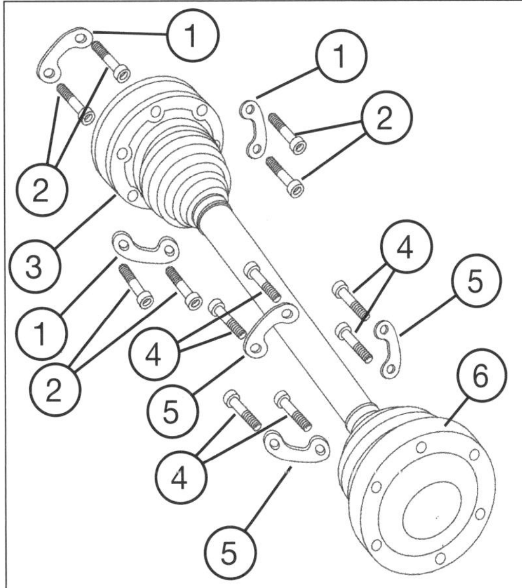

Bild 28

Bild 28
Antriebswelle zwischen Verteilergetriebe und Vorderachse beim Allrad.
1 Beilagplatte
2 Schraube
3 Gelenk am Verteilergetriebe
4 Schraube
5 Beilagplatte
6 Gelenk am Vorderachsgetriebe

- Fahrzeug anheben und verzurren.

Wenn das Fahrzeug nicht verzurrt wird, besteht die Gefahr, dass es von der Hebebühne abrutscht.

- Demontieren Sie die Motorabdeckung und/oder Getriebeabdeckung unten (soweit verbaut).
- Reinigen Sie den Bereich um die Achswelle an den Getrieben gründlich.
- Drehen Sie die Schrauben (2 und 4 im Bild 28) heraus.
- Nehmen Sie die Schrauben und die Beilagplatten (1 und 5) ab.
- Schieben Sie die Achswelle vorsichtig etwas zusammen und nehmen Sie sie heraus.

Die Montage erfolgt sinngemäß in umgekehrter Reihenfolge.

Beim Ablegen oder beim Einsetzen darauf achten, dass sich kein Schmutz an den Teilen befindet.

- Innenvielzahnschrauben (2 und 4) zuerst handfest anschrauben, anschließend mit vorgeschriebenem Anzugsdrehmoment festziehen.

Gelenkwellen prüfen

Gelenkwellen unterliegen zwar Verschleiß, aber es gibt eigentlich nur drei Gründe, eine Achsgelenkwelle zu zerlegen. Zuerst einmal möchten wir den Hintergrund für diese Arbeiten genauer beleuchten.

Bild 29
Spiel an den Gelenken der Achswellen prüfen.
1 Gelenkwelle
2 Gelenkwellentopf (Lageraußenring)

Bild 30
Beschädigte Achswellenmanschette.
1 Gelenkwelle
2 Gelenkwellentopf
3 Achswellenmanschette

■ *Spiel an den Gelenken:*
Spiel an den Achswellen prüfen (Bild 29).

Halten Sie den Lageraußenring mit der Hand fest und verdrehen Sie die Achswelle. Sie sollte möglichst kurze schnelle Bewegungen machen (einfach schnell hin- und herdrehen). So bemerken Sie ein mögliches Lagerspiel in den Achswellen sehr schnell. Spiel an den Gelenken sollte immer nachgegangen werden.

Denken Sie daran, dass Ihr Fahrzeug beim Anheben einen anderen Winkel der Achswelle bewirkt. Die Prüfungen sollten immer am Boden stattfinden. Eine Grube in der Garage oder eine Mutterbühne ist hier sehr hilfreich. Stellen Sie übermäßiges Spiel fest, sollte die Gelenkwelle erneuert oder zerlegt und repariert werden. Zumeist zeigen sich bei der Demontage erhebliche Schäden an Lagerflächen oder Kugeln. Wird das Spiel zu groß (mehr als 2 mm Spiel in der Verdrehung), kann die Antriebswelle »auseinanderfliegen« und sorgt dann im günstigsten Fall für eine Panne. Im schlimmsten Fall kann die Achswelle weitere Schäden verursachen, wenn sie aus den Führungen herausrutscht.

■ *Geräusche:*
Die Prüfung der Achsgelenkwellen auf diese Schäden erfolgt in der Regel bei einer Probefahrt. Es sollten hier enge Radien gefahren werden können (Supermarktparkplatz) und auch der Lastwechsel vom Beschleunigen zum Schiebebetrieb simuliert werden.

Gefahren vermeiden! Auf den Verkehr achten! Geräusche an den Achswellen lassen sich leider nur für das radseitige Gelenk sicher orten.

Die Getriebeseite wird oftmals als »Getriebeschaden« wahrgenommen. Sollten also Geräusche beim Lastwechsel entstehen, nehmen Sie auch die Antriebswellen einmal genauer unter die Lupe. Ein deutliches »Klackern« oder durchaus schon »Schläge« gerade beim Kurvenfahren in engen Radien weisen auf einen Achswellenschaden hin.

Je lauter diese Geräusche werden, umso dringender besteht Handlungsbedarf. Auch hier sind oft an den zerlegten Wellen sehr gut sichtbare Schäden vorhanden.

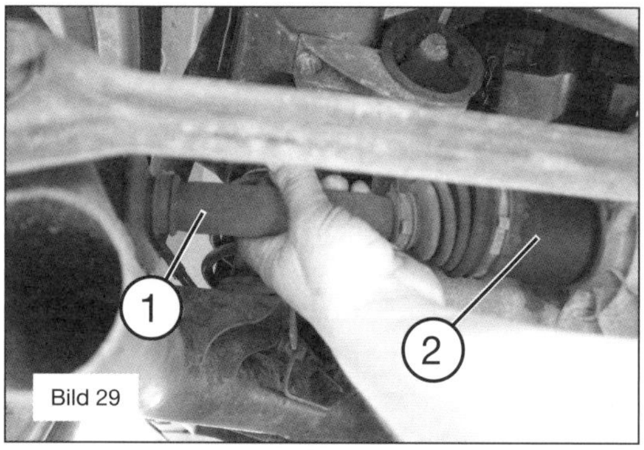

Bild 29

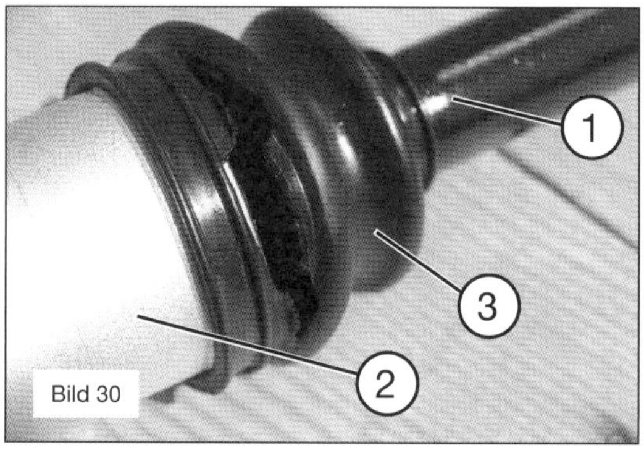

Bild 30

■ *Manschette beschädigt (Bild 30):*
Das Ende der Lagerungen einer Achswelle wird natürlich schneller erreicht, wenn Schmutz, Wasser und Straßendreck durch eine defekte Manschette eindringen können.

Kontrollieren Sie die Lenkmanschetten und die Gelenkmanschette regelmäßig. Bei Schäden führt an einer Reinigung des Gelenkes und dem Ersatz der Manschette kein Weg vorbei.
Achten Sie auch auf kleine Fettspritzer im Radlaufbereich oder an den Bremsteilen. Oftmals zeichnen schon kleinste Schäden an der Manschette deutliche Spuren. Durch die hohe Drehzahl wird das Fett im Gelenk sehr schnell in der Landschaft verteilt. Daraufhin läuft das Gelenk trocken und wird mit der Unterstützung des eindringenden Schmutzes ein erhebliches Verschleißverhalten entwickeln.

Gelenkwellen zerlegen

Achsmanschette außen (radseitig) wechseln:

■ Die entsprechende Antriebswelle ausbauen.

■ Die Gelenkwelle mit Schutzbacken in Schraubstock einspannen.

■ Die Antriebswellenmanschette (1 im Bild 31) aufschneiden und abziehen.

Bild 31

Bild 31
Gelenkmanschette anheben.
1 Manschette
2 Innenring des Gelenks
3 Gelenktopf

■ Fett über dem Gelenktopf abwischen.

Tipp: Es gibt zwei unterschiedliche Bauweisen für die Sicherung des Gelenktopfes auf der Welle. Unterscheiden kann man die Bauweisen über dem Topfgelenk. Die Öffnungen des Sicherungsrings (6 im Bild 33) sind nach dem Entfernen des Gelenkwellenfetts erkennbar.

Bauweise mit Sicherungsring (Bild 33):
■ Den Sicherungsring (6) mit einer Seegerringzange öffnen und das Gleichlaufgelenk von der Antriebswelle ziehen.

Bauweise mit Sprengring (Bild 34):
■ Das Gleichlaufgelenk (1 im Bild 30) mit einem Kunststoffhammer (3) von der Antriebswelle (2) treiben.
■ Den Sicherungsring ausbauen.

Weiter für beide Bauweisen:
■ Das Gleichlaufgelenk reinigen.
■ Die kleine Klemmschelle auf die Antriebswelle aufschieben.
■ Die neue Antriebswellenmanschette auf die Antriebswelle aufschieben.
■ Den neuen Sicherungsring (beider Bauweisen) einbauen.
■ Das Gleichlaufgelenk bis zur Oberkante des Innensterns mit im Lieferumfang enthaltenem Fett befüllen.
■ Das Gleichlaufgelenk mit einem Plastikhammer auf die Antriebswelle auftreiben, bis der Sicherungsring einrastet.
■ Die Manschette und Gleichlaufgelenk mit der Restmenge Fett befüllen.
■ Die Antriebswellenmanschette auf das Gleichlaufgelenk aufschieben.

Tipp: Der Wulst der Manschette muss in der Nut am Gleichlaufgelenk liegen.

■ Die Klemmschellen (2 im Bild 36) auf der Antriebswellenmanschette (3) positionieren und befestigen.

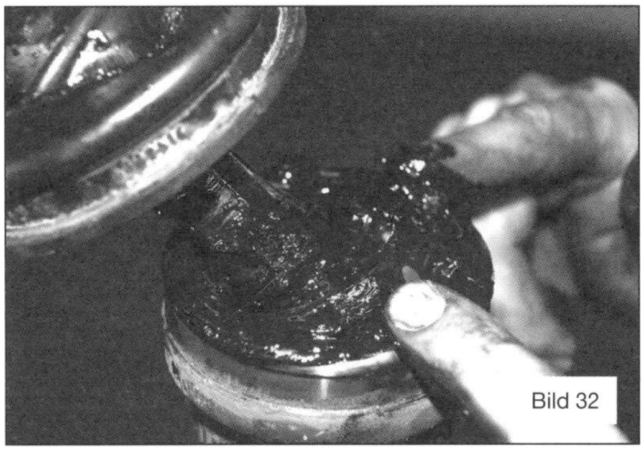
Bild 32

Bild 32
Gelenk abwischen, um es besser erkennen zu können.

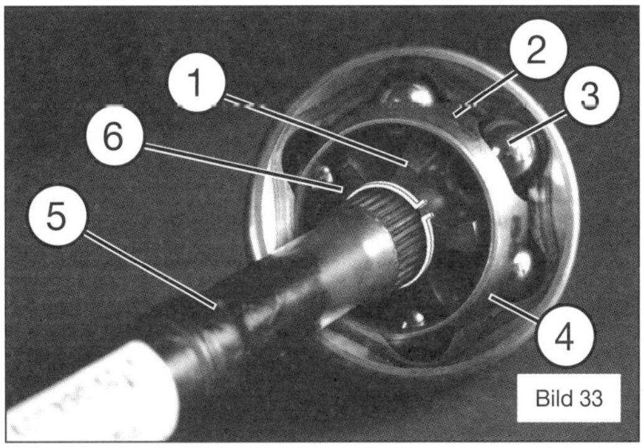

Bild 33

Bild 33
Bauweise mit Sicherungsring.
1 Innenring
2 Kugelkäfig
3 Kugeln
4 Gelenktopf
5 Welle
6 Sicherungsring

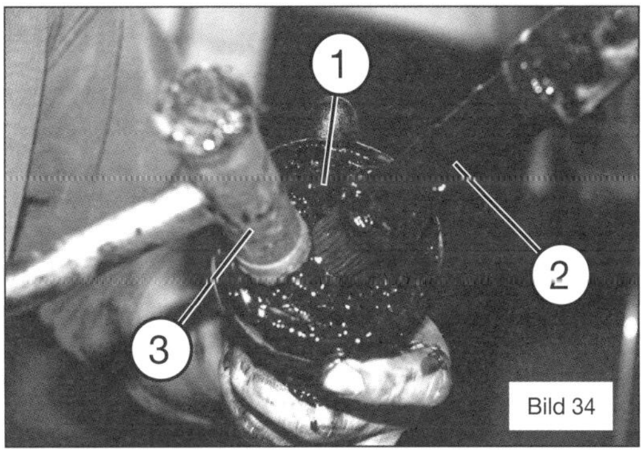

Bild 34

Bild 34
Bauweise mit Rastring auf der vorderen Wellenspitze.
1 Gleichlaufgelenk
2 Welle
3 Kunststoffhammer

■ Antriebswelle aus dem Schraubstock lösen und abnehmen.
■ Antriebswelle wieder einbauen.

Topfgelenk (radseitig) zerlegen
Die Antriebswellen beim Sprinter 907 für den Radantrieb oder zum vorderen Achsgetriebe unterliegen dem Verschleiß und die Manschetten können beschädigt werden.

Achtung: Grundsätzlich sollten Sie beim Zerlegen von Achsgelenken die Übertragungsteile wie die Kugeln oder Lager wieder in die gleiche Position einbauen, in der sie vor der Demontage gewesen sind. Sie können die Bauteile mit einem Lackstift oder wasserfesten Filzstift markieren.

Tipp: Hilfreich ist es aber auch eine Ablage aus Pappe zur Ablage der Einzelteile vorzubereiten.

Bild 35
Radseitiges Gelenk der Achswelle.
1 Gelenktopf
2 Kugelkäfig
3 Kugeln
4 Innenring

Bild 36
1 Zange
2 Federbandschelle
3 Achswellenmanschette

Bild 37
Kugelkäfig hochkant in den Gelenktopf einsetzen.

Bild 38
Im Detail.
Gelenkinnenring in den Kugelkäfig einfädeln.

Bild 35

Wechsel der radseitigen Manschette:
Die beiden radseitigen Gelenke sind Kugelgelenkwellen. Die Montagearbeit ist identisch.

- Bauen Sie die entsprechende Antriebswelle wie bereits beschrieben aus.
- Entfernen Sie die beiden Klemmbänder auf der entsprechenden Manschette.
- Schneiden Sie die Achsmanschette mit einem Cuttermesser auf und nehmen Sie sie ab.
- Wischen Sie das Fett am Rand des Gelenktopfes (1 im Bild 35) ab, damit Sie den Innenring (2) des Gelenks erkennen können.
- Bauen Sie das Gelenk von der Achswelle wie beschrieben ab.
- Kippen Sie den Innenring zur Seite und nehmen Sie eine Kugel nach der anderen wie im Bild 40 gezeigt heraus.
- Verdrehen Sie den Gelenkinnenring so weit, dass Sie ihn wie im Bild 38 gezeigt herausnehmen können.
- Verdrehen Sie den Kugelkäfig so weit, dass Sie ihn über die Aussparungen (Bild 37) vom Gelenkwellenkopf abnehmen können.
- Achten Sie darauf, dass die Kugeln nicht auf den Boden fallen.
- Reinigen Sie alle Bauteile gründlich und untersuchen Sie sie nach Schäden oder Verschleißspuren.
- Sind Schäden oder Verschleiß erkennbar, muss das Gelenk erneuert werden. Es sind beide Gelenke als Ersatzteil lieferbar.

Die Montage erfolgt sinngemäß in umgekehrter Reihenfolge.

- Stecken Sie die kleine Schelle auf die Manschette auf.
- Stecken Sie die neue Manschette auf die Achswelle auf.
- Tragen Sie etwas Fett auf die Laufbahnen der Kugeln und auf die Kugeln auf.

Bild 36

Bild 37

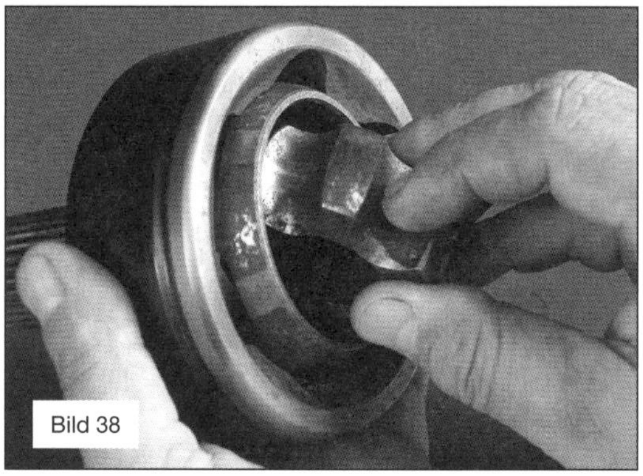

Bild 38

- Montieren Sie das Kugelgelenk.
- Geben Sie den Rest des Fettes in das Kugelgelenk hinein.
- Stecken Sie die Achswelle in das Innengelenk ein.
- Schlagen Sie das Gelenk mit einem Kunststoffhammer auf die Welle auf.
- Positionieren Sie die Achswellenmanschette so, dass sie beim Bewegen des Gelenkes nicht zu straff gespannt wird. Sie könnte sonst vom Gelenktopf rutschen.
- Montieren Sie die beiden neuen Klemmbänder (Schellen) auf der entsprechenden Manschette.
- Die Klemmbänder werden mit einer speziellen Zange zugebogen. Mit etwas Geschick gelingt das auch mit einer Beißzange (1 im Bild 36).

Bild 39
Oftmals gibt es für das Einsetzen in den Kugelkäfig eine Position mit Flachstellen seitlich.

- Biegen Sie die Klemmbänder (2 im Bild 42) über einer Spraydose (1) vor. So lassen sie sich leichter montieren.
- Reinigen Sie die Achsgelenkwelle und bauen Sie sie wieder ein.

Achsmanschette innen (getriebeseitig) wechseln:

- Die entsprechende Antriebswelle ausbauen.
- Die beiden Federbandschellen der Manschette öffnen.
- Die Antriebswellenmanschette getriebeseitig aufschneiden und abnehmen.
- Den Sicherungsring öffnen und den Tripoidlagerträger abnehmen.
- Lagertopf und den Tripoidlagerträger reinigen.
- Die Antriebswelle aus dem Schraubstock lösen und abnehmen.
- Die neue Antriebswellenmanschette auf die Antriebswelle aufschieben.
- Die Klemmschelle auf die Antriebswelle aufschieben.
- Die Antriebswelle mit Schutzbacken in den Schraubstock einspannen.
- Die Gelenknabe mit dem im Lieferumfang enthaltenem Fett befüllen.
- Den Tripoidlagerträger auf die Antriebswelle aufschieben.
- Antriebswellenmanschette und die Gelenknabe mit der Restmenge Fett befüllen.
- Die Antriebswellenmanschette auf die Gelenknabe aufschieben. Der Wulst der Antriebswellenmanschette muss in der Nut am Gleichlaufgelenk liegen.
- Die Klemmschellen auf der Antriebswellenmanschette positionieren, verschließen und befestigen.
- Antriebswelle aus dem Schraubstock lösen und abnehmen.
- Antriebswellenmanschette radseitig wieder einbauen.
- Die Antriebswelle wieder einbauen.

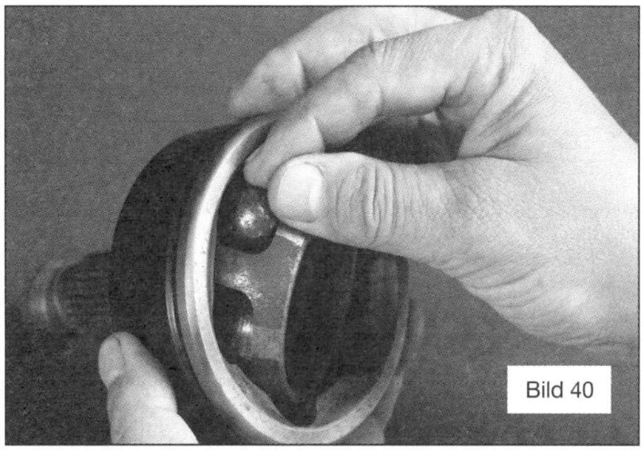

Bild 40
Einsetzen der Kugeln in den Kugelkäfig.

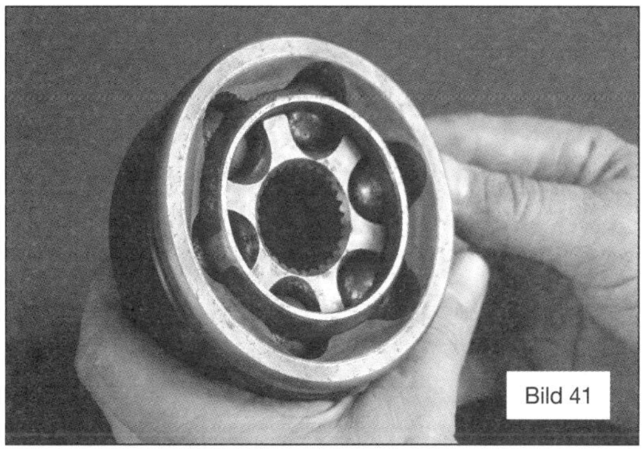

Bild 41
Einbaulage der Achswellenbauteile im Gelenktopf.

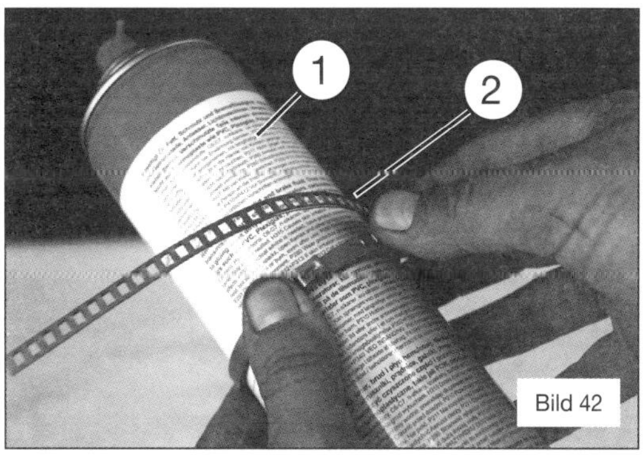

Bild 42
Klemmband vorbiegen.
1 Spraydose
2 Klemmband

Kardanwellen De- und Montage

De- und Montage der 2-teiligen und 3-teiligen Kardanwelle

Tipp: Die Kardanwelle grundsätzlich mit einem zweiten Monteur aus- und einbauen. Vor dem Ausbauen die Position aller Teile zueinander kennzeichnen. Alle Teile in gleicher Stellung zusammenbauen, andernfalls können Unwuchten entstehen, die Schäden an der Lagerung und Brummgeräusche verursachen.

Achtung: Die Kardanwelle nicht knicken, sondern grundsätzlich nur gestreckt lagern und transportieren.

Je nach Ausstattung ist eine Gelenkscheibe an der Kardanwelle verbaut, die beim Ausbau an der Kardanwelle verbleibt.

Sichtprüfung   Messen

Bild 43
Zweiteilige Kardanwelle.
1 Kardanwelle vorne
2 Zwischenlager
3 Distanzhülsen
4 Beilagplatte
5 Gelenk und Kardanflansch am Achsgetriebe
6 Schrauben
7 Kardanwelle hinten
8 Kardangelenk Mitte
9 Schrauben
10 Fangsicherung
11 Schrauben
12 Schrauben
13 Gelenk und Kardanflansch am Getriebe

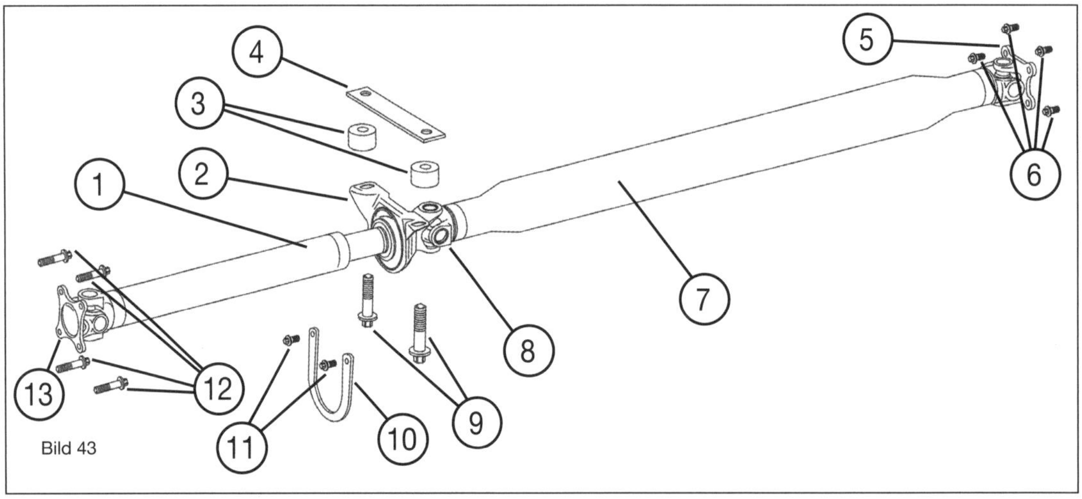

Bild 43

■ Schrauben (11 im Bild 43) für den Sicherheitsbügel (10) herausdrehen.
■ Die Stellung der Kardanwelle zum Kardanwellenflansch (Getriebe) kennzeichnen.
■ Die Kardanwelle bzw. die Gelenkscheibe am Kardanwellenflansch des Getriebes bzw. der Kardanwelle vorn abschrauben.

Fahrzeuge mit Tilgergewicht und Gelenkscheibe:
■ Die Schrauben des Tilgergewichtes am Getriebeflansch lösen.

Fortsetzung alle Fahrzeuge:
■ Stellung der Kardanwelle zum Kardanwellenflansch (Bilder 44 und 45) kennzeichnen.
■ Die Kardanwelle an der Hinterachse abschrauben.
■ Die Schrauben des Zwischenlagers beziehungsweise der Zwischenlager herausdrehen (siehe Bild 43 und 46).
■ Die Kardanwelle mit einem zweiten Mechaniker ab- und herausnehmen.

Bild 44
Gelenkwelle 2-teilig. Ansicht von oben auf das Zwischenlager.

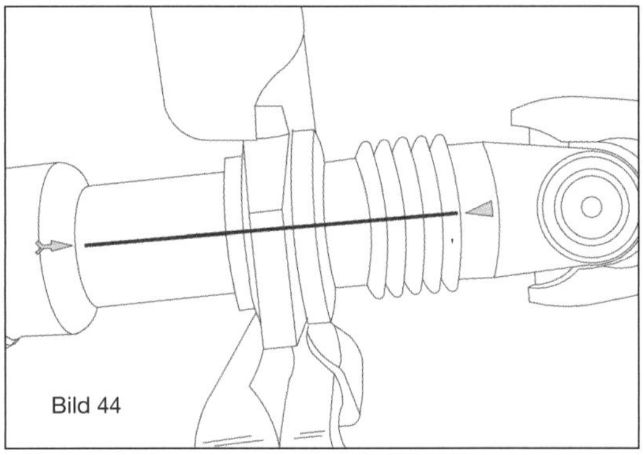

Bild 44

Bild 45
Gelenkwelle 3-teilig. Ansicht von oben auf das Zwischenlager.

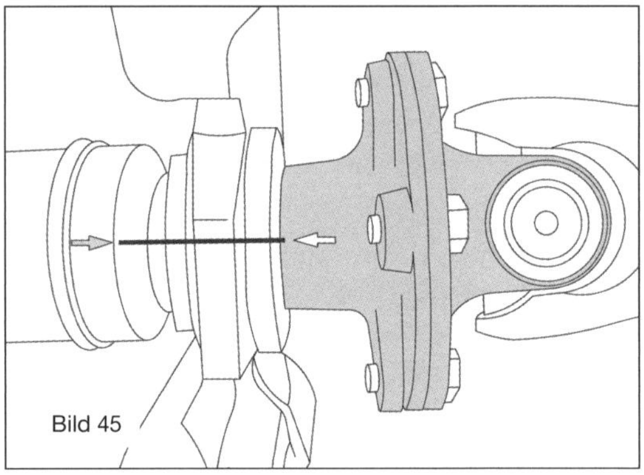

Bild 45

Bild 46
Dreiteilige Kardanwelle.
1 Schrauben
2 Hardyscheibe
3 Schrauben
4 Kardanwelle vorne
5 Zwischenlager vorne
6 Kreuzgelenk »2«
7 Kardanwelle Mitte
8 Distanzhülsen
9 Beilagplatte
10 Schrauben
11 Kreuzgelenk hinten
12 Kardanwelle hinten
13 Kreuzgelenk »3«
14 Zwischenlager hinten
15 Schrauben
16 Fangsicherung
17 Schraube
18 Schrauben
19 Flansch am Getriebe

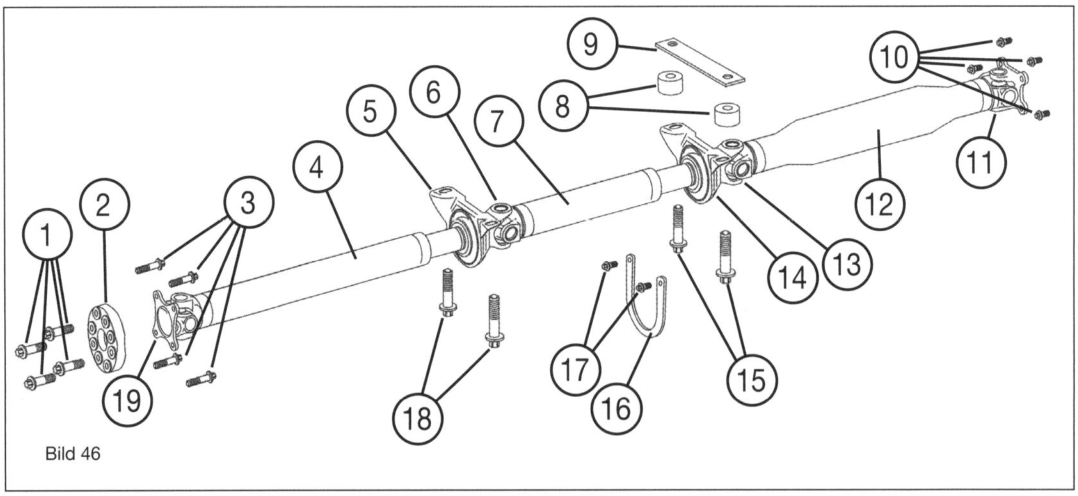

Bild 46

Der Einbau erfolgt sinngemäß in umgekehrter Reihenfolge.
- Das, beziehungsweise die Zwischenlager spannungsfrei ausrichten.

Getriebe aus- und einbauen

Die Getriebe werden nach unten ausgebaut. Benötigt werden Abfangvorrichtung, Motor- und Getriebeheber, Getriebeaufnahme und diverse Adapter und Zusatzhaken für die Anhängevorrichtung. Reparaturen an ausgebauten Getrieben gehören allerdings in die darauf spezialisierte Fachwerkstatt.

Getriebeausbau beim heck- und allradgetrieben Sprinter
Die Montagearbeiten zwischen den manuell geschalteten Getrieben und den automatisch geschalteten Getrieben unterscheiden sich nur geringfügig. Wir werden die Besonderheiten, auch für die Nebenantriebe, gesondert in dieser Beschreibung hervorheben.

Falls im Fahrzeug ein Radio mit Codierung eingebaut ist, muss dieser abgefragt und notiert werden.

Fragen Sie den Fehlerspeicher ab und sichern Sie die Einträge.

Automatikfahrzeuge:
- Den Wählhebel in Stellung »N« schalten.

Weiter für alle Fahrzeuge:
- Die Zündung ausschalten.
- Das Masseband der Batterie abklemmen.
- Das Fahrzeug anheben und das Fahrzeug auf der Hebebühne sichern.
- Demontieren Sie wie bereits beschrieben, die Kardanwelle zur Hinterachse.
- Den Geschwindigkeitssensor abbauen und seitlich am Unterbau mit Kabelbindern befestigen.
- Die elektrische Steckverbindung am Getriebe trennen.
- Demontieren Sie die Betätigungszüge und befestigen Sie sie außerhalb des Arbeitsbereiches am Aufbau.

Allradfahrzeuge:
- Die Gelenkwelle zur Vorderachse vom Verteilergetriebe abbauen und seitlich am Unterbau anbinden.
- Das Verteilergetriebe ausbauen.

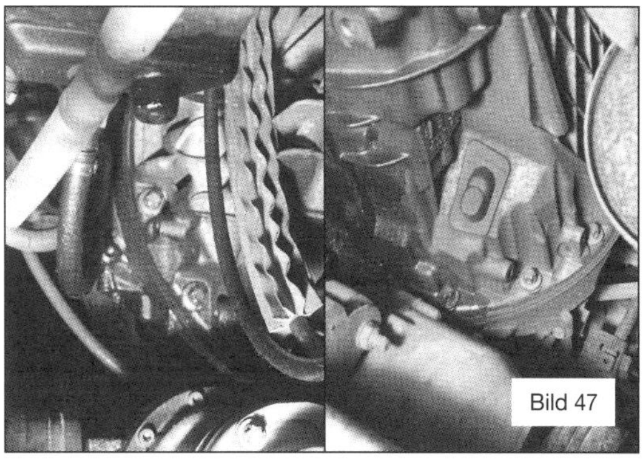

Bild 47
Verschraubungen am Getriebe (Getriebe/Motor).

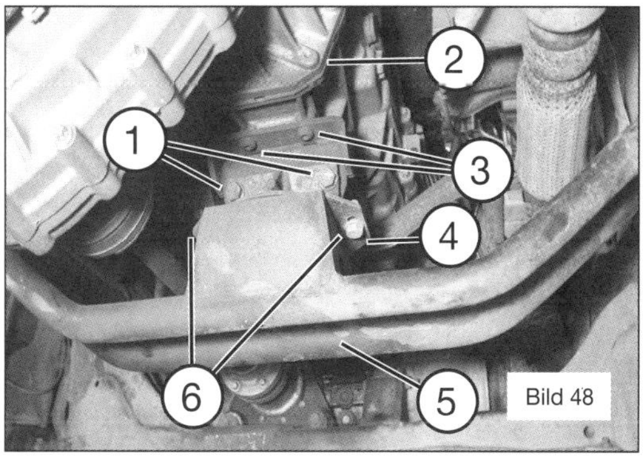

Bild 48
Getriebelager und Querträger.
1 Schrauben
2 Getriebe
3 Schrauben
4 Getriebelager
5 Querträger
6 Schraube

Schaltfahrzeuge:
- Die Bremsflüssigkeit aus dem Vorratsbehälter absaugen.

Wenn das Getriebe (8) getauscht wird oder am Getriebe (8) Reparaturarbeiten durchgeführt werden, dann bitte jetzt das Getriebeöl ablassen.

Automatikfahrzeuge:
- Das Getriebeöl aus dem Drehmomentwandler und Getriebe wie bereits zur Ölwannendemontage beschrieben ablassen.
- Die Leitungen am Getriebe (1) abbauen.
- Drehmomentwandler von Mitnehmerscheibe abschrauben. Dazu den Motor an der Kurbelwelle drehen, bis die Schrauben durch die Bohrung im Querträger zugänglich sind.

Fahrzeuge mit Nebenabtrieb:
- Die Gelenkwelle vom Abtriebsflansch des Nebenabtriebs abbauen.
- Die elektrischen und hydraulischen Anschlüsse vom Nebenabtrieb abbauen.

Schaltfahrzeuge:
- Den Halter für den Partikelfilter ausbauen.
- Sicherungsklammer abziehen, die Kupplungsleitung abbauen und mit einem geeigneten Verschlussstopfen verschließen.

Sichtprüfung Messen

Bild 49
Verschraubungen am Partikelfilter.
1 Schrauben am Halter oben
2 Schrauben am Halter unten

Bild 50
Verteilergetriebe am Schaltgetriebe.
1 Antriebswelle zur Vorderachse
2 Getriebe
3 Verteilergetriebe
4 Antriebswelle zur Hinterachse (Kardanwelle)

Bild 51
Verschraubungen am Verteilergetriebe.
1 Getriebe
2 Verteilergetriebe
3 Verschraubungen Verteilergetriebe (umlaufend)

Weiter für alle Fahrzeuge:

■ Den Getriebeheber mit der Getriebeplatte am Getriebe ansetzen.
■ Das Getriebe mit einem Spanngurt an der Getriebeplatte sichern.
■ Das Motorlager vom Getriebe abschrauben.
■ Das Getriebe zur Entlastung des Motorlagers anheben.

☞ Den Motor zwischen Ölwanne und Vorderachsträger mit einem geeigneten Holzklotz unterbauen.

■ Die Einbaulage des Getriebequerträgers kennzeichnen.
■ Den Getriebequerträger zusammen mit dem Motorlager ausbauen.
■ Das Getriebe vom Motor abbauen, nach hinten ausfahren und ablassen.

Der Einbau erfolgt sinngemäß in umgekehrter Reihenfolge zur Montage.

Schaltfahrzeuge:

■ Die Kupplungsbetätigung entlüften.
■ Den Bremsflüssigkeitsstand im Bremsflüssigkeitsvorratsbehälter prüfen ggf. richtigstellen.
■ Den Getriebeölstand bei allen Getrieben prüfen eventuell auffüllen.
■ Kupplung und Schaltung auf Funktion prüfen.

Automatikfahrzeuge:

■ Getriebeöl auffüllen und Öleinfüllschraube festschrauben.
■ Probefahrt durchführen und den Fehlerspeicher mit dem Diagnosegerät auslesen.

Verteilergetriebe aus- und einbauen

Das Verteilergetriebe ist nur bei den serienmäßigen Allradvarianten (Sprinter 4x4) verbaut. Der Unterschied zwischen Automatik und Schaltvarianten ist unwesentlich. Wir stellen Ihnen eine allgemeingültige Anweisung zur Verfügung.

■ Das Fahrzeug anheben.
■ Das Fahrzeug auf Hebebühne sichern.
■ Die Gelenkwelle zur Vorderachse vom Verteilergetriebe (1 im Bild 51) abbauen.
■ Die Gelenkwelle zur Hinterachse vom Verteilergetriebe (1) abbauen und am Unterbau anbinden.
■ Die elektrischen Steckverbindungen trennen.

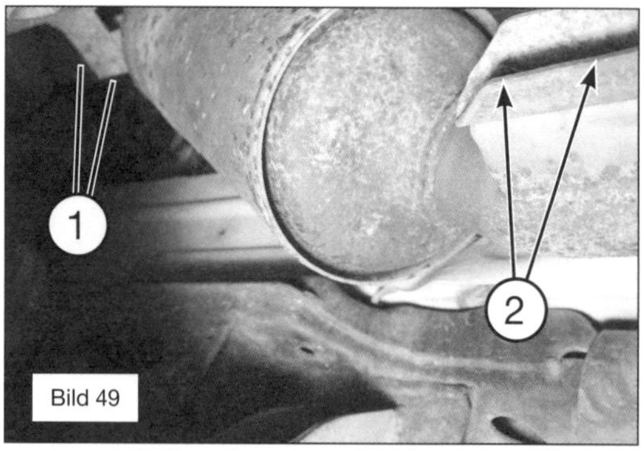

Bild 49

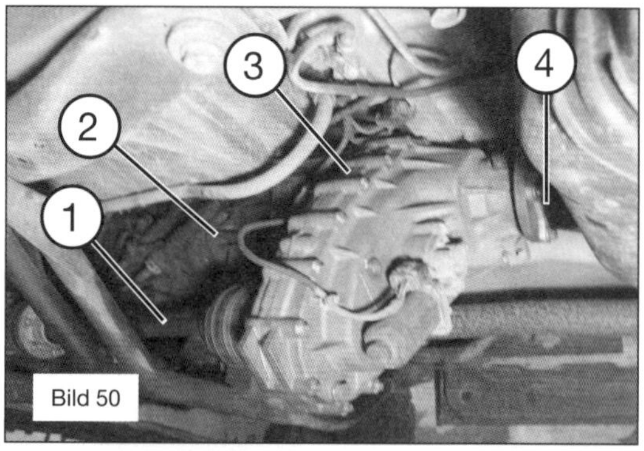

Bild 50

Bild 51

■ Die Schaltumlenkung vom Getriebe rechts abschrauben und oben aus Kugelkopf herausdrücken.
■ Die Entlüftungsleitung aus Rahmenquerträger herausziehen.
■ Das Verteilergetriebe (1) mit Getriebeheber und Getriebeplatte abstützen und mit einem Spanngurt am Getriebeheber oder an der Getriebeplatte sichern.
■ Das Verteilergetriebe ausbauen.

Der Einbau erfolgt sinngemäß in umgekehrter Reihenfolge.

■ Ölstand im Verteilergetriebe (1) prüfen und wenn erforderlich richtigstellen.
■ Probefahrt durchführen und den Fehlerspeicher mit dem Diagnosegerät auslesen.
■ Die Kardanwelle, wie beschrieben spannungsfrei ausrichten.

11 Fahrwerk

Arbeiten am Fahrwerk

Bei der Instandsetzung von tragenden und radführenden Bauteilen, zum Beispiel an Unfall-Fahrzeugen, können Schäden am Fahrwerk unentdeckt bleiben. Diese unentdeckten Schäden führen unter Umständen im späteren Fahrbetrieb zu schweren Folgeschäden. Bei Unfall-Fahrzeugen müssen deshalb die im Folgenden aufgeführten Bauteile auf jeden Fall in der beschriebenen Weise und Reihenfolge kontrolliert werden. Wichtig ist immer auch eine Vermessung des Fahrwerks. Werden dabei keine Abweichungen von den Sollwerten festgestellt, liegen auch keine Verformungen am Fahrwerk vor.

Sicht- und Funktionsprüfung für das Lenksystem

- Sichtprüfung auf Verformung und Risse.
- Spielprüfung der Spurstangengelenke und des Lenkgetriebes.
- Sichtprüfung auf defekte Falten- und Fettbälge.
- Elektrische Leitungen auf Scheuer-, Schnitt- und Knickstellen untersuchen.
- Verschraubungen und Lenkgetriebe auf Dichtheit kontrollieren.
- Lenkgetriebe und Leitungen auf festen Sitz überprüfen.
- Einwandfreie Funktion über den gesamten Lenkeinschlag prüfen, indem die Lenkung von Anschlag zu Anschlag betätigt wird. Dabei muss das Lenkrad mit gleichbleibender Betätigungskraft, ohne zu haken, drehbar sein.

Sicht- und Funktionsprüfung für das Fahrwerk

- Alle in den Montageübersichten dargestellten Bauteile auf Verformung, Risse und sonstige Beschädigungen überprüfen.
- Beschädigte Teile ersetzen.
- Fahrzeug auf einem Computer-Achsmessstand vermessen lassen.
- Räder und Reifen auf Rundlauf und Unwucht untersuchen.
- Reifen auf Einschnitte und Stoßverletzungen im Profil und an den Flanken überprüfen.
- Bereifung auf Fülldruck (Angaben in der Tankklappe), Zustand, Reifenlaufbild und Profiltiefe prüfen.
- Bei Beschädigungen am Scheibenrad und/oder am Reifen ist der Reifen oder auch das ganze Rad zu ersetzen. Dies gilt auch, wenn ein Unfallhergang und Schäden am Fahrzeug auf eine mögliche, wenngleich nicht sichtbare Beschädigung schließen lassen.
- Reifen sollten nicht älter als 6 Jahre sein.

Elektronische Fahrzeugsysteme

Sicherheitsrelevante Systeme wie zum Beispiel: ABS/EDS, Airbag, elektronisch geregelte Fahrwerksysteme, elektromechanische Lenk- und sonstige Fahrerassistenzsysteme müssen mit einem Fahrzeugdiagnose-, Mess- und Informationssystem auf eventuell gespeicherte Fehlermeldungen abgefragt werden. Wurden in den Fehlerspeichern der genannten Systeme Fehler gespeichert, sind diese entsprechend den Vorgaben von Mercedes zu beseitigen. Nach erfolgter Reparatur sind die jeweils betroffenen Systeme nochmals auf Fehlerspeichereinträge zu prüfen, um sicher zu sein, dass die Funktion wieder gewährleistet ist.

Hinweise und Vorschriften

- Schweiß- und Richtarbeiten an tragenden und radführenden Bauteilen der Radaufhängung sind nicht zulässig.
- Selbstsichernde Muttern sowie korrodierte Schrauben und Muttern müssen immer ersetzt werden.
- Gummimetalllager haben einen begrenzten Verdrehbereich. Ziehen Sie deshalb die Schraubverbindungen an den Bauteilen mit Gummimetalllagern erst dann fest, wenn das Radlagergehäuse angehoben ist (siehe »Radlagerung in Leergewichtslage heben«).

Prüfungen an der Achslagerung

Achsgelenke und Achslager: Sichtprüfung

- Bitte prüfen Sie die Dichtungsbälge der Achsgelenke auf Undichtigkeiten und Beschädigungen.
- Weiterhin prüfen Sie die Achslager: Es

Bild 1
Axialspiel prüfen.

Bild 2
Radialspiel prüfen.

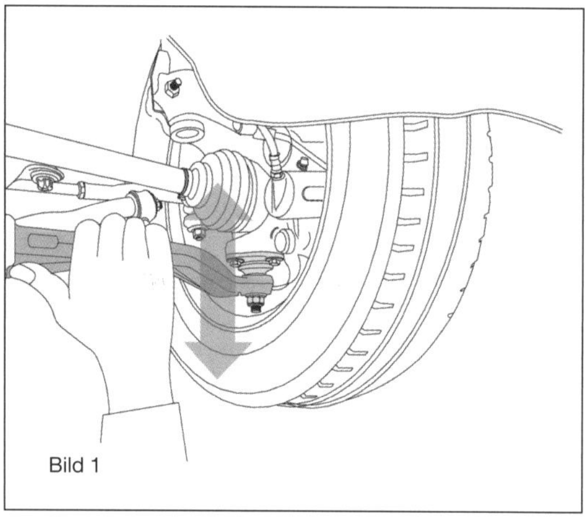

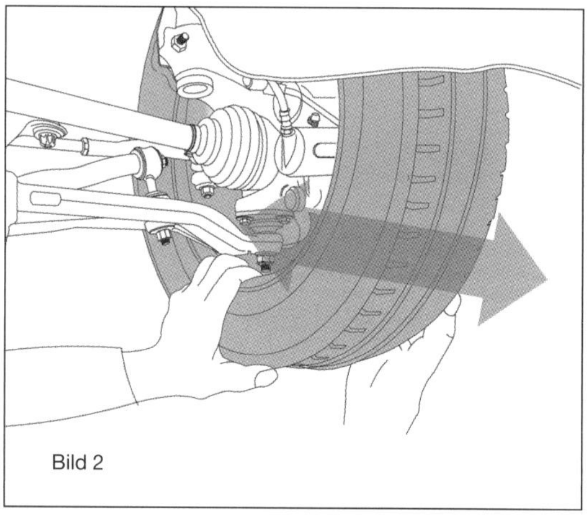

Bild 3
Leergewichtslage herstellen.
1 Abstand von Radmitte zum Radlauf als Ruhemaß
2 Adapter auf einem Getriebeheber

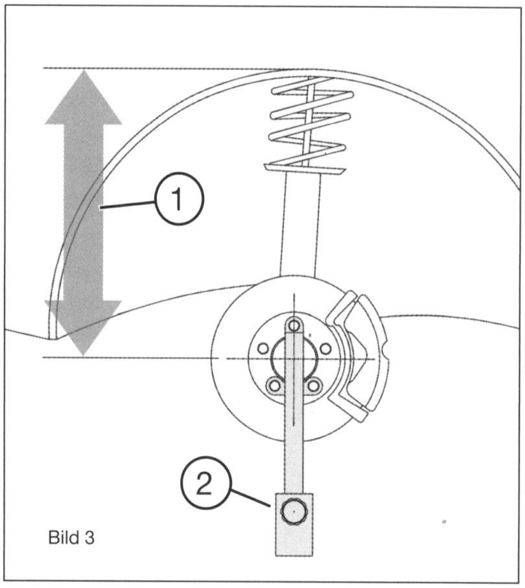

darf kein Spiel vorhanden sein, das vulkanisierte Gummilager darf keine Risse und poröse Stellen aufweisen.

Achsgelenk prüfen (Bilder 1 und 2)

Es darf bei beiden Prüfungen kein fühl- oder sichtbares »Spiel« vorhanden sein. Während der Prüfungen das Achsgelenk beobachten. Eventuell vorhandenes Radlagerspiel oder »Spiel« im Federbeinlager oben berücksichtigen. Gummibalg auf Beschädigung prüfen ggf. Achsgelenk ersetzen.

Axialspiel prüfen:

■ Achslenker kräftig in Pfeilrichtung (Bild 1) nach unten ziehen und wieder hochdrücken.

Radialspiel prüfen:

■ Rad unten kräftig in Pfeilrichtung nach innen und außen drücken (Bild 2).

■ Auf beschädigungsfreien und nicht verdrillten Dichtbalg achten.

Radlagerung in Leergewichtslage (Bild 3)

Alle Schrauben an Fahrwerksteilen mit Gummimetalllagern müssen grundsätzlich in Leergewichtslage (unbeladenem Zustand) festgezogen werden. Gummimetalllager haben einen begrenzten Verdrehbereich. Achsbauteile mit Gummimetalllagern müssen deshalb vor dem Festziehen in eine Position gebracht werden, die der Position im Fahrbetrieb entspricht (Leergewichtslage). Anderenfalls wird das Gummimetalllager verspannt, eine geringere Lebensdauer wäre dann die Folge. Durch Anheben der entsprechenden Radaufhängung mit dem Motor- und Getriebeheber und der Aufnahme kann diese Position auf der Hebebühne simuliert werden. Bevor die entsprechende Radaufhängung angehoben wird, muss das Fahrzeug auf beiden Fahrzeugseiten an den Tragarmen der Hebebühne mit den Spanngurten verzurrt werden.

⚠ Wird das Fahrzeug nicht verzurrt, besteht die Gefahr, dass das Fahrzeug von der Hebebühne abrutschen kann!

■ Radnabe so weit drehen, bis eine der Bohrungen für Radschrauben oben steht.

■ Aufnahme mit einer Radschraube an die Radnabe anbauen.

■ Das Festziehen der betroffenen Schrauben/Muttern darf nur dann erfolgen, wenn das Maß (1) zwischen der Radnabenmitte und der Unterkante Radhaus erreicht ist.

■ Das Maß (1) ist abhängig von der Standhöhe des eingebauten Fahrwerks und wird im Stand bei unbeladenen Zustand in neutraler Federlage ermittelt.

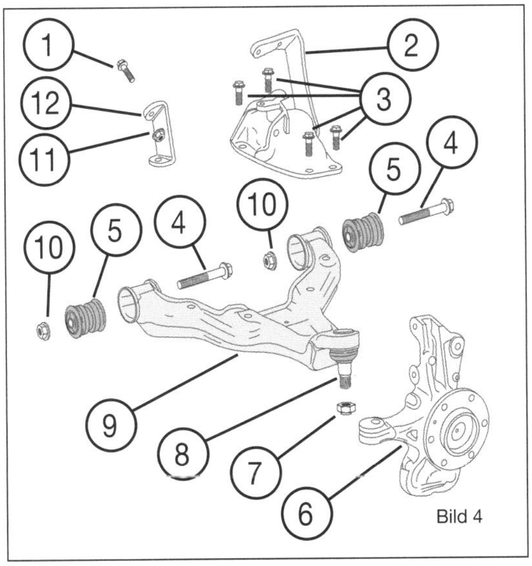

Bild 4

Bild 4
Querlenker vorne.
1 Schraube
2 Federanschlagsplatte
3 Schrauben
4 Schraube
5 Gummimetalllager
6 Radlagergehäuse (Achsschenkel)
7 Mutter
8 Achsgelenk (Trag- oder Achsgelenkbolzen)
9 Achsschenkel (Achslenker)
10 Mutter
11 Mutter
12 Halter (bei Allradfahrzeugen)

Achsgelenk aus- und einbauen

Traggelenkbolzen (Achsgelenkbolzen) wechseln

Das Achsgelenk kann zwar einzeln ersetzt werden. Hierfür ist aber ein Pressensatz erforderlich. Der Preis im Zubehörhandel liegt bei unter 100 Euro. Es sollte der komplette Achslenker ersetzt werden. Aufgrund der unterschiedlichen Gummihärten zwischen altem und neuen Achslenker besser sogar auf beiden Seiten. Wir beschreiben Ihnen im Folgenden den Austausch der Achslenker.

Tipp: Gummimetalllager (5 im Bild 4) haben einen begrenzten Verdrehbereich. Deshalb die Schraubverbindungen an den Bauteilen mit Gummimetalllagern erst dann festziehen, wenn das Radlagergehäuse in Leergewichtslage (Bild 3) angehoben ist.

Querlenker wechseln

Die Montagearbeiten unterscheiden sich für die allradgetriebenen Modelle nur unwesentlich. Wir stellen Ihnen eine allgemeingültige Beschreibung zur Verfügung.

- Das Fahrzeug anheben und verzurren.

Achtung: Wird das Fahrzeug nicht verzurrt, besteht die Gefahr, dass das Fahrzeug von der Hebebühne abrutschen kann!

- Das entsprechende Rad abbauen.
- Die Geräuschdämpfung oder Unterfahrschutz (soweit verbaut) ausbauen.
- Die Schraubverbindungen an Aggregateträger nur lösen, um die Vorspannung aus den Gummilagern des Achslenkers zu nehmen.
- Das Radlagergehäuse ausbauen.
- Die Mutter für Koppelstange/ Stabilisator von der Federanschlagplatte (2 im Bild 4) abschrauben.
- Die Schrauben (3) der Federanschlagplatte vom Achslenker abschrauben.
- Die Federanschlagplatte (2) herausnehmen.
- Die Schrauben (4) herausziehen und den Achslenker (9) vom Aggregateträger abnehmen.

Tipp: Die Federspannplatte bleibt für den Aus- und Einbau des Achslenkers eingebaut.

Der Einbau erfolgt sinngemäß in umgekehrter Reihenfolge.

- Radlagergehäuse einbauen.
- Geräuschdämpfung einbauen.

Achtung: Auf beschädigungsfreien und nicht verdrillten Dichtbalg des Achsgelenkbolzens achten.

- Das Rad wieder anbauen und festziehen.

Querlenkerlager (Gummimetalllager) im Querlenker wechseln

Tipp: Auch hier sollten Sie überlegen, ob der Neuteilersatz des Querlenkers nicht die bessere Wahl ist. Die Gummilager müssen aus dem Querlenker ausgepresst werden.

Achtung: Ersetzen Sie grundsätzlich alle Gummilager in den Querlenkern gleichzeitig. Unterschiedliche Härtegrade können merklichen Einfluss auf die Radführung haben.

- Bauen Sie den Querlenker wie schon beschrieben aus.
- Markieren Sie die Einbaurichtung der Lager.
- Drücken Sie die Querlenkerlager mit einem Presswerkzeug für Gummimetalllager (Silentlager) oder einer Gewindestange und passenden Hülsen heraus.

Achtung: Achten Sie darauf, dass sich das Lager nicht verkantet und gerade hineinrutscht.

- Reinigen Sie die Sitzfläche gründlich.
- Fetten Sie die Sitzfläche leicht ein.
- Drücken Sie die Querlenkerlager mit einem Presswerkzeug für Gummimetalllager (Silentlager) oder einer Gewindestange und passenden Hülsen hinein.

Bild 5
Radlager an der Vorderachse.
1 Radlagergehäuse (Achsschenkel)
2 Sicherungsring
3 Radlager
4 Radnabe
5 Radlagereinheit

Bild 6
Vor dem Einbau. Kontrolle der Magnetspur des Radlagers mit einer Prüfkarte.
1 Radlager
2 Kontrollkarte
3 Kontrollfeld für Magnetfelder am Sensorring
4 Sensorring

Radlagereinheit vorne aus- und einbauen

Radlager (3 im Bild 5) und Radnabe (4) können nicht sinnvoll voneinander getrennt werden. Sie bilden eine Montageeinheit und werden zusammen verpresst.

Radlagereinheit Vorderachse am heckgetriebenen Sprinter

Der Aufbau für die allradgetriebenen Sprinter unterscheidet sich zu den heckgetriebenen Varianten im Wesentlichen darin, dass die Radnabe hohl ist und durch sie die vordere Radantriebswelle geführt wird. Auch hier muss die Radlagereinheit ausgepresst werden. Für die Demontage kommt das Lösen der Zentralschraube und der Ausbau der Achsgelenkwelle vorne, wie bereits beschrieben hinzu.

Die Radlagereinheiten können mit Spezialwerkzeug aus dem Radlagergehäuse herausgepresst werden. Der Achsschenkel verbleibt im Fahrzeug. Eine Fahrwerksvermessung ist so nicht zwingend erforderlich. Hierzu ist es zwingend erforderlich, den Sicherungsring genau zu positionieren. Es gibt für den Schrauber zwei sinnvolle Vorgehensweisen. Zum einen kann das komplette Radlagergehäuse ausgebaut und zum Einbau der Lager in eine Werkstatt verbracht werden. Eine weitere ist es, das gesamte Radlagergehäuse zu ersetzen. Das ist im Zubehör für etwa 150 Euro erhältlich. Wir beschreiben im Folgenden den Aus- und Einbau des Radlagergehäuses.

⚠ Das Radlager ist zur Innenseite mit einem Magnetspurring ausgestattet. Das Radlager darf keinen Kontakt zu magnetischen Materialien bekommen. Der Magnetspurring kann unbrauchbar werden und das Radlager muss erneut ersetzt werden. Prüfen Sie die Magnetspur des Radlagers unbedingt vor der endgültigen Montage der Achsbauteile.

- Das Fahrzeug anheben und verzurren.
- Das entsprechende Rad abbauen.
- Die Geräuschdämpfung oder den Unterfahrschutz ausbauen (soweit verbaut).
- Die Mutter vom Spurstangenkopf lösen, aber noch nicht abschrauben. Die Mutter zum Schutz des Gewindes einige Umdrehungen auf dem Zapfen lassen.

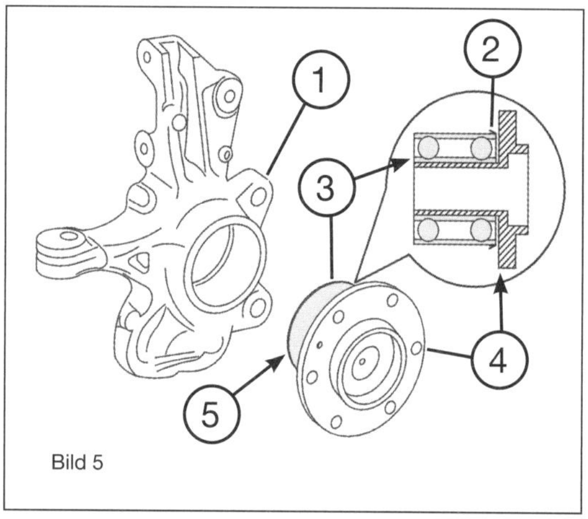

Bild 5

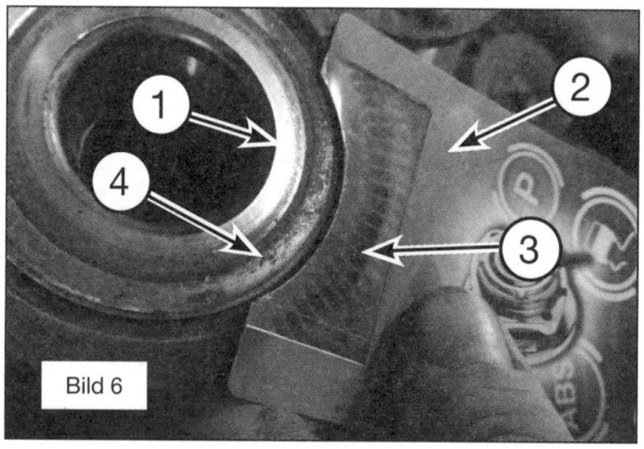

Bild 6

- Den Spurstangenkopf von Radlagergehäuse mit einem Kugelgelenkabzieher abdrücken, und die Mutter jetzt abschrauben.

⚠ Beim Abdrücken die Gummitülle und das Wärmeschutzblech (11) nicht beschädigen.

Wird das Radlagergehäuse ersetzt, muss das Wärmeschutzblech an das neue Radlagergehäuse angebaut werden.

- Lösen Sie die Befestigungsmutter für den Achslenker an Radlagergehäuse so weit, bis sie bündig mit dem Gewinde des Achsgelenkes ist.
- Die Leitung für Bremsbelagverschleißanzeige und Drehzahlfühlerleitung vom Radlagergehäuse und Stoßdämpfer abbauen.
- Den Bremssattel abbauen und mit Draht am Aufbau befestigen.

Wenn das Radlagergehäuse oder das Radlager ersetzt wird:

- Bremsscheibe vom Radlagergehäuse abbauen.

Fortsetzung für alle Modelle:

- Den Motor- und Getriebeheber unter den Achslenker/Radlagergehäuse stellen und leicht gegendrücken.

■ Muttern abschrauben und Schrauben herausziehen.
■ Drücken Sie das Radlagergehäuse vom Achsgelenk des Achslenkers ab.
■ Motor- und Getriebeheber absenken und vom Achslenker wegnehmen.
■ Die Mutter vollständig vom Achsgelenk abschrauben und das Radlagergehäuse abnehmen.

Radlagereinheit hinten aus- und einbauen

Radlagereinheit Hinterachse für Fahrzeuge mit einfacher Bereifung hinten (Normalausführung)
Der Aufbau unterscheidet sich zwischen den einfach- und den zwillingsbereiften Fahrzeuge deutlich.
■ Fahrzeug anheben und verzurren.

⚠ Wird das Fahrzeug nicht verzurrt, besteht die Gefahr, dass das Fahrzeug von der Hebebühne abrutschen kann!

■ Das entsprechende Rad abbauen.
■ Drehzahlfühler vorn rechts beziehungsweise vorn links ausbauen.
■ Bauen Sie die Hinterachswelle aus (ab Seite 139 im Kapitel 10).
■ Ziehen Sie die Radlagereinheit mit einem geeigneten Abzieher von der Achswelle ab.
■ Reinigen Sie die Achse soweit erforderlich gründlich.
■ Pressen Sie den neuen Radlagersatz auf.

Die Montage erfolgt sinngemäß in umgekehrter Reihenfolge.
■ Kontrollieren Sie den Ölstand im Achsgetriebe.

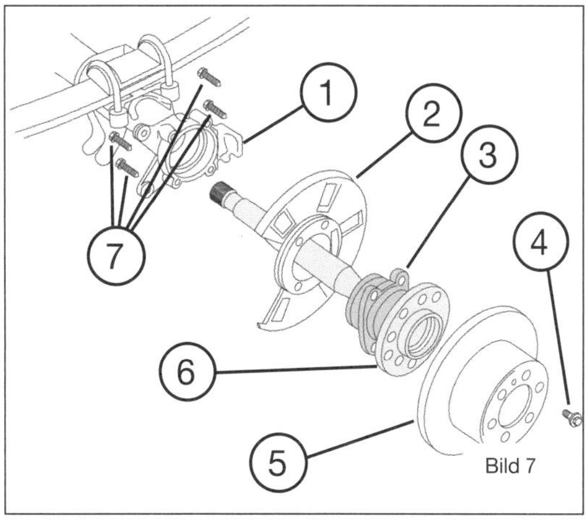

Bild 7
Radlagereinheit in der Hinterachse in Normalausführung.
1 Achskörper
2 Bremsankerplatte
3 Radlagereinheit
4 Schraube
5 Bremsscheibe
6 Achswelle
7 Schrauben

Radlagereinheit Hinterachse für Fahrzeuge mit Zwillingsbereifung hinten.
■ Fahrzeug anheben und verzurren.

⚠ Wird das Fahrzeug nicht verzurrt, besteht die Gefahr, dass das Fahrzeug von der Hebebühne abrutschen kann!

■ Das entsprechende Rad abbauen.
■ Die Hinterachswelle ausbauen (ab Seite 139 im Kapitel 10 bereits beschrieben).
■ Den Bremssattel mit Bremsträger abbauen und so mit Draht befestigen, dass das Gewicht des Bremssattels den Bremsschlauch nicht belastet bzw. beschädigt.
■ Falls vorhanden, den Radflansch ausbauen.
■ Die Bremsscheibe ausbauen.
■ Die äußere Mutter (15 im Bild 8) durch Zurückbiegen des Sicherungsblechs (14) entsichern.
■ Äußere Nutmutter (15) mit Schlüssel abschrauben.
■ Das Sicherungsblech (14) abnehmen.
■ Die innere Nutmutter (13) mit Schlüssel abschrauben.

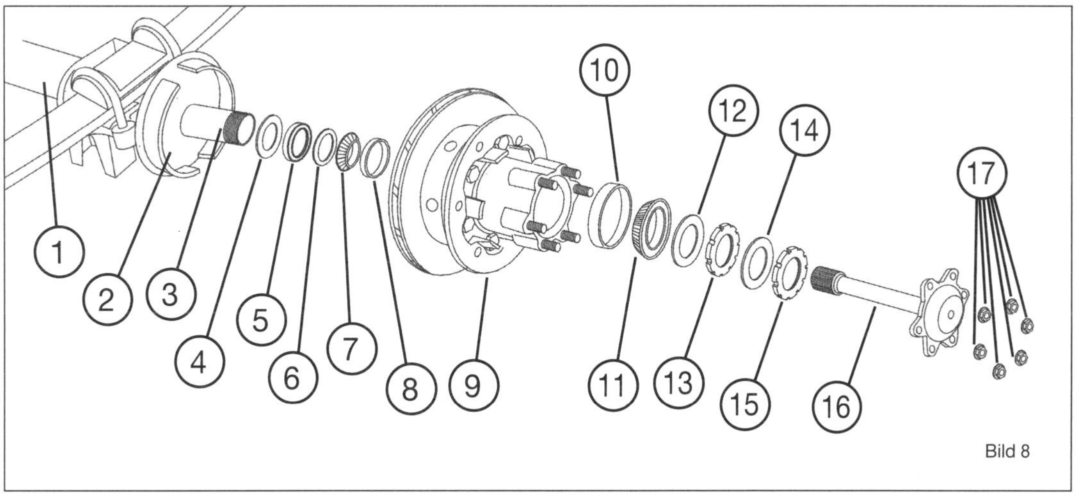

Bild 8
Radlagereinheit in der Hinterachse mit Zwillingsbereifung.
1 Achsrohr
2 Bremsankerplatte
3 Achsrohr mit Schrumpfring
4 Rotor Drehzahlfühler
5 Dichtring
6 Abschirmring
7 Radlager innen
8 Lagerring innen
9 Radnabe
10 Lagerring außen
11 Radlager außen
12 Druckscheibe
13 Nutmutter innen
14 Sicherungsblech
15 Nutmutter außen
16 Hinterachswelle
17 Muttern

Bild 9
Stoßdämpfer vorne.
1 Stoßdämpfer
2 Mutter
3 Anschlagscheibe oben
4 Domlager
5 Anschlagscheibe unten
6 Staubschutzmanschette

■ Die Druckscheibe (12) und äußeres Kegelrollenlager (11) vom Achsrohr abnehmen.
■ Die Radnabe (9) vom Achsrohr abziehen.
■ Mit einem geeigneten Dorn durch die 2 Löcher der Radnabe den Rotor (4) aus der Radnabe (9) austreiben.
■ Den Dichtring (5) mit einem Schraubendreher aus der Radnabe (9) heraushebeln.
■ Den Abschirmring (6) und das Radlager innen (7) aus der Radnabe (9) herausnehmen.
■ Den Außenlaufring vom Radlager innen (8) und außen (10) mit einem Kupferdorn aus der Radnabe (9) austreiben.
■ Einen neuen Außenlaufring für inneres Lager einpressen.
■ Einen neuen Außenlaufring für äußeres Lager einpressen.
■ Vor dem Einbauen das neue Radlager mit Universalfett fetten.
■ Neues Radlager innen (7) und Abschirmring (6) einsetzen.

Den Abschirmring bei Beschädigung ersetzen.

■ Den neuen Dichtring (5) einpressen.
■ Den neuen Rotor (4) einpressen.
■ Die Radnabe hinten (9) einbauen
■ Das Radlagerspiel einstellen.
■ Die Hinterachswelle (16) wieder einbauen.
■ Falls vorhanden, den Radflansch wieder einbauen.
■ Die Bremsscheibe wieder einbauen.
■ Den Bremsträger und den Bremssattel einbauen.
■ Das Rad wieder anbauen.

Stoßdämpfer Vorderachse aus- und einbauen

⚠ Stoßdämpfereinheiten sollten grundsätzlich nur achsweise ersetzt werden!

Für den Sprinter 4x4 unterscheiden sich die Arbeiten rund um das Dämpferbein vorne nicht nennenswert. Auch hier werden wir Ihnen eine allgemeingültige Arbeitsbeschreibung vorstellen.

⚠ Der Stoßdämpfer hat auch Radführungsaufgaben. Es ist sehr wichtig, auf seinen Zustand zu achten.

■ Das Fahrzeug anheben und verzurren.

⚠ Wird das Fahrzeug nicht verzurrt, besteht die Gefahr, dass das Fahrzeug von der Hebebühne abrutschen kann!

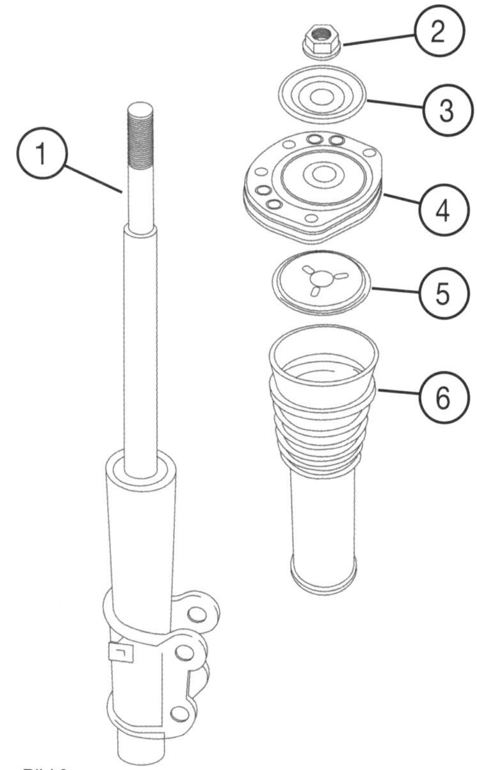

Bild 9

■ Das entsprechende Rad vorne abbauen.
■ Bauen Sie die Radhausschale vorn aus.
■ Lösen Sie die elektrischen Leitungen der Bremsbelagverschleißanzeige und des Drehzahlfühlers aus der Halterung am Dämpfer (1 im Bild 9) heraus.
■ Bauen Sie den Bremssattel aus und befestigen Sie diesen am Aufbau.
■ Stellen Sie den Motor- und Getriebeheber unter den Achslenker/Radlagergehäuse und drücken Sie leicht gegen, um den Querlenker (Achslenker) abzufangen.

Wenn der Dämpfer wieder eingebaut wird:
■ Kennzeichnen Sie die Einbaulage des Radlagergehäuses am Dämpfer (z. B. mit einem Filzstift).

Weiter für alle Fahrzeuge:
■ Bauen Sie, falls vorhanden, die Abdeckung für den Dämpfer oben im Fahrerhaus aus.
■ Schrauben Sie die Befestigungsschrauben für den Dämpfer am Radlagergehäuse heraus.
■ Den Motor- und Getriebeheber etwas absenken und den Dämpfer aus dem Radhaus vorn herausnehmen.

Stoßdämpferwechsel:

■ Drehen Sie die Mutter (2 im Bild 9) mit der im Bild 10 gezeigten Werkzeugkombination los.

■ Nehmen Sie das Domlager (4) sowie die Anschlagscheibe (3) oben und unten (5) ab.

■ Ersetzen Sie den Dämpfer (1).

Der Einbau erfolgt in umgekehrter Reihenfolge.

■ Lassen Sie eine Fahrwerksvermessung durchführen.

Blattfeder vorne aus- und einbauen

Gummimetalllager haben einen begrenzten Verdrehbereich. Deshalb die Schraubverbindungen an den Bauteilen mit Gummimetalllagern erst dann festziehen, wenn das Radlagergehäuse angehoben ist.

Die Federlager vor dem Einsetzen der Blattfeder mit Gleitmittel z. B. mit Schmierseife bestreichen.

Vor dem Einbau der Blattfeder prüfen, dass die Federlager oben am Aggregateträger angebaut sind.

■ Die Federspannplatte (5) links und rechts ausbauen.

■ Fahrzeug anheben und verzurren.

Wird das Fahrzeug nicht verzurrt, besteht die Gefahr, dass das Fahrzeug von der Hebebühne abrutschen kann!

■ Beide Räder vorn abbauen.

■ Die Geräuschdämmung beziehungsweise den Unterfahrschutz ausbauen.

■ Bremssattel links abbauen und mit Draht am Aufbau aufhängen.

■ Die Federspannplatte links (5) (mit eingebautem Federlager unten) mit 3 Schrauben (M12 × 1,5 zirka 60 mm lang) am Aggregateträger anbauen.

Nicht die Originalschrauben verwenden. Die Schrauben nicht festziehen!

■ Die 3 Schrauben so weit anziehen, bis die Federspannplatte an der Blattfeder anliegt.

Unbedingt darauf achten, dass die Schrauben weit genug in das Gewinde eingeschraubt sind, um eine Beschädigung des Gewindes zu vermeiden. Wird das Gewinde beschädigt (z. B. herausgerissen), muss der Aggregateträger ersetzt werden.

■ Die Schraubverbindungen (4 im Bild 4)

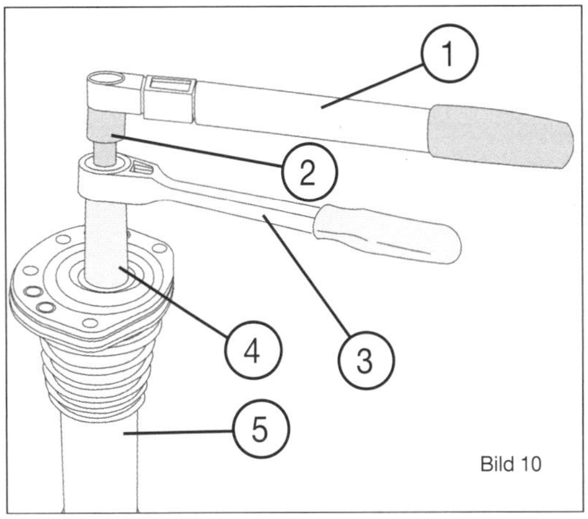

Bild 10

Bild 10
Demontage Stoßdämpfer vorne.
1 Drehmomentschlüssel
2 Stecknusseinsatz
3 Ratsche mit Zentralbohrung
4 Stecknuss
5 Stoßdämpfer

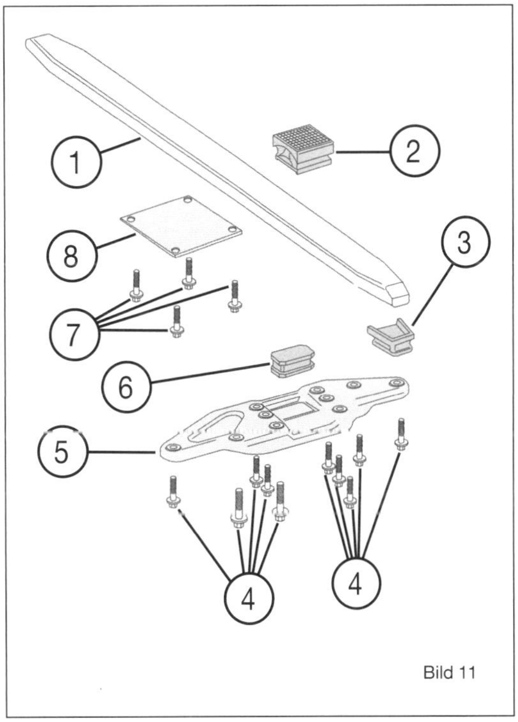

Bild 11

Bild 11
Blattfeder vorne (quer im Achsträger).
1 Blattfeder
2 Federlager oben
3 Federlager außen
4 Schrauben
5 Federspannplatte
6 Federlager unten
7 Schrauben (beim Allrad)
8 Verstärkungsplatte (beim Allrad)

Achslenker (9) an Aggregateträger nur lösen, um die Vorspannung aus den Gummilagern des Achslenkers zu nehmen.

■ Das Radlagergehäuse (6) links ausbauen.

■ Die Mutter für die Koppelstange am Stabilisator links und rechts von der Federanschlagplatte (2) abschrauben.

■ Die Schrauben (3) der Federanschlagplatten links und rechts vom Achslenker abschrauben.

■ Die Federanschlagplatten (2) herausnehmen.

Es müssen beide Federanschlagplatten ausgebaut werden, da es sonst bei der Montage der Blattfeder zu Beschädigungen kommen kann!

■ Den Achslenker (9) links ausbauen.

■ Die Blattfeder (1 im Bild 11) mit dem Motor- und Getriebeheber abstützen.
■ Die Federspannplatte links wieder ausbauen, dabei die 3 Schrauben M12 × 1,5 zirka 60 mm lang wechselseitig herausdrehen.
■ Den Motor- und Getriebeheber mit der Blattfeder vorsichtig absenken.
■ Blattfeder nach links aus dem Aggregateträger herausnehmen.

Der Einbau erfolgt sinngemäß in umgekehrter Reihenfolge.
■ Die Blattfeder (1 im Bild 11) beim Einbau bis Anschlag auf das rechte Federlager außen schieben.
■ In den Motor- und Getriebeheber einen passenden Druckstempel einsetzen, damit die Feder beim Einsetzen geführt wird.
■ Den Motor- und Getriebeheber unter die linke Seite der Blattfeder stellen. Die Blattfeder durch vorsichtiges Anheben des Motor- und Getriebehebers vorspannen.
■ Anschließend die Federspannplatte links (2 im Bild 4) (mit eingebautem Federlager unten) mit 3 Schrauben M12 × 1,5 zirka 60 mm lang (Pfeile 1) am Aggregateträger anbauen.
■ Die 3 Schrauben so weit anschrauben, bis die Federspannplatte an der Blattfeder anliegt.
■ Den linken Achslenker (9) einbauen.
■ Danach die Federanschlagplatten (2) am Querlenker rechts und links einbauen.
■ Das Radlagergehäuse links einbauen.
■ Anschließend die Federspannplatte links wieder ausbauen, dabei die 3 Schrauben M12 × 1,5 circa 60 mm lang wechselseitig herausdrehen.
■ Den Bremssattel mit Bremsträger links und rechts anbauen.
■ Die Geräuschdämmung oder den Unterfahrschutz (soweit verbaut) wieder einbauen.
■ Räder vorn anbauen.
■ Die Federspannplatte links und rechts am Fahrschemel einbauen.

Stoßdämpfer Hinterachse aus- und einbauen

☞ Der Unterschied für die Montagearbeiten bei einfachbereiften oder zwillingsbereiften Fahrzeugen ist nur geringfügig. Wir stellen Ihnen eine allgemeingültige Beschrei-

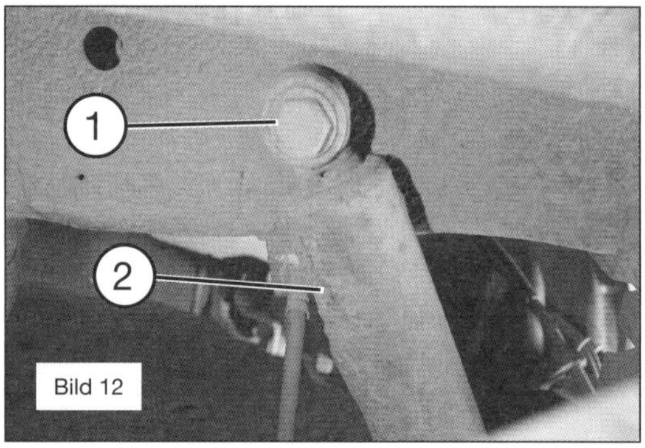

Bild 12
Stoßdämpfer oben.
1 Schraube oben (Mutter im Rahmen unter einem Gummistopfen)
2 Stoßdämpfer

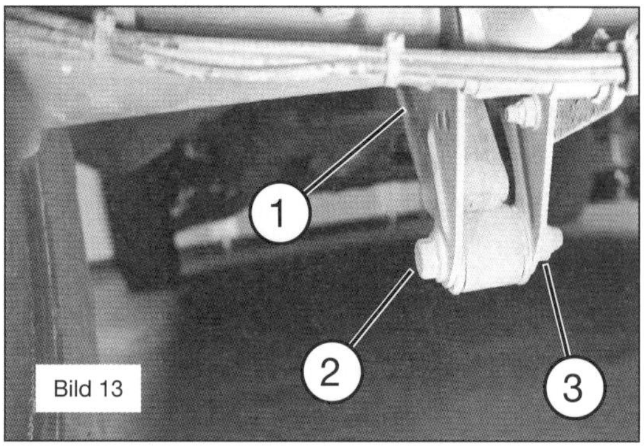

Bild 13
Stoßdämpfer unten verschraubt an der Hinterachse.
1 Stoßdämpfer
2 Schraube
3 Mutter

bung zur Verfügung. Grundsätzlich sollten Sie das Fahrzeug mit einer Hebebühne anheben. Die Montagearbeiten für den Stoßdämpfer lassen sich aber durchaus auch am Boden mit einem Wagenheber durchführen.
■ Das Fahrzeug anheben und verzurren.
⚠ Wird das Fahrzeug nicht verzurrt, besteht die Gefahr, dass das Fahrzeug von der Hebebühne abrutschen kann!
■ Heben Sie die Hinterachse mit dem Motor- und Getriebeheber und einer entsprechenden Unterlage am Achsrohr leicht an, um den Stoßdämpfer zu entlasten.
■ Drehen Sie die Schraube (2 im Bild 13) heraus und nehmen Sie den Stoßdämpfer aus der Aufnahme.
■ Drehen Sie die Schraube (1 im Bild 12) aus dem Längsträger heraus und nehmen Sie den Stoßdämpfer (3) vom Fahrzeug ab.

Der Einbau erfolgt in umgekehrter Reihenfolge.

Blattfeder hinten aus- und einbauen

De- und Montage bei einfachbereiften Fahrzeugen

☞ Wenn Bauteile mit Gummimetalllagern ersetzt oder Schrauben oder Muttern

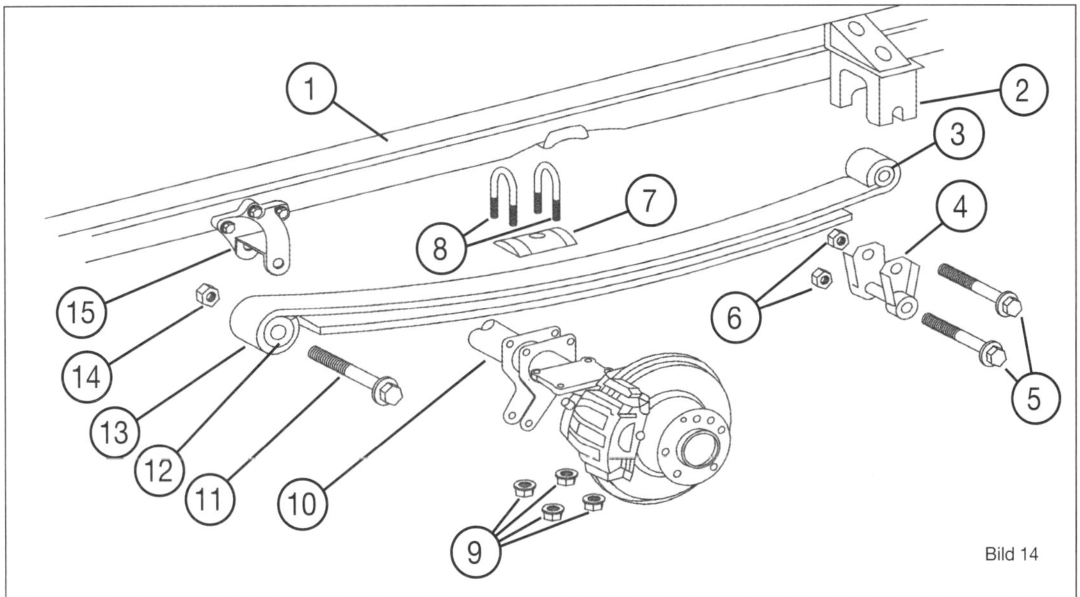

Bild 14
Blattfeder hinten (Normalausführung).
1 Fahrzeugrahmenträger
2 Federaufnahme hinten
3 Lagerbuchse hinten
4 Federlasche
5 Schrauben
6 Muttern
7 Federspannplatte
8 Federbügel
9 Muttern
10 Hinterachse
11 Schraube
12 Buchse vorne
13 Blattfeder hinten
14 Mutter
15 Federaufnahme vorne

an diesen Bauteilen gelöst werden, muss vor Beginn der Arbeiten die Leergewichtslage gemessen werden (siehe Seite 150).

■ Demontieren Sie die Koppelstange und soweit verbaut die Höhenregulierung an der Hinterachse.

■ Die Mutter des Stoßdämpfers unten von der Befestigungsschraube abdrehen.

■ Die Schraube des Stoßdämpfers unten bei auf Räder stehendem Fahrzeug herausziehen.

■ Die Bundmuttern (9 im Bild 14) circa 2 Umdrehungen lösen. Die Schraube für den Halter des Handbremsseils herausdrehen.

■ Das Fahrzeug anheben und verzurren.

Wird das Fahrzeug nicht verzurrt, besteht die Gefahr, dass das Fahrzeug von der Hebebühne abrutschen kann!

■ Einen geeigneten Adapter in den Motor- und Getriebeheber einsetzen, den Motor- und Getriebeheber unter die Hinterachse stellen und leicht andrücken.

■ Die Bundmuttern (9) von den Federbügeln (8) abschrauben.

■ Die Federbügel (8) und die Federspannplatte (7) von der Blattfeder (13) abnehmen.

■ Den Achskörper (10) etwa 20 mm absenken.

Die Federschraube (Nase in der Feder, die im Achskörper sitzt) der Blattfeder muss dabei aus der Bohrung im Achskörper herausgleiten ggf. aushebeln.

Der Bremsschlauch (2) darf nicht gedehnt werden.

■ Die Blattfeder von den Aufnahmepunkten am Rahmen abschrauben.

Bei einigen Fahrzeugen muss die Abdeckkappe im Rahmen ausgebaut werden, um die hintere Befestigungsschraube für die Blattfeder auszubauen.

■ Die Blattfeder (13) um 180° drehen und nach hinten herausnehmen.

Der Einbau erfolgt sinngemäß in umgekehrter Reihenfolge.

Das größere Lagerauge in Fahrtrichtung vorn einbauen.

Gummimetalllager haben einen begrenzten Verdrehbereich. Deshalb die Schraubverbindungen an den Bauteilen mit Gummimetalllagern erst dann festziehen, wenn die Achse in Leergewichtslage ist (siehe Seite 150).

■ Die Federschraube (Nase in der Feder, die im Achskörper sitzt) der Mitte der Blattfeder muss in die Bohrung im Achskörper eingesetzt werden.

De- und Montage bei zwillingsbereiften Fahrzeugen

Wenn Bauteile mit Gummimetalllagern ersetzt oder Schrauben oder Muttern an diesen Bauteilen gelöst werden, muss vor Beginn der Arbeiten die Leergewichtslage gemessen werden (siehe Seite 150).

■ Drehen Sie die Mutter von der unteren Schraube des Dämpfers ab.

■ Ziehen Sie die untere Schraube des Stoßdämpfers bei auf den Räder stehendem Fahrzeug heraus.

Bild 15
Stabilisator vorne.
1 Mutter
2 Koppelstange
3 Lagergummi
4 Stabilisator vorne
5 Mutter
6 Scheibe
7 Mutter
8 Schraube
9 Schelle
10 Mutter
11 Scheibe

Bild 16
Stabilisator hinten.
1 Schraube unten
2 Schraube oben
3 Mutter
4 Koppelstange
5 Mutter
6 Schraube
7 Schelle
8 Lagergummi
9 Stabilisator hinten

■ Lösen Sie die Muttern (9 im Bild 14) circa 2 Umdrehungen.
■ Lösen Sie die Radmuttern am entsprechenden Rad.
■ Das Fahrzeug anheben und verzurren.

⚠ Wird das Fahrzeug nicht verzurrt, besteht die Gefahr, dass das Fahrzeug von der Hebebühne abrutschen kann!

■ Bauen Sie das entsprechende Rad ab.
■ Bauen Sie den Bremssattel ab.
■ Drehen Sie die obere Mutter ab und lösen Sie die Koppelstange vom Halter.
■ Unterlegen Sie eine geeignete Unterlage unter den Motor- und Getriebeheber und positionieren Sie ihn unter dem Achskörper.
■ Heben Sie ihn so weit an, dass der Achskörper leicht vorgespannt ist.
■ Schrauben Sie die Muttern von den Federbügeln der Blattfeder ab (9 im Bild 14).
■ Drehen Sie die Schraube (5) von der Federlasche hinten heraus.
■ Die Federbügel (9) und die Federspannplatte (7) von der Blattfeder (13) abnehmen.
■ Drehen Sie die vordere Schraube (11) von der Blattfeder 13) heraus.
■ Senken Sie den Achskörper so weit ab, bis sich die Blattfeder (13) um 180° drehen lässt.
■ Nehmen Sie die Blattfeder nach hinten heraus.

Der Einbau erfolgt sinngemäß in umgekehrter Reihenfolge.

Bei Federn mit unterschiedlich großen Federaugen muss das größere Federauge in Fahrtrichtung nach vorn zeigen.

☞ Die Federschraube der Blattfeder muss in die Bohrung (Nase in der Feder, die im Achskörper sitzt) im Achskörper eingesetzt werden.

■ Bauen Sie den Bremssattel an.
■ Das entsprechende Rad wieder anbauen.

Stabilisatoren und Koppelstangen vorne und hinten

Vorbereitung für die Montagearbeiten

■ Das Fahrzeug anheben und verzurren.

⚠ Wird das Fahrzeug nicht verzurrt, besteht die Gefahr, dass das Fahrzeug von der Hebebühne abrutschen kann!

Stabilisator an der Vorderachse (Bild 15)

■ Die Unterbodenverkleidung oder den

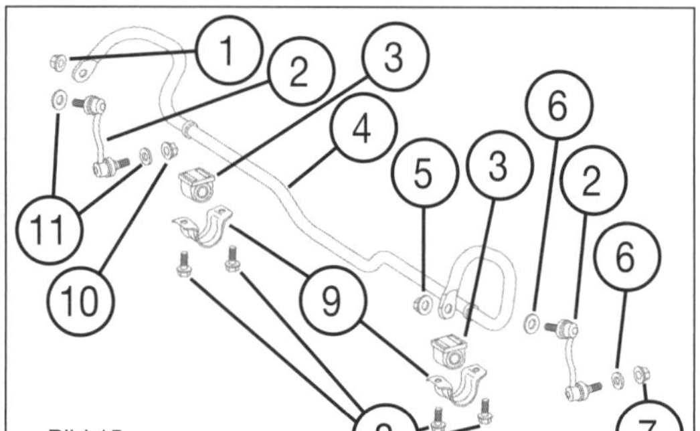

Bild 15

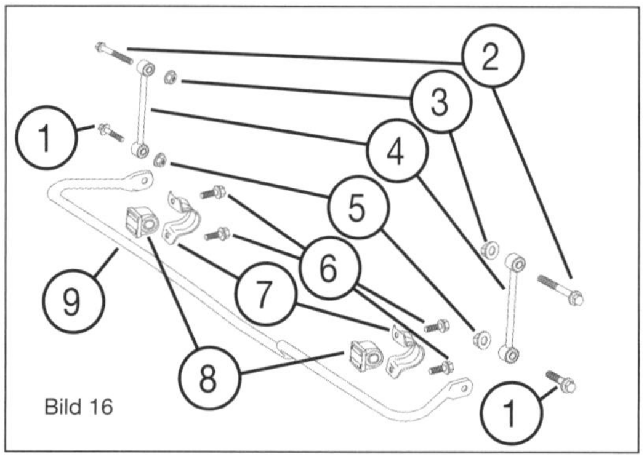

Bild 16

Unterfahrschutz (soweit verbaut) ausbauen.
■ Das Gestänge des Niveausensors an der Vorderachse abbauen.
■ Die Koppelstangen (2 im Bild 15) vom Stabilisator (4) abbauen.
■ Die Anschlagplatte vom linken Querlenker abbauen (siehe Bild 4 auf Seite 151).
■ Beide Querlenker wie auf Seite 151 beschrieben abbauen.
■ Die Federspannplatten (5 im Bild 11) ausbauen.
■ Bei Allradfahrzeugen die Verstärkungsplatte (8) ausbauen.
■ Die Verschraubungen (8 im Bild 15) herausdrehen und den Stabilisator (4) herausnehmen.

Der Einbau erfolgt sinngemäß in umgekehrter Reihenfolge.

Stabilisator an der Hinterachse (Bild 16)

■ Lösen Sie die Verschraubung am Stabilisator (1 im Bild 16) und nehmen Sie die Schrauben heraus.
■ Drehen Sie die Schrauben (6) heraus.
■ Nehmen Sie die Schellen (7) ab.
■ Nehmen Sie den Stabilisator heraus.

Der Einbau erfolgt sinngemäß in umgekehrter Reihenfolge.

12 Servolenkung

Die servounterstützte Zahnstangenlenkung Ihres Transporters zeichnet sich durch besonders geringe Bedienungskräfte bei hoher Lenkpräzision aus. Servolenkungen erleichtern durch Hilfskraft die Lenkarbeit erheblich. Sie sorgen für größtmöglichen Komfort beim Rangieren und für präzises Lenkgefühl bei schnellen Autobahnfahrten.
Die Möglichkeit, mit geringem Kraftaufwand am Lenkrad eine relativ direkte Lenkung zu erreichen, dennoch den Fahrer relativ unbehelligt von den Fahrbahnstößen zu lassen, wird mit Hilfe eines hydraulischen Systems aus Pumpe, Ölvorratsbehälter und Hydraulikleitungen realisiert. Der Öldruck wirkt auf beiden Seiten der Zahnstange. Diese Unterstützen mit ihrem Druck über ein Steuerteil die Lenkbewegungen. Je nach Drehrichtung des Lenkrades wird jeweils der Arbeitszylinder angesteuert, der die Lenkung in Richtung der Lenkbewegung unterstützt.

Prüfungen an der Lenkung

Die Lenkung ist eine Baugruppe, von der die Fahrsicherheit besonders stark abhängt. Defekte, falsche Einstellungen und fehlerhafte Reparaturarbeiten können fatale Auswirkungen haben. Nach einem Unfall und bei Beschädigung der Vorderachse können verschiedene Lenkungsteile ersetzt werden. Als Instandsetzung an der Servolenkung ist aber nur das Ersetzen der Faltenbälge sowie der Spurstangen und Spurstangenköpfe üblich. Für bestimmte Arbeiten kann es nötig sein, die Lenkzwischenwelle aus- und einzubauen, die das Kreuzgelenk unten an der Lenksäule mit dem Kreuzgelenk des Lenkritzels am Lenkgetriebe verbindet.
Beim Sprinter 907 ist eine hydraulisch unterstützte Zahnstangenlenkung verbaut.

Lenkungsspiel prüfen

■ Die Räder geradeaus stellen. Von außen durchs geöffnete Fenster greifen und das Lenkrad kurz hin- und herdrehen.

Auf die Felge achten: Bewegt sich das Vorderrad wie erforderlich sofort mit? Eine Hilfsperson kann die Spurstangenköpfe umfassen und das Lagerspiel bei Lenkbewegung fühlen oder in Extremfällen sogar beobachten.

■ Falls Spiel bemerkt wird, muss das Nachstellen in der Werkstatt erfolgen oder das Lenkgetriebe ersetzt werden.

Wenn die Lenkung um die Geradeausstellung kein Spiel hat, aber bei stärkerem Einschlag spürbar klemmt, ist die Zahnstange verschlissen. Das dürfte zwar erst nach einer gehörigen Fahrstrecke der Fall sein, aber dann muss das Lenkgetriebe ausgetauscht werden!

Manschetten der Lenkzahnstange prüfen

Mit einer Taschenlampe die Gummimanschetten ableuchten, mit denen die aus ihrem Gehäuse austretende Zahnstange links und rechts geschützt wird. Gründlich auch auf kleinste Verschleißspuren prüfen.

Dringen durch einen rissigen oder beschädigten Faltenbalg Schmutz und Feuchtigkeit ein, verbinden sie sich mit dem Fett des Lenkgetriebes zu einer zerstörerischen Schleifpaste.

■ Das Fahrzeug mit der Hebebühne anheben und gegen Abrutschen oder Kippen sichern.

■ Die Lenkung voll nach rechts oder links einschlagen. Um Risse in den Falten zu erkennen, muss der Faltenbalg Stück um Stück auseinandergezogen werden. Eine verschlissene Manschette sollte man sofort austauschen. Sie kann bei eingebautem Lenkgetriebe ersetzt werden.

■ Klemmschellen müssen fest auf der Manschette sitzen. Zum Wechseln des Faltenbalgs wird daher eine spezielle Schlauchbinderzange empfohlen.

Lenksäule überprüfen

Wenn an der Lenksäule gearbeitet wurde, muss danach auf sichtbare Schäden und Funktion geprüft werden. Lässt sich die Säule ohne zu haken und ohne Schwergängigkeit drehen?

■ Lässt sie sich (soweit in der Ausstattung vorgesehen) in Längsrichtung und in der Höhe leicht verstellen?

■ Lässt sich das Rohr der Säule deutlich nach vorn und hinten oder seitlich bewegen? Dann ist etwas faul, die Lenksäule muss ausgetauscht werden.

Sichtprüfung Messen

Bild 1
Spurstange in Teilen.
1 Faltenbalg
2 Spurstange
3 Kugelgelenkkopf (Spurstangenkopf)
4 Kontermutter

Bild 2
Spurstange ausgebaut.
1 Abflachung oder Sechskant für einen Schraubenschlüssel
2 Gelenkpfanne
3 Spurstangengewinde
4 Spurstange
5 Gewinde zur Befestigung in der Zahnstange der Lenkung

Bild 3
Nachfetten der Zahnstange der Lenkung.
1 Spur Lagerfett
2 Zahnstange der Lenkung unter der Manschette
3 Lenkgetriebe

Arbeiten an der Lenkung

Spurstangenkopf aus- und einbauen

■ Fahrzeug mit der Hebebühne anheben und gegen Abrutschen oder Kippen sichern.
■ Das entsprechende Rad abbauen.
■ Mutter von Spurstangenkopf lösen, aber noch nicht abschrauben. Die Mutter zum Schutz des Gewindes einige Umdrehungen auf dem Zapfen lassen.
■ Den Spurstangenkopf vom Radlagergehäuse mit einem Kugelgelenkabzieher abdrücken.
■ Die Mutter nach dem Abdrücken des Spurstangenkopfes abschrauben.

⚠ Beim Abdrücken die Gummitülle und das Gewinde nicht beschädigen.

■ Die Kontermutter (4 im Bild 1) lösen.
■ Die Position vom Spurstangenkopf (3) auf der Spurstange (2) kennzeichnen.
■ Den Spurstangenkopf von der Spurstange abdrehen. Hierzu die Schlüsselflächen am Spurstangenkopf (3) und an der Spurstange (2) nutzen.

Der Einbau erfolgt sinngemäß in umgekehrter Reihenfolge.
■ Den Spurstangenkopf bis zur angebrachten Markierung auf die Spurstange drehen.
■ Den Spurstangenkopf mit der Kontermutter sichern.
■ Den Spurstangenkopf mit neuer Mutter verschrauben.
■ Das Rad anbauen und mit Anzugsdrehmoment festziehen.
■ Die Fahrzeugvermessung durchführen (lassen).

Lenkmanschette wechseln

■ Fahrzeug mit der Hebebühne anheben und gegen Abrutschen oder Kippen sichern.
■ Rad an der betreffenden Seite abbauen.
■ Bauen Sie an der betroffenen Seite den Spurstangenkopf wie beschrieben ab.
■ Drehen Sie die Kontermutter (4 im Bild 1) ab.
■ Die Schellen am Faltenbalg (Lenkmanschette) lösen und abnehmen.
■ Ziehen Sie die Lenkmanschette (1) über die Spurstange ab.

☞ Reinigen Sie die Lenkstange im Lenkgetriebe, die Spurstange und die Auflageflächen der Manschetten gründlich

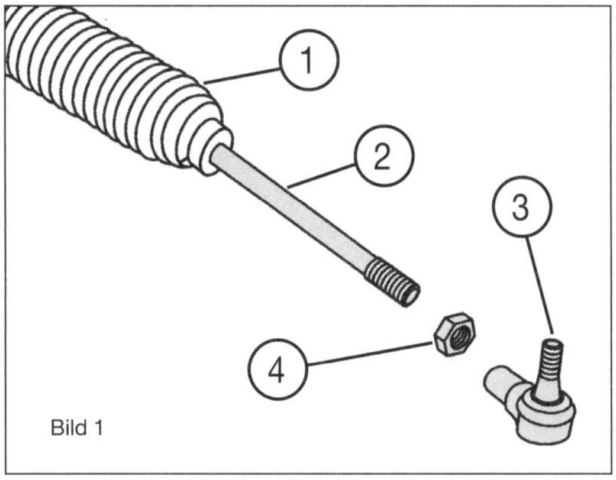

Bild 1

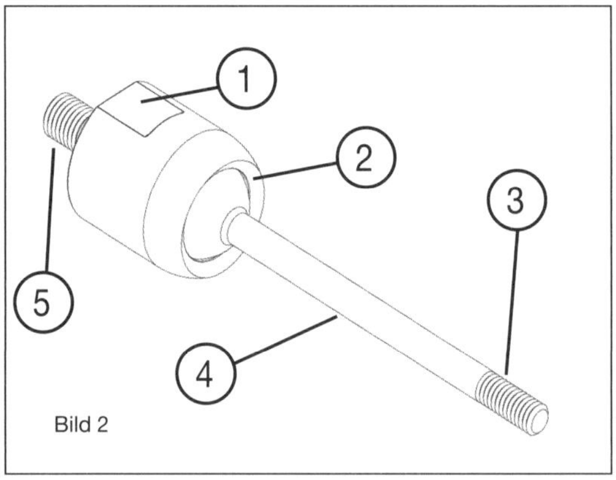

Bild 2

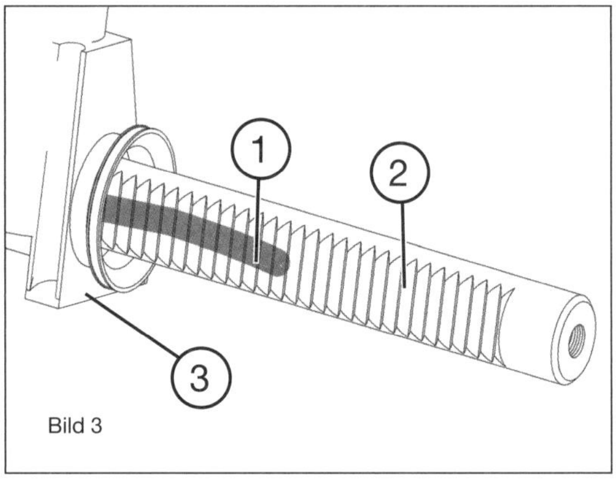

Bild 3

und fetten (1 im Bild 3) sie leicht ein. Verschmutzungen können das Lenkgetriebe schädigen.
■ Schieben Sie die Schellen auf die neue Manschette und diese dann auf die Zahnstange und die Lenkung auf.

Die weitere Montage erfolgt sinngemäß in umgekehrter Reihenfolge.

☞ Die Laschen und Klemmstellen an den Schellen müssen so ausgerichtet werden, dass sie nirgendwo anliegen oder schleifen können. Sie können beim Hängenbleiben leicht die Manschette herunterschieben oder beschädigen.

Hydraulisch unterstützte Lenkung aus- und einbauen

Eine Instandsetzung des Lenkgetriebes ist nicht vorgesehen. Es muss bei Beanstandungen komplett ausgetauscht werden.

Folgende Hinweise sind bei Arbeiten am Lenkgetriebe zu beachten

- Bei Arbeiten an der Servolenkung ist größte Sauberkeit erforderlich. Die Verbindungsstellen und deren Umgebung ist vor dem Lösen gründlich zu reinigen.
- Ausgebaute Teile auf einer sauberen Unterlage ablegen und abdecken, wenn die Reparatur nicht umgehend weiter ausgeführt wird.
- Keine fasernden Lappen verwenden.
- Geöffnete Bauteile sorgfältig abdecken bzw. verschließen, wenn die Reparatur nicht umgehend weiter ausgeführt wird.
- Ersatzteile erst unmittelbar vor dem Einbau aus der Verpackung entnehmen.
- Nur originalverpackte Teile verwenden.
- Bei geöffneter Anlage nicht mit Druckluft arbeiten.
- Das Fahrzeug nicht bewegen.

De- und Montage

- Federspannplatten ausbauen.
- Das Fahrzeug anheben und verzurren.

Wird das Fahrzeug nicht verzurrt, besteht die Gefahr, dass das Fahrzeug von der Hebebühne abrutschen kann!

- Beide Räder vorn abbauen.
- Die Geräuschdämpfung oder den Unterfahrschutz (soweit verbaut) ausbauen.
- Den linken Spurstangenkopf wie bereits beschrieben ausbauen.
- Den rechten Spurstangenkopf von Radlagergehäuse abdrücken.
- Die Rücklaufleitung (D im Bild 4) im Bereich des Gummischlauchs mit einer geeigneten Schlauchklemme bis 25 mm abklemmen.
- Die Druckleitung (C) im Bereich des Gummischlauchs mit der Schlauchklemme bis 25 mm abklemmen.
- Lenkung bis Anschlag rechts verdrehen.

Achten Sie darauf, dass das Lenkrad in dieser Stellung bleibt. Dadurch wird gewährleistet, dass sich die Wickelfeder für Airbag und Rückstellring mit Schleifring nicht verdreht.

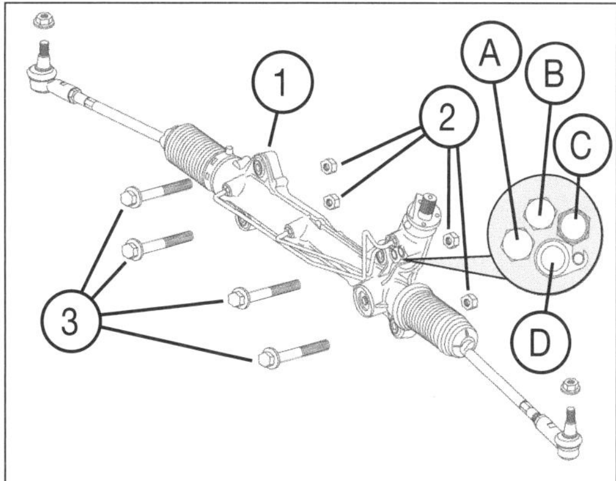

Bild 4

Bild 4
Lenkgetriebe hydraulisch.
1 Lenkgetriebe
2 Muttern
3 Schrauben
A Ansteuerung rechts
B Ansteuerung links
C Druckleitung
D Rücklaufleitung

- Die Schraube am Kreuzgelenk herausdrehen und das Kreuzgelenk vom Lenkgetriebe abziehen.
- Die Rücklaufleitung (Anschluss D am Lenkgetriebe) vom Aggregateträger abschrauben (Bild 4).
- Die Schraube herausdrehen und das Abschirmblech auf der Rücklaufleitung zurückschieben.
- Die Druckleitung (Anschluss C am Lenkgetriebe) vorsichtig aus dem Lenkgetriebe herausziehen.

Auslaufendes Hydrauliköl auffangen und fachgerecht entsorgen.

- Offene Leitungen/Anschlüsse verschließen oder abdecken.
- Schrauben (3) vom Lenkgetriebe abschrauben.
- Beim Abschrauben der Schrauben mit einem Maulschlüssel die Muttern (2) gegenhalten.
- Das Lenkgetriebe aus dem Aggregateträger herausnehmen.

Der Einbau erfolgt sinngemäß in umgekehrter Reihenfolge.

Bei einem neuen Lenkgetriebe den rechten Spurstangenkopf ausbauen.

Das Lenkgetriebe am Lenkritzel bis Anschlag rechts drehen.

- Lenkgetriebe in den Aggregateträger einsetzen.
- Das Kreuzgelenk auf das Lenkritzel stecken.
- Das Lenkgetriebe am Aggregateträger festschrauben, dabei die Muttern (2 im Bild 4) gegenhalten.
- Die Schraube für das Kreuzgelenk montieren und festziehen.

Bild 5
Lenkgetriebe elektrisch.
1 Muttern
2 Schrauben
3 Lenkgetriebe
A Anschluss Spannungsversorgung
B Anschluss Bordnetz

■ Die Dichtringe an der Druckleitung und der Rücklaufleitung ersetzen und diese vorsichtig in das Lenkgetriebe drücken, das Blech ansetzen. Die Schraube der Leitungen im Sicherungsblech festschrauben.
■ Die Rücklaufleitung am Aggregateträger befestigen.
■ Spurstangenköpfe einbauen.
■ Die Schlauchklemmen entfernen.
■ Die Geräuschdämmung oder den Unterfahrschutz (soweit verbaut) einbauen.
■ Ölstand der Servolenkung prüfen.
■ Räder vorn anbauen.
■ Die Federspannplatten einbauen.
■ Das Fahrzeug vermessen (lassen).

Elektrisch unterstützte Lenkung aus- und einbauen

Die elektrische Lenkung basiert auf einem konventionellen Zahnstangenlenkgetriebe, das vom Lenkhilfemotor unterstützt wird. Die Lenkkraftunterstützung erfolgt stufenlos und geschwindigkeitsabhängig. Auch eine Instandsetzung des Lenkgetriebes mit elektrischer Lenkunterstützung ist nicht vorgesehen. Es muss bei Beanstandungen komplett ausgetauscht werden.

Folgende Hinweise sind bei Arbeiten am Lenkgetriebe zu beachten
■ Bei Arbeiten an der Servolenkung ist größte Sauberkeit erforderlich. Korrosion an den Anschlusssteckern und Kabel müssen frühzeitig erkannt werden, da die Anschlussstellen durch einen Übergangswiderstand überhitzen können.
■ Achten Sie auf die originalgetreue Kabelführung und befestigen Sie die Anschlusskabel mit Befestigungsmaterial, das dem Serienstand entspricht.

De- und Montage

■ Das Fahrzeug mit der Hebebühne anheben und Unterbodenverkleidungen ausbauen.
⚠ Sichern Sie das Fahrzeug unbedingt auf der Hebebühne mit Spanngurten, um ein Herunterfallen oder Abrutschen zu verhindern.
■ Schalten Sie die Zündung aus und ziehen Sie den Zündschlüssel ab.
■ Prüfen Sie, ob ein Radiocode erforderlich ist und ob der Ihnen vorliegt.
■ Klemmen Sie die Batterie ab.

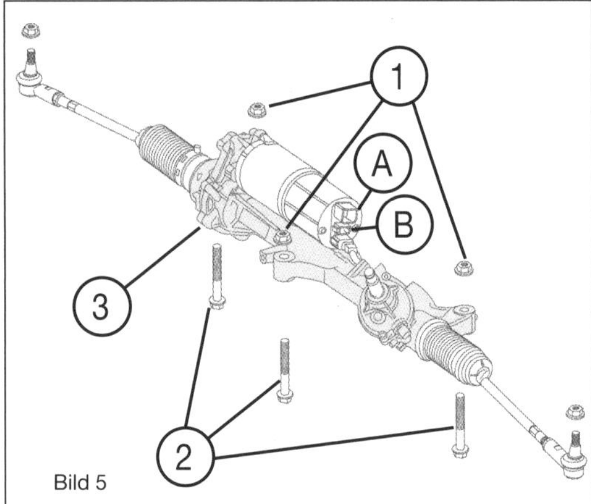

Bild 5

■ Bauen Sie die Vorderräder ab.
■ Die Muttern am Spurstangenkopf links und rechts abschrauben.
■ Spurstangenkopf links und rechts von jeweiligem Achsschenkel abbauen.
■ Den linken Spurstangenkopf ausbauen.
■ Das Fahrzeug auf der Hebebühne absenken.
■ Das Lenkrad bis Anschlag nach rechts drehen und am besten auch fixieren.
■ Das Fahrzeug auf der Hebebühne anheben.
■ Die Geräuschdämmung oder den Unterfahrschutz (soweit verbaut) ausbauen.
■ Das Kreuzgelenk vom Lenkgetriebe abbauen.
■ Die Federspannkonsolen (2 im Bild 4 auf Seite 151) links und rechts ausbauen.
■ Die elektrischen Steckverbindungen (9) trennen.
■ Die Schrauben (2 im Bild 5) herausdrehen und das Lenkgetriebe (3) herausnehmen.

Der Einbau erfolgt sinngemäß in umgekehrter Reihenfolge.
☞ Bei einem neuen Lenkgetriebe den rechten Spurstangenkopf ausbauen.
☞ Das Lenkgetriebe am Lenkritzel bis Anschlag rechts drehen.
■ Das Lenkgetriebe (3) mit einem geeigneten Diagnosesystem anlernen.
■ Abschließend eine Fahrwerkvermessung durchführen (lassen).

Fehlerspeicherabfrage und Istwerte mit dem OBD-Tester
Die Fehlerspeicherabfrage sowie die Abfrage der Istwerte erfolgt über einen geeigneten Diagnosetester.

13 Bremsanlage

Die Bremsen des Sprinter 907

Der Sprinter wird kraftvoll und sicher über ein Hydraulik-Zweikreis-Bremssystem mit rundum Scheibenbremsen verzögert. Die vorderen Scheibenbremsen sind innenbelüftet, die Bremsscheiben hinten sind derzeit durchweg für alle Motorisierungen massiv. Die elektromechanische Feststellbremse wirkt auf die Hinterräder. Die Bremsunterstützung erfolgt pneumatisch durch Vakuumbremskraftverstärker. In ihnen wird der hydraulische Druck, der dann an den Bremsen wirkt, mehr als verdoppelt. Auf diese Weise werden etwa 60 % der wirkenden Bremskraft aufgebracht. Das Vakuum für den Unterdruck im Bremskraftverstärker wird dem Saugrohr entnommen oder mit einer Vakuumpumpe erzeugt. Je nach Motorisierung werden unterschiedliche Bremsenmodelle eingesetzt. Welche Bremsen in einem bestimmten Fahrzeug verbaut sind, wird unter anderem in der Ausstattungsliste durch Codenummern dokumentiert. Die Ausstattungscodierung können Sie sich bei Ihrem Mercedes-Händler ausdrucken lassen. Die Codierungen sind für die Kombinationen Bremssattel/Bremsscheibe/Bremstrommel und Bremsbelag wichtig.

Antiblockiersystem (ABS)

Der Sprinter verfügt serienmäßig über ein Antiblockiersystem. Die Bremsanlage des ABS ist diagonal aufgeteilt. Die Bremskraftverstärkung erfolgt pneumatisch durch den Vakuumbremskraftverstärker. Fahrzeuge mit ABS haben keinen mechanischen Bremskraftregler. Eine speziell abgestimmte Software im Steuergerät übernimmt die Bremskraftverteilung für die Hinterachse.

Störungen am ABS haben Einfluss auf die Bremsanlage und die Verstärkung. Es muss mit einem veränderten Bremsverhalten gerechnet werden. Nach Aufleuchten der Kontrollleuchte für ABS und Kontrollleuchte für Bremsanlage können die Hinterräder beim Bremsen frühzeitig blockieren! Die recht unauffälligen, aber sehr wichtigen Funktionen für beispielsweise die Gespannstabilisierung fallen aus. Grundsätzlich ist es möglich, ein ABS-Steuergerät zu reparieren. Einige Firmen haben sich auf die Instandsetzung spezialisiert und liefern eine kostengünstige Alternative zum Neuteilersatz. Hydraulikeinheit und Steuergerät bilden eine Einheit. Eine Trennung ist nur im ausgebauten Zustand möglich.

- Neue Steuergeräte aus dem Ersatzteilbereich sind nicht codiert. Sie sind nach dem Einbau mit einem geeigneten Diagnosetester zu codieren. In der Regel muss das beim Mercedes-Benz-Vertraghändler erfolgen. Die Kontrollleuchte für ABS und die Kontrollleuchte für ESP und ASR blinken, solange das Steuergerät für ABS nicht codiert ist.
- Wenn ein Steuergerät instandgesetzt worden ist, wird die Reparaturfirma die vorhandene Codierung sichern und das instandgesetzte Steuergerät betriebsbereit ausliefern.

ABS und ESP

Im Sprinter 907 kommt ein ABS/ESP-System zum Einsatz. Es besteht neben dem Eingriff auf die Bremsanlage die Möglichkeit, mit dem Bordnetzsystem und der Motorsteuerung einige Neuerungen umzusetzen. Es sind nun folgende Funktionen realisiert worden: ABS (Blockierverhinderer beim Bremsen), ASR (verhindert durchdrehende Räder), EBV (regelt den Bremsdruck an der Hinterachse), ESP (Stabilitätsprogramm, um Schleudern einzudämmen) und das MSR (reduziert das Motormoment zum Anfahren auf glatter Straße über den Eingriff in das System E-Gas).

Eigenschaft der Bremsflüssigkeit

Die im Hydrauliksystem zirkulierende Flüssigkeit ist Bremsflüssigkeit nach dem Standard »FMVSS 116 DOT 4«, wovon auch die Weiterentwicklung »DOT 4 plus« erhältlich ist.

Bremsflüssigkeit auf keinen Fall mit mineralölhaltigen Flüssigkeiten (Öl, Benzin, Reinigungsmittel) in Verbindung bringen. Mineralöle beschädigen die Dichtungen und Gummitüllen der Bremsanlage!

Bremsflüssigkeit ist giftig, sie darf wegen ihrer ätzenden Wirkung auch nicht mit Lack in Berührung kommen. Eventuell ausgetretene Bremsflüssigkeit mit viel Wasser abspülen!

Sichtprüfung Messen

Bild 1
Ausgleichsbehälter im Motorraum.
1 Ausgleichsbehälter
2 Deckel
3 Stecker Warnkontakt
4 Minimal-Markierung
5 Maximal-Markierung

Bild 2
Durchgerostete Bremsleitungen sind durchaus auch bei modernen Fahrzeugen noch zu finden.

Bremsflüssigkeit ist hygroskopisch, das heißt, sie nimmt aus der umgebenden Luft Feuchtigkeit auf und ist darum stets in luftdicht verschlossenen Behältern aufzubewahren.

Bremsflüssigkeitsstand (abhängig vom Belagverschleiß) prüfen

Der Stand der Bremsflüssigkeit ist an den Markierungen des Bremsflüssigkeitsbehälters abzulesen.

- Der Bremsflüssigkeitsstand (Menge) ist stets in Abhängigkeit vom Bremsbelagverschleiß zu beurteilen. Im Fahrbetrieb sinkt durch Abnutzung und automatische Nachstellung der Bremsbeläge der Flüssigkeitsstand geringfügig ab.
- Bei einem Flüssigkeitsstand an der »MIN«-Markierung und etwas darüber ist kein Nachfüllen erforderlich, wenn die Bremsbelagverschleißgrenze nahezu erreicht ist.
- Sind die Bremsbeläge neu bzw. weit von der Belagverschleißgrenze entfernt, muss der Flüssigkeitsstand zwischen der »MIN«- und der »MAX«-Markierung liegen.
- Die »MAX«-Markierung darf jedoch nicht überschritten werden, damit die Flüssigkeit nicht aus dem Bremsflüssigkeitsbehälter austritt.
- Ist der Flüssigkeitsstand unter die »MIN«-Markierung abgesunken, muss, bevor Bremsflüssigkeit ergänzt wird, das ganze Bremssystem überprüft werden, ggf. sind Reparaturen einzuleiten.

Bremsanlage auf Undichtigkeiten und Beschädigung prüfen

Sichtprüfung

Folgende Bauteile müssen auf Undichtigkeiten und Beschädigungen überprüft werden:

- Hauptbremszylinder
- Bremskraftverstärker
- Hydraulikeinheit
- Bremssättel

Weiterhin sind zu prüfen:

- Vorhandensein der Staubkappen an den Entlüftungsventilen für Bremsflüssigkeit.
- Dass die Bremsschläuche nicht verdreht

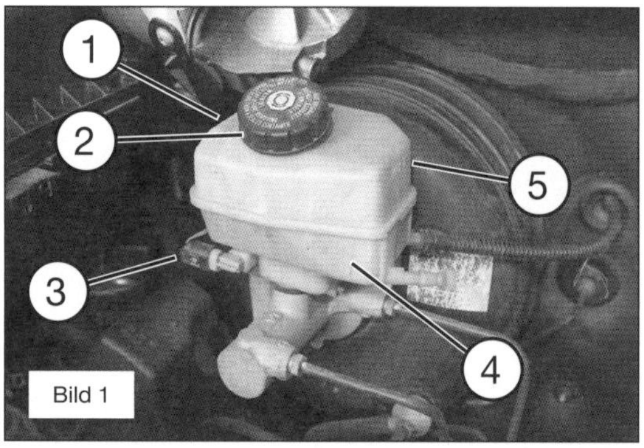

Bild 1

Bild 2

sind und dass sie beim maximalen Lenkeinschlag keine Fahrzeugbauteile berühren.
- Dass Bremsschläuche nicht porös und brüchig sind.
- Dass Bremsschläuche und Bremsleitungen keine Scheuerstellen aufweisen.
- Dass Bremsanschlüsse und Befestigungen richtig sitzen, nicht undicht und frei von Korrosion sind.

Festgestellte Mängel sind durch entsprechende Reparaturmaßnahmen zu beseitigen.

Dichtigkeitsprüfung unter Druck

Diese Prüfung erfordert ein Prüfgerät für Bremssysteme mit Adapter. Prüfvoraussetzung ist, dass Funktion und Dichtheit der Bremsanlage gegeben sind.

- Entlüftungsventil an einem der vorderen Bremssättel herausschrauben. Das Prüfgerät für Bremssysteme anschließen und entlüften.
- Bremspedal mit einem Feststeller belasten, bis das Druckmanometer 50 bar Überdruck anzeigt.

Während der Prüfdauer von 45 Sekunden darf der Druckabfall nicht mehr als 4 bar betragen. Bei größerem Druckabfall Bremssystem prüfen, wenn erforderlich Hauptbremszylinder ersetzen.

Technische Daten Bremsanlage

Zur Übersicht die wichtigsten technischen Daten der Bremsanlage:

Handbremse

Einstellung/Anforderung	Abmessung
Belagstärke Handbremse	Min. 4,5 mm
Rasten Handbremshebel bis zum Blockieren der Radbremse	4

Scheibenbremse vorne

Einstellung/Anforderung	Abmessung
Stärke Bremsscheibe	28,0 mm
Durchmesser Bremsscheibe	300,0 mm
Verschleißmaß Bremsscheibe	25,0 mm
Verschleißmaß Bremsbelag	3,0 mm
Seitenschlag Bremsscheibe	0,03 mm

Scheibenbremse hinten

Einstellung/Anforderung	Abmessung
Stärke Bremsscheibe	18,0 mm
Durchmesser Bremsscheibe	298,0 mm
Verschleißmaß Bremsscheibe	16,0 mm
Verschleißmaß Bremsbelag	3,0 mm
Seitenschlag Bremsscheibe	0,03 mm

Bremsanlage mit Gerät entlüften

Normale Entlüftung

Den Arbeitsablauf zum Entlüften der Bremsanlage sollten Sie grundsätzlich genau einhalten.

■ Bremsenfüll- und Entlüftungsgerät anschließen, das bedeutet den Adapter statt Verschlussdeckel auf Bremsflüssigkeitsbehälter aufschrauben, den Druck am Entlüftungsgerät einstellen und Befüllschlauch des Gerätes an den Adapter anschließen.

■ Abdeckkappen von den Entlüftungsventilen abziehen, Schlauch der Entlüfterflasche aufstecken und dann Entlüftungsventile mit einem passenden Schlüssel in folgender Reihenfolge öffnen und jeweiligen Radbremszylinder/Bremssättel entlüften:

1. Bremssattel hinten links
2. Bremssattel vorn links
3. Bremssattel vorn rechts
4. Bremssattel hinten rechts

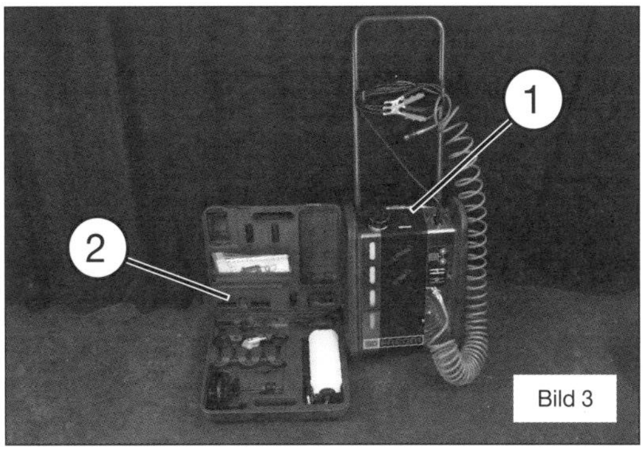

Bild 3
Automatisches Entlüftungsgerät.
1 Entlüftungsgerät mit Batterieanschlüssen und Vorratstank
2 Adapterset für unterschiedliche Vorratsbehälter am Fahrzeug

■ Entlüftungsventil bei aufgestecktem Schlauch der Entlüfterflasche so lange geöffnet lassen, bis blasenfreie Bremsflüssigkeit ausströmt.

Tipp: Geeigneten Entlüfterschlauch verwenden. Er muss straff auf dem Entlüftungsventil sitzen, damit keine Luft in die Bremsanlage gelangen kann!

Vorentlüftung

Wenn bei Fahrzeugen mit EDS, EDS/ASR oder EDS/ASR/ESP eine Kammer des Bremsflüssigkeitsbehälters komplett leergelaufen ist (z. B. bei Undichtigkeiten der Bremsanlage), muss zuerst eine Vorentlüftung erfolgen.

■ Bremssattel vorn links und vorn rechts gleichzeitig zusammen entlüften.
■ Bremssattel hinten links und hinten rechts gleichzeitig zusammen entlüften.
■ Entlüftungsventile bei aufgesteckten Schläuchen der Entlüfterflasche so lange geöffnet lassen, bis blasenfreie Bremsflüssigkeit ausströmt.
■ Anschließend kann über eine Funktion mit dem Diagnosetester die Hydraulikeinheit nochmals entlüftet werden. Hierbei werden die einzelnen Steuerventile angesteuert und auch die geringe Restmenge im Hydraulikaggregat in die Entlüftung mit einbezogen. Zum Entlüften der Hydraulikeinheit ist ein Vordruck von 2 bar nötig.
■ Danach die Bremsanlage normal entlüften.

Bremsanlage ohne Gerät entlüften

Steht kein Bremsenfüll- und Entlüftungsgerät zur Verfügung, muss die Bremsanlage mit einfachen Mitteln entlüftet werden. Nötig dafür sind neue Bremsflüssigkeit und ein geeigneter, möglichst durchsichtiger Kunststoffschlauch, wie ihn Baumärkte im Sortiment haben. Er muss straff auf der Entlüfterschraube Radbremszylinder/Bremssattel sitzen, damit keine Luft in die Bremsanlage gelangen kann.

■ Wenn erforderlich, die Entlüftungsventile einige Stunden vor der Arbeit mit Rostlöser einsprühen. Das mindert das Risiko, dass die Ventile beim Lösen abgerissen werden.

■ Entlüftungsreihenfolge wie bei »Entlüftung normal«.

■ Staubkappe vom Entlüftungsventil abziehen, Ventilnippel säubern, den Kunststoffschlauch auf den Nippel schieben und das freie Schlauchende in einen teilweise mit Bremsflüssigkeit gefüllten Auffangbehälter stecken.

■ Entlüftungsschraube mit einem Ringschlüssel maximal eine Umdrehung lösen.

■ Ein Helfer tritt das Bremspedal langsam bis zum Boden, damit die Bremsflüssigkeit und die darin eingeschlossene Luft herausgepumpt werden.

Auf Schlauch und Auffangbehälter achten: die Luftbläschen müssen zu sehen sein.

■ Das Bremspedal am Boden halten.

■ Nun die Entlüftungsschraube schließen, erst dann das Bremspedal zurücknehmen.

■ Diesen Vorgang so lange wiederholen, bis keine Luftbläschen mehr aufsteigen, es ist dann keine Luft mehr im System. Dabei aber ständig den Stand der Bremsflüssigkeit im Ausgleichsbehälter beobachten. Bei Bedarf nachfüllen, aber nur so viel, dass der vorherige Stand im Bremsflüssigkeitsbehälter nicht überschritten wird. Dadurch wird verhindert, dass bei einem späteren Wechsel der Bremsbeläge zu viel Bremsflüssigkeit im System ist und der Behälter beim Zurückdrücken der Bremskolben überläuft.

■ Nach dem letzten Durchgang muss der Helfer das Bremspedal wieder am Boden halten, bis das Entlüftungsventil endgültig geschlossen ist (Schraube nicht anknallen).

■ Die Arbeit an den anderen Entlüftungsventilen wiederholen.

■ Lässt sich die Bremse nach vorgenannter Methode nicht vollständig entlüften, alle Entlüftungsventile schließen, den Motor starten und mehrfach die Bremse betätigen. Dann nochmals einen Entlüftungsdurchgang vornehmen.

■ Zum Schluss noch einmal alle Bremsleitungen, Entlüftungsventile (angezogen?), den Stand im Bremsflüssigkeitsbehälter und die Funktion der Bremsen bei einer (vorsichtigen) Probefahrt prüfen. Dabei einmal so stark bremsen, dass die ABS-Regelung greift.

Bremsflüssigkeit wechseln

⚠ Bremsflüssigkeit ist giftig! Sie darf wegen ihrer ätzenden Wirkung auch nicht mit Lack in Berührung kommen. Eventuell ausgetretene Bremsflüssigkeit mit viel Wasser abspülen!

■ Verschlussdeckel vom Bremsflüssigkeits-Vorratsbehälter abschrauben. Das Sieb darf nicht aus dem Behälter entfernt werden!

■ Mit dem Saugschlauch vom Bremsenfüll- und Entlüftungsgerät so viel Bremsflüssigkeit wie möglich absaugen. Abgesaugte Bremsflüssigkeit darf nicht wieder verwendet werden.

■ Adapter (aus dem Bremsenentlüftungswerkzeug) auf den Bremsflüssigkeits-Vorratsbehälter schrauben, den richtigen Druck am Bremsenfüll- und Entlüftungsgerät einstellen (Bedienungsanleitung des Gerätes beachten) und den Befüllschlauch des Geräts an den Adapter anschließen.

■ Abdeckkappe des Entlüftungsventils am Bremssattel vorn links abziehen und Entlüfterschlauch der Auffangflasche auf das Ventil stecken, Entlüftungsventil öffnen und die entsprechende Bremsflüssigkeitsmenge (siehe folgende Tabelle) ausfließen lassen. Entlüftungsventil mit 10 Nm schließen. Abdeckkappe am Entlüftungsventil des Bremssattels vorn links wieder aufstecken.

■ Diesen Arbeitsablauf an der rechten Fahrzeugseite vorn wiederholen.

■ Schrauben Sie ggf. beide Räder an der Hinterachse ab, um nun dort an die Entlüftungsventile zu gelangen. Abdeckkappe am Entlüftungsventil des Bremssattels hinten links abziehen und Entlüfterschlauch der Auffangflasche auf das Entlüftungsventil hinten links stecken, Entlüftungsventil öffnen und die entsprechende Bremsflüssigkeitsmenge (siehe folgende Tabelle) ausfließen lassen. Entlüftungsventil mit 10 Nm schließen. Abdeckkappe am Entlüftungsventil des Bremssattels hinten links wieder aufstecken.

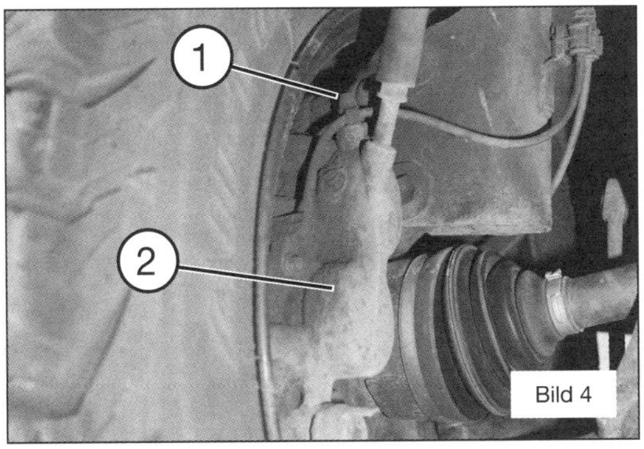

Bild 4
Entlüftungsventil am Bremssattel vorne.
1 Entlüftungsventil
2 Bremssattel

■ Diesen Arbeitsablauf an der rechten Fahrzeugseite hinten wiederholen.

Ausfließende Bremsflüssigkeitsmengen

Reihenfolge Entlüftungsventile	Bremsflüssigkeit
Bremssattel vorn links	0,20 Liter
Bremssattel vorn rechts	0,20 Liter
Bremssattel hinten links	0,30 Liter
Bremssattel hinten rechts	0,30 Liter
Kupplungsnehmerzylinder	0,15 Liter

Bremslichtschalter aus- und einbauen

Der Bremslichtschalter ist von vorne im Pedalmodul befestigt. Ist die Lenkradhöhenverstellung ganz nach oben gestellt, kann der Bremslichtschalter durch den Spalt zwischen Lenkradverkleidung und Armaturenbrett gut eingesehen werden. Der Zugang erfolgt über den Fahrer-Fußraum.

■ Entsichern Sie den Steckkontakt (4 im Bild 7) und ziehen Sie ihn ab.
■ Drehen Sie den Bremslichtschalter (1) etwa eine Viertel-Umdrehung gegen den Uhrzeigersinn und nehmen Sie ihn heraus.

Die Montage erfolgt sinngemäß in umgekehrter Reihenfolge.
■ Lesen Sie den Fehlerspeicher aus und löschen Sie ihn gegebenenfalls.

Hauptbremszylinder aus- und einbauen

■ Radio-Codierung beachten, Batterie abklemmen, Batterieverkleidung ausbauen.

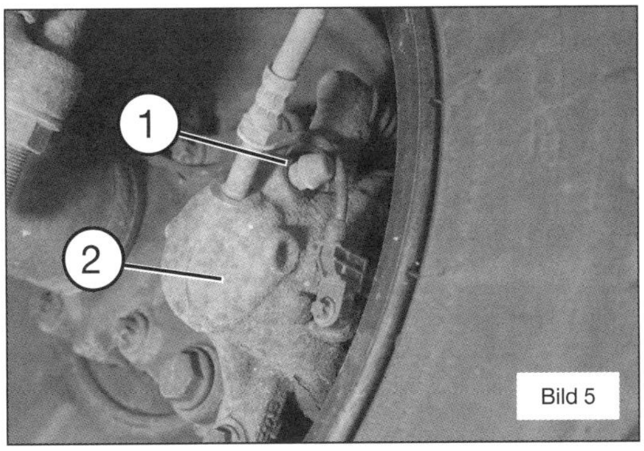

Bild 5
Entlüftungsventil am Bremssattel hinten.
1 Entlüftungsventil
2 Bremssattel

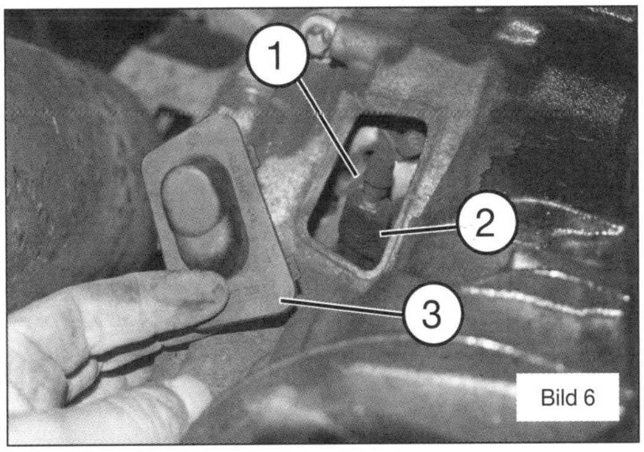

Bild 6
Entlüftungsventil am Kupplungszylinder.
1 Entlüftungsventil
2 Kupplungsnehmerzylinder
3 Abdeckung in der Kupplungsglocke

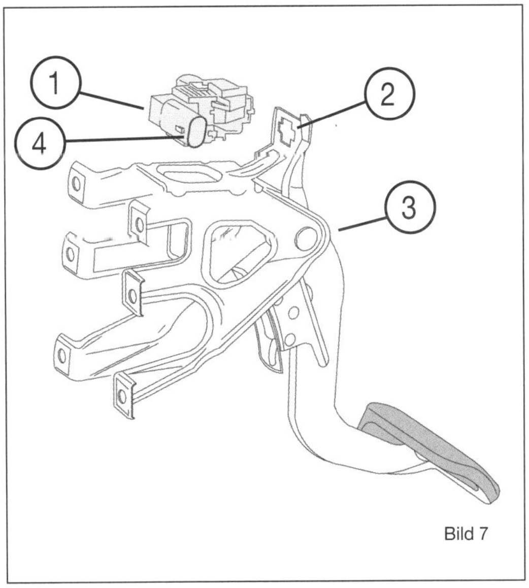

Bild 7
Bremslichtschalter am Pedalmodul.
1 Bremslichtschalter
2 Halterung am Pedalmodul
3 Pedalmodul
4 Elektrischer Anschluss

■ Ausreichend nicht fasernde Lappen im Bereich des Motors und des Getriebes auslegen und so viel Bremsflüssigkeit wie möglich mit dem Bremsenfüll- und Entlüftungsgerät oder mit einer Absaugvorrichtung aus dem Bremsflüssigkeitsbehälter absaugen.
■ Bei Fahrzeugen mit Schaltgetriebe den Nachlaufschlauch für den Kupplungsgeberzylinder abziehen und hochbinden oder mit einem handelsüblichen Werkzeug (Hazet 4590) abklemmen und dann abziehen.
■ Den Stecker (8 im Bild 8) vom Warnkontakt für Bremsflüssigkeitsstand abziehen.

Sichtprüfung   Messen

Bild 8
Hauptbremszylinder:
1 Muttern
2 Vorratsbehälter
3 Anschluss zum Kupplungsnehmerzylinder
4 Anschlüsse zum ABS-Steuerblock
5 Anschluss Unterdruck
6 Bremskraftverstärker
7 Hauptbremszylinder
8 Sensor

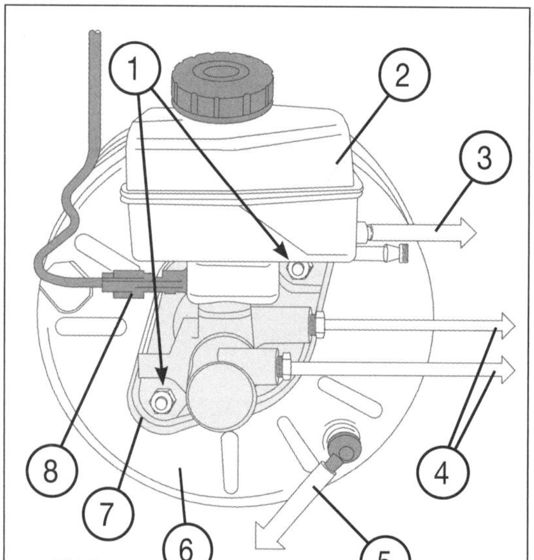

Bild 8

■ Die Bremsleitungen (4) am Hauptbremszylinder (7) abschrauben.
■ Die Bremsleitungen mit geeigneten Verschlussstopfen verschließen.
■ Die Muttern (1) vom Hauptbremszylinder (7) abschrauben.
■ Den Hauptbremszylinder (7) vorsichtig aus dem Bremskraftverstärker (6) herausnehmen.

Der Einbau erfolgt sinngemäß in umgekehrter Reihenfolge.

⚠ Beim Zusammensetzen des Hauptbremszylinders mit dem Bremskraftverstärker auf richtigen Sitz der Druckstange im Hauptbremszylinder achten.

⚠ Darauf achten, dass der Dichtring zwischen Hauptbremszylinder und Bremskraftverstärker ordnungsgemäß eingebaut ist.

■ Füllen Sie die Bremsflüssigkeit wieder auf den alten Stand.
■ Bremsanlage entlüften. Eventuell auch den Kupplungsgeberzylinder entlüften.
■ Betätigen Sie Bremse und Kupplung mehrfach und kontrollieren Sie den Flüssigkeitsstand erneut.

Funktion des Bremskraftverstärkers prüfen

■ Bremspedal bei stehendem Motor mehrere Male kräftig durchtreten (dadurch wird der im Gerät vorhandene Unterdruck abgebaut).
■ Bremspedal jetzt mit mittlerer Fußkraft in Bremsstellung halten und Motor starten.

Bei einem einwandfrei funktionierenden Bremskraftverstärker gibt das Bremspedal dabei unter dem Fuß spürbar nach (Verstärkung wird wirksam).
Senkt sich das Pedal nicht, liegt eine Störung vor.

Diese kann in der Unterdruckversorgung (Leitung, Pumpe, Anschluss) oder am Bremskraftverstärker selbst zu finden sein. In diesem Fall muss er ersetzt werden. Reparaturen an diesem Bauteil sind nicht vorgesehen.

Bremsscheiben und Beläge prüfen

Bremsbeläge prüfen

Mit einer Taschenlampe durch einen Durchbruch in der Felge leuchten. Die Dicke des äußeren Belages durch Sichtprüfung ermitteln. Den inneren Belag anleuchten und einen Spiegel anhalten. Dann die Dicke des inneren Belages durch Sichtprüfung ermitteln.

■ Zur besseren Beurteilung der Restbelagdicke einen Prüfspiegel benutzen oder das Rad abnehmen.
■ Die Anbauposition des Rades kennzeichnen (RV = rechts vorne, LV = links vorne, RH = rechts hinten, LH = Links hinten).
■ Die Dicke des äußeren und inneren Belages messen oder abschätzen. Bei der Belagdicke (3,0 mm ohne Rückenplatte) haben die Bremsbeläge ihre Verschleißgrenze erreicht und sind zu ersetzen.
■ Das entsprechende Rad in der gekennzeichneten Position wieder anschrauben. Radbefestigungsschrauben über Kreuz mit dem entsprechenden Drehmoment anziehen ggf. Radschraubenkappen aufstecken.

Bremsscheiben prüfen

Wenn die Scheibenbremsbeläge ersetzt werden müssen, sind unbedingt auch die Bremsscheiben auf Verschleiß zu prüfen. Typische Fehlerbilder, die für eine Erneuerung sprechen sind:

■ Risse,
■ Riefen,
■ Rost und
■ Grat am Bremsscheibenrand.

Ggf. Bremsscheiben ersetzen (grundsätzlich achsweise).

Bremsscheiben und Beläge vorne

Bremsbeläge wechseln

Weiter zu verwendende Bremsbeläge beim Ausbau kennzeichnen. Die Beläge an gleicher Stelle wieder einbauen, sonst kann eine ungleichmäßige Bremswirkung entstehen!

- Radschrauben lösen, aber noch nicht herausdrehen.
- Das Fahrzeug mit der Hebebühne anheben und Unterbodenverkleidungen ausbauen.

Sichern Sie das Fahrzeug unbedingt auf der Hebebühne mit Spanngurten, um ein Herunterfallen oder Abrutschen zu verhindern.

- Bauen Sie die vorderen Räder ab.
- Steckverbindung (2 im Bild 10) für Bremsbelagverschleißanzeige trennen.
- Bremsbeläge (13) mit geeignetem Werkzeug etwas zurückdrücken.
- Staubschutzkappe (17) abnehmen und Schrauben für Bremssattelbefestigung (4) oder den unteren Führungsbolzen herausschrauben.
- Mit einem Schraubendreher die Führungsbuchse (10) im Bremssattel etwas zurückdrücken.
- Den Bremssattel nach oben klappen.
- Den Bremssattel mit Draht am Aufbau befestigen.
- Die Bremsbeläge und die Spreizfedern herausnehmen, dabei die Leitung für Bremsbelagverschleißanzeige durch die Öffnung im Bremssattel führen.
- Bremssattelgehäuse reinigen.

Für das Reinigen des Bremssattelgehäuses ist ausschließlich Spiritus zu verwenden.

Der Einbau erfolgt sinngemäß in umgekehrter Reihenfolge.

Vor dem Zurückdrücken mit einer Entlüfterflasche Bremsflüssigkeit aus dem Bremsflüssigkeitsbehälter absaugen, sonst kann, wenn zwischenzeitlich Bremsflüssigkeit nachgefüllt wurde, Bremsflüssigkeit auslaufen und zu Schäden führen.

- Vor Einsetzen neuer Bremsbeläge müssen die Kolben mit der Kolbenrücksetzvorrichtung (1 im Bild 11) in den Zylinder gedrückt werden.
- Die Bremsbeläge (13 im Bild 10) in den Sattelträger (1) einsetzen.

Darauf achten, dass die Bremsbeläge (13) in den Belaghalteblechen oder Spreizfedern (12) sitzen.

Bild 9

Bild 9
Eine Bremsscheibe mit tiefen Riefen muss ersetzt werden.

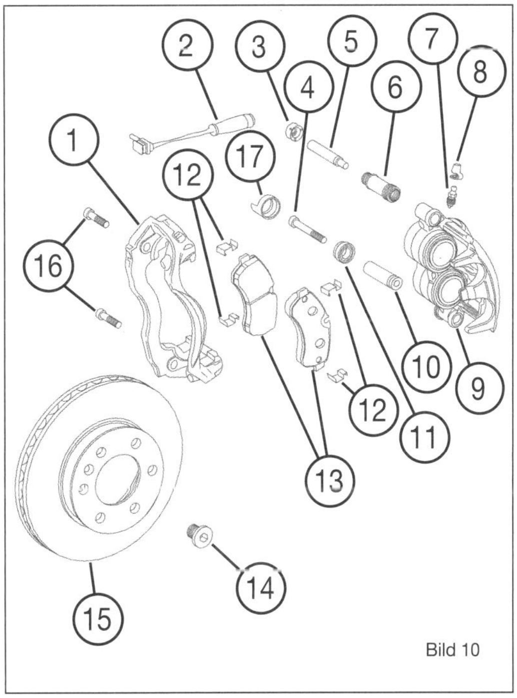

Bild 10

Bild 10
Bremsanlage an der Vorderachse.
1 Sattelträger
2 Verschleißkontakt
3 Staubschutzkappe
4 Schraube
5 Führungsbolzen
6 Buchse
7 Enlüftungsnippel
8 Staubschutzkappe
9 Bremssattel
10 Führungsbuchse
11 Staubschutz
12 Spreizfedern
13 Bremsbelag
14 Schraube
15 Bremsscheibe
16 Schrauben
17 Staubschutzkappe

Bild 11

Bild 11
Bremskolben im Bremssattel zurückstellen.
1 Bremssattel
2 Adapter auf dem Bremskolben
3 Bremskolbenrücksteller

■ Den Bremssattel wieder herunterklappen.

Darauf achten, dass Führungsbolzen oder Schraube im Bremsträger sitzen.

■ Neue Befestigungsschrauben mit vorgeschriebenem Anzugsdrehmoment festziehen.

■ Die Staubschutzkappe (17) einsetzen.

■ Die Steckverbindung (2) für die Bremsbelagverschleißanzeige verbinden.

■ Räder wieder anbauen.

Nach dem Ersetzen von Bremsbelägen Bremspedal im Stand mehrmals kräftig durchtreten, damit die Bremsbeläge ihren dem Betriebszustand entsprechenden Sitz einnehmen.

Nach dem Bremsbelagwechsel den Bremsflüssigkeitsstand prüfen.

Bremsscheiben vorne wechseln

Wenn Sie die Bremsscheiben erneuern, müssen Sie auch neue Bremsbeläge verwenden. Sollen Beläge und Scheiben wiederverwendet werden, markieren Sie die Einbauposition von Bremsscheiben und Belägen.

■ Radschrauben lösen, aber noch nicht herausdrehen.

■ Das Fahrzeug mit der Hebebühne anheben und Unterbodenverkleidungen ausbauen.

Sichern Sie das Fahrzeug auf der Hebebühne mit Spanngurten, um ein Herunterfallen oder Abrutschen zu verhindern.

■ Die elektrische Steckverbindung für Belagverschleißanzeige trennen und eventuell den Bremsschlauch aus dem Halter nehmen. Bremsbeläge herausnehmen.

■ Drehen Sie die Schrauben (14 im Bild 10) in der Bremsscheibe heraus. Verwenden Sie unbedingt einen passenden Schlüssel.

Lösen Sie die Schrauben durch einige Hammerschläge. Sie sind recht oft festgerostet.

■ Demontieren Sie den Bremssattel (9 im Bild 10) wie bereits beim Belagwechsel beschrieben.

■ Drehen Sie die beiden Schrauben (16) heraus und nehmen Sie den Bremssattelträger (1) ab.

■ Nehmen Sie die Bremsscheibe (15) von der Radnabe ab.

Auch hier kann Rostbildung dafür sorgen, dass die Bremsscheibe sehr fest sitzt. Im Extremfall helfen nur gezielte Hammerschläge von hinten auf die Bremsscheibe, um sie zu lösen. Der Ersatz ist dann nicht mehr abzuwenden.

■ Reinigen Sie die Auflagefläche der Bremsscheibe auf der Radnabe sehr gründlich.

Sehr gut und einfach gelingt das mit einer Topfbürste auf dem Winkelschleifer oder der Bohrmaschine.

Geringe Korrosionsreste können das saubere Aufliegen der Bremsscheibe verhindern. Daraus resultiert eine ungleichmäßige Wärmeableitung, die schnell einen Verzug der Scheibe nach sich ziehen kann.

■ Tragen Sie im Bereich der Auflage der Bremsscheibe auf der Radnabe etwas (sehr wenig!) Montagepaste oder Kupferpaste auf, so wird das Festkorrodieren etwas hinausgezögert.

■ Ersetzen Sie die Befestigungsschraube (14) in der Bremsscheibe (15) in jedem Fall.

Die weitere Montage erfolgt sinngemäß in umgekehrter Reihenfolge.

Die Scheibenbremse hinten

Bremsbeläge wechseln

Weiter zu verwendende Bremsbeläge beim Ausbau kennzeichnen. Die Beläge an gleicher Stelle wieder einbauen, sonst kann eine ungleichmäßige Bremswirkung entstehen!

■ Die Radschrauben lösen, aber noch nicht herausdrehen.

■ Das Fahrzeug mit der Hebebühne anheben und Unterbodenverkleidungen ausbauen.

Sichern Sie das Fahrzeug unbedingt auf der Hebebühne mit Spanngurten, um ein Herunterfallen oder Abrutschen zu verhindern.

■ Bauen Sie die hinteren Räder ab.

■ Die Steckverbindung (13 im Bild 12) für Bremsbelagverschleißanzeige trennen.

Fahrzeuge mit mechanischer Handbremse:

■ Bremsbeläge (2 im Bild 13) mit geeignetem Werkzeug etwas zurückdrücken.

Fahrzeuge mit elektrischer Handbremse:

■ Den Bremssattel mit dem Diagnosetester in »Montagestellung« bringen.

Die Bremse für die Montage nicht betätigen. Andernfalls wird der Bremssattel, oder besser die Spindel für die Kolbenverstellung beschädigt.

Vor dem Zurückstellen mit einer Entlüfterflasche Bremsflüssigkeit aus dem Bremsflüssigkeitsbehälter absaugen. Es kann sonst, wenn zwischenzeitlich Bremsflüssigkeit nachgefüllt wurde, Bremsflüssigkeit auslaufen und zu Schäden führen.

■ Die Staubschutzkappe (17 im Bild 12) ausbauen.

■ Bremssattel (7) am unteren Befestigungspunkt abbauen und nach oben klappen.

■ Den Bremssattel (7) mit Draht am Aufbau befestigen.

■ Die Bremsbeläge (12) und die Spreizfedern (9) herausnehmen. Dabei die Leitung für Bremsbelagverschleißanzeige (13) durch die Öffnung im Bremssattel (7) führen.

■ Bremssattelgehäuse reinigen.

Für das Reinigen des Bremssattels ausschließlich Spiritus verwenden.

Der Einbau erfolgt sinngemäß in umgekehrter Reihenfolge.

■ Vor Einsetzen neuer Bremsbeläge müssen die Kolben mit der Kolbenrücksetzvorrichtung (1 im Bild 11) in den Zylinder gedrückt oder bei der elektrischen Handbremse über den Tester zurückgestellt werden.

■ Die Bremsbeläge (12 im Bild 12) in den Sattelträger (8) einsetzen.

Darauf achten, dass die Bremsbeläge (12) in den Belaghalteblechen oder Spreizfedern (9) sitzen.

■ Den Bremssattel wieder herunterklappen.

Darauf achten, dass Führungsbolzen oder Schraube im Bremsträger sitzen.

■ Neue Befestigungsschrauben mit vorgeschriebenem Anzugsdrehmoment festziehen.

■ Die Staubschutzkappe (17) einsetzen.

■ Die Steckverbindung (13) für die Bremsbelagverschleißanzeige verbinden.

■ Räder wieder anbauen.

Nach dem Ersetzen von Bremsbelägen Bremspedal im Stand mehrmals kräftig durchtreten, damit die Bremsbeläge ihren dem Betriebszustand entsprechenden Sitz einnehmen.

Nach dem Bremsbelagwechsel den Bremsflüssigkeitsstand prüfen und gegebenenfalls auffüllen.

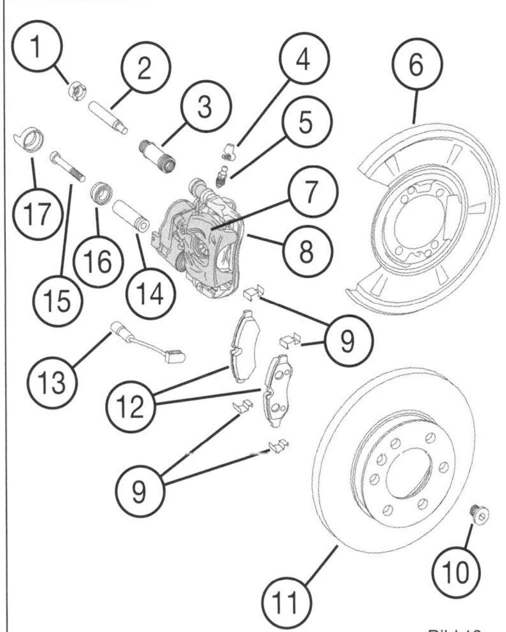

Bild 12

Bild 12
Bremssattel hinten (mit elektrischer Handbremse).
1 Staubschutzkappe
2 Führungsbolzen
3 Buchse
4 Staubschutzkappe
5 Entlüftungsnippel
6 Bremsankerblech
7 Bremssattel
8 Sattelträger
9 Spreizfedern
10 Schraube
11 Bremsscheibe
12 Bremsbeläge
13 Verschleißkontakt
14 Führungsbuchse
15 Staubschutz
16 Schraube
17 Staubschutzkappe

Bremsscheiben hinten wechseln

Wenn Sie die Bremsscheiben erneuern, müssen Sie auch neue Bremsbeläge verwenden. Sollen Beläge und Scheiben wiederverwendet werden, markieren Sie die Einbauposition von Bremsscheiben und Belägen.

■ Radschrauben lösen, aber noch nicht herausdrehen.

■ Das Fahrzeug mit der Hebebühne anheben und Unterbodenverkleidungen ausbauen.

Sichern Sie das Fahrzeug auf der Hebebühne mit Spanngurten, um ein Herunterfallen oder Abrutschen zu verhindern.

■ Die elektrische Steckverbindung für Belagverschleißanzeige trennen und eventuell den Bremsschlauch aus dem Halter nehmen. Bremsbeläge herausnehmen.

■ Drehen Sie die Schraube (10 im Bild 12) in der Bremsscheibe (11) heraus. Verwenden Sie unbedingt einen passenden Schlüssel.

Lösen Sie die Schraube durch einige Hammerschläge. Sie sind recht oft festgerostet.

■ Demontieren Sie den Bremssattel (7) wie bereits beim Bremsbelagwechsel beschrieben.

■ Drehen Sie die beiden Schrauben am Sattelträger heraus und nehmen Sie den Bremssattelträger (8) ab.

■ Nehmen Sie die Bremsscheibe (11) von der Radnabe ab.

Sichtprüfung Messen

Bild 13
Mechanische Handbremse »Normalausführung«.
1 Bremsankerplatte
2 Bremsbacke
3 Haltefeder
4 Spreizer
5 Feder
6 Bremsscheibe
7 Feder
8 Einsteller
9 Radflansch

Bild 14
Einstellen der mechanischen Handbremse »Normalausführung«.
1 Bremsscheibe
2 Bremsbacken
3 Schraubendreher
4 Gewinde/Bohrung Radschraube
5 Einsteller

☞ Auch hier kann Rostbildung dafür sorgen, dass die Bremsscheibe sehr fest sitzt. Im Extremfall helfen nur gezielte Hammerschläge von hinten auf die Bremsscheibe, um sie zu lösen. Der Ersatz ist dann nicht mehr abzuwenden.

■ Reinigen Sie die Auflagefläche der Bremsscheibe auf der Radnabe sehr gründlich.

☞ Sehr gut und einfach gelingt das mit einer Topfbürste auf dem Winkelschleifer oder der Bohrmaschine.

⚠ Geringe Korrosionsreste können das saubere Aufliegen der Bremsscheibe verhindern. Daraus resultiert eine ungleichmäßige Wärmeableitung, die schnell einen Verzug der Scheibe nach sich ziehen kann.

■ Tragen Sie im Bereich der Auflage der Bremsscheibe auf der Radnabe etwas (sehr wenig!) Montagepaste oder Kupferpaste auf. So wird das Festkorrodieren etwas hinausgezögert.

■ Ersetzen Sie die Befestigungsschraube (10) in der Bremsscheibe (11) in jedem Fall.

Die weitere Montage erfolgt sinngemäß in umgekehrter Reihenfolge.

Die Handbremse hinten

Unterschiedliche Ausführungen

Im 907er Sprinter wurden unterschiedliche Bremssysteme verbaut. Nicht nur, dass die Bremsanlage sich für die zwillingsbereiften Modelle unterscheidet, kommt neben der mechanischen Handbremse als Trommelbremse in der Bremsscheibe eine elektrische Handbremse zum Einsatz, die über die Beläge der Betriebsbremse der Hinterachse arbeitet. Die Betätigung erfolgt über einen Handbremsaktuator. Bei den Varianten der elektrischen Handbremse sind keine Beläge in der Bremstrommel verbaut.

Bremsbelagwechsel Trommelbremse

⚠ Weiter zu verwendende Bremsbeläge müssen beim Ausbau gekennzeichnet werden. Sie müssen an gleicher Stelle wieder eingebaut werden, da sonst ungleichmäßige Bremswirkung entsteht.

☞ Die Bremsen sind achssymmetrisch aufgebaut. Entsprechend setzen Sie zuerst eine Seite instand und belassen die andere Seite im zusammengebauten Zustand.

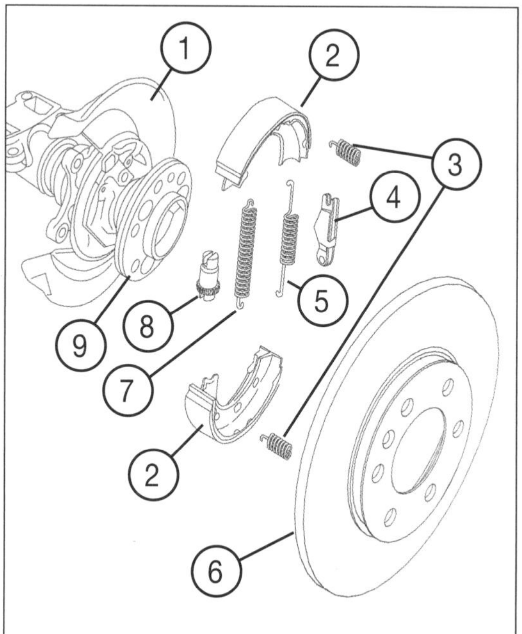

Bild 13

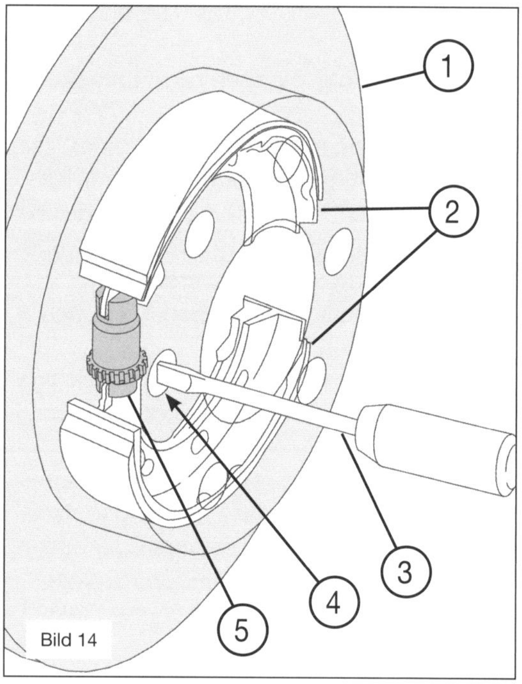

Bild 14

☞ So haben Sie ein Muster zum Gucken, wenn doch mal vergessen gehen sollte, was wie zusammengebaut war.

■ Die Radschrauben lösen, aber noch nicht herausdrehen.

■ Das Fahrzeug mit der Hebebühne anheben und Unterbodenverkleidungen ausbauen.

⚠ Sichern Sie das Fahrzeug auf der Hebebühne mit Spanngurten, um ein Herunterfallen oder Abrutschen zu verhindern.

■ Die Hinterräder demontieren.

■ Über eine Radschraubenbohrung (4 im Bild 14) den Einsteller (5) zusammendrehen.
■ Die Bremsscheibe wie bereits beschrieben abbauen.
■ Die Feder (7 im Bild 13) und (5) aushängen.
■ Die beiden Haltefedern (3) andrücken und um 90° verdrehen. Sie rasten so aus dem Ankerblech (1) aus.
■ Die Haltefedern (3) aus den Bremsbelägen (2) herausnehmen.
■ Die Bremsbeläge (2) abnehmen.

Die Montage erfolgt sinngemäß in umgekehrter Reihenfolge.
■ Kontrollieren Sie den Zustand der Bauteile vor der Montage.
■ Reinigen Sie Bremsbeläge (2) und Bremstrommel/Scheibe (6) mit Schleifpapier und Bremsenreiniger.
■ Kontrollieren Sie, dass der Einsteller (5) sich leichtgängig verdrehen lässt.
■ Achten Sie darauf, dass der Spreizer nicht schwergängig ist.

Tipp: Er ist oft der Grund für eine schlechte Bremsleistung der Handbremse.

■ Reinigen Sie die Bremsträgerplatte (Ankerplatte) (3) gründlich und tragen Sie etwas Kupferpaste auf die Anlagepunkte der Bremsbeläge auf der Ankerplatte auf.

Grundeinstellung Handbremsbeläge (Fahrzeuge mit Normalbereifung)

Tipp: Natürlich ist die Grundeinstellung der Handbremse nur bei Fahrzeugen mit mechanischer Handbremse erforderlich.

Tipp: Die Grundeinstellung der Bremsbeläge sollte immer dann erfolgen, wenn die Beläge de- oder montiert beziehungsweise die Bremsscheibe erneuert wurde. Die Einsteller funktionieren NICHT automatisch.

■ Eine Radschrauben herausdrehen.
■ Das Fahrzeug mit der Hebebühne anheben und Unterbodenverkleidungen ausbauen.

Achtung: Sichern Sie das Fahrzeug auf der Hebebühne mit Spanngurten, um ein Herunterfallen oder Abrutschen zu verhindern.

■ Durch die Bohrung der Radschraube mit Hilfe eines Schraubendrehers den Einsteller an seinem Zahnrad verdrehen.
■ Drehen Sie den Einsteller zuerst so weit heraus, dass die Bremsbacken merklich anliegen.
■ Ziehen Sie den Handbremshebel mehrfach fest an.

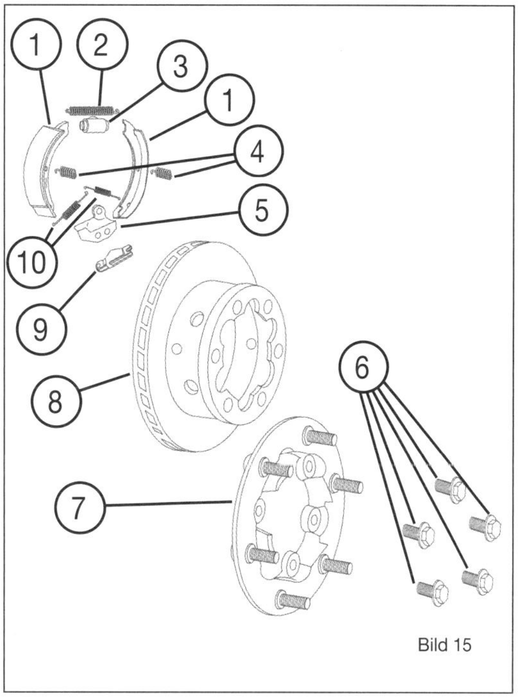

Bild 15
Mechanische Handbremse »Zwillingsreifen«.
1 Bremsbacken
2 Feder
3 Einsteller
4 Haltefeder
5 Halteblech
6 Schrauben Radflansch
7 Radflansch
8 Bremsscheibe
9 Spreizer
10 Federn

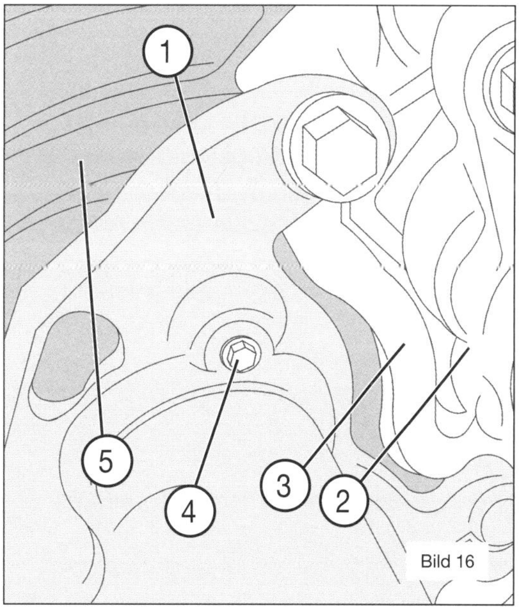

Bild 16
Einstellen der mechanische Handbremse »Normalausführung«.
1 Hinterachsrohr
2 Bremssattel
3 Sattelträger
4 Verstellung Einstellschraube
5 Bremsankerplatte

■ Lösen Sie den Einsteller wieder so weit, dass die Beläge gerade so in der Trommel anliegen.

Kontrolle: Zur Kontrolle den Schraubendreher herausziehen und das Rad von Hand verdrehen. Die Bremsbeläge dürfen nur leicht anschleifen.

Grundeinstellung Handbremsbeläge (Fahrzeuge mit Zwillingsbereifung)

Tipp: Der Zugang zum Versteller (4 im Bild 16) ist von der Rückseite der Bremsankerplatte (5) möglich.

Sichtprüfung Messen

Bild 17
Handbremshebel an der Sitzkonsole.
1 Handbremshebel
2 Bolzen
3 Rastnasen
4 Öse am Innenzug
5 Sicherungsklammer
6 Hülse auf dem Außenzug
7 Außenzug des Handbremsseils

Bild 18
Seilnachsteller um Unterboden.
1 Muttern
2 Handbremsseil vorne
3 Abstand (Hebel zum Seilnachsteller)
4 Hebel Seilnachsteller
5 Seilwaage Bremsseile hinten
6 Mutter und Kontermutter
7 Bremsseile hinten

■ Die Stellschraube (1) um mehrere Umdrehungen lösen, bis Bremsnachsteller nicht mehr an den Bremsbacken anliegt.
■ Prüfen Sie, ob sich das entsprechende Hinterrad frei drehen lässt.
■ Ist das nicht der Fall, achten Sie darauf, dass der Spreizer nicht schwergängig ist.

Er ist oft der Grund für eine schlechte Bremsleistung der Handbremse.

■ Ziehen Sie die Stellschraube (4 im Bild 16) an, um die Beläge an der Trommel anzulegen.
■ Drehen Sie die Stellschraube (4) zwei Rasten (ca. 2/3 Umdrehung) zurück, so wird das »Lüftspiel« eingestellt.
■ Prüfen Sie, ob sich das entsprechende Hinterrad frei drehen lässt.

⚠ Es ist sehr wichtig, dass sich die Räder bei unbetätigter Bremse frei drehen können, ansonsten kommt es zur Überhitzung der Bremsanlage.

■ Schleifen Sie die Handbremsbeläge immer noch etwas an, stellen Sie die Einstellschraube (4) etwa 1/3 Umdrehung zurück.

De- und Montage der Bremstrommel

Die Trommelbremse läuft in den Bremsscheiben der hinteren Scheibenbremse. Die Montagearbeiten für die »Bremstrommel« entsprechen den Arbeiten für die Demontage der Bremsscheiben hinten.

Bremsseil vorn aus- und einbauen

De- und Montage der Handbremsseile

Prüfen Sie die Handbremsseile auf Leichtgängigkeit und auch auf Schäden an der Außenhülle. Korrosionsschäden und daraus folgend schwergängige Seile sind leicht vorauszusehen.

■ Die hintere Verkleidung (2 im Bild 20) vom Handbremshebel abbauen.

Der Handbremshebel muss sich in der untersten (nicht betätigter Stellung) befinden.

■ Die Sicherungsklammer (5 im Bild 20) abbauen und Sicherungsbolzen (2) für das Handbremsseil vorn aus dem Handbremshebel herausziehen.
■ Die beiden Nasen (3) am Handbremsseil zusammendrücken und das Handbremsseil vorn (7) aus dem Handbremshebel (1) herausschieben.

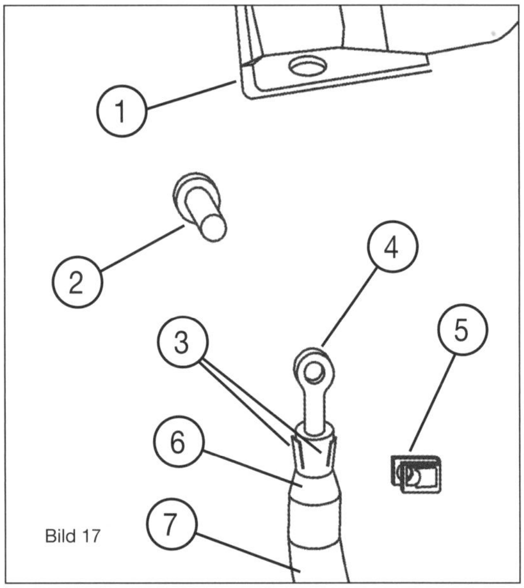

Bild 17

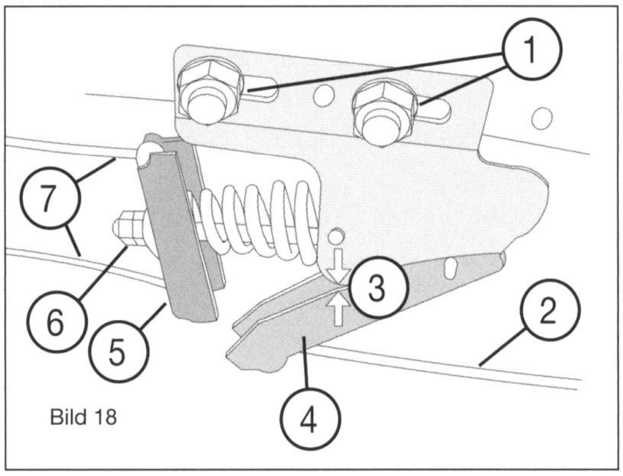

Bild 18

■ Die Tülle des Handbremsseils und das Handbremsseil durch den Unterboden drücken.
■ Fahrzeug anheben und verzurren.

⚠ Wird das Fahrzeug nicht verzurrt, besteht die Gefahr, dass das Fahrzeug von der Hebebühne abrutschen kann!

■ Das Handbremsseil vorn am Hebel (1 im Bild 17) aushängen.
■ Das Handbremsseil vorn durch den Unterboden in Fahrtrichtung herausziehen.

Der Einbau erfolgt sinngemäß in umgekehrter Reihenfolge.

Vorderes Handbremsseil einstellen:
■ Handbremshebel lösen.
■ Fahrzeug anheben und verzurren.

⚠ Wird das Fahrzeug nicht verzurrt, besteht die Gefahr, dass das Fahrzeug von der Hebebühne abrutschen kann!

■ Die Muttern der Konsole (1 im Bild 18) lösen und Konsole in Fahrtrichtung schieben.
■ Die Konsole so weit nach hinten schieben, bis der Hebel einen Abstand von 6 mm zur Konsole hat (3).

Als Einstelllehre kann ein 6-mm-Bohrer verwendet werden.

■ Muttern (1) der Konsole festziehen.
■ Handbremshebel 4 Zähne anziehen.
■ Handbremshebel lösen.
■ Prüfen, ob beide Räder frei drehen.

Bremsseil hinten aus- und einbauen

De- und Montage der Handbremsseile

■ Demontieren Sie die Bremsscheibe hinten wie bereits beschrieben.
■ Lösen Sie die Mutter und die Kontermutter (6 im Bild 18).

Die Muttern müssen nicht abgedreht werden.

■ Hängen Sie das Bremsseil (7) aus der Seilwaage (5) aus.
■ Hängen Sie das Bremsseil aus dem Spreizer (4 im Bild 13) aus.
■ Ziehen Sie das Bremsseil aus der Ankerplatte heraus.
■ Ziehen Sie das Bremsseil aus der Rahmenführung heraus.
■ Lösen Sie die Kabelbinder an der Hinterachse (Sensoren) und führen Sie den Bremszug durch die Durchführungen hindurch heraus.

Der Einbau erfolgt sinngemäß in umgekehrter Reihenfolge.

Prüfen Sie die Handbremsseile vor der Montage auf Leichtgängigkeit.

■ Führen Sie eine Grundeinstellung der Bremsbeläge durch.
■ Stellen Sie die Handbremsseile wie beschrieben ein.

Handbremshebel aus- und einbauen

■ Die vordere Verkleidung (1 im Bild 20) in Pfeilrichtung vom Handbremshebel abziehen.
■ Die hintere Verkleidung (2) vom Handbremshebel abnehmen.
■ Der Handbremshebel befindet sich in unterster, nicht betätigter Stellung.
■ Steckverbindung am Schalter für Handbremskontrolle (7) trennen.
■ Sicherungsklammer (9) abbauen und den Sicherungsbolzen (6) für das Handbremsseil vorn (10) aus dem Handbremshebel (4) herausziehen.
■ Die beiden Nasen (8) zusammendrücken und Handbremsseil vorn (10) aus dem Handbremshebel (4) herausschieben.
■ Schrauben (3) herausdrehen und Handbremshebel (4) abnehmen.

Der Einbau erfolgt sinngemäß in umgekehrter Reihenfolge.

■ Prüfen Sie die Einstellung der Handbremsseile.
■ Prüfen Sie die Handbremskonrollleuchte.

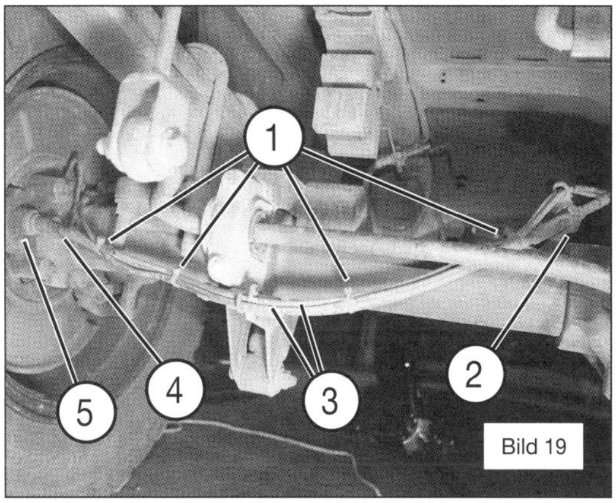

Bild 19
Handbremsseil hinten an der Hinterachse.
1 Kabelbinder
2 Seildurchführung
3 Anschlusskabel Warnkontakt und Verschleißanzeige
4 Bremszug hinten
5 Ankerplatte

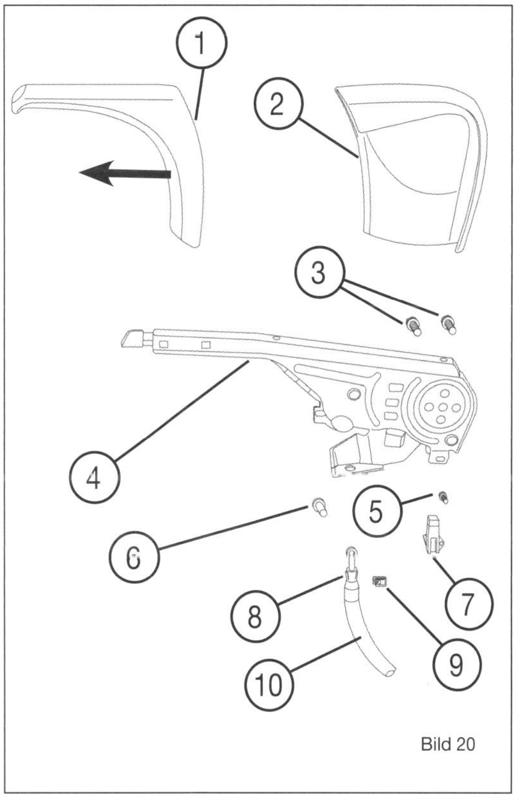

Bild 20
Handbremshebel an der Sitzkonsole.
1 Verkleidung vorne
2 Verkleidung hinten
3 Schrauben
4 Handbremshebel
5 Schraube
6 Bolzen Handbremsseil
7 Handbremskontrollschalter
8 Sicherungsnasen
9 Sicherungsklammer
10 Handbremsseil vorne

14 Elektrische Anlage

Schon im Stand, aber erst recht während der Fahrt benötigt der Sprinter 907 elektrischen Strom. Motorsteuerung, Lenkung und Kraftstoffeinspritzung müssen mit Elektroenergie versorgt werden. Alle weiteren unbedingt erforderlichen oder für die Sicherheit und Bequemlichkeit eingebauten automatischen Systeme sowie natürlich die gesamte Lichtanlage sind ohne elektrische Energie arbeitsunfähig.
Viele Störungen und Funktionsprüfungen gerade in diesem Bereich gehören, ähnlich wie bei anderen Baugruppen, in die Fachwerkstatt. Denn zum genauen Erkennen und Beseitigen der Mängel muss häufig das auch in anderen Kapiteln schon mehrfach erwähnte Fahrzeugdiagnosegerät angeschlossen und der Fehlerspeicher abgefragt werden.
Der Diagnoseanschluss im Fahrzeug (Steckkontakt für das Werkstattsystem) befindet sich, wie inzwischen international festgelegt, im Fußraum Fahrerseite an der A-Säule. Nun sind die meisten Innovationen im Kraftfahrzeug heute zwar von immer komplizierterer Elektronik geprägt, Reparaturen an der elektrischen Anlage sind aber durchaus nicht in jedem Fall von ihr verursacht. Oft sitzt nur ein Kabel lose, sind Sicherungen durchgebrannt oder Kontakte korrodiert oder messtechnisch zu ermittelnde Bauteile sind defekt. Nicht wenige Störungen an der Elektrik lassen sich mit einfachen Mitteln beheben. Natürlich muss man sich etwas auskennen und die Grundbegriffe verstehen.

Arbeiten an der Spannungsversorgung

Zu allererst haben wir es im Sprinter 907 noch immer mit elektrischen Bauteilen zu tun, die schon die gesamte Entwicklungsgeschichte des Automobils begleiten: Batterie, Anlasser (Starter) und Lichtmaschine (Drehstromgenerator). Sie sind zusammen für die Arbeitsaufnahme des Motors verantwortlich. Um seine Aufgabe zu erfüllen, ist jedes dieser drei Bauteile auf das andere angewiesen. Wir wenden uns hauptsächlich ihnen zu.

Einbaulage der Relais und Sicherungen
Die Sicherungen für das Bordnetz finden Sie im Beifahrerfußraum unter der Armaturentafel und an der Batterie unterhalb des Fahrerfußraums sowie unter dem Fahrersitz. Die Belegung des Sicherungsträgers ist in Ihrem Bordbuch unter dem Begriff »Sicherung« für Ihren Modelltyp genau beschrieben. Ersetzen Sie niemals eine Sicherung gegen eine stärkere. Das kann erhebliche Schäden auch im Bordnetzsteuergerät verursachen.

Batterie

Batterie an- und abklemmen

☞ Auf das Prüfen (Sichtprüfung, Batterietester) und Laden sowie auf Warnhinweise und allgemeine Sicherheitsregeln bei Arbeiten an der Batterie (Kennzeichnungen auf der Batterie selbst) gehen wir in diesem Ratgeber nur begrenzt ein. Sie sind ausführlich in der Bedienungsanleitung des Fahrzeugs behandelt.

⚠ Um Beschädigungen der Batteriepolklemmen und der Batteriepole zu vermeiden, schreibt der Hersteller vor:

- Die Batteriepolklemmen dürfen nur gewaltfrei von Hand aufgesteckt werden.
- Die Batteriepole dürfen nicht gefettet werden.
- Die Batteriepolklemmen sind so zu montieren, dass der Batteriepol bündig mit der Klemme abschließt oder aus ihr herausragt.
- Nach dem Anziehen der Batteriepolklemmen mit dem vorgeschriebenen Anzugsdrehmoment von 6 Nm dürfen die Verschraubungen nicht nochmals nachgezogen werden.
- Durch das Abschrauben der Batterie-Minuspolklemme (Stromunterbrechung) wird das sichere Arbeiten an der elektrischen Anlage gewährleistet. Das Abschrauben der Batterie-Pluspolklemme ist nur für den Ausbau der Batterie erforderlich. In jedem Fall müssen die Hinweise zum Anklemmen der Batterie beachtet werden.

Abklemmen:

- Zündung und alle elektrischen Verbraucher ausschalten, Zündschlüssel abziehen.

■ Bei Fahrzeugen mit Batteriekasten die Verriegelung an der linken Kastenseite öffnen und den Deckel abnehmen.
■ Bei Fahrzeugen mit Batterieschutzhülle die Abdecklasche der Schutzhülle öffnen.
■ Die Befestigungsmutter Batteriepolklemme Masseleitung lösen und die Minuspolklemme von der Batterie abnehmen.

⚠ Falls wie beim Batterieausbau die Pluspolklemme auch abgenommen wird: Immer zuerst die Minusklemme abnehmen!

■ Die Batterie-Masseleitung sollte an der Karosserie nicht gelöst werden.

Anklemmen:
■ Die Batteriepolklemme Masseleitung in der richtigen Stellung auf den Minuspol der Batterie stecken und die Befestigungsmutter mit 6 Nm anziehen. Dabei auf festen Sitz der Batterieklemme achten.

⚠ Falls wie beim Batterieausbau die Pluspolklemme auch abgenommen wird: Immer zuerst die Pluspolklemme wieder anklemmen! Erst danach die Masseleitung wie beschrieben anklemmen.

Nach Anklemmen der Batterie und Einschalten der Zündung leuchtet die Kontrollleuchte für ESP und ASR dauerhaft. Die Kontrollleuchte erlischt automatisch, wenn mit 15 bis 20 km/h eine Wegstrecke geradeaus gefahren wird. Dadurch wird der Geber für Lenkwinkel wieder aktiviert.

Arbeitsschritte nach Anklemmen der Batterie:
■ Zündung mit dem Zündschlüssel einschalten und wieder ausschalten.
■ Fehlerspeicher auslesen: »Geführte Fehlersuche« mit dem Fahrzeugdiagnosegerät.
■ Uhrzeiteinstellung prüfen ggf. nach Bedienungsanleitung neu einstellen.
■ Zündung einschalten und mit Fensterheberschalter alle Fenster bis Endanschlag öffnen und wieder vollständig schließen.
■ Die Taster für die Fensterheber nach oben ziehen und mindestens eine Sekunde lang in dieser Stellung halten.
■ Anschließend bei geschlossenen Fenstern den Fensterheberschalter ziehen, bis das Relais hörbar schaltet.
■ Die Komfortschaltung der Fensterheber prüfen: Das Fenster muss bei betätigter Komfortschaltung ohne Halten des Schalters schließen.
■ Alle elektrischen Verbraucher auf Funktion prüfen.

Batteriepol mit Sensor ausbauen
■ Schalten Sie die Zündung aus.
■ Klemmen Sie den Minuspol der Batterie wie bereits beschrieben ab.
■ Ziehen Sie den Steckkontakt am Batteriesensor (Start/Stopp) ab.
■ Lösen Sie die Klemmschraube.
■ Nehmen Sie den Batteriepol ab.

Die Montage erfolgt sinngemäß in umgekehrter Reihenfolge.
■ Befolgen Sie die Anweisungen zum Anklemmen der Batterie.

Batterie aus- und einbauen
■ Batterie wie beschrieben abklemmen.
■ Befestigungsschraube vorne abbauen.
■ Die Griffe nach oben klappen und die Batterie herausnehmen.

Die Montage erfolgt sinngemäß in umgekehrter Reihenfolge.

Batterie anklemmen:
■ Die Schraubverbindungen mit den geforderten Anzugsdrehmomenten anziehen: Muttern an den Polklemmen 6 Nm, M8-Schraube am Klemmbügel 35 Nm.
■ Batterie nach dem Einbau auf festen Sitz prüfen.

⚠ Bei einer lose montierten Batterie bestehen folgende Gefahren: verkürzte Lebensdauer durch Rüttelschäden (Explosionsgefahr!), Schädigung der Gitterplatten, Beschädigung des Batteriegehäuses durch den Befestigungsbügel (möglicher Säureaustritt, hohe Folgekosten) und mangelhafte Crash-Sicherheit.

Anlasser (Starter) aus- und einbauen

Die Starterbatterie befindet sich im Innenraum des Fahrzeugs. Zum Aus- und Einbau des Anlassers muss die Starterbatterie abgeklemmt werden. Wird versehentlich die optional vorhandene Zusatzbatterie im Motorraum abgeklemmt, ist am Anlasser immer noch das volle Pluspotenzial der Starterbatterie vorhanden!

Sichtprüfung   Messen

Bild 1
Starter (Anlasser) im Sprinter 907.
1 Schutzkappe
2 Mutter
3 Anschluss Klemme 30
4 Schrauben
5 Anschluss Klemme 50
6 Starter

Aufgrund der höheren Anforderung an den Anlasser bei aktivem Start-Stopp-System, z. B. im Stadtverkehr, wurde die Zyklenfestigkeit erhöht und der Anlasserzahnkranz verstärkt.
Beim Ersatz des Anlassers ist auf die korrekten Ersatzteilbezeichnungen zu achten. Die für das Start-Stopp-System angepassten Bauteile sind nicht extra gekennzeichnet und unterscheiden sich äußerlich nicht oder kaum von herkömmlichen Bauteilen.

Die nachfolgende Arbeitsbeschreibung beschreibt den Aus- und Einbau des Anlassers für Fahrzeuge mit Schaltgetriebe. Der Aufbau bei Fahrzeugen mit dem automatischen Getriebe ist aber technisch gleich.

Nicht alle Fahrzeuge verwenden den gleichen Starter. Für viele Motorentypen werden spezielle Bauweisen verwendet. Wenn Sie sich beim Zubehörhändler einen Anlassermotor besorgen, achten Sie darauf, dass er dem Original entspricht. Weiterhin können Sie Ihren alten Starter in den meisten Fällen als Altteil zurückgeben. Heben Sie sich die Quittung auf, um das Altteilepfand bei der Rückgabe Ihres alten Starters auslösen zu können.

Korrosionskontrolle

Wenn Sie Korrosionsspuren erkennen können, reinigen Sie die Anschlüsse gründlich und wenn erforderlich erneuern Sie die Anschlussklemmen. Ein Übergangswiderstand durch Korrosion bedeutet immer einen Leistungsverlust des Starters und somit auch eine geringere Starterdrehzahl.

De- und Montage des Starters am OM 651 Dieselmotor:

- Die Masseleitung der Batterie abklemmen.
- Falls vorhanden, die Geräuschdämpfung oder den Unterfahrschutz ausbauen.
- Das Luftansaugrohr zwischen Luftfilter und Fahrzeugfront ausbauen.
- Den Halter der Membrandose zur Ladedruckregelung ausbauen.
- Fahrzeug anheben und verzurren.

Wird das Fahrzeug nicht verzurrt, besteht die Gefahr, dass das Fahrzeug von der Hebebühne abrutschen kann!

- Den Halter der Abgasanlage ausbauen.
- Das Fahrzeug absenken.
- Die Schrauben herausdrehen und das

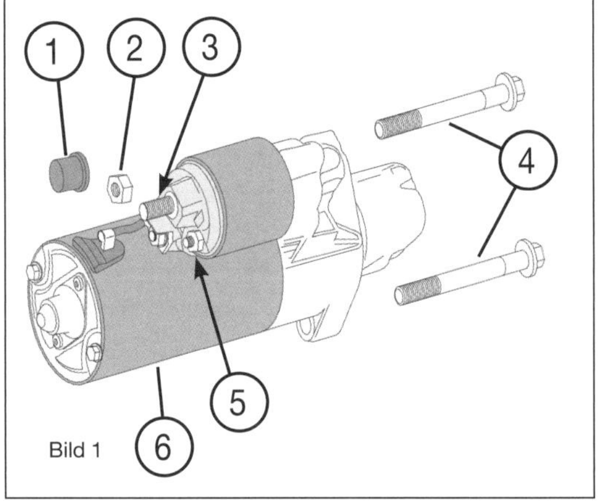

Bild 1

Wärmeschutzblech über dem Starter herausnehmen.

- Die Schrauben am Zylinderkopf herausschrauben und den Halter des Wärmeschutzbleches herausnehmen.
- Die Schutzkappe (1 im Bild 1) (soweit verbaut) abziehen.
- Die Mutter (2) abschrauben und elektrische Leitung vom Starter (6) abnehmen.
- Das Fahrzeug mit der Hebebühne anheben.
- Die Schrauben (4) herausschrauben.

Bei Automatikgetrieben ist mit der oberen Schraube das Einfüllrohr am Getriebe befestigt.

- Den Halter am Turbolader ausbauen.
- Das Fahrzeug absenken.
- Den Starter nach oben herausnehmen.

Der Einbau erfolgt sinngemäß in umgekehrter Reihenfolge.

- Den Zahnkranz auf Verschleiß und Beschädigung prüfen.

De- und Montage des Starters am OM 642 Dieselmotor

- Die Masseleitung der Batterie abklemmen.
- Falls vorhanden, die Geräuschdämpfung ausbauen.
- Fahrzeug anheben und/oder aufbocken.
- Die elektrische Steckverbindung der Klemme 50 (5 im Bild 1) am Anlasser entriegeln und abziehen.
- Die Befestigungsmutter (2) der Klemme 30 am Anlasser abschrauben.
- Die Befestigungsschrauben (4) am Anlasser herausschrauben.
- Den Starter nach Bedarf ein Stück verdrehen und nach vorn herausnehmen.

Der Einbau erfolgt sinngemäß in umgekehrter Reihenfolge.

■ Befestigungsschrauben Anlasser an Getriebe auf Drehmoment festziehen.

■ Die Befestigungsmutter der Plusleitung (Klemme 30) an Magnetschalter mit 15 Nm festziehen.

Der weitere Einbau erfolgt sinngemäß in umgekehrter Reihenfolge.

■ Zahnkranz auf Verschleiß und Beschädigung prüfen.

■ Prüfen Sie die Funktion des Starters.

De- und Montage des Starters am OM 654 Dieselmotor:

■ Die Masseleitung der Batterie abklemmen.

■ Falls vorhanden, die Geräuschdämpfung oder den Unterfahrschutz ausbauen.

■ Das Luftansaugrohr zwischen Luftfilter und Fahrzeugfront ausbauen.

■ Den Halter der Membrandose zur Ladedruckregelung ausbauen.

■ Fahrzeug anheben und verzurren.

⚠ Wird das Fahrzeug nicht verzurrt, besteht die Gefahr, dass das Fahrzeug von der Hebebühne abrutschen kann!

■ Die Unterbodenverkleidung rechts (soweit verbaut) ausbauen.

■ Die elektrische Steckverbindung der Klemme 50 (2) entsichern und abziehen.

■ Die Schutzkappe (1 im Bild 1) (soweit verbaut) abziehen.

■ Die Mutter (2) abschrauben und elektrische Leitung vom Starter (6) abnehmen.

■ Die Befestigungsschrauben (4) am Anlasser herausschrauben.

■ Den Starter nach Bedarf ein Stück verdrehen und nach unten herausnehmen.

Der weitere Einbau erfolgt sinngemäß in umgekehrter Reihenfolge.

■ Zahnkranz auf Verschleiß und Beschädigung prüfen.

■ Prüfen Sie die Funktion des Starters.

Generator (Lichtmaschine) aus- und einbauen

☞ Beim Einbau bereits gelaufener Keilrippenriemen beachten Sie die beim Ausbau gekennzeichnete Laufrichtung!

■ Achten Sie vor dem Einbau des Keilrippenriemens darauf, dass alle Aggregate (Generator, Klimakompressor) fest montiert sind.

■ Beim Auflegen des Riemens auf korrekten Sitz des Keilrippenriemens in den Riemenscheiben achten!

De- und Montage des Generators am OM 651 Dieselmotor

■ Zündung und alle elektrischen Verbraucher ausschalten und den Zündschlüssel abziehen.

■ Die Masseanschlussleitung der Batterie abklemmen.

■ Den Keilrippenriemen wie ab Seite 37 beschrieben entspannen und von der Riemenscheibe des Generators abnehmen.

■ Die Schraube oben am Generatorhalter herausschrauben.

■ Fahrzeug anheben und verzurren.

⚠ Wird das Fahrzeug nicht verzurrt, besteht die Gefahr, dass das Fahrzeug von der Hebebühne abrutschen kann!

■ Die Schrauben herausschrauben und den Halter am Generator abnehmen.

■ Den Träger des 2. Kältemittelverdichters (soweit verbaut) abbauen.

■ Den Ladeluftschlauch am Abgasturbolader abbauen und die Anschlusse am Ladeluftschlauch und am Abgasturbolader mit Schutzhauben verschließen.

■ Die Steckverbindung (1 im Bild 2) am Generator entsichern und abziehen.

■ Die Schutzkappe (soweit verbaut) abziehen, die Mutter (4) abschrauben und elektrische Leitung (Dauerplus) vom Generator abnehmen.

■ Die Schraube am Zylinderkopf des Halters vom Turboladers am Generator herausdrehen.

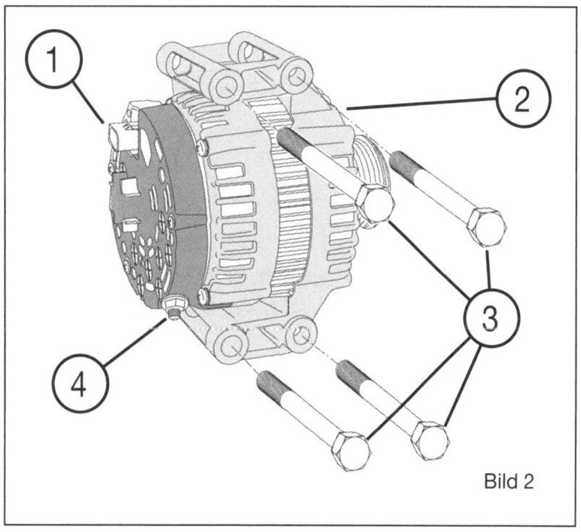

Bild 2
Generator beim OM 651 und OM 642.
1 Steckverbindung
2 Generator
3 Schrauben
4 KL30 Dauerplusanschluss

Sichtprüfung Messen

Bild 3
Generator beim OM 654.
1 Schrauben
2 Anschluss KL30 (Dauerplus)
3 Generator
4 Bewegliche Buchsen
5 Steckkontakt

■ Die obere Schrauben (3 im Bild 2) herausschrauben, den Halter an der Halteklammer des Wärmeschutzbleches ausklipsen und herausnehmen.
■ Die untere Schrauben (3) herausdrehen und den Generator (2) nach unten herausnehmen.

Der Einbau erfolgt sinngemäß in umgekehrter Reihenfolge.

Die Lauffläche und Freilauf der Riemenscheibe auf Beschädigung prüfen.
■ Schraubverbindungen mit angegebenen Anzugsdrehmomenten anziehen.
■ Die Batterie wieder anklemmen.
■ Den Motor starten und den Riemenlauf kontrollieren.
■ Motor abstellen und den Fehlerspeicher abfragen.

De- und Montage des Generators am OM 642 Dieselmotor

■ Zündung und alle elektrischen Verbraucher ausschalten und den Zündschlüssel abziehen.
■ Den Masseanschluss der Batterie abklemmen.
■ Den Träger des 2. Kältemittelkompressors (soweit verbaut) ausbauen.
■ Den Keilrippenriemen wie ab Seite 37 beschrieben entspannen und von der Riemenscheibe des Generators abnehmen.

Den Keilrippenriemen auf Verschleiß und eventuelle Beschädigung prüfen.
■ Die Schutzkappe (soweit verbaut) abziehen, die Mutter (4) abschrauben und elektrische Leitung (Dauerplus) vom Generator abnehmen.
■ Die Schrauben unten (5) herausdrehen und den Halter am Generator abnehmen.
■ Die oberen Schrauben (3) herausdrehen und den Generator herausnehmen.

Der Einbau erfolgt sinngemäß in umgekehrter Reihenfolge.

Lauffläche und Freilauf der Riemenscheibe auf Beschädigung prüfen.
■ Schraubverbindungen mit den angegebenen Anzugsdrehmomenten anziehen.
■ Die Batterie wieder anklemmen.
■ Den Motor starten und den Riemenlauf kontrollieren.
■ Den Fehlerspeicher abfragen.

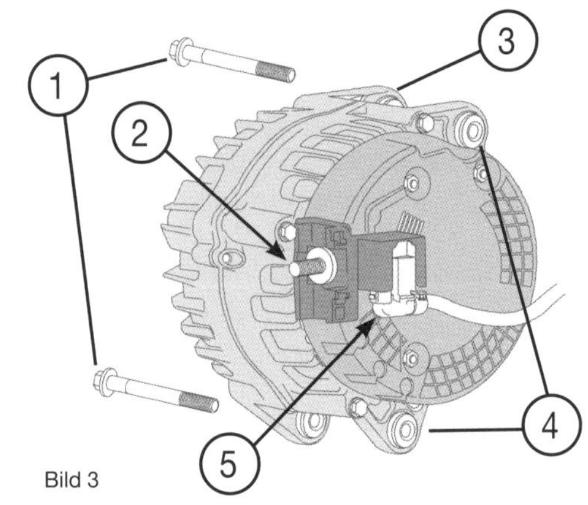

Bild 3

De- und Montage des Generators am OM 654 Dieselmotor

■ Die Zündung und alle elektrischen Verbraucher ausschalten und den Zündschlüssel abziehen.
■ Die Masseleitung an der Batterie abklemmen.
■ Die Umlenkrolle des Keilrippenriemens (1 in den Bildern 21, 22 oder 23 auf Seite 38) ausbauen.
■ Das Mischgehäuse nach der Drosselklappe ausbauen.
■ Den Waschwasserbehälter der Scheibenwaschanlage ausbauen und mit angeschlossenen Leitungen aus dem Arbeitsbereich herauslegen.
■ Die Abdeckkappe abziehen und Mutter Klemme B+ (2 im Bild 3) am Generator abbauen.
■ Die elektrische Leitung B+ (Dauerplus) vom Generator abnehmen und zur Seite legen.
■ Die Schrauben (1) des Generators am Aggregateträger/Ölfilter herausdrehen.
■ Den Generator (3) lösen.
■ Den Generator (3) nach vorn ziehen, bis die elektrische Steckverbindung (5) zugängig ist.
■ Die elektrische Steckverbindung (5) entriegeln und abziehen.
■ Den Generator (3) herausnehmen.

Der Einbau erfolgt sinngemäß in umgekehrter Reihenfolge.

Lauffläche und Freilauf der Riemenscheibe auf Beschädigung prüfen.
■ Schraubverbindungen mit den angegebenen Anzugsdrehmomenten anziehen.
■ Die Batterie wieder anklemmen.

■ Den Motor starten und den Riemenlauf kontrollieren.
■ Motor abstellen.

Freilaufriemenscheibe für Generator aus- und einbauen (Bild 5)
■ Den Generator wie bereits beschrieben ausbauen.
■ Die Abdeckkappe des Freilaufs abbauen.
■ Riemenscheibe (1) mit einem Gabelschlüssel (2) lösen. Die Generatorwelle mit Ratsche (3) und Vielzahn (4) gegenhalten.

Der Einbau erfolgt sinngemäß in umgekehrter Reihenfolge.
■ Lauffläche und Freilauf der Riemenscheibe auf Beschädigung prüfen.
■ Den Motor starten und den Riemenlauf kontrollieren.
■ Den Fehlerspeicher abfragen.

Scheinwerfer vorne ausbauen

Die folgende Beschreibung kann auf beide Scheinwerfer angewendet werden. Der Aufbau der Halterungen ist symmetrisch.

Tipp: Wird ein LED-Scheinwerfer ersetzt, muss dieser über ein geeignetes Diagnosesystem codiert und in Betrieb genommen werden.

■ Schalten Sie die Zündung und alle elektrischen Verbraucher aus.
■ Ziehen Sie den Zündschlüssel ab und legen Sie ihn außerhalb der Reichweite (über 2 m) entfernt ab.
■ Die elektrische Steckverbindung am Scheinwerfer vom Motorraum aus entsichern und abziehen.

Demontage des linken Scheinwerfers:
■ Den Motorhaubenzug von dem Scheinwerfer ausklipsen.

Weiter für beide Scheinwerfer:

Tipp: Wenn ein Scheinwerfer ausgebaut werden soll, den vorderen Stoßfänger im Bereich des Scheinwerfers lösen.

Tipp: Sollen beide Scheinwerfer demontiert werden, ist es sinnvoller, den vorderen Stoßfänger zu demontieren.

■ Markieren Sie die Einbauposition des Scheinwerfers mit Farbstrichen an der Kühlerbrücke (Quertraverse oben).

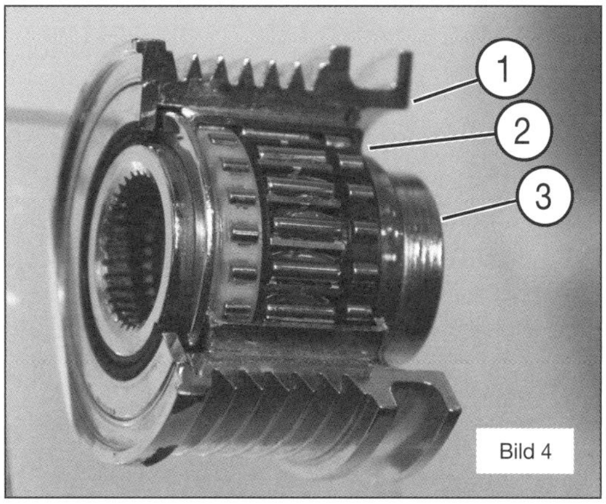

Bild 4

Bild 4
Generatorfreilauf als Schnittmodell.
1 Riemenscheibe (Außenrotor)
2 Sperrlager (drehrichtungsgebunden)
3 Freilaufnabe

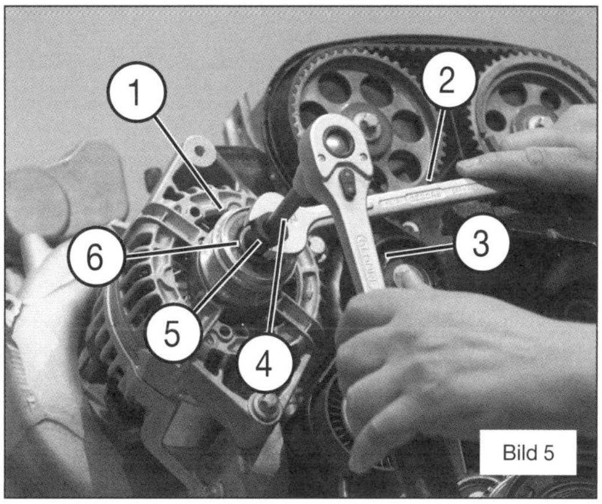

Bild 5

Bild 5
Ausbau des Generatorfreilaufs.
1 Riemenscheibe
2 Schlüssel
3 Ratsche
4 Passender Vielzahn für die Generatorwelle
5 Einsatz für die Freilaufnabe
6 Freilaufnabe

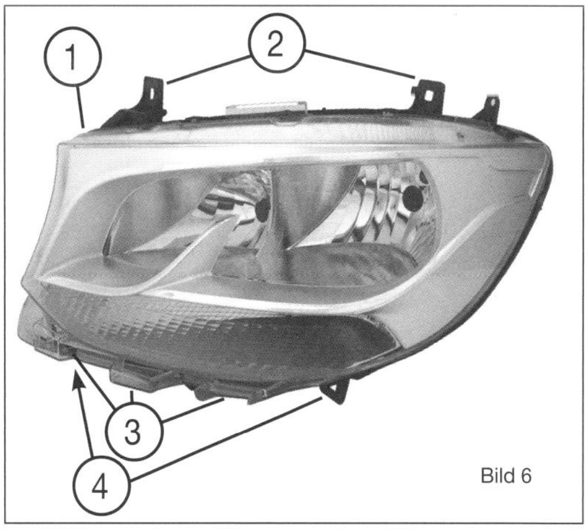

Bild 6

Bild 6
Scheinwerfer vorne.
1 Scheinwerfer (links)
2 Halter oben
3 Führungen Stoßfänger
4 Halter unten

■ Die Schrauben (2 im Bild 6) oben und unten (4) herausschrauben und den Scheinwerfer herausnehmen.

Der Einbau erfolgt sinngemäß in umgekehrter Reihenfolge.
■ Prüfen Sie die Ausrichtung des demontierten Scheinwerfers in der Karosserie.
■ Prüfen Sie die Einstellung und die Funktionen des Scheinwerfers.
■ Fragen Sie den Fehlerspeicher ab und prüfen Sie die Scheinwerfercodierung.

Bild 7
Halogen-Scheinwerfer vorne (Rückansicht).
1 Einstellschraube Abblendung
2 Abdeckung zum Abblend- und Positionslicht
3 Einstellschraube Leuchtrichtung (links/rechts)
4 Fassung Blinklicht
5 Steckkontakt Scheinwerfer
6 Abdeckung zum Fern- und Tagfahrlicht

Leuchtmittel im Scheinwerfer wechseln

Leuchtmittel im Halogen-Scheinwerfer

Im Sprinter 907 wurden unterschiedliche Scheinwerfersysteme verbaut. In der folgenden Tabelle listen wir Ihnen die verbauten Leuchtmittel für den Halogenscheinwerfer auf.

Funktion	Leuchtmittel
Fernlicht/Tagfahrlicht	H15 55W/15 W
Abblendlicht	H7 55 W
Positionslicht	W5W
Blinklicht	PY21W

Standlichtlampe (Positionslicht W5W)

■ Die Beleuchtungsanlage ausschalten.
■ Die Abdeckung (2) nach hinten abziehen.
■ Die Fassung der Standlichtlampe nach hinten herausziehen.
■ Das Leuchtmittel gerade aus der Fassung ziehen.
■ Das neue Leuchtmittel in die Fassung einsetzen, sodass der Lampensockel vollständig auf dem Boden der Fassung aufliegt.

Beim Einbau einer Lampe nicht den Glaskolben berühren. Die Finger hinterlassen Fettspuren auf dem Glaskolben, die beim Einschalten der Lampe verdampfen und den Glaskolben trüben.

■ Die Fassung gerade in den Scheinwerfer einstecken.
■ Die Abdeckung (2) wieder aufstecken.
■ Prüfen Sie die Funktion der Lampe nach der Montage.
■ Kontrollieren Sie den Sitz des Gummischutzes auf dem Scheinwerfergehäuse.

Glühlampe für Abblendlicht (H7 55W)

■ Die Beleuchtungsanlage ausschalten.
■ Die Abdeckung (2) nach hinten abziehen.
■ Die Fassung der Standlichtlampe nach hinten herausziehen.
■ Das Leuchtmittel gerade aus der Fassung ziehen.
■ Das neue Leuchtmittel in die Fassung einsetzen, sodass der Lampensockel vollständig auf dem Boden der Fassung aufliegt.

Beim Einbau einer Lampe nicht den Glaskolben berühren. Die Finger hinterlassen Fettspuren auf dem Glaskolben, die beim Einschalten der Lampe verdampfen und den Glaskolben trüben.

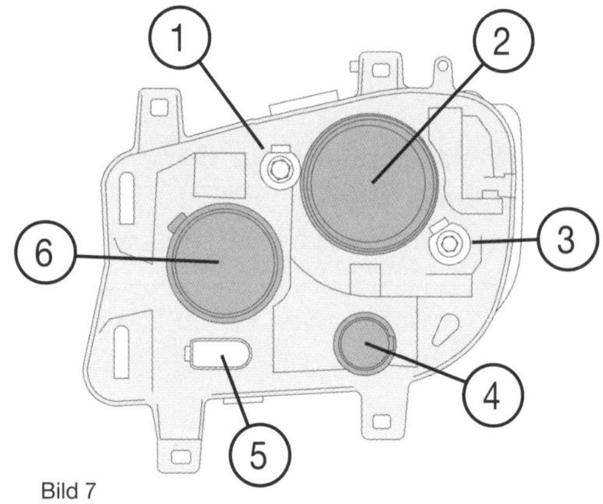

Bild 7

■ Die Fassung gerade in den Scheinwerfer einstecken.
■ Die Abdeckung (2) wieder aufstecken.
■ Prüfen Sie die Funktion der Lampe nach der Montage.
■ Kontrollieren Sie den Sitz des Gummischutzes auf dem Scheinwerfergehäuse.

Glühlampe für Fern- und Abblendlicht (H15 55/15W)

■ Die Beleuchtungsanlage ausschalten.
■ Die Abdeckung (6) nach hinten abziehen.
■ Die Fassung nach links drehen und aus dem Scheinwerfer herausziehen.
■ Das Leuchtmittel gerade aus der Fassung herausziehen.
■ Das neue Leuchtmittel in die Fassung einsetzen, sodass der Lampensockel vollständig auf dem Boden der Fassung aufliegt.

Beim Einbau einer Lampe nicht den Glaskolben berühren. Die Finger hinterlassen Fettspuren auf dem Glaskolben, die beim Einschalten der Lampe verdampfen und den Glaskolben trüben.

■ Die Fassung wieder einsetzen und nach rechts drehen.
■ Die Abdeckung (6) wieder aufstecken.
■ Prüfen Sie die Funktion der Lampe nach der Montage.
■ Kontrollieren Sie den Sitz des Gummischutzes auf dem Scheinwerfergehäuse.

Glühlampe für Blinklicht im Scheinwerfer (PY21W)

■ Die Beleuchtungsanlage ausschalten.
■ Die Fassung (3) nach links drehen und abnehmen.

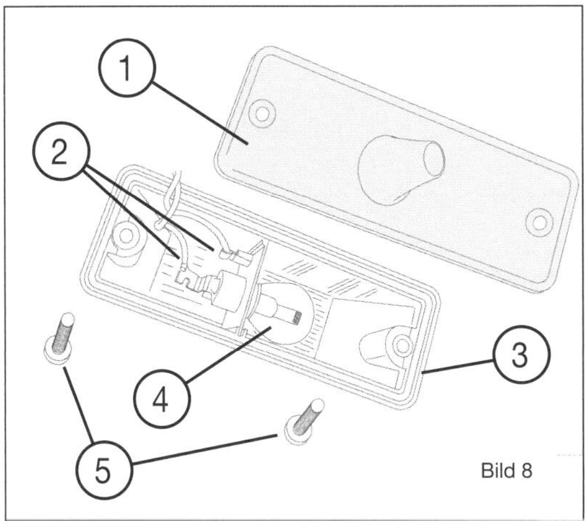

Bild 8

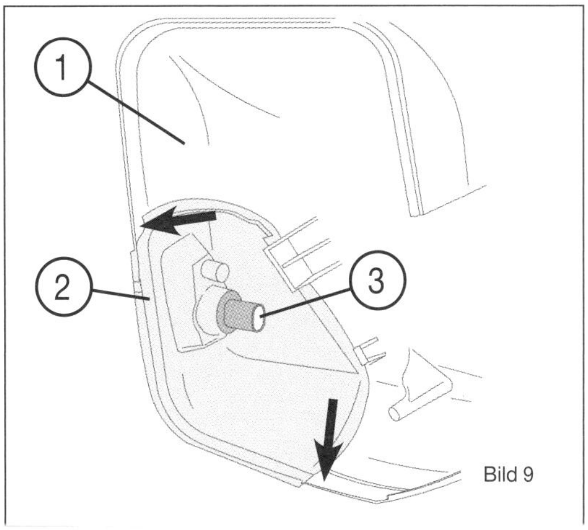

Bild 9

Bild 8
Seitenblinkleuchte am Kotflügel (Allrad), Ansicht von hinten.
1 Dichtung
2 Steckkontakte
3 Glas Blinkleuchte (Kappe)
4 Glühlampe
5 Schrauben

Bild 9
Seitenblinkleuchte im Spiegel.
1 Spiegelverkleidung
2 Blinkleuchte im Spiegel
3 Glühlampe mit Fassung

■ Das Leuchtmittel mit leichtem Druck nach links drehen und aus der Fassung ziehen.
■ Das neue Leuchtmittel in die Fassung einsetzen und nach rechts drehen.
■ Die Fassung (3) einsetzen und nach rechts drehen.

Zusatzblinkleuchten

Lampe für Zusatzblinkleuchte auf dem Kotflügel (H15 55/15W)
■ Zündung und alle elektrischen Verbraucher ausschalten und den Zündschlüssel abziehen.
■ Befestigungsschrauben (5 im Bild 8) herausschrauben und Kappe abnehmen.
■ Elektrische Steckverbindungen (2 im Bild 8) an der Lampenfassung abziehen.
■ Die Seitenblinkleuchte abnehmen.
■ Die Glühlampe (4) ca. 45° nach links in der Fassung drehen und aus dem Gehäuse herausziehen.

⚠ Beim Einbau einer Lampe nicht den Glaskolben berühren. Die Finger hinterlassen Fettspuren auf dem Glaskolben, die beim Einschalten der Lampe verdampfen und den Glaskolben trüben.

Der Einbau erfolgt sinngemäß in umgekehrter Reihenfolge.
■ Auf einen einwandfreien Sitz der Gummidichtung (1) der Seitenblinkleuchte zum Kotflügel achten.
■ Die Funktionen der Seitenblinkleuchte prüfen.

Seitenblinkleuchte im Spiegel (12V, 21W)
■ Zündung und alle elektrischen Verbraucher ausschalten und den Zündschlüssel abziehen.
■ Die Spiegelgläser des betroffenen Außenspiegels ausbauen.
■ Die drei Verriegelungen in der Spiegelverkleidung (1 im Bild 9) herausziehen und abnehmen.
■ Den Spiegelrahmen von der Verkleidung Außenspiegel (1) ausklipsen und abnehmen.
■ Die Blinkleuchte (2) nach hinten herausschieben.
■ Die Verkleidung (1) etwas nach außen drücken (Pfeile) und Blinkleuchte (2) aus der Verkleidung (1) herausnehmen.
■ Die Fassung (3) entgegen dem Uhrzeigersinn verdrehen und von der Blinkleuchte (2) abnehmen.

⚠ Beim Einbau einer Lampe nicht den Glaskolben berühren. Die Finger hinterlassen Fettspuren auf dem Glaskolben, die beim Einschalten der Lampe verdampfen und den Glaskolben trüben.

Der Einbau erfolgt sinngemäß in umgekehrter Reihenfolge.
■ Die Funktionen der Seitenblinkleuchte prüfen.
■ Auf eine einwandfreie Verrastung der Spiegelgläser achten.

Lampe für hochgesetzte Zusatzblinkleuchte aus- und einbauen (12V, 21W)
Da die hochgesetzten Zusatzblinkleuchten oben auf dem Dach angebaut sind, muss je nach Fahrzeugausführung eine Leiter benutzt werden, um die Leuchten zu erreichen.
■ Zündung und alle elektrischen Verbraucher ausschalten und den Zündschlüssel abziehen.
■ Befestigungsschrauben (2 im Bild 10) aus der hochgesetzten Blinkleuchte heraus-

Bild 10
Hochgesetzte Blinkleuchte.
1 Abdeckkappe
2 Schrauben
3 Glühlampe
4 Fassung mit Dichtung und Halter

schrauben und Abdeckkappe (1) abnehmen.
■ Lampe für hochgesetzte Zusatzblinkleuchte (3 im Bild 10) aus der Fassung (4) herausdrehen.

Der Einbau erfolgt sinngemäß in umgekehrter Reihenfolge.
■ Auf einen einwandfreien Sitz der Gummidichtung der Zusatzblinkleuchte zum Kotflügel achten.
■ Die Funktionen der Zusatzblinkleuchte prüfen.

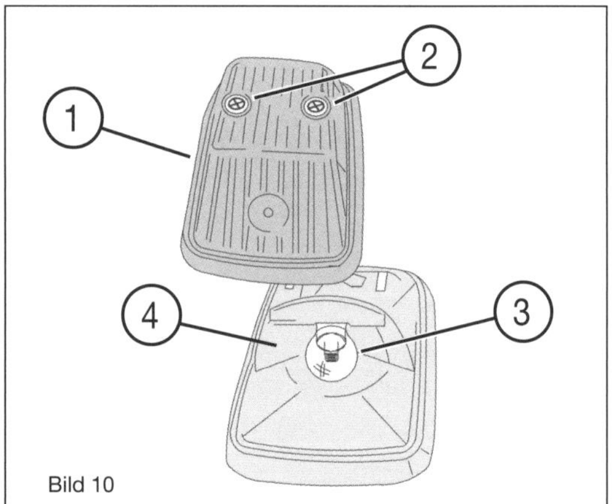

Bild 10

Nebelscheinwerfer vorne

Bild 11
Nebelscheinwerfer im Stoßfänger.
1 Stoßfänger
2 Bohrung zur Einstellschraube
3 Halterungsschraube Scheinwerfer (verdeckt)
4 Drehrichtung
5 Steckkontakt
6 Nebelscheinwerfer von hinten
7 Abdeckung Nebelscheinwerfer

Nebelscheinwerfer aus- und einbauen

■ Zündung und alle elektrischen Verbraucher ausschalten und den Zündschlüssel abziehen.
■ Abdeckung mit einem geeigneten Schraubendreher oder Hebelwerkzeug aus der Stoßfängerabdeckung ausklipsen (Pfeile im Bild 11).
■ Befestigungsschraube (3) herausschrauben.
■ Den Nebelscheinwerfer aus dem ausknipsen.
■ Das Nebelscheinwerfergehäuse, unter Berücksichtigung der angeschlossenen Leitungslängen, aus dem Stoßfänger herausziehen.
■ Die elektrische Steckverbindung (5) in der Fassung entriegeln und trennen.

Der Einbau erfolgt sinngemäß in umgekehrter Reihenfolge.
■ Funktionen der Nebelscheinwerfer prüfen.
■ Nebelscheinwerfereinstellung prüfen und wenn erforderlich einstellen.

Glühlampe für Nebelscheinwerfer aus- und einbauen (12V, 51W)

■ Zündung und alle elektrischen Verbraucher ausschalten und den Zündschlüssel abziehen.
■ Den Nebelscheinwerfer (6 im Bild 11) wie beschrieben ausbauen.
■ Die Lampenfassung mit der Glühlampe für Nebelscheinwerfer in Pfeilrichtung (4) drehen und aus dem Nebelscheinwerfergehäuse herausnehmen.

☞ Die Lampe für Nebelscheinwerfer ist mit der Lampenfassung fest verbunden und nicht einzeln zu ersetzen.

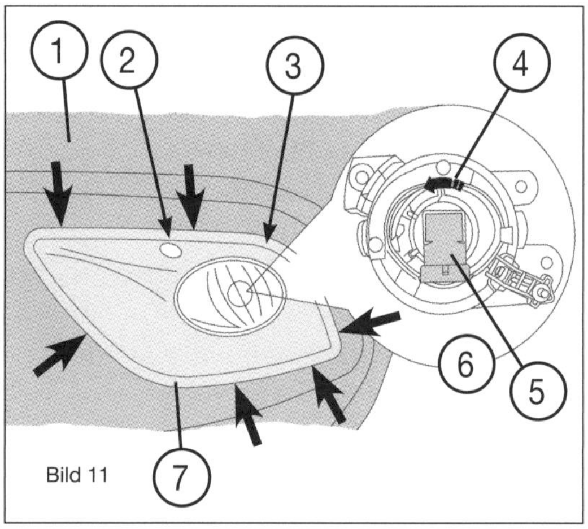

Bild 11

Der Einbau erfolgt sinngemäß in umgekehrter Reihenfolge.
■ Nebelscheinwerfer einbauen.
■ Funktionen der Nebelscheinwerfer prüfen.
■ Nebelscheinwerfereinstellung prüfen und wenn erforderlich einstellen.

Scheinwerfer einstellen

Voraussetzungen

■ Der Reifendruck muss in Ordnung sein.

👁 Die Scheinwerferscheiben dürfen weder beschädigt noch verschmutzt sein.

■ Reflektoren und Glühlampen sind intakt.
■ Die Fahrzeugbelastung muss hergestellt sein.

☞ Das Fahrzeug muss einige Meter gerollt bzw. vorn und hinten mehrmals durchgefedert werden, damit sich die Federn setzen.

☞ Das Fahrzeug und Scheinwerfer-Einstellgerät müssen auf einer ebenen Fläche stehen, eingestellt und ausgerichtet sein.

■ Scheinwerferhöhenverstellung prüfen, indem die maximale Stufe eingestellt und dabei das Licht der Scheinwerfer beobachtet wird.
■ Anschließend das Rändelrad für die Leuchtweitenregelung falls vorhanden in Position »0« stellen.

Einstellung Scheinwerfer (Abblendlicht)

Das Fahrzeug muss sich im fahrbereiten Zustand befinden (Leermasse, Kraftstoffbehälter voll oder entsprechendes Zusatzgewicht).

■ Die Vorderräder müssen in Geradeausstellung stehen.
■ Reifendruck prüfen und richtigstellen.
■ Fahrersitz mit 75 kg oder einer Person belasten und Leuchtweitenregulierung auf »0« stellen (manuelle Einstellung innen).
■ Motorhaube öffnen.
■ Scheinwerfer-Einstellgerät zum Fahrzeug ausrichten und Höheneinstellung nach Mitte der Scheinwerfer vornehmen.
■ Fernlicht und Abblendlicht einschalten, dann die Lichteinstellung der beiden Leuchten prüfen und soweit erforderlich die Einstellung korrigieren.

Einstellung Nebelscheinwerfer

Der Zugang zu der Einstellschraube ist über eine Bohrung (2 im Bild 11) in der Radhausverkleidung/Spoiler möglich. Für die Verstellung ist meistens ein 5-mm-Innensechskantschlüssel erforderlich.

Das Neigungsmaß für Nebelscheinwerfer beträgt 2,0 %.

■ Drehen Sie zum Verstellen der Leuchtweite die Einstellschraube (1).
■ Eine Seitenverstellung ist nicht vorgesehen.

Heckleuchten

Glühlampen der Heckleuchten (Kombi und Kasten)

Es sind unterschiedliche Rückleuchten lieferbar. Bei den Teil-LED-Rückleuchten sind lediglich Bremslicht und die Schlussleuchten (Positionsleuchten) als LED ausgelegt.
Die anderen Leuchtfunktionen werden mit Glühlampen umgesetzt. Die Montagearbeiten unterscheiden sich für die unterschiedlichen Bautypen nicht wesentlich.

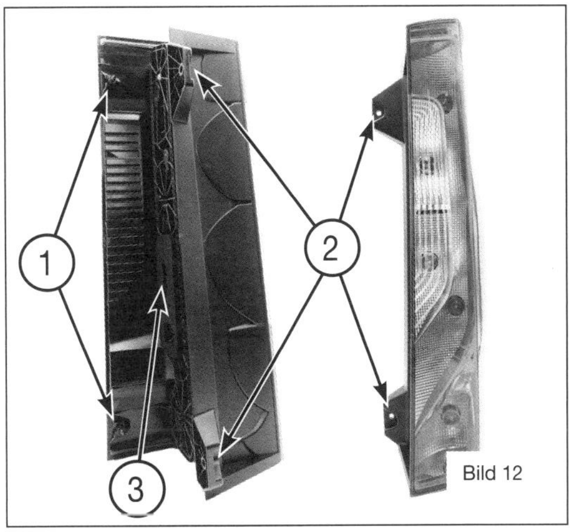

Bild 12
Befestigung der Rückleuchte.
1 Halteclips
2 Schraube Rückleuchte
3 Elektrischer Anschluss

Funktion	Leuchtmittel
Bremslicht/Schlusslicht/ Positionslicht	P 21 W
Blinklicht	PY 21 W
Rückfahrlicht	P 21 W
Nebelschlusslicht	P 21 W

Glühlampen der Heckleuchten (Pritsche und Aufbauten)

Funktion	Leuchtmittel
Umrissleuchte	R 5 W
Schlusslicht	R 5 W
Bremslicht	P 21 W
Blinklicht	PY 21 W
Rückfahrlicht	P 21 W
Nebelschlusslicht (nur auf der Fahrerseite)	P 21 W
Kennzeichenbeleuchtung	R 5 W

Rückleuchte ausbauen (Kombi und Kasten)

■ Zündung und alle elektrischen Verbraucher ausschalten.
■ Den Zündschlüssel abziehen und den Senderschlüssel außerhalb der Senderreichweite (mindestens 2 m) aufbewahren.
■ Die entsprechende Hecktür öffnen.
■ Die Schrauben der Rückleuchte (2 im Bild 12) herausdrehen.
■ Die Leuchteinheit an den Halteclips (1) zur Seite hin ausklipsen und abnehmen, bis die elektrische Steckverbindung (4) zugängig ist.
■ Die elektrische Steckverbindung (4) entsichern und abziehen.
■ Die Leuchteinheit abnehmen.

Bild 13
Einbauposition der Glühlampen in der Heckleuchte.
1 Lampenträger beim Standard-Rücklicht
2 Schrauben
3 Elektrischer Anschluss
4 Bremslicht/Schlusslicht
5 Blinklicht
6 Rückfahrlicht
7 Rückfahrlicht

Bild 14
Rückleuchte bei Fahrzeugen mit Pritsche und Aufbauten.
1 Lampengehäuse
2 Reflektoreinsatz
3 Begrenzungsleuchte
4 Bremslicht
5 Blinklicht
6 Rückfahrlicht
7 Schrauben
8 Streuscheibe
9 Nebelschlusslicht
10 Kennzeichenleuchte
11 Schlusslicht

Glühlampen der Heckleuchten ausbauen (Kombi und Kasten)

Es sind unterschiedliche Rückleuchten lieferbar. Die Montagearbeiten unterscheiden sich für die unterschiedlichen Bautypen nicht wesentlich.

- Bauen Sie die entsprechende Rückleuchte aus.
- Drehen Sie die Schrauben (2 im Bild 13) heraus.
- Nehmen Sie den Lampenträger (3) ab.
- Die entsprechende Glühlampe leicht hineindrücken und etwa 45° nach links drehen.
- Die entsprechende Glühlampe aus der Fassung ziehen.

⚠ Beim Einbau einer Lampe nicht den Glaskolben berühren. Die Finger hinterlassen Fettspuren auf dem Glaskolben, die beim Einschalten der Lampe verdampfen und den Glaskolben trüben.

Die Montage erfolgt sinngemäß in umgekehrter Reihenfolge.

- Prüfen Sie die Funktion der Lampe nach der Montage.

Rückleuchte ausbauen (Pritsche)

- Zündung und alle elektrischen Verbraucher ausschalten.
- Den Zündschlüssel abziehen und den Senderschlüssel außerhalb der Senderreichweite (mindestens 2 m) aufbewahren.
- Den Schraubverschluss der elektrischen Steckverbindung auf der Rückseite der Rückleuchte gegen den Uhrzeigersinn drehen, die elektrische Steckverbindung wird dabei getrennt.
- Die beiden Befestigungsmuttern auf der Rückseite der Lampe abschrauben.
- Schlussleuchte abnehmen.

Der Einbau erfolgt sinngemäß in umgekehrter Reihenfolge.

- Prüfen Sie die Funktionen der Lampe nach der Montage.

Glühlampen der Rückleuchte ausbauen (Pritsche und Aufbauten)

- Zündung und alle elektrischen Verbraucher ausschalten.
- Den Zündschlüssel abziehen und den Senderschlüssel außerhalb der Senderreichweite (mindestens 2 m) aufbewahren.
- Die vier Befestigungsschrauben des Rücklichtglases (7 im Bild 14) herausdrehen.
- Das Rücklichtglas abnehmen.
- Die entsprechende Glühlampe leicht hineindrücken und etwa 45° nach links drehen.
- Die entsprechende Glühlampe aus der Fassung ziehen.

⚠ Beim Einbau einer Lampe nicht den Glaskolben berühren. Die Finger hinterlassen Fettspuren auf dem Glaskolben, die beim Einschalten der Lampe verdampfen und den Glaskolben trüben.

Die Montage erfolgt sinngemäß in umgekehrter Reihenfolge.

- Prüfen Sie die Funktion der Lampe nach der Montage.
- Achten Sie auf den Sitz der Dichtung.
- Kontrollieren Sie den Anschlussstecker auf der Rückseite der Lampe.

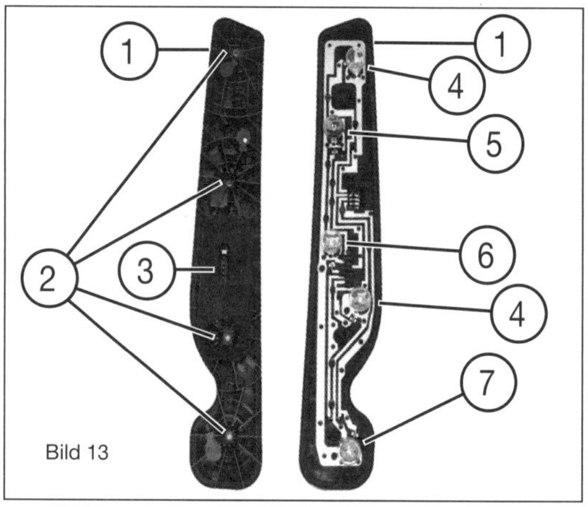

Bild 13

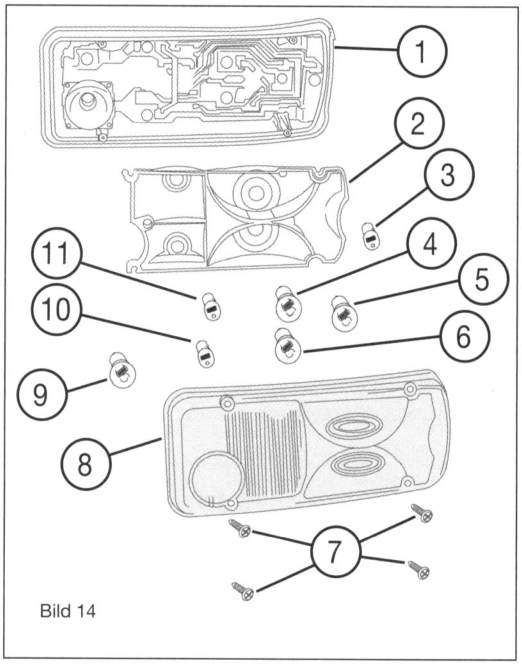

Bild 14

Kennzeichenleuchte

Lampe Kennzeichenleuchte ausbauen

■ Zündung und alle elektrischen Verbraucher ausschalten und den Zündschlüssel abziehen.
■ Griffleiste in der Rückwandtür ausbauen.
■ Verrastung (3 im Bild 15) mit einem geeigneten Schraubendreher vorsichtig drücken und die Kennzeichenleuchte (5) aus der Griffleiste heraushebeln.
■ Die elektrische Steckverbindung entriegeln und abziehen.

Der Einbau erfolgt sinngemäß in umgekehrter Reihenfolge.
■ Prüfen Sie die Funktion der Lampe nach der Montage.
■ Achten Sie darauf, dass die Leuchte hörbar einrastet.

Lampe für Kennzeichenleuchte aus- und einbauen

■ Zündung und alle elektrischen Verbraucher ausschalten und den Zündschlüssel abziehen.
■ An der Aussparung der Lichtscheibe (6) mit einem Schraubendreher ansetzen und die Lichtscheibe (4) vorsichtig aufhebeln.
■ Das Leuchtmittel aus der Fassung ziehen
■ Das neue Leuchtmittel in die Fassung einsetzen.

Der Einbau erfolgt sinngemäß in umgekehrter Reihenfolge.
■ Die Lichtscheibe ansetzen und bis zum Einrasten andrücken.
■ Prüfen Sie die Funktion der Lampe nach der Montage.
■ Achten Sie darauf, dass die Leuchte hörbar einrastet.

LED-Kennzeichenleuchte umbauen

⚠ Lampenträger und Heckklappengriff sind aus Kunststoff (ABS) gefertigt. Die thermische Belastung und die Verformung kann die Heckklappe und Kennzeichenleuchte beschädigen. Verwenden Sie niemals leistungsstärkere Leuchtmittel. Achten Sie bei der Verwendung von LED-Leuchten auf die abgegebene Wärme.

☞ Achten Sie darauf, LED-Kennzeichenleuchten mit EG-Prüfzeichen zu verbauen. Es muss ein Messwiderstand verbaut werden. Nur so kann das Bordnetzsteuergerät erkennen, dass eine Lampe verbaut ist und setzt keine Fehlermeldung ab.

■ Bauen Sie, wie bereits beschrieben, die Lampen der Kennzeichenleuchte aus. Die Lampengläser werden meist zusammen mit den (Glüh-) Lampen ersetzt.
■ Kontrollieren Sie den Zustand der Kontakte für die Lampen.

Die Montage erfolgt sinngemäß in umgekehrter Reihenfolge.
■ Setzen Sie die LED-Lampe mit der Streuscheibe ein.

☞ Bei LED-Lampen mit externem Widerstand muss dieser in der Lampe verstaut werden.

■ Achten Sie darauf, dass die Streuscheibe richtig einrastet.
■ Prüfen Sie die Funktion der Lampe nach der Montage.

3. Bremsleuchte aus- und einbauen

☞ Die hochgesetzte Bremsleuchte ist oberhalb der Heckflügeltüren in die Dachkante eingebaut. Die Beleuchtung der hochgesetzten Bremsleuchte wird von

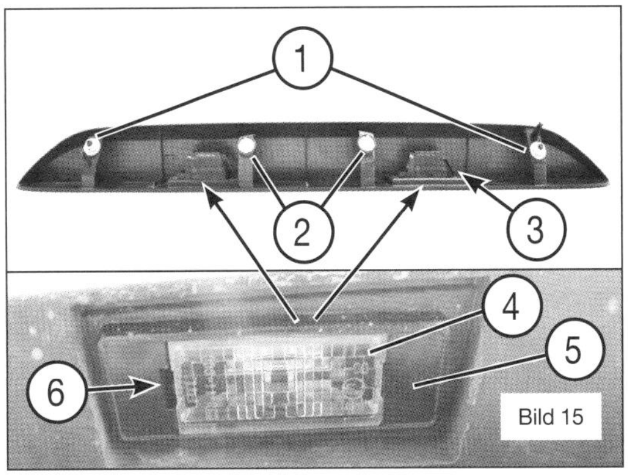

Bild 15

Bild 15
Kennzeichenleuchte Sprinter 907.
1 Befestigungsmuttern
2 Clipse
3 Haltenasen (Verrastung)
4 Streuscheibe
5 Kennzeichenleuchte
6 Einstich zum Lösen der Streuscheibe

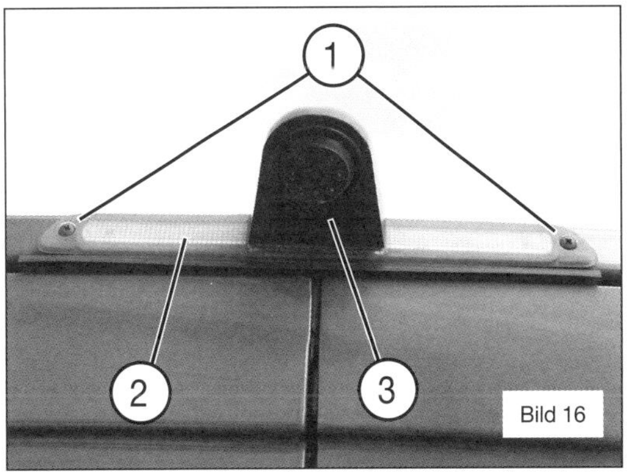

Bild 16

Bild 16
Hochgesetzte Bremsleuchte beim Sprinter.
1 Schrauben
2 Hochgesetzte Bremsleuchte
3 Rückfahrkamera oder auch Dashcam-Kamera (in der Zubehörbremsleuchte integriert)

Bild 17
Wischerblattwechsel vorne.
1 Scheibenwischer
2 Kupplung Wischer
3 Wischerarm
A Sicherungsclipse
B Bewegungsrichtung zum Abziehen

Bild 18
Wischerblattwechsel hinten.
1 Wischerarm
2 Entriegelungshaken
3 Wischerblatt

LED´s (Licht emittierende Dioden) erzeugt. Die hochgesetzte Bremsleuchte ist nicht zerlegbar. Im Schadensfall muss die gesamte Bremsleuchte ersetzt werden.

■ Zündung und alle elektrischen Verbraucher ausschalten und den Zündschlüssel abziehen und aus dem Sendebereich entfernen.

■ Die beiden Befestigungsschrauben (1 im Bild 16) herausschrauben.

■ Die hochgesetzte Bremsleuchte herausnehmen.

■ Elektrische Steckverbindung entriegeln und abziehen.

Der Einbau erfolgt sinngemäß in umgekehrter Reihenfolge.

■ Funktionen der hochgesetzten Bremsleuchte prüfen.

Scheibenwischer vorne und hinten

Wischerblattwechsel vorne (Bild 17)

Beachten Sie die unterschiedlichen Längen der beiden Wischerblätter. Auf der Fahrerseite wird das lange Wischerblatt und auf der Beifahrerseite das kurze Wischerblatt verbaut.

■ Die Wischerarme müssen in der unteren Endstellung liegen.

■ Schalten Sie die Zündung aus und ziehen Sie den Zündschlüssel ab.

■ Bewahren Sie den Senderschlüssel außerhalb der Senderreichweite (mindestens 2 m) auf.

■ Öffnen Sie die Motorhaube und stellen Sie den entsprechenden Wischerarm auf.

Den Wischerarm nicht unkontrolliert zurückklappen lassen, ansonsten kann es zu Beschädigungen an der Frontscheibe oder am Wischerblatt kommen.

■ Den Verschluss an den Seiten vorsichtig entriegeln (Pfeile A) und vom Wischerarm (1) abziehen (Pfeil B).

■ Wischerblatt vom Wischerarm abnehmen.

■ Bei Fahrzeugen mit »Magic-Vision-Control« vom Wischerblatt abziehen.

Der Einbau erfolgt sinngemäß in umgekehrter Reihenfolge.

■ Funktionen der Scheibenwischer vorne und deren Endlage prüfen.

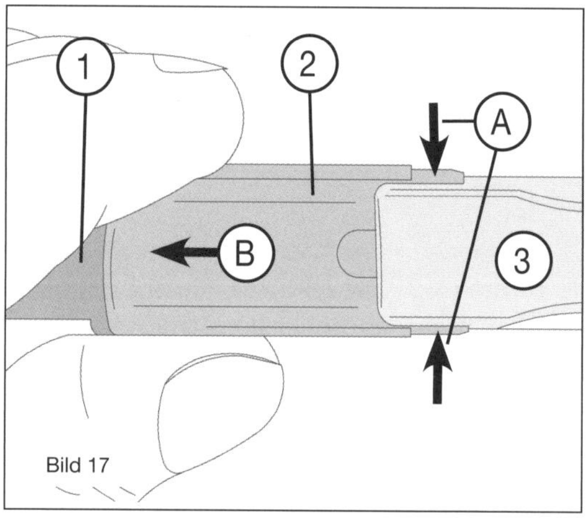

Bild 17

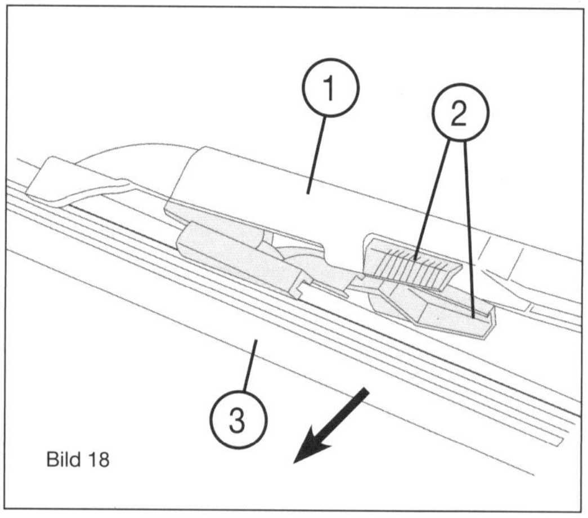

Bild 18

Wischerblattwechsel hinten (Bild 18)

■ Die Wischerarme müssen in der unteren Endstellung liegen.

■ Schalten Sie die Zündung aus und ziehen Sie den Zündschlüssel ab.

■ Bewahren Sie den Senderschlüssel außerhalb der Senderreichweite (mindestens 2 m) auf.

■ Den entsprechenden Wischerarm von der Scheibe abklappen.

■ Die Entriegelungshaken zusammendrücken und das Wischerblatt (3) in Pfeilrichtung vom Wischerarm (1) abnehmen.

Den Wischerarm nicht unkontrolliert zurückklappen lassen, ansonsten kann es zu Beschädigungen an der Frontscheibe oder am Wischerblatt kommen.

Der Einbau erfolgt sinngemäß in umgekehrter Reihenfolge.

■ Achten Sie auf korrektes Einrasten der Entriegelungsrasten (2).

■ Funktionen der Scheibenwischer hinten und deren Endlage auf der Heckscheibe prüfen.

Wischerarme vorne (Bild 19)

Bevor die Scheibenwischerarme ausgebaut werden, sicherstellen, dass sich der Scheibenwischermotor in Endstellung befindet. Nur so lässt sich beim Einbau die Endablage der Scheibenwischerarme korrekt einstellen.

■ Zündung und alle elektrischen Verbraucher ausschalten und den Zündschlüssel abziehen.
■ Falls vorhanden, Abdeckkappe mit einem Schraubendreher abhebeln.
■ Den Schlauch der Scheibenwaschanlage am Anschlussstück neben der Scheibenwischerarmwelle (2 im Bild 19) abziehen.
■ Sechskantmutter (1) lösen ohne sie ganz abzuschrauben.
■ Scheibenwischerarm hochklappen und durch kippelnde seitliche Bewegungen vom Konus lösen.
■ Befestigungsmutter (1) ganz abschrauben und den Scheibenwischerarm herunternehmen.

Der Einbau erfolgt sinngemäß in umgekehrter Reihenfolge.
■ Die Scheibenwischerarme der Fahrer- und Beifahrerseite in der ungefähren Endablage auf ihre Wellen aufstecken.
■ Die Befestigungsmuttern locker auf die Scheibenwischerarmwellen aufschrauben.
■ Die Scheibenwischerblätter-Endablage, wie im Folgenden beschrieben einstellen.
■ Befestigungsmuttern festziehen.
■ Kontrollieren Sie, dass die Wischerblätter nicht über die Frontscheibe hinaus wischen.

Wischerarme hinten (Bild 20)

Bevor die Scheibenwischerarme ausgebaut werden, sicherstellen, dass sich der Scheibenwischermotor in Endstellung befindet. Nur so lässt sich beim Einbau die Endablage der Scheibenwischerarme korrekt einstellen.

■ Zündung und alle elektrischen Verbraucher ausschalten und den Zündschlüssel abziehen.
■ Abdeckkappe aufklappen.
■ Den Schlauchanschluss (3) für die Spritzdüse an der Heckscheibenwischerarmwelle abklipsen.
■ Sechskantmutter (2) lösen, ohne sie ganz abzuschrauben.
■ Scheibenwischerarm (1) hochklappen und durch kippelnde seitliche Bewegungen vom Konus lösen.
■ Befestigungsmutter (2) ganz abschrauben und den Scheibenwischerarm herunternehmen.

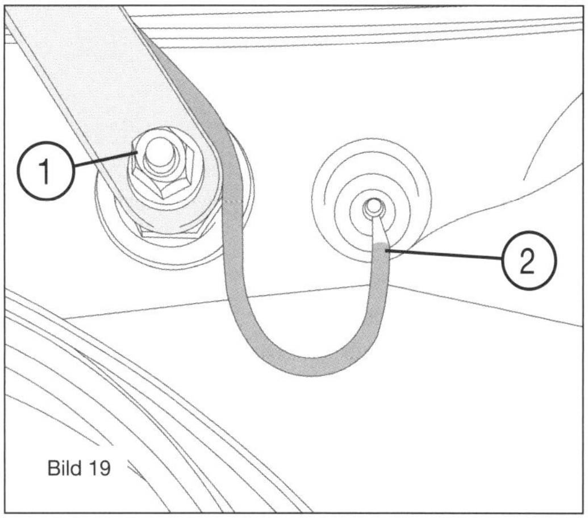

Bild 19
1 Sechskantmutter
2 Anschlussdurchführung Waschschlauch

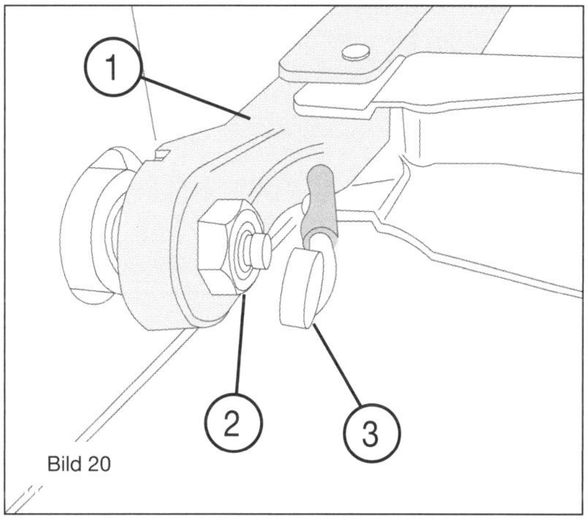

Bild 20
1 Wischerarm
2 Sicherungsmutter
3 Schlauchanschluss

Der Einbau erfolgt sinngemäß in umgekehrter Reihenfolge.
■ Die Scheibenwischerarm in der ungefähren Endablage auf ihre Wellen aufstecken.
■ Befestigungsmuttern (2) locker auf die Scheibenwischerarmwelle aufschrauben.
■ Scheibenwischerblätter-Endablage, wie im Folgenden beschrieben einstellen.
■ Befestigungsmuttern festziehen.

Endlage der Wischerarme vorne

■ Der Abstand (a im Bild 21) zwischen Scheibenwischergummi (1) und Scheibenrahmenabdeckung muss (a = 65 mm) und (b = 70 mm) betragen.
■ Gegebenenfalls Endablage durch Versetzen des Scheibenwischerarms einstellen.
■ Die Befestigungsmuttern der Scheibenwischerarme mit 30 Nm festziehen.

Bild 21
Abstände zur Abdeckung des Scheibenrahmens.
a = 65 mm
b = 70 mm
(teilweise sind Strichmarkierung auf der Scheibe aufgebracht)

Bild 22
Auftreffpunkte auf der Heckscheibe.
A ca. 20 mm
B ca. 30 mm

Bild 23
Waschdüse am Wischerarm.
1 Düsen
2 Wischerarm
3 Waschschlauch
4 Halteclip Waschdüse
5 Waschdüse

Endlage der Wischerarme hinten

■ Den Heckscheibenwischer in seine Endablage laufen lassen.
■ Der Abstand zwischen Scheibenwischergummi und Scheibenseitenkante muss 40 mm betragen.
■ Gegebenenfalls Heckscheibenwischer-Endablage durch Versetzen des Scheibenwischerarms einstellen.
■ Befestigungsmutter des Scheibenwischerarms mit 12 Nm festziehen.

Waschdüsen vorne und hinten

Waschdüsen vorne de- und montieren

☞ Die Waschdüse vorne ist voreingestellt. Eine Veränderung der Einstellung ist nicht vorgesehen. Es können aber kleine Höhenunterschiede ausgeglichen werden.
■ Schalten Sie die Zündung aus und ziehen Sie den Zündschlüssel ab.
■ Bewahren Sie den Senderschlüssel außerhalb der Senderreichweite (mindestens 2 m) auf.
■ Die Spritzdüse mit dem Finger umfassen und die Düse vom Wischerarm abziehen.
■ Den Schlauch von der Spritzdüse abziehen.

Der Einbau erfolgt sinngemäß in umgekehrter Reihenfolge.
■ Schlauchverbindung aufstecken.
■ Spritzdüse auf dem Wischerarm einrasten.
■ Spritzbild und Einstellung der Spritzdüsen prüfen.

Waschdüsen hinten de- und montieren

■ Schalten Sie die Zündung aus und ziehen Sie den Zündschlüssel ab.
☞ Bewahren Sie den Senderschlüssel außerhalb der Senderreichweite (mindestens 2 m) auf.
■ Bauen Sie das Heckscheibenwischerblatt aus.
■ Mit einem Schraubendreher die Spritzdüse an den Halteclips (4 im Bild 23) aufklipsen.
■ Die Spritzdüse am Heckscheibenwischerarm aufklappen und vom Heckscheibenwischerarm abnehmen.
■ Die Schlauchverbindung an der Spritzdüse abziehen.

Der Einbau erfolgt sinngemäß in umgekehrter Reihenfolge.

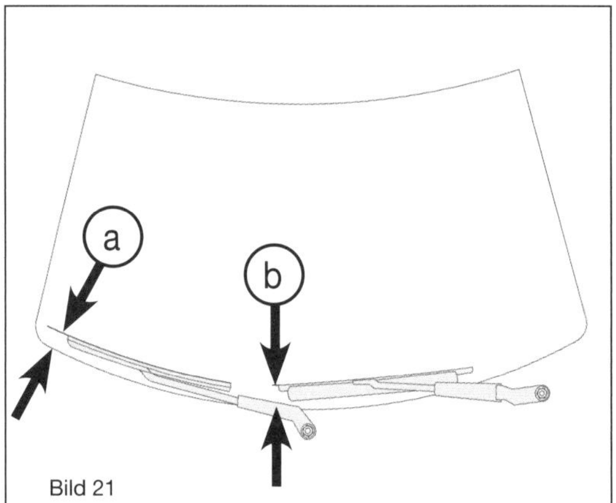

Bild 21

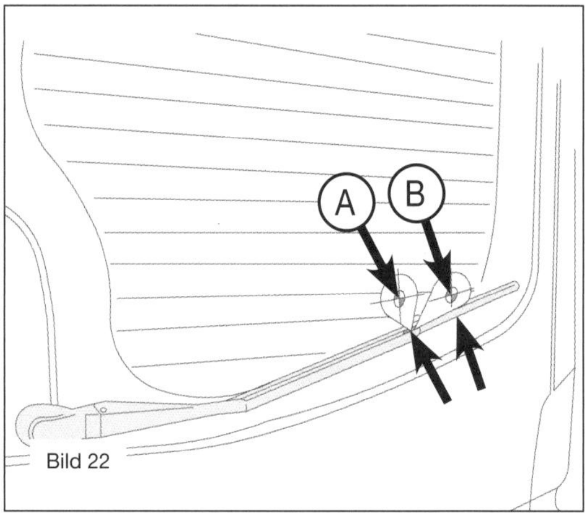

Bild 22

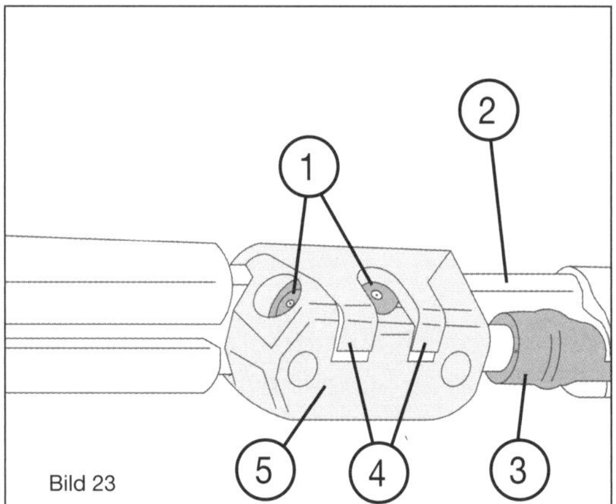

Bild 23

■ Die Spritzdüse für Heckscheibenwaschanlage einstellen.

Waschdüsen hinten einstellen

■ Markieren Sie mit einem wasserlöslichen Stift die im Bild 22 angegebenen Auftreffpunkte auf der Scheibe.
■ Spritzdüse mit Nadel-Einstellwerkzeug so einstellen, dass die Wasserstrahlen an den gezeigten Stellen auf die Heckscheibe spritzen.

15 Stromlaufpläne

Sicherungen und Sicherungshalter

Damit Sie die Elektrik Ihres Autos einfach, zuverlässig und sicher nutzen können, gibt es Schaltstellen, Leitungsstränge und Sicherheitsvorkehrungen.

Prüfen Sie vor jeder Fehlersuche immer die verbauten Sicherungen. Überprüfen Sie auch, ob die Sicherungsbelegung bei Ihrem Fahrzeug identisch ist (siehe Fahrerhandbuch). Herstellerbedingt werden zwar bestimmte Belegungen ausgewählt, diese aber müssen nicht unbedingt Ihrer Variante entsprechen. Schließlich werden oft genug Ausstattungsvarianten ergänzt und erweitert. In den meisten Fällen erkennen Sie schon an der verbauten Sicherungsstärke, um welche Anschlussvariante es sich handelt. Einige wenige Sicherungen sind neben dem Sicherungskasten verbaut. Auch diese werden je nach Belegung in der Fahrzeugbedienungsanleitung beschrieben. Vergessen Sie nicht, dass viele »Kleinsicherungen« durchaus im Sicherungskasten zusätzlich abgesichert sein können! Solche Sicherungen werden auch »Vorsicherung« genannt. Die freien Sicherungsplätze und ihre Schaltfunktionen können sehr hilfreich bei der Erweiterung der Ausrüstung Ihres Sprinter sein.

Die E-Box vor der Sitzbox des Fahrersitzes neben der Batterie
Hier sind die Plätze für die Vorsicherungen, die als Streifensicherung ausgelegt sind untergebracht. Für den Zugang zu den Sicherungsplätzen muss die Abdeckung unter dem linken Vordersitz demontiert werden, sodass der Zugang zum Verschlussdeckel möglich ist. Für den besseren Überblick, Umbaumaßnahmen oder eine Fehlersuche sollte der Fahrersitz ausgebaut werden.

Die E-Box am Bordnetzsteuergerät mit dem Relaisträger
Der Träger für Sicherungshalter und die Sicherungen auf dem Bordnetzsteuergerät SAM ist unter der Armaturentafel verbaut. Der Zugang ist nur für Sicherungen auf dem Bordnetzsteuergerät recht einfach möglich. Die Stecksicherungen sind recht gut vom Innenraum mit wenig Demontageaufwand zugänglich. Hier sind die meisten Endsicherungen der Schaltkreise untergebracht.

Die E-Box in der Sitzbox des Fahrersitzes
Der Sicherungshalter ist an der Seite der linken Sitzkonsole eingebaut. Er beinhaltet kleinere Stecksicherungen und einige Relaissteckplätze. Der Zugang ist nur für Sicherungen recht einfach möglich. Die Stecksicherungen sind recht gut vom Innenraum mit wenig Demontageaufwand zugänglich.

Relaisträger in der Sitzbox des Fahrersitzes
Hinter der Sicherungsbox des Fahrersitzes werden am gleichen Einbauort auch die Relaisträger für Sonderfahrzeuge und auch die sogenannte Zweitbatterie verbaut. Dann finden Sie hier auch die Batterietrennrelais. Der Zugang erfolgt wieder über die Abdeckung unter dem Fahrersitz von oben.

Relais und Sicherungsbelegungen
Die genaue Sicherungsbelegung ist von der Fahrzeugausstattung abhängig. Ein Schema ist als Aufkleber, lose bei den Sicherungshaltern oder in der Zusatzanleitung »Sicherungsbelegung« in Ihrem Bordbuch zu finden. Wir verweisen auf die aktuelle Belegungslisten in der Fahrzeugbedienungsanleitung. Sicherungen sind nach Steckplätzen nummeriert. Angegeben sind abgesicherter Verbraucher und der Stromstärke-Wert (in A), durch Farbe markiert.

Sicherungen wechseln

Durchgebrannte Sicherungen müssen durch gleichwertige Sicherungen (erkennbar an Farbe und Ampere-Zahl) ersetzt werden, die auch in der Sicherungsbelegung empfohlen werden.

Wechseln Sie Sicherungen nur im geparkten Fahrzeug.

■ Schalten Sie alle Stromverbraucher und die Zündung aus.
■ Anhand der Sicherungsbelegung feststellen, welche Sicherung zu dem ausgefallenen Verbraucher gehört.

■ Die entsprechende Sicherung herausziehen.
■ Die defekte Sicherung durch eine neue mit der gleichen Amperezahl ersetzen.

Kabelfarben und Kabelquerschnitt

Kabelfarbe

Im Schaltplan werden die Informationen über die Kabelfarbe und die Kabelstärke angegeben. Die Farben werden als Kürzel dargestellt. Die Farbangaben, die in Kombination mehrerer Farben bezeichnet werden, stellen Kabelkennzeichnungen mit einer Farblinie dar.

Die Kabelbezeichnung BK/WH ist beispielsweise die Bezeichnung für ein schwarzes Kabel mit einer weißen Linie. Die Grundfarbe des Kabels wird immer zuerst genannt. Wir stellen Ihnen in der nachstehenden Tabelle die gängigsten Farben und Abkürzungen im Schaltplan vor.

Kürzel	Farbe
BK	Schwarz
BN	Braun
BU	Blau
GN	Grün
GY	Grau
OG	Orange
PK	Rosa
RD	Rot
TR	Transparent
VT	Violett
WH	Weiß
YE	Gelb

Kabelquerschnitt

Auch der Kabel- (Leitungs)Querschnitt ist im Schaltplan angegeben. Er wird durch eine Zahl über der Angabe der Kabelfarbe dargestellt. Beim Suchen der entsprechenden Anschlusskabel kann das die Arbeit sehr erleichtern.

Beispiel: 1,5 YE/BK = 1,5 mm², gelbes Kabel, mit schwarzer Kennlinie.

Kabelinstandsetzungsarbeiten

Reparatur von Airbag- und Gurtstrafferleitungen

Das Airbag- und Gurtstraffersystem kann ausfallen. Fehlerhafte Reparaturen am Airbag- und Gurtstrafferleitungsstrang können zur Fehlfunktion des Insassenschutzes führen. Bei Reparaturen am Airbag- und Gurtstrafferleitungsstrang dürfen nur die dafür vorgesehenen Kontakte, Stecker und Leitungen verwendet werden. Leitungen des Airbag- und Gurtstrafferleitungsstrangs dürfen nur mit dem Leitungsstrang-Reparaturset und den Vorgängern repariert werden.

Bei Reparaturen an Leitungen des Airbag- und Gurtstraffersystems dürfen maximal zwei Reparaturstellen ausgeführt werden. Reparaturstellen erhöhen den elektrischen Widerstand in der Leitung und können Fehler in der Eigendiagnose des Systems auslösen. Bei Reparaturen am Airbag- oder Gurtstrafferleitungsstrang müssen die Quetschverbinder grundsätzlich geschrumpft werden, um Korrosion zu verhindern (Bild 1).

Wickeln Sie die Reparaturstelle nicht wieder in den fahrzeugeigenen Leitungsstrang ein und kennzeichnen Sie die

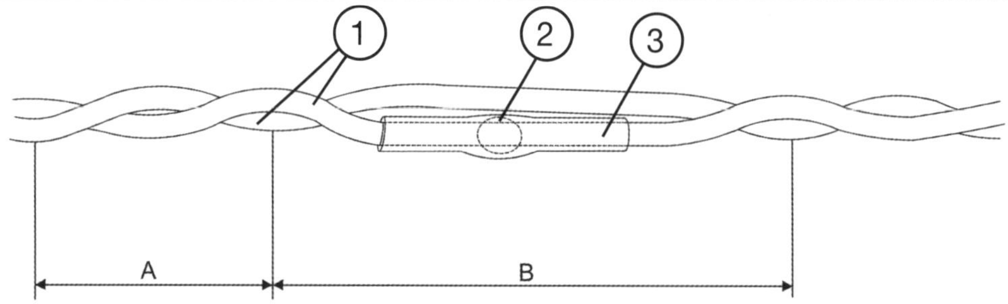

Bild 1

Bild 1
Reparatur CAN-Bus.
1 Leitungen verdrillt
2 Lötstelle (oder Lötverbinder)
3 Isolierung (oder Schrumpfschlauch)
A Verdrillungslänge 20 mm
B Maximale Gerade 50 mm

Reparaturstelle gut sichtbar mit gelbem Isolierband. Reparaturen im Bereich von Airbag oder Gurtstraffer sollten maximal 30 cm vom nächsten Kontaktgehäuse entfernt ausgeführt werden. Zusammen mit der Kennzeichnung durch das gelbe Isolierband ermöglicht diese Vorgehensweise einen schnellen Überblick über vorangegangene Reparaturen. Die Leitungen zu den Auslöseeinheiten (Airbags) haben in der Serie die Verdrillung mit der Schlaglänge 20 mm ±5. Diese Schlaglänge ist für die Serienfertigung über Normteilnummern für die Leitungspaare sichergestellt und muss bei den Reparaturlängen der verdrillten Leitungen zwingend eingehalten werden. Bei Reparaturarbeiten müssen die Leitungen zu den Auslöseeinheiten (Airbags) die gleiche Länge aufweisen. Beim Verdrillen der Leitungen (1) und (2) muss die Schlaglänge von A = 20 mm ±5 zwingend eingehalten werden. Es darf dabei kein Leitungsstück, zum Beispiel im Bereich von Quetschverbindern, größer als B = 50 mm ohne Verdrillung der Leitungen entstehen (Bild 5).

Reparaturmöglichkeiten CAN-Bus
Als CAN-Busleitung wird eine ungeschirmte Zweidrahtleitung (1) und (2) mit einem Querschnitt von 0,35 mm² oder 0,5 mm² verwendet.
Die Farbcodierungen der CAN-Busleitungen entnehmen Sie der folgenden Tabelle:

CAN Datenbus	Kabelfarbe
Antrieb CAN-High-Leitung	Blau/Weiß
Antrieb CAN-Low-Leitung	Blau
Peripherie CAN-High-Leitung	Grün/Weiß
Peripherie CAN-Low-Leitung	Grün
Innenraum CAN-High-Leitung	Braun/Rot
Innenraum CAN-Low-Leitung	Braun
Antrieb-Sensoren CAN-High-Leitung	Rosa/Weiß
Antrieb-Sensoren CAN-Low-Leitung	Rosa
Benutzer-Schnittst. CAN-High-Leitung	Violett/Weiß
Benutzer-Schnittst. CAN-Low-Leitung	Violett
Telematik CAN-High-Leitung	Schwarz/Weiß
Telematik CAN-Low-Leitung	Schwarz

Die Reparatur von CAN-Busleitungen kann sowohl mit Reparaturleitung in passendem Querschnitt als auch mit den gedrillten Leitungen »grün/braun« bzw.

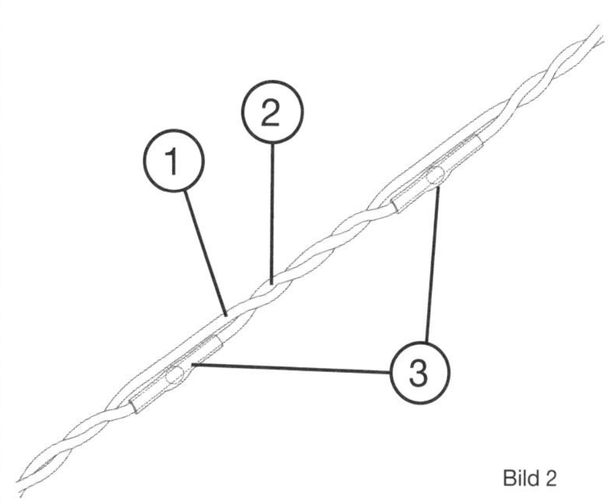

Bild 2

Bild 2
Es dürfen maximal zwei Reparaturstellen ausgeführt werden.
1 CAN-High
2 CAN-Low
3 Reparaturstelle

»weiß/blau« aus dem Zubehörhandel ausgeführt werden. Bei Reparaturarbeiten (wie im Bild 1) müssen beide Busleitungen die gleiche Länge aufweisen. Beim Verdrillen der Leitungen (1) und (2) muss die Schlaglänge von A = 20 mm eingehalten werden. Es darf dabei kein Leitungsstück, zum Beispiel im Bereich von Quetschverbindern (Pfeil), größer als B = 50 mm ohne Verdrillung der Leitungen entstehen. Versehen Sie die Reparaturstelle mit gelbem Klebeband, um eine vorangegangene Reparatur zu kennzeichnen.

Massepunkte am Sprinter 907

Die Einbaulage der Massepunkte ist in der Übersicht im Bild 3 recht gut zu erkennen. Prüfen Sie die Anschlüsse auf Korrosion und festen Sitz der Anschlusskabel zur Karosserie. Hier entstehen leicht Fehler, die nicht über das Diagnosesystem direkt erfasst werden können.

Massepunkte im Motorraum
Die genaue Positionierung stellen wir Ihnen in der folgenden Tabelle für den Motorraum im Detail vor. Die »Kürzel Mercedes« Bezeichnung finden Sie in den Schaltplänen wieder.

Massepunkt (Kürzel Mercedes)	Nummer im Bild 3
Leuchteneinheit vorne rechts (W2)	1
Leuchteneinheit vorne rechts 2 (W2/7)	2
Leuchteneinheit vorne links (W9)	16
Leuchteneinheit vorne links 2 (W9/7)	18
ESP Bremssteuergerät (W70)	17

Sichtprüfung Messen

Bild 3
Massepunkte am Sprinter 907.
1 Leuchteneinheit vorne rechts
2 Leuchteneinheit vorne rechts 2
3 Stirnwand innen rechts
4 Elektrische Lenkung
5 Batterieanschluss Karosserie
6 PTC-Zuheizer
7 Sitzkasten Beifahrer
8 Längsträger hinten rechts
9 D-Säule links
10 Längsträger hinten links
11 Tankeinfüllstutzen
12 Sitzkasten links 3
13 Sitzkasten links 2
14 Sitzkasten links 1
15 Stirnwand innen links
16 Leuchteneinheit vorne links
17 ESP-Bremssteuergerät
18 Leuchteneinheit vorne links 2
19 COC A-Säule links

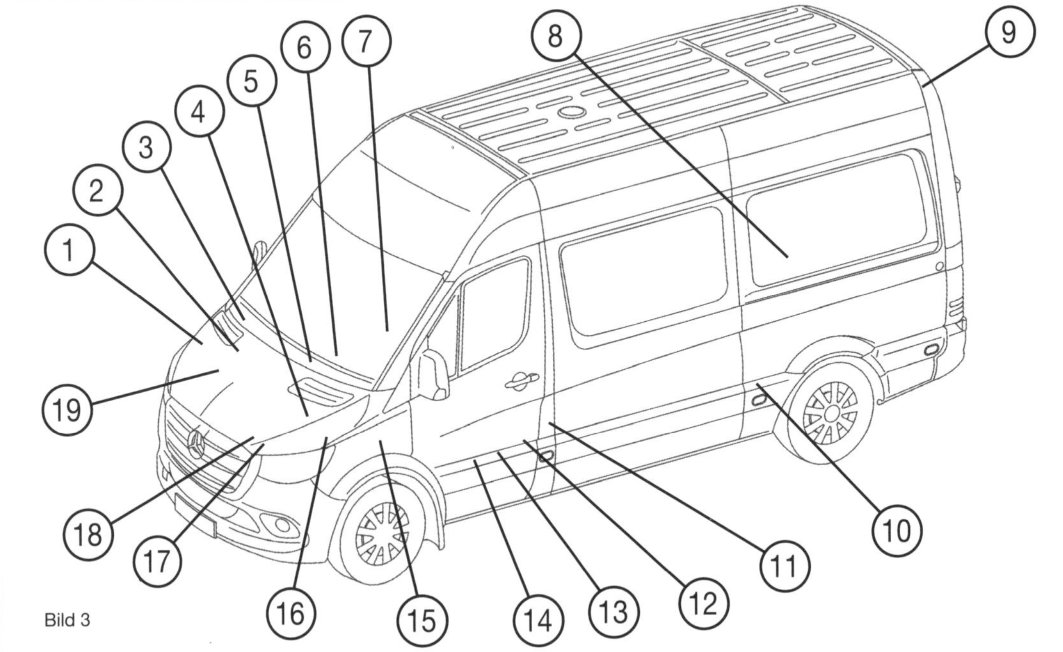

Bild 3

Massepunkte im Innenraum links

Die genaue Positionierung stellen wir Ihnen in der folgenden Tabelle für die linke Seite des Innenraums im Detail vor. Die »Kürzel Mercedes« Bezeichnung in der Tabelle finden Sie in den Originalschaltplänen wieder.

Massepunkt (Kürzel Mercedes)	Nummer im Bild 3
D-Säule links (W29/8)	9
Sitzkasten Fahrerseite 1 (W105/1)	14
Sitzkasten Fahrerseite 2 (W105/2)	13
Sitzkasten Fahrerseite 3 (W105/3)	12

Massepunkte im Innenraum rechts

Die genaue Positionierung stellen wir Ihnen in der folgenden Tabelle für die rechte Seite des Innenraums im Detail vor. Die »Kürzel Mercedes« Bezeichnung finden Sie in den Schaltplänen wieder.

Massepunkt (Kürzel Mercedes)	Nummer im Bild 3
Sitzkasten Beifahrerseite (W105/10)	7

Massepunkte im Instrumententafel

Die genaue Positionierung stellen wir Ihnen in der folgenden Tabelle für die Instrumententafel im Detail vor. Die »Kürzel Mercedes« Bezeichnung finden Sie in den Schaltplänen wieder.

Massepunkt (Kürzel Mercedes)	Nummer im Bild 3
COC A-Säule links (W1/4)	19
Batterieanschluss Karosserie (W10)	5
PTC Zuheizer (W15/9)	6
Elektrische Lenkung (W30/12)	4
Stirnwand innen links (W43/3)	15
Stirnwand innen rechts (W43/4)	3

Massepunkte am Rahmen

Die genaue Position stellen wir Ihnen in der folgenden Tabelle für den Rahmen im Detail vor. Die »Kürzel Mercedes« Bezeichnung finden Sie in den Schaltplänen wieder.

Massepunkt (Kürzel Mercedes)	Nummer im Bild 3
Tankeinfüllstutzen (W33/4)	11
Längsträger hinten links (W52/7)	10
Längsträger hinten rechts (W52/21)	8

Messgeräte und Diagnosetester

Geeignete Messmittel in der Elektrik

Verwenden Sie nur geeignete Messmittel wie Multimeter und Mess- und Prüfsysteme. Prüflampen mit Glühlampe können Schäden in der Elektronik verursachen und können zudem keine Messwerte ausgeben.

Vorgaben zur Diagnose am Fahrzeug
Vor unseren Hinweisen zum Umgang mit den Stromlauf- oder Schaltplänen möchten wir, weil dazu ein enger Zusammenhang besteht, nochmals kurz auf das Fahrzeugdiagnose-, Mess- und Informationssystem eingehen.

Wird das Diagnose- und Informationssystem während einer Prüf- oder Messfahrt im Aktionsbereich eines Airbags deponiert, besteht im Falle einer Airbag-Auslösung das Risiko von schweren bis tödliche Verletzungen! Deshalb zu Prüf- oder Messfahrten stets einen Helfer mitnehmen, der auf einem Rücksitz das System bedient.

Zum Anschließen des Diagnose- und Testsystems schreibt Mercedes wie die meisten Hersteller folgendes Vorgehen vor:

- Die Handbremse anziehen.
- Das Fahrzeug mit einem Erhaltungsladegerät versehen (Batterie laden).
- Den Wählhebel bei Automatikfahrzeugen in die Stellung »P« oder »N« bringen.
- Den Fahrzeugdiagnosetester bei ausgeschalteter Zündung mit der Diagnoseleitung am Diagnoseanschluss des Fahrzeugs anschließen.
- Die Zündung einschalten.
- Alle elektrischen Verbraucher ausschalten.

Info zu den Schaltplänen

Zum Gebrauch der Stromlaufpläne
Die Bordelektrik wird in Aufbau und Vernetzung durch Stromlaufpläne (auch Schaltpläne genannt) dargestellt, die für Ihren Sprinter in gedruckter Form schon in der Grundausführung mehrere Hundert Seiten umfassen, also einen Ordner von ganz beträchtlichem Umfang füllen.
Das Schaltplanangebot enthält neben den einzelnen Stromlaufplänen für die Basisausstattung, die Elektrik für jeden der einzelnen Motoren bis hin zu Sonderausstattungen (z. B. für Klimaanlage, Einparkhilfe, Rückfahrkamera) auch zeitliche Überarbeitungen. Es macht sachlich wenig Sinn und der begrenzte Umfang dieses Buches lässt das auch nicht zu, einzelne Stromlaufpläne aus der Fülle herauszugreifen und in diesem Ratgeber darzustellen.

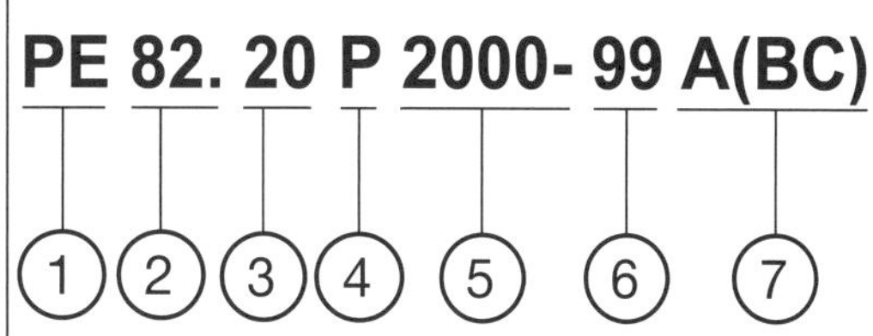

Bild 4

Hinzu kommt noch, dass in den wenigsten Fällen tatsächlich der Fehler in der Verkabelung zu finden sein wird. Die Schaltfunktionen erfolgen heute überwiegend lastfrei. Zumindest nicht über die Tasten und Schalter, die der Fahrer bedient. Das Bordnetzsteuergerät übernimmt die Schaltfunktion.

Die Schaltpläne sind den Funktionsgruppen 00 – 91 zugeordnet. Zum leichteren Auffinden von einzelnen Schaltplänen haben wir in der »Suchhilfe der Schaltplangruppen« die Systeme nach Funktionsgruppen aufgelistet. Die Schaltpläne können dann mit der jeweiligen Dokumentennummer beim Mercedes-Benz-Händler ausgedruckt werden.

Die Schaltpläne sind als Funktionsschemas oder Steuergerätepläne erstellt und wie folgt aufgebaut:

Funktionsschemas

- Die zur Funktion gehörenden Steuergeräte und elektrischen Bauteile werden als Symbole dargestellt.
- Die funktionalen Verbindungen sind durch direkte Leitungen bzw. durch den Datenbus realisiert.

Steuergerätepläne:

- Steuergeräte werden komplett mit allen angeschlossenen Bauteilen dargestellt. Vorangestellt ist die Einspeisung (Spannungsversorgung) der jeweiligen Steuergeräte.
- Die Schaltpläne enthalten auch Verknüpfungen von möglichen Varianten und Funktionen.

Verknüpfungen sind, als Varianten erkennbar, eingerahmt und mit einer Kurzbezeichnung »U...«versehen und sind in den Legenden aufgeführt.

Bild 4
Bezeichnungen der Schaltpläne
beim Sprinter.
1 Informationsart
2 Funktionsgruppe
3 Funktionsuntergruppe
4 Erstellerkenner
5 Ordnungsnummer
6 Informationseinheit-Nummer
7 Gültigkeitsbuchstabe(n)

Sichtprüfung

Messen

Spannungsversorgung

Die wichtigsten Normkurzzeichen für die Funktionen im Bereich der Spannungsversorgung im Bordnetz Ihres Sprinters.

DIN-Norm	Beschreibung
15	Geschaltetes Plus hinter Batterie (Ausgangskontakt vom Zündanlassschalter)
15a	Geschaltetes Plus vom Zündanlassschalter (hinter der Sicherung)
30	Ausgang direkt von Batterie-Plus
30a	Ausgang direkt von Batterie-Plus (hinter der Sicherung)
30al	Ausgeschaltetes Plus von Steuergerät für Bordnetz für Innenleuchte
31	Batterie-Minus oder Fahrzeugmasse
50	Ausgangskontakt vom Zündanlassschalter für Anlasser
75	Ausgangskontakt vom Zündanlassschalter für Ausschalten von Verbrauchern zur Entlastung der Batterie beim Anlassen
75a	Ausgeschaltetes Plus hinter dem Relais für die Entlastung der Batterie beim Anlassen (hinter der Sicherung)
86s	Ausgeschaltetes Plus durch Zündanlassschalter beim vollständigen Herausziehen des Schlüssels aus dem Zündanlassschalter
87	Ausgangskontakt vom Kraftstoffpumpenrelais oder vom Relais für Dieseldirekteinspritzanlage
87a	Ausgangskontakt vom Kraftstoffpumpenrelais oder vom Relais für Dieseldirekteinspritzanlage hinter der Sicherung

Signale und Beleuchtung

Die wichtigsten Normkurzzeichen für die Beleuchtung im Bordnetz. Die Klemmenbezeichnung finden Sie auf externen Bauteilen wie beispielsweise der Anhängekupplung.

DIN-Norm	Beschreibung
54	Bremsleuchten
56	Ausgang von Lichtschalter für Abblendlicht und Fernlicht
56a	Fernlicht
56aL	Fernlicht links
56aR	Fernlicht rechts
56b	Abblendlicht
56bL	Abblendlicht links
56bR	Abblendlicht rechts
58	Stand- und Schlusslicht, Kennzeichenleuchte
58d	Beleuchtung von Schaltern und Schalttafeleinsatz
58L	Standlicht, Schlusslicht und Parklicht links
58R	Standlicht, Schlusslicht und Parklicht rechts
49L	Blinker links
48R	Blinker rechts
49a	Blinkrelais Ausgang (nur konventionelle Blinkanlagen)
71	Eingang Signalhorn

Schaltplanzuordnung nach Bausystemen

Anhand dieser Schaltplannummer können Sie die Schaltpläne bei Ihrem Mercedes-Händler ausdrucken lassen oder bestellen.

Motor

System	Bemerkungen	Schaltplan
NOx-Sensor	Motor 642 im Typ 907 Sensor N37/7, N37/8 Motor 651 im Typ 907 Sensor N37/7, N37/8 Motor 654 im Typ 907 Sensor N37/7, N37/8, N37/13	pe0704d2102laa
Benzin-Direkt-einspritzung	Motor 274 im Typ 907 mit Code MM3 (MOTOR M274 DEH 20 LA 140 kW (190 PS) 5000/MIN)) Steuergerät N3/36 Stecker F	pe0708d210197laa
	Motor 274 im Typ 907 mit Code MM3 (MOTOR M274 DEH 20 LA 140 kW (190 PS) 5000/MIN)) Steuergerät N3/36 Stecker F	pe0708d2101laa
	Motor 274 im Typ 907 mit Code MM3 (MOTOR M274 DEH 20 LA 140 kW (190 PS) 5000/MIN)) Steuergerät N3/36 Stecker M	pe0708d2101lab
Common Rail Direct Injection (CDI)	Motor 654 im Typ 907 mit Code MU1 (OM 654 DE 20 LA 84 kW (114 PS) 3800/min) Steuergerät N3/40 Stecker 6 Motor 654 im Typ 907 mit Code MU3 (OM 654 DE 20 LA 110 kW (150 PS) 3800/min) Steuergerät N3/40 Stecker 6 Motor 654 im Typ 907 mit Code MU5(OM 654 DE 20 LA 125 kW (170 PS) 3800/min) Steuergerät N3/40 Stecker 6	pe0716d210097laa pe0716d2100laa
	Motor 654 im Typ 907 mit Code MU1 (OM 654 DE 20 LA 84 kW (114 PS) 3800/min) Steuergerät N3/40 Stecker 1, 2 Motor 654 im Typ 907 mit Code MU3 (OM 654 DE 20 LA 110 kW (150 PS) 3800/min) Steuergerät N3/40 Stecker 1, 2 Motor 654 im Typ 907 mit Code MU5 (OM 654 DE 20 LA 125 kW (170 PS) 3800/min) Steuergerät N3/40 Stecker 1, 2	pe0716d2100lab
	Motor 654 im Typ 907 mit Code MU1 (OM 654 DE 20 LA 84 kW (114 PS) 3800/min) Steuergerät N3/40 Stecker 3, 4, 5 Motor 654 im Typ 907 mit Code MU3 (OM 654 DE 20 LA 110 kW (150 PS) 3800/min) Steuergerät N3/40 Stecker 3, 4, 5 Motor 654 im Typ 907 mit Code MU5 (OM 654 DE 20 LA 125 kW (170 PS) 3800/min) Steuergerät N3/40 Stecker 3, 4, 5	pe0716d2100lac
	Motor 642 im Typ 907 mit Code MG5 (Motor OM 642 DE 30 LA 140 kW (190 PS) 3800/min) Steuergerät N3/28 Stecker F'	pe0716d210197laa
	Motor 651 im Typ 907 mit Code MG3 (Motor OM 651 DE 22 LA 120 kW (163 PS) 3800/min) Steuergerät N3/31 Stecker F Motor 651 imTyp 907 mit Code MI1 (Motor OM 651 DE 22 LA 84 kW (114 PS) 3800/min) Steuergerät N3/31 Stecker F Motor 651 im Typ 907 mit Code MI2 (Motor OM 651 DE 22 LA 105 kW (143 PS) 3800/min) Steuergerät N3/31 Stecker F Motor 651 im Typ 907 mit Code MR4 (Motor OM 651 DE 22 LA 110 kW (150 PS) 3800/min) Steuergerät N3/31 Stecker F'	pe0716d210197lac pe0716d210197lac
	Motor 651 im Typ 907 mit Code MG3 (Motor OM 651 DE 22 LA 120 kW (163 PS) 3800/min) mit Code MH8 (Motor schadstoffarm SULEV) Steuergerät N3/47 Stecker F'	pe0716d210197lae
	Motor 642 im Typ 907 mit Code MG5 (Motor OM 642 DE 30 LA 140 kW (190 PS) 3800/min) Steuergerät N3/28 Stecker F'	pe0716d2101laa
	Motor 642 im Typ 907 mit Code MG5 (Motor OM 642 DE 30 LA 140 kW (190 PS) 3800/min) Steuergerät N3/28 Stecker M'	pe0716d2101lab
	Motor 651 im Typ 907 mit Code MG3 (Motor OM 651 DE 22 LA 120 kW (163 PS) 3800/min) Steuergerät N3/31 Stecker F Motor 651 im Typ 907 mit Code MI1 (Motor OM 651 DE 22 LA 84 kW (114 PS) 3800/min) Steuergerät N3/31 Stecker F Motor 651 im Typ 907 mit Code MI2 (Motor OM 651 DE 22 LA 105 kW (143 PS) 3800/min) Steuergerät N3/31 Stecker F Motor 651 im Typ 907 mit Code MR4 (Motor OM 651 DE 22 LA 110 kW (150 PS) 3800/min) Steuergerät N3/31 Stecker F'	pe0716d2101lac

System	Bemerkungen	Schaltplan
Common Rail Direct Injection (CDI)	Motor 651 im Typ 907 mit Code MG3 (Motor OM 651 DE 22 LA 120 kW (163 PS) 3800/min) Steuergerät N3/31 Stecker M Motor 651 im Typ 907 mit Code MI1 (Motor OM 651 DE 22 LA 84 kW (114 PS) 3800/min) Steuergerät N3/31 Stecker M Motor 651 im Typ 907 mit Code MI2 (Motor OM 651 DE 22 LA 105 kW (143 PS) 3800/min) Steuergerät N3/31 Stecker M Motor 651 im Typ 907 mit Code MR4 (Motor OM 651 DE 22 LA 110 kW (150 PS) 3800/min) Steuergerät N3/31 Stecker M'	pe0716d2101lad
	Motor 651 im Typ 907 mit Code MG3 (Motor OM 651 DE 22 LA 120 kW (163 PS) 3800/min) mit Code MH8 (Motor schadstoffarm SULEV) Steuergerät N3/47 Stecker F'	pe0716d2101lae
	Motor 651 im Typ 907 mit Code MG3 (Motor OM 651 DE 22 LA 120 kW (163 PS) 3800/min) mit Code MH8 (Motor schadstoffarm SULEV) Steuergerät N3/47 Stecker M	pe0716d2101laf
Motor Start/ Stopp	Typ 907	pe1500d210397laa
		pe1500d2103laa
Glühendstufe	Motor 642 im Typ 907 Steuergerät N14/8'	pe1520d2101laa
	Motor 651 im Typ 907 Steuergerät N14/8'	pe1520d2101lab
	Motor 654 im Typ 907 Steuergerät N14/8	pe1520d2101lac
Steuergerät Kraftstoffpumpe	Motor 274 im Typ 907 Steuergerät N118/9 Motor 642 im Typ 907 Steuergerät N118/9 Motor 651 im Typ 907 Steuergerät N118/9 Motor 654 im Typ 907 Steuergerät N118/9	pe4740d210197laa
		pe4740d2101laa
Rußpartikelsensor	Typ 907 Steuergerät N74	pe4920d2101laa
Steuergerät AdBlue®	Motor 642 im Typ 907 mit Code KP6 (Abgasreinigung SCR Generation 3) Steuergerät N118/5 Motor 651 im Typ 907 mit Code KP6 (Abgasreinigung SCR Generation 3) Steuergerät N118/5 Motor 654 im Typ 907 mit Code KP7 (Abgasreinigung SCR Generation 4) Steuergerät N118/5	pe4920d210397laa
		pe4920d2103laa
Diagnosekupplung	Typ 907 Diagnosekupplung X11/4	pe5422d2002laa

Antrieb

System	Bemerkungen	Schaltplan
Nebenabtrieb	Getriebe 722 im Typ 907	pe2645d200097laa
		pe2645d2000laa
Steuergerät elektronische Getriebesteuerung (EGS)	Getriebe 722 im Typ 907 mit Code G42 (7G-TRONIC PLUS) Steuergerät N15/11	pe2719d2101laa
	Getriebe 725 im Typ 907 mit Code G43 (9G-TRONIC) Steuergerät N15/15'	pe2719d2101lab
Steuergerät Zusatzpumpe Getriebeöl	Getriebe 722 im Typ 907 mit Code G42 (7G-TRONIC PLUS) Steuergerät N89'	pe2719d2104laa
Steuergerät intelligentes Servomodul (ISM)	Getriebe 722 im Typ 907 mit Code G42 (7G-TRONIC PLUS) Steuergerät A80'	pe2760d2101laa
Downhill Speed Regulation (DSR)	Typ 907 mit Code ZH4 (Offroad-Betrieb)	pe2819d2056laa
Steuergerät Verteilergetriebe	Typ 907 mit Code A4M (4MATIC) Steuergerät N15'	pe2819d2101laa
Steuergerät Allradantrieb	Typ 907 mit Code ZG1 (Allrad, zuschaltbar) Typ 907 mit Code ZG3 (Allrad zuschaltbar mit Getriebeuntersetzung) Steuergerät N45	pe2819d210397laa
		pe2819d2103laa

System	Bemerkungen	Schaltplan
Steuergerät Antriebsstrang	Typ 907 Steuergerät N127	pe5421d214197laa
		pe5421d2141laa

Starter und Generator

System	Bemerkungen	Schaltplan
Starter, Generator, Batterie	Typ 907	pe1500d210197laa
		pe1500d2101laa

Spannungsversorgung

System	Bemerkungen	Schaltplan
Steuergerät Anhängererkennung	Typ 907 mit Code E40 (Anhängersteckdose, 7-polig) Typ 907 mit Code E43 (Anhängersteckdose 13-polig) Typ 907 mit Code E57 (Elektrik für Anhängersteckdose) Steuergerät N28/1'	pe3119d2101laa
Steuergerät DC/AC-Wandler	Typ 907 mit Code EE1 (230 V Steckdose) Typ 907 mit Code EE3 (115 V Steckdose) Steuergerät N24/3	pe5410d210397laa
		pe5410d2103laa
Sicherungs- und Relaismodul	Typ 907 F152 Stecker KL30, KL30t, MF3, S1, S2, S5, S6, S7, S8, S10, S11, S12, S13, S14, S16, S19, H2	pe5415d200197laa
	Typ 907 F152 Stecker H1, H2, MF1, MF2, S9, S15, S17, S18	pe5415d200197lab
	Typ 907 F152 Stecker KL30, KL30t, MF3, S1, S2, S5, S6, S7, S8, S10, S11, S12, S13, S14, S16, S19, H2	pe5415d2001laa
	Typ 907 F152 Stecker H1, H2, MF1, MF2, S9, S15, S17, S18	pe5415d2001lab
	Typ 907 F152 Stecker MF3, S1, S2, S5, S10, S11, S12, S13, S14, S15, S16, S18, S19	pe5415d2001lac
Sicherungsblock 9-fach	Typ 907 Sicherungsblock F55/3	pe5415d240007lao
	Typ 907 Sicherungsblock F55/1	pe5415d2400laa
	Typ 907 Sicherungsblock F55/2	pe5415d2400lab
	Typ 907 Sicherungsblock F55/3	pe5415d2400lac
	Typ 907 Sicherungsblock F55/4	pe5415d2400lad
	Typ 907 Sicherungsblock F55/5	pe5415d2400lae
	Typ 907 Sicherungsblock F55/6	pe5415d2400laf
Vorsicherungsdose	Typ 907 Vorsicherungsdose F150/1, F150/4	pe5415d251097laa
	Typ 907 mit Code E2I (Zusatzbatterie für Nachrüstverbraucher, Innenraum) Vorsicherungsdose F150/5 Typ 907 mit Code E2M (Zusatzbatterie für Nachrüstverbraucher, Motorraum) Vorsicherungsdose F150/5	pe5415d251097lab
	Typ 907 Vorsicherungsdose F150/1, F150/4	pe5415d2510laa
	Typ 907 mit Code E2I (Zusatzbatterie für Nachrüstverbraucher, Innenraum) Vorsicherungsdose F150/5 Typ 907 mit Code E2M (Zusatzbatterie für Nachrüstverbraucher, Motorraum) Vorsicherungsdose F150/5	pe5415d2510lab
Schnittstelle Aufbauhersteller	Typ 907 mit Code E2A (Abgriff ABH-Sondersignale Cockpit) mit Code EK1 (Klemmleiste für Elektroanschluss) X145/1x1 - X145/1x10	pe5418d200197laa
	Typ 907 OLU Vorrüstung	pe5418d200197lab
	Typ 907 mit Code E2A (Abgriff ABH-Sondersignale Cockpit) mit Code EK1 (Klemmleiste für Elektroanschluss) X145/1x1 - X145/1x10	

System	Bemerkungen	Schaltplan
	Typ 907 OLU Vorrüstung	pe5418d2001lab
Relaisbox Fahrzeuginnenraum (K100)	Typ 907 K100	pe5420d240097laa
	Typ 907 K13/1, K13/2, K41/3, K57/2, K117, K127/1	pe5420d240097lab
	Typ 907 K100	pe5420d2400laa
	Typ 907 K13/1, K13/2, K41/3, K57/2, K117, K127/1	pe5420d2400lab
Steuergerät elektronisches Zündschloss (EZS)	Typ 907 Steuergerät N73/8	pe5421d2104laa
Steuergerät Dachbedieneinheit (DBE)	Typ 907 Steuergerät N70, N70/5	pe5421d2107laa
Steuergerät Signalerfassungs- und Ansteuermodul (SAM)	Typ 907 Steuergerät N10, Stecker RBA1, RBA2, RBA3	pe5421d212797laa
	Typ 907 Steuergerät N10, Stecker MR1, MR2, KLA, STERN	pe5421d212797lab
	Typ 907 Steuergerät N10, Stecker RBA1, RBA2, RBA3	pe5421d2127laa
	Typ 907 Steuergerät N10, Stecker MR1, MR2, KLA, STERN	pe5421d2127lab
Parametrierbares Sondermodul (PSM)	Typ 907 mit Code ED5 (Parametrierbares Sondermodul) außer Code E5M (Erweiterung PSM Standardkontakt) Steuergerät N26/15 Typ 907 mit Code ED8 (Vorrüstung Elektrik, parametrierbares Sondermodul) außer Code E5M (Erweiterung PSM Standardkontakt) Steuergerät N26/15	pe5421d250097laa
		pe5421d2500laa
		pe5421d2500lab
Steckdosen Fahrzeuginnenraum	Typ 907	pe8200d250097laa
		pe8200d2500laa

Datenbus

System	Bemerkungen	Schaltplan
Peripherie-CAN	Typ 907 Potenzialverteiler X30/27 (CAN PER)	pe0019d2135laa
Benutzerschnittstelle-CAN	Typ 907 Potenzialverteiler X30/20 (CAN HMI)	pe0019d2145laa
Antriebs-CAN	Typ 907 Potenzialverteiler X30/21 (CAN C)	pe0019d2170laa
Antriebssensor-CAN	Typ 907 Potenzialverteiler X30/20 (CAN HMI)	pe0019d2171laa
Telematik-CAN	Typ 907 (CAN A)	pe0019d2180laa
Innenraum-CAN	Typ 907 Potenzialverteiler X30/73 (CAN B), N10 Stecker STERN	pe0019d2185laa
FlexRay Fahrwerk	Typ 907 (Flex E)	pe0019d2405laa

Beleuchtung

System	Bemerkungen	Schaltplan
Schaltergruppe Außenbeleuchtung und elektrische Feststellbremse	Typ 907 Schaltergruppe S1	pe5425d210197laa
	Typ 907 Schaltergruppe S1	pe5425d2101laa
Signaleinrichtungen/Notalarmanlage	Typ 907	pe8200d2400laa

System	Bemerkungen	Schaltplan
Außenbeleuchtung	Typ 907 außer Code LG7 (LED High Performance-Scheinwerfer) Leuchteinheit E1, E2'	pe8210d200097laa
	Typ 907 Heckleuchte E3, E3/21, E4, E4/21	pe8210d200097lac
	Typ 907 außer Code LG7 (LED High Performance-Scheinwerfer) Leuchteinheit E1, E2'	pe8210d2000laa
	Typ 907 mit Code LG7 (LED High Performance-Scheinwerfer) Leuchteinheit E1/2, E2/2	pe8210d2000lab
	Typ 907 Heckleuchte E3, E3/21, E4, E4/21	pe8210d2000lac
Blink-/Warnblinkanlage	Typ 907 mit Code L77 (Elektr. Ausrüstung für Blinkleuchten zusätzlich) Blinkmodul N9/1 Typ 907 mit Code LB3 (Blinkleuchten flach, zusätzlich hinten auf Dach) Blinkmodul N9/1	pe8210d220297laa
		pe8210d2202laa
Innenbeleuchtung	Typ 907	pe8220d200097laa
		pe8220d2000laa

Karosserie

System	Bemerkungen	Schaltplan
Steuergerät Niveauregelung (NR)	Typ 907 mit Code CB2 (Komfortfahrwerk Luftfederung)	pe3233d210197laa
		pe3233d2101laa
Steuergerät Reifendruckkontrolle	Typ 907 mit Code RY2 (Reifendruckkontrolle) Steuergerät N88/2'	pe4015d2101laa
Steuergerät Mantelrohrmodul	Typ 907 Steuergerät N80	pe4610d2101laa
Steuergerät elektrische Servolenkung	Typ 907 mit Code ZG1 (Allrad, zuschaltbar) außer Code ZG3 (Allrad zuschaltbar mit Getriebeuntersetzung) Steuergerät N68 Typ 907 mit Code ZG3 (Allrad zuschaltbar mit Getriebeuntersetzung) außer Code ZG1 (Allrad, zuschaltbar) Steuergerät N68	pe4635d2101laa
Ausfahrbare Trittstufe	Typ 907 mit Code T57 (Elektrische Trittstufe Laderaumschiebetür rechts) Trittstufe rechts A106/2 Typ 907 mit Code T58 (Elektrische Trittstufe Laderaumschiebetür links) Trittstufe links A106/1'	pe7216d2000laa

Fenster und Türen

System	Bemerkungen	Schaltplan
Schiebetür	Typ 907	pe7216d200197laa
		pe7216d2001laa
Steuergerät Schiebetür links	Typ 907 mit Code T51 (Elektrische Zuziehhilfe Schiebetür links) Steuergerät N69/7 Typ 907 mit Code T56 (Elektrische Betätigung fürSchiebetür links) Steuergerät N69/7	pe7216d210197laa
		pe7216d2101laa
Steuergerät Schiebetür rechts	Typ 907 mit Code T50 (Elektrische Zuziehhilfe Schiebetür rechts) Steuergerät N69/6 Typ 907 mit Code T55 (Elektrische Betätigung für Schiebetür rechts) Steuergerät N69/6	pe7216d210297laa
		pe7216d2102laa
Hecktür/Heckklappe	Typ 907	pe7220d205097laa
Steuergerät Fahrertür	Typ 907 Steuergerät N69/1	pe7229d2114laa
Steuergerät Fahrertür	Typ 907 Steuergerät N69/1	pe7229d2114laa
	Typ 907 Steuergerät N69/1	pe7229d2114laa
Steuergerät Beifahrertür	Typ 907 Steuergerät N69/2	pe7229d2115laa

System	Bemerkungen	Schaltplan
Heckscheiben-wischer	Typ 907	pe8230d200197laa pe8230d2001laa

Bremsanlage

System	Bemerkungen	Schaltplan
Steuereinheit Aktiver Brems-Assistent	Typ 907 mit Code BA3 (Aktiver Brems-Assistent) Steuereinheit B92	pe3030d210897laa pe3030d2108laa
Steuereinheit aktiver Abstands-Assistent DISTRONIC	Typ 907 mit Code ET4 (Aktiver Abstands-Assistent DISTRONIC) Steuereinheit B92/1	pe3030d210997laa pe3030d2109laa
Elektronisches Stabilitäts-Programm (ESP(R))	Typ 907 Steuergerät N30/4	pe4245d220197laa pe4245d2201laa

Zusatzausrüstung

System	Bemerkungen	Schaltplan
Steuergerät Kombiinstrument (KI)	Typ 907 Steuergerät A1'	pe5430d2101laa
Steuergerät Tachograf	Typ 907 mit Code J05 (Tachograf Lateinamerika) Steuergerät A56 Typ 907 mit Code J19 (Tachograf 1 Tag/2 Fahrer Automatik (EG)) Steuergerät A56 Typ 907 mit Code J4V (Vorrüstung intelligenter Tachograf EU) Steuergerät A56 Typ 907 mit Code JD2 (Tachograph digital EG mit Drehzahl+Zusatzrecorder) Steuergerät A56 Typ 907 mit Code JD6 (Intelligenter Tachograf EU) Steuergerät A56 Typ 907 mit Code JV6 (Vorrüstung Tachograf) Steuergerät A56	pe5461d210197laa pe5461d2101laa
Steuergerät PARKTRONIC System (PTS)	Typ 907 mit Code JB6 (Park-Paket mit 360°-Kamera) Typ 907 mit Code JB7 (Park-Paket mit Rückfahrkamera) Steuergerät N62/3	pe5465d210197laa pe5465d2101laa
Rückfahrkamera	Typ 907 mit Code FR7 (Vorrüstung Elektrik Rückfahrhilfe) Typ 907 mit Code FR8 (Rückfahrkamera) Kamera B84/3'	pe5465d2103laa
Totwinkel-Assistent	Typ 907 mit Code J1V (Vorrüstung Totwinkel-Assistent) Typ 907 mit Code JA7 (Totwinkel-Assistent) Sensor B92/21, B92/24'	pe5471d210097laa pe5471d2100laa
Kipperanlage	Typ 907 mit Code P57 (Vorrüstung für Dreiseitenkipper)'	pe5520d2000laa
Ladebordwand	Typ 907 mit Code EV3 (Vorrüstung elektr. Umfang für Ladebordwand)	pe5540d200097laa pe5540d2000laa
Frontscheibe heizbar	Typ 907 mit Code E2F (Vorrüstung Frontscheibenheizung) Typ 907 mit Code F49 (Windschutzscheibe heizbar) Scheibenheizung R22/2	pe6710d2000laa
Heckscheibe heizbar	Typ 907 mit Code H22 (Heckscheibe heizbar) Scheibenheizung R1/2, R1/3	pe6729d200097laa pe6729d2000laa
Steuergerät MB Advanced Control	Typ 907 mit Code JA3 (Intelligente Aufbausteuerung) Steuergerät N175	pe6800d2001laa
Innenspiegel mit Display Rückfahrkamera	Typ 907 mit Code FR3 (Rückfahrkamera mit Innenspiegelanzeige) Innenspiegeleinheit A67, Kamera B84/16 Typ 907 mit Code FV1(Vorrüstung Rückfahrkamera mit Innenspiegelanzeige) Innenspiegeleinheit A67, Kamera B84/16	pe6849d2200laa
Dachlüfter	Typ 907 mit Code H72 (Dachlüfter elektrisch II)'	pe8310d2100laa

System	Bemerkungen	Schaltplan
Heizung	Typ 907 Gebläseregler N29, N29/12	pe8320d200097laa
		pe8320d2000laa
Klimaanlage	Typ 907 mit Code HH9 (Klimaanlage halbautomatisch geregelt, TEMP-MATIC)	pe8330d200097laa
		pe8330d2000laa
Klimatisierungs-automatik (KLA)	Typ 907 mit Code HH4 (Klimatisierungsautomatik THERMOTRONIC)	pe8340d200097laa
		pe8340d2000laa
Fondklimaan-lage	Typ 907 mit Code H08 (Dachklimaanlage verstärkt) Klimaanlage A33 Typ 907 mit Code HH7 (Dachklimaanlage Basis) Klimaanlage A33 Typ 907 mit Code HK4 (Heckklimaanlage, verstärkt) Klimaanlage A33	pe8350d200097laa
		pe8350d2000laa
Steuergerät Standheizung (STH)	Typ 907 mit Code H12 (Warmwasser-Zusatzheizung) Steuergerät N33 Typ 907 mit Code HZ9 (Zuheizer) Steuergerät N33	pe8370d210197laa
		pe8370d210197lac
		pe8370d2101laa
	Typ 907 mit Code HH2 (Warmluft-Zusatzheizung elektrisch) Steuergerät N33/4'	pe8370d2101lab
	Typ 907 mit Code H11 (Warmluft-Zusatzheizung) Steuergeräte N33/13, N34/2	pe8370d2101lac
Sitzsteuergerät Fahrer	Typ 907 mit Code SF1 (Fahrersitz elektrisch einstellbar) Steuergerät N32/1'	pe9129d2104laa
Sitzsteuergerät Beifahrer	Typ 907 mit Code SF2 (Beifahrersitz elektrisch einstellbar) Steuergerät N32/2'	pe9129d2105laa
Steuergerät Lordosenstütze	Typ 907 mit Code SE4 (Lordosenstütze Beifahrersitz) Steuergerät N32/24 Typ 907 mit Code SE5 (Lordosenstütze Fahrersitz) Steuergerät N32/23'	pe9129d2113laa
Sitzheizung (SIH)	Typ 907 mit Code H15 (Sitzheizung für Beifahrer) außer Code SF2 (Beifahrersitz elektrisch einstellbar) Steuergerät, N25/4 Typ 907 mit Code H16 (Sitzheizung für Fahrer) außer Code SF1 (Fahrersitz elektrisch einstellbar) Steuergerät, N25/5'	pe9130d200097laa
		pe9130d2000laa
Steuergerät Supplemen-tal Restraint System	Typ 907 Steuergerät N2/5	pe9160d210697laa
		pe9160d2106laa

Media-Systeme

System	Bemerkungen	Schaltplan
Multifunktions-kamera	Typ 907 mit Code JA9 (Verkehrszeichen-Assistent) Typ 907 mit Code JB4 (Aktiver Spurhalte-Assistent) Typ 907 mit Code JW5 (Spurhalte-Assistent) Typ 907 mit Code LA1 (Fernlicht-Assistent) Kamera B84/13	pe5421d2129laa
Audio-/COM-AND-Display	Typ 907 mit Code E3M (MBUX Multimediasystem mit 7 Zoll Touchscreen) Display A40/8 Typ 907 mit Code E4M (MBUX Multimediasystem mit 10,25 Zoll Touchscreen) Display A40/8	pe8200d2080laa
Radio	Typ 907 mit Code E1O (Einstiegsradio) Radio N87/12	pe8260d2000laa
Steuergerät Me-dia Interface	Typ 907 Steuergerät A90/5, A90/10	pe8260d2105laa
Radiovorrüstung	Typ 907 mit Code ER0 (Radiovorrüstung)	pe8260d2851laa
Lautsprecher	Typ 907	pe8262d2102laa
Antennenmodul	Typ 907 Antenne A2/153	pe8262d210397laa
		pe8262d2103laa
Telefon (TEL	Typ 907 mit Code E1B (Ablage für Smartphones Wireless Charging) Steuergerät N123/8	pe8270d2000laa
Headunit	Typ 907 mit Code E3M (MBUX Multimediasystem mit 7 Zoll Touchscreen) außer Code E1E (Navigation) außer Code E1S (Satelliten-Radio) Steuergerät A26/17	pe8285d2110laa
	Typ 907 mit Code E1E (Navigation) mit Code E1S (Satelliten-Radio) mit Code E3M (MBUX Multimediasystem mit 7 Zoll Touchscreen) Steuer-gerät A26/17 Typ 907 mit Code E4M (MBUX Multimediasystem mit 10,25 Zoll Touchscreen) Steuergerät A26/17	pe8285d2110lab

16 Technische Daten

Im Sprinter finden sich durchaus noch bewährte Motorenkonzepte, die aber stetik überarbeitet wurden. Verschleißwerte sind wichtig, um eine Schadensursache genau untersuchen zu können. So kann dann die Entscheidung zur Revision oder zum Austauschmotor leichter getroffen werden.

Bezeichnung	**OM 651**	**OM 642**	**OM 654**
Kraftstoff (Einspritzsystem)	Diesel (Common Rail)		
Hubraum	2148 cm^3	2987 cm^3	1950 cm^3
Zylinderzahl	4	6	4
Ventile pro Zylinder	4 (16 V)	4 (24 V)	4 (16 V)
Bohrung Ø mm	83,000- 83,007 mm	83,000 - 83,009 mm	82,000 - 82,018 mm
Hub mm	99,0 mm	92 mm	92,3 mm
Kompressionsdruck Druckunterschied	17 - 30 bar (max. 3 bar)		19 - 33 bar (max. 5 bar)
Kolbendurchmesser (Gruppe A)	82,844 mm	82,833 - 82,839 mm	81,800 - 82,000 mm
Kolbenüberstand/Kopfdichtung (neuer Motor)	0,75 mm	0,380 - 0,620 mm	1,02 - 1,38 mm
Laufspiel	0,17 - 0,20 mm	0,17 - 0,20 mm	0,06 - 0,15 mm
Stoßspiel 1. Ring	0,27 - 0,37 mm	0,40 - 0,55 mm	> 0,80 mm
Stoßspiel 2. Ring	0,80 - 1,00 mm	0,25 - 0,50 mm	> 0,80 mm
Höhenspiel 1. Ring	0,12 - 0,16 mm	0,12 - 0,16 mm	> 0,10 mm
Höhenspiel 2. Ring	0,035 - 0,080 mm	0,065 - 0110 mm	> 0,10 mm
Höhenspiel Ölabstreifring	0,03 - 0,07 mm	0,03 - 0,07 mm	keine Angabe
Aufladesystem	Abgasturbolader		
Nockenwellenantrieb	Steuerkette		
Ventilspiel	Hydrostößel		
Ölfilter	Filtereinsatz		
Ölmenge mit Filter	11,5 l	12,5 l	10,5 l
Ölmenge Filter	0,5 l		
Kühlmittelmenge MB 310.1	ca. 10,0 l		
Kühlerdeckel Öffnungsdruck	1,5 bar		1,4 bar
Getriebeöl 6-Gang-Schaltgetriebe	1,5 - 2,0 l (1,75-2,5l)*	1,5 - 2,6 l (2,5-3,25l)*	2,1 l (2,6 l)*
Getriebeöl Automatikgetriebe 7-Gang (ohne Drehmomentwandler) (mit Drehmomentwandler)	10,0 l*** 5,5 l 9,0 l		
Getriebeöl Automatikgetriebe 9-Gang	10,0 l		
Verteilergertriebe	0,55 l	1,0 l	0,55 l
Achsgetriebe vorne (4x4)	0,65l (0,85l***)	0,65l (0,85l***)	
Getriebeöl Hinterachsgetriebe	1,6 - 2,8 l**	1,6 - 2,8 l**	1,5 - 2,2 l**
Bremsflüssigkeit	DOT4		
Servoflüssigkeit (soweit keine elektrische Lenkung verbaut ist)	ATF (DB 236.7)		
Klimaanlage Klimamittel (Automatik)	660 g (800 g)		
Klimaöl	80 cm^3		

*mit Nebenabtrieb, **je nach Achstyp, ***bei Neubefüllung

17 Anzugsdrehmomente

In diesem Kapitel stellen wir Ihnen die Anzugsmomente für die wichtigsten Verschraubungen am Fahrzeug zur Verfügung. Diese sind zum einen alphabetisch und zum anderen nach den Motorkennbuchstaben sortiert. Natürlich konnten wir nur diese Motoren darstellen, deren Daten bis zum Redaktionsschluss bekannt waren.
Alle Daten sollten Sie im Zweifel bei der Teilebestellung hinterfragen und wenn erforderlich korrigieren. Selbiges gilt auch für neue Motortypen. Übernehmen Sie niemals einfach Abmessungen eines anderen Motors ohne diese zu überprüfen. Hier können leicht Schäden entstehen, die vermeidbar wären und oft recht teuer sind.

Motor

Sprinter 907 Motorbezeichnung	**OM 651**	**OM 642**	**OM 654**
Abgaskrümmer	30 Nm	25 Nm	15 Nm
Anlasser am Getriebe	40 Nm	40 Nm	39 Nm
Anlasser Klemme 30	14 Nm	16 Nm	15 Nm
Ansaugkrümmer Stufe 1	14 Nm	14 Nm	8 Nm
Auspuffrohr am Krümmer/Turbo Stufe 1	-	28 Nm	8 Nm
Auspuffrohr am Krümmer/Turbo Stufe 2	-		23 Nm
Einspritzdüse (Düsenhalter) Stufe 1	15 Nm	7 Nm	15 Nm
Einspritzdüse (Düsenhalter) Stufe 2	90°	180°	180°
Einspritzdüse (Düsenhalter) Stufe 3	90°	20 Nm	10°
Einspritzleitung Überwurfmutter Stufe 1 (am Injektor)	7 Nm	20 Nm	27 Nm (33 Nm)
Einspritzleitung Überwurfmutter Stufe 2	33 Nm	60°	-
Hauptlagerdeckel (seitliche Schrauben) Stufe 1	60 Nm	5 Nm (53 Nm)	10 Nm
Hauptlagerdeckel (seitliche Schrauben) Stufe 2	90°	35 Nm +95°	45 Nm
Hauptlagerdeckel (seitliche Schrauben) Stufe 3	-	95° (lösen, dann 95°)	180°
Hallgeber Nockenwelle	6 Nm	8 Nm	8 Nm
Hochdruckpumpe (Halter)	20 Nm	9 Nm	8 Nm
Hochdruckpumpe Pumpenrad	70 Nm	--	60 Nm
Kurbelwinkelsensor	8 Nm	8 Nm	8 Nm
Kupplungsdruckplatte	22 Nm	22 Nm	
Kraftstoffverteilerrohr	14 Nm	14 Nm	8 Nm
Klopfsensor	20 Nm	-	
Lambdasonde NOx-Sensor	-	50 Nm	60 Nm
Abgastemperatursonde	-		20 Nm
Nockenwellenlagergehäuse Stufe 1 (5 mm)	9 Nm	8 Nm	6 Nm (5 Nm)
Nockenwellenlagergehäuse Stufe 2 (5 mm)	--	--	90° (-)
Nockenwellenrad Stufe 1	55 Nm	18 Nm	50 Nm
Nockenwellenrad Stufe 2	90°	--	90°
Ölablassschraube	30 Nm		

Sprinter 907 Motorbezeichnung	OM 651	OM 642	OM 654
Ölfilter		25 Nm	
Öldruckschalter (Sensor)	--	20 Nm	14 Nm
Ölwannenschrauben 6 mm	9 Nm	14 Nm	-
Ölwannenschrauben 8 mm	20 Nm	20 Nm	-
Ölwannenschrauben Ölwannenoberteil Stufe 1	-		5 Nm
Ölwannenschrauben Ölwannenoberteil Stufe 2	-		10 Nm
Ölwannenschrauben Ölwannenunterteil Stufe 1	-		5 Nm
Ölwannenschrauben Ölwannenunterteil Stufe 2	-		10 Nm
Pleuellager Stufe 1 (kurze Seite)	5 Nm	20 Nm (15 Nm)	5 Nm
Pleuellager Stufe 2 (kurze Seite)	25 Nm	40 Nm (30 Nm)	30 Nm
Pleuellager Stufe 3 (kurze Seite)	90°	90° (40 Nm + 90°)	-
Pleuellager Stufe 3 (nur Erstmontage)	-		180°, dann lösen
Pleuellager Stufe 4 (kurze Seite)	-	90° (90°)	90°
Schwungrad Stufe 1	45 Nm	45 Nm	45 Nm
Schwungrad Stufe 2	90°	90°	90°
Ventildeckel (Zylinderkopfhaube) Stufe 1	9 Nm	4 Nm	8 Nm
Ventildeckel (Zylinderkopfhaube) Stufe 2	-	6 Nm	-
Ventildeckel (Zylinderkopfhaube) Stufe 3	-	8 Nm	-
Wasserpumpe	20 Nm	14 Nm	20 Nm
Zentral-Riemenscheibe Stufe 1	80 Nm	210 Nm	50 Nm
Zentral-Riemenscheibe Stufe 2	90°	180°	45°
Zentral-Riemenscheibe Stufe 3	-		45°
Zentral-Riemenscheibe Stufe 4	-		45°
Glühkerzen	11 Nm	11 Nm	18 Nm
Zylinderkopf Stufe 1 (Schrauben M8)	10 Nm (20 Nm)	-	10 Nm
Zylinderkopf Stufe 2	20 Nm	60 Nm	50 Nm
Zylinderkopf Stufe 3	90°	90°	+90°
Zylinderkopf Stufe 4	90°	90°	+90°
Zylinderkopf Stufe 5	90°	-	+90°
Zylinderkopf Stufe 6	90°	-	+90°
Zylinderkopf Stufe 7 (Im Steuerkasten)	-		20 Nm

Antrieb

Verschraubung	Anzugsdrehmoment
Abschirmblech Gelenkscheibe	9 Nm
Abschirmblech Gelenkwelle 8 mm	20 Nm
Achsgetriebe vorne (Allrad) Stufe 1	116 Nm
Aggregateträger an Aufbau Allrad	170 Nm
Aggregateträger an Aufbau Stufe 2	170 Nm

Verschraubung	Anzugsdrehmoment
Antriebswelle getriebeseitig Stufe 1	10 Nm über Kreuz
Antriebswelle getriebeseitig Stufe 2	76 Nm über Kreuz
Antriebswelle radseitig Stufe 1	200 Nm
Antriebswelle radseitig Stufe 2	160° lösen
Antriebswelle radseitig Stufe 3	200 Nm
Bügelschelle Achsrohr hinten	160 Nm
Schraube Radlager Normalrad 1. Stufe	30 Nm
Schraube Radlager Normalrad 2. Stufe	100 Nm
Schraube Radlager Normalrad 3. Stufe	Schraube lösen
Schraube Radlager Normalrad 4. Stufe	30 Nm
Schraube Radlager Normalrad 4. Stufe	45°
Schraube Radlager Zwillingsrad 1. Stufe	80 Nm
Schraube Radlager Zwillingsrad 2. Stufe	40°
Ausrücklager Schaltgetriebe (mit Sicherungsmittel)	9 Nm
Bremssattel hinten Schraube M10 Sattelträger Stufe 1	80 Nm
Bremssattel hinten Schraube M10 Sattelträger Stufe 2	45°
Bremssattel hinten Schraube M8	35 Nm
Bremssattel vorne Führungsbolzen	35 Nm
Bremssattel vorne Rippschrauben Stufe 1	170 Nm
Getriebe am Motor Schaltgetriebe	38 Nm
Getriebequerträger hinten an Aggregateträger	45 Nm
Getriebehalter an Getriebelagerung	45 Nm
Kardan vorne 4-Motion	76 Nm
Kardan hinten 4-Motion	76 Nm
Kardan hinten Stufe 1	15 Nm
Kardan hinten Stufe 2	90°
Kardan Zwischenlager 4-Motion	75 Nm
Kardan Zwischenlager Verschraubungen	100 Nm
Kardan Sicherheitsbügel	100 Nm
Kardan Gleichlaufgelenkwelle	76 Nm
Kupplung 6-Gang-Schaltgetriebe (M8)	22 Nm
Koppelstange Stabilisatorstrebe	105 Nm
Lenkgetriebe am Rahmen	25 Nm
Lenkgetriebe am Rahmen	80 Nm
Lenkgetriebe am Rahmen	90°
Lenkgetriebe Kreuzgelenk	28 Nm
Motorlager Motorstütze an Zylinderkurbelgehäuse	50 Nm
Motorlager Motorstütze an Zylinderkurbelgehäuse	180°
Motorlager Getriebelagerung an Getriebe	55 Nm
Motorlager rechts an Rahmen	55 Nm
Motorlager an Motorstütze	50 Nm

Sichtprüfung | Messen

Verschraubung	Anzugsdrehmoment
Motorlager Getriebelagerung an Getriebequerträger	30 Nm
Querlenker Achsgelenkbolzen unten/oben	170 Nm
Radschraube Stahlfelge	180 Nm
Radmutter Stahlfelge	180 Nm
Radflansch Stufe 1	80 Nm
Radflansch Stufe 2	40°
Schraube Querlenker hinten	200 Nm
Schraube Stoßdämpfer Achsschenkel Stufe 1	140 Nm
Schraube Stoßdämpfer Achsschenkel Stufe 2	120°
Schraube Stoßdämpfer Domlager Stufe 1	28 Nm
Schraube Stoßdämpfer Domlager Stufe 2	60°
Schraube Stoßdämpfer oben vorne	110 Nm
Schraube Stoßdämpfer oben hinten Stufe 1	105 Nm
Schraube Stoßdämpfer unten hinten Stufe 1	105 Nm
Sensor Neutralstellung (Start/Stopp)	5 Nm
Spurstangenkopf Kontermutter	65 Nm
Spurstangenkopf Stufe 1	50 Nm
Spurstangenkopf Stufe 2	60°
Winkelgetriebe vorne (Allrad) Getriebeträger M10	40 Nm

Karosserie

Verschraubung	Anzugsdrehmoment
Anhängekupplung am Rahmen	58 Nm
Anhängekupplung Kupplungsbock	58 Nm
Anhängekupplung Grundplatte (abnehmbare Kupplung)	90 Nm
Fensterheber Befestigungsschrauben	7 Nm
Geräuschdammung von unten	2 Nm
Unterfahrschutz	25 Nm
Heckklappenscharnier	25 Nm
Heckklappenschloss	10 Nm
Heckklappenschloss Schließbügel	18 Nm
Kunststoffschrauben	8 Nm
Motorhaube Haubenscharnier	25 Nm
Motorhaube Haubenschloss	15 Nm
Spiegelbefestigungsschrauben	10 Nm
Türfangband	12 Nm
Türscharnier an der Karosserie	32 Nm
Türschloss Einbau in der Türe	20 Nm
Türschlossriegel (Bügel)	20 Nm